纺织检测知识丛书

纺织产品使用性能评价及检测

顾学明　主　编

刘慧利　副主编

中国纺织出版社有限公司 | 国家一级出版社
全国百佳图书出版单位

内 容 提 要

本书主要针对服装穿着和使用相关的染色牢度性能、洗涤护理性能、服用物理和功能性能、童装绳带安全性以及标签要求等试验方法、标准要求进行了梳理和解读。对涉及的检测标准的适用范围、试验原理、仪器设备、试验步骤、结果评定、关键点和注意事项等进行深入浅出的解读。对同一测试项目的国内、国外标准差异性进行比较和分析。此外，对于常见测试项目不合格结果的产生原因、影响因素和改进措施给出专业的见解。

本书可作为纺织相关检测机构专业技术人员、高校纺织专业师生的参考书和教材，也可为纺织服装生产企业、纺织产品买家质量控制部门的相关管理和技术人员提供专业指导。

图书在版编目（CIP）数据

纺织产品使用性能评价及检测/顾学明主编 . --北京 ：中国纺织出版社有限公司,2019.10
（纺织检测知识丛书）
ISBN 978-7-5180-6635-3

Ⅰ . ①纺…　Ⅱ.①顾…　Ⅲ.①纺织品—产品安全性能—性能检测　Ⅳ.①TS107

中国版本图书馆 CIP 数据核字（2019）第 186606 号

策划编辑:沈　靖　孔会云　　责任编辑:沈　靖
责任校对:高　涵　　　　　　责任印制:何　建

中国纺织出版社有限公司出版发行
地址:北京市朝阳区百子湾东里 A407 号楼　邮政编码:100124
销售电话:010—67004422　传真:010—87155801
http://www.c-textilep.com
中国纺织出版社天猫旗舰店
官方微博 http://weibo.com/2119887771
北京市密东印刷有限公司印刷　各地新华书店经销
2019 年 10 月第 1 版第 1 次印刷
开本:787×1092　1/16　印张:20.25
字数:359 千字　定价:128.00 元

前言

　　我国是纺织品服装的生产大国,也是其消费大国。纺织产品的质量不仅对纺织品服装领域进出口贸易产生重大影响,也与广大纺织服装产品的消费者、使用者的权益息息相关。广义的产品质量是指产品能够完成其使用价值的性能,即产品能够满足用户和社会要求的各种特性的总和。构成纺织产品质量的特性有很多,少则几项,多则十几项、几十项,它们对质量都有一定的贡献,但其重要程度却各不相同,并且随着用途的不同会发生变化。日用纺织品服装的使用性能就属于对产品质量起决定作用的特性范畴。纺织产品使用性能包括基本的服用性能,如美观性能、实用性能、卫生性能等,此外还可包括产品在穿着、使用过程中以及经洗涤护理后,其各项质量特性的保持能力,如染色牢度、尺寸稳定性、外观形态保持性能等。

　　纺织品检测是纺织产品质量管理的重要手段,也是对纺织产品使用性能做出评价的重要途径。检测离不开标准,依据的标准不同、采用的方法不同,即使针对同一检测项目,其试验结果也会不同。随着贸易全球化进程的不断推进,纺织品服装的品牌商和经销商全球采购、全球营销的贸易模式已司空见惯;中国市场对外开放的程度也越来越大,国际奢侈品牌、名牌、快消品牌服装纷纷进驻中国市场。而与此同时,由于不同国家或市场依据的质量控制标准存在差异,在商品进出口和销售过程中出现了诸多问题。比如,中国出口的童装因不符合欧盟标准 EN 14682 中关于绳带安全的规定而被要求从市场上下架和召回;进口至中国的品牌服装符合品牌商的质量控制要求,但却达不到中国 GB 18401 的要求;在海外市场可接受的产品标签、功能性宣称等,往往不符合中国市场的要求等。究其原因,我国现有的纺织标准体系架构和标准内容相较于国际上其他国家或市场有较大差异。例如,国际标准化组织(ISO)、美国纺织化学家和染色学家协会(AATCC)或美国测试和材料学会(ASTM)等机构制定的纺织标准,主要以基础类标准为主,通过统一术语、统一试验方法和统一评价手段等,使各方所提供的数据具有可比性和通用性。而对于常规的产品性能要求,如染色牢度、尺寸稳定性、抗起毛起球等,品牌或买家可制定自己的质量手册作为交货、验收的技术依据。另外,中国的出口企业对于目的国相关法规以及买家要求的不了解、进口品牌商对中国市场要求的不熟悉也是造成此类质量问题的重要因素。

　　产品质量并不是被检测出来的,检测仅仅是一种质量管理的手段和发现问题的途径。当试验结果出现不合格、达不到相关指标要求时,测试人员应具备一定能力,分析试验结果,找出相关因素并提出改进建议,作为生产企业实验室检测人员可向生产技术部门反馈,为本企业产品质量的改进献计献策;对于商业性检测实验室,不合格试验结果的改进建议在为测试委托单位提供专业指导的同时,也有助于提升本检测机构的服务水平和企业形象。

　　有鉴于此,本书在纺织品服装的染色牢度性能、洗涤护理性能、服用物理和功能性能、童装绳带安全性以及标签要求等方面,围绕解读中国国家标准、行业标准的主线,在多个维度对相关内容作了延伸介绍和阐述,包括相同检测项目的不同试验方法、中国标准与美国标准或 ISO 标准的比较、不同市场的技术要求、影响试验结果的因素分析、对不合格结果的改进建议等,便于读者在知晓某项试验方法的同时,对与其相关的信息和技术有更全面的了解。

　　本书由顾学明担任主编,刘慧利担任副主编。全书共分五章,第一章由顾学明、吴浩编写,第二章由郑文亭、顾学明编写,第三章由刘慧利、阿阳编写,第四章由刘慧利编写,第五章由郑文亭编写。全书由顾学明修改并统稿。本系列丛书的编著得到了天祥集团(Intertek)管理层和专家团队的大力支持,在此深表谢意!本书的编著参考了大量相关教材、标准、公开发表的文献和其他出版的专著,在此对这些文献的作者和对本书的编著和出版做出贡献的人员表示衷心的感谢!

　　编著人员基于长期的工作实践,抱着良好的愿望投入了本书的编写,虽尽力而为,但由于水平有限,本书难免有疏漏及欠妥之处,恳请读者批评指正,我们所有参与编著的人员将不胜感激!

作者

2019 年 4 月

目录

第一章　染色牢度性能评价及检测

第一节　色牢度试验概述

一、概述

(一)染料的发色理论

染料都是有色物,关于染料能产生颜色有多种解释,其中最典型的有两种理论,即发色团发色理论和现代发色理论。前者从现象上对染料的发色做出了解释,后者则从本质上对此进行了说明。

发色团发色理论认为,染料颜色的产生与染料的结构密切相关。研究表明,染料分子中均含有能呈现颜色的发色基团或发色体,这些发色基团或发色体通常为一些含有双键的基团[如偶氮基(—N═N—)、亚乙烯基(—CH═CH—)、芳环等]相互联结所构成的不饱和共轭体系。同时,在染料分子结构中还含有助色团,助色团通常为一些极性基团,如氨基(—NH$_2$)、硝基(—NO$_2$)、羟基(—OH)、羧基(—COOH)等。助色团与发色团相连,可增加染料颜色的深度和浓度。

现代发色理论认为,染料产生颜色与染料分子轨道中电子的跃迁有关。染料分子中的电子在不同能量的分子轨道上运动,通常情况下,电子总是优先处在能量最低的分子轨道上运动,此时电子所处的状态称为基态,或称为稳定态。当受到光照后,染料分子中的电子吸收光能,就能从基态跃迁到能量较高的分子轨道上,此时电子所处的状态称为激发态。染料分子中不同的分子轨道都具有各自相应的能量。电子激发态与电子基团间的能量差就是电子跃迁所具备的能量,称为电子跃迁能。当入射光的光子能量正好等于电子跃迁能时,这一光子的能量就能被电子吸收,完成电子的跃迁。由于染料分子中的跃迁能恰好在可见光的光子能量范围内,因此,它可以吸收可见光的光子能量进行跃迁,即染料可以对可见光进行选择性吸收,从而使染料呈现颜色。

(二)染色牢度及其测定

染色是指染料从染液中经吸附、扩散、固着等阶段自动地转移到纤维上,并在纤维上形成均匀、坚牢、鲜艳色泽的过程。色泽坚牢度又称染色牢度,是表征染料在纤维上固着力和稳定性的大小,也是染品在染后加工或服用过程中,染料(或颜料)在各种外界因素的影响下,能否保持原来色泽状态的能力。它是衡量染品质量的一个重要指标。在印染加工中,有些印染织物还将经过特殊的加工,如树脂整理、阻燃整理、砂洗、磨毛等,这就要求印染纺织品的色泽相对保持一定牢度。对于有色纺织制成品,如服装、家用纺织品等,绝大部分是靠染色或印花赋予产品多姿多彩的效果,在服用过程中,会受到光晒、雨淋、洗涤、熨烫、汗渍、水渍、摩擦、化学药剂等各种外界因素的作用,染或印到织物上的各种颜色会褪色,或许还会伴随有饱和度和色相的改变。而退下的色会沾染到织物的其他部位或物品上,既降低了纺织制品本身的使用价值,又影响其他织物或物品。此外,如果纺织品染色牢度不佳,染料会从织物转移到人体皮肤上,再通过人体分泌产生的汗渍或唾液的催化作用,可能将染料分解从而对人体健康造成危害。某些染料所具有的毒性不可忽视,可能引发皮肤过敏甚至致癌,必须引起足够的重视。特别是婴幼儿服装,由于婴儿的不自觉行为咬嚼和吮吸衣物,通过唾液分解并吸收的有害物将影响婴儿健康。我国纺织品的两项强制性国家标准GB 18401 和 GB 31701 将耐摩擦色牢度、耐水渍色牢度、耐汗渍色牢度、耐唾液色牢度(针对婴幼儿纺织产品)纳入考核范围。再者,在染色过程中或消费者使用及洗涤时,因色牢度差而脱落的染料和整理剂随废水被排放到江河中,也会对生态环境带来不利的影响。

要对纺织产品色牢度做出评定,需要在统一试验方法的基础上作出判断。国际上的标准化组织制定了纺织品色牢度相关的检测试验方法,我国也有相应的国家标准。目前,纺织品色牢度项目有 60 多项,表 1-1 列出了部分较为常用色牢度项目的中国标准、国际标准(ISO)和美国标准编号。对于日用纺织产品,常用的项目包括耐洗色牢度、耐摩擦色牢度、耐光色牢度、耐汗渍色牢度、耐水渍色牢度、耐唾液色牢度等。对于有专门用途的纺织制品,还有能反映产品特性的色牢度项目。如泳装,一般需考核耐海水色牢度和耐含氯泳池水色牢度。不同产品类别,不同纤维种类,对染色牢度的要求也不尽相同。

表 1-1　中国、国际和美国常用色牢度试验标准

项目名称		中国标准	国际标准	美国标准
耐洗色牢度	皂洗	GB/T 3921	ISO 105-C10	AATCC 61
	家庭和商业洗涤	GB/T 12490	ISO 105 C06	
耐干洗色牢度		GB/T 5711	ISO 105-D01	AATCC 132
耐摩擦色牢度	往复式	GB/T 3920	ISO 105-X12	AATCC 8
	旋转式	GB/T 29865	ISO 105-X16	AATCC 116
耐光色牢度	氙弧	GB/T 8427	ISO 105-B02	AATCC 16.3
耐水渍色牢度		GB/T 5713	ISO 105-E01	AATCC 107
耐汗渍色牢度		GB/T 3922	ISO 105-E04	AATCC 15
耐唾液色牢度		GB/T 18886	DIN 53160-1[a]	—
耐光汗色牢度		GB/T 14576	ISO 105-B07	AATCC 125
耐海水色牢度		GB/T 5714	ISO 105-E02	AATCC 106
耐含氯泳池水色牢度		GB/T 8433	ISO 105-E03	AATCC 162
耐热压(熨烫)色牢度		GB/T 6152	ISO 105-X11	AATCC 133
耐干热色牢度		GB/T 5718	ISO 105-P01	AATCC 117
耐臭氧色牢度		GB/T 11039.3	ISO 105-G03	AATCC 109
耐烟熏色牢度		GB/T 11039.2	ISO 105-G02	AATCC 23
耐酚类黄化色牢度		GB/T 29778	ISO 105-X18	—

注　对于同一色牢度项目,所列测试标准间的关系并非等同。

　　a 耐唾液色牢度无 ISO 标准,DIN 53160-1 是被广泛采用的试验方法。

二、试样准备的一般原则

(一)试样、组合试样、控制试样概念

试样是一小块试验用的纺织材料,通常是从代表一批染色或印花纺织材料的较大样品上取

得。组合试样是由试样与选定用于评定沾色的一块或两块贴衬织物组成。控制试样是在试验中使用的一块已知变色和(或)沾色程度的试样,用于保证试验的准确进行。适当时,控制试样的制备细节在各个试验方法中说明。控制试样和试样在相同的条件下平行处理,该条件在各个试验方法中规定。

(二)试样制备一般原则

(1)织物:从机织物、针织物、毡制品和其他布匹上剪取规定尺寸的试样。织物应无褶皱,能使整个作用面产生一致的作用效果。

(2)纱线:可编制成织物,然后从中取样;也可将纱线平行卷绕,如绕在U形金属框上。对于干处理,宜将纱线紧密地绕在一块硬纸板上;对某些不附贴衬织物的湿处理,可使用两端扎紧的绞纱。所用制备方法应在试验报告中说明。

(3)散纤维:可梳压为薄层后取规定尺寸进行试验。

(三)组合试样制备

(1)缝纫线。不应含有荧光增白剂。

(2)使用单纤维贴衬织物。

如果试样是织物,通常将试样夹于两块贴衬织物之间并沿一短边缝合,对于某些试验方法沿四边缝合。如果试样两面的纤维成分不同,各以不同纤维为主,应将试样夹于两块贴衬织物之间,使主要纤维面与相同纤维贴衬织物接触。

如果试样是印花织物,组合试样应排列成使试样正面与两块贴衬织物中每块的一半相接触,根据印花式样可能需要多个组合试样。

如果试样是纱线或散纤维,取其质量约等于两块贴衬织物总质量的一半,均匀铺放在一块贴衬织物上,再用另一块贴衬织物覆盖,沿四边缝合。

(3)使用多纤维贴衬织物。

如果试样是织物,正面与多纤维贴衬织物接触,并沿一边缝合。

如果试样两面的纤维成分不同,各以不同纤维为主,应制备两个组合试样进行两次单独的试验,以使试样的每一面均与多纤维贴衬织物接触。

如果试样是多色或印花织物,所有不同的颜色都应与多纤维贴衬织条的6种成分接触进行试验,可能需要进行多次试验。

如果试样是纱线或散纤维,取其质量约等于多纤维贴衬织物的质量,均匀铺放在多纤维贴衬织物上,并且纱线与各个纤维贴衬织条垂直。然后用一块同样大小,抗沾色的轻薄型聚丙烯织物覆盖,沿四边缝合。

三、贴衬织物

贴衬织物是由单种纤维或多种纤维制成的一小块未染色织物,一般在试验中用以评定沾色。

(一)单纤维贴衬织物

如果不另作规定,单纤维贴衬织物一般指单位面积质量为中等水平的平纹织物,不含化学损伤的纤维、整理后残留的化学物质、染料或荧光增白剂。在不同的贴衬织物标准中给出各单纤维贴衬织物的特性。根据色牢度检测标准,单纤维贴衬织物可用于中国和ISO色牢度测试,而按使用惯例,中国市场多使用单纤维贴衬织物,而在欧洲市场普遍采用的 ISO 标准通常选用多纤维贴衬织物。在中国标准色牢度检测使用的各种单纤维贴衬织物的特性要求如下。

(1)毛贴衬织物。按照 GB/T 7568.1—2002《纺织品　色牢度试验　毛标准贴衬织物规格》(修改采用 ISO 105-F01:2001),毛贴衬织物的特性应符合表 1-2 的要求。

表 1-2　毛贴衬织物特性

项目			标准要求
单位面积质量(g/m²)			125±5
颜色要求	色品坐标	x_{10}	0.337+0.002
		y_{10}	0.356+0.002
	亮度系数	Y_{10}	72±2
黄度		G	25±2
pH			7.5±0.5
二氯甲烷可溶性物质(%)			0.5±0.1
碱溶解度质量比(%)			≤18

(2)棉和黏胶纤维贴衬织物。按照 GB/T 7568.2—2008《纺织品　色牢度试验　标准贴衬织物　第 2 部分:棉和黏胶纤维》(参考 ISO 105-F02:2008),棉和黏纤贴衬织物的特性应符合表 1-3 要求。

表 1-3　棉和黏纤贴衬织物特性

项目		标准要求	
		棉	黏纤
单位面积质量(g/m²)		115±10	140±5
白度值	Y_{10}	89±2	85±5
	W_{10}	80±3	75±6
	$T_{W,10}$	−1±1	−1±1.2
pH		7±0.5	7±0.5

(3)聚酰胺纤维贴衬织物。按照 GB/T 7568.3—2008《纺织品　色牢度试验　标准贴衬织物　第 3 部分:聚酰胺纤维》(修改采用 ISO 105-F03:2001),聚酰胺纤维贴衬织物的特性应符合表 1-4 要求。

表 1-4　聚酰胺纤维贴衬织物特性

项目		标准要求
单位面积质量(g/m²)		130±5
白度值	Y_{10}	86±2
	W_{10}	65±2
	T_{10}	−1±1(即−2~0)
pH		7±0.5

（4）聚酯纤维贴衬织物。按照 GB/T 7568.4—2002《纺织品 色牢度试验 聚酯标准贴衬织物规格》（修改采用 ISO 105-F04：2001），聚酯纤维贴衬织物的特性应符合表 1-5 要求。

表 1-5 聚酯纤维贴衬织物特性

项目		标准要求
单位面积质量（g/m²）		130±5
白度值	Y_{10}	86±2
	W_{10}	70±2
	T_{10}	0±1（即−1~1）
pH		7±0.5

（5）聚丙烯腈纤维贴衬织物。按照 GB/T 7568.5—2002《纺织品 色牢度试验 聚丙烯腈标准贴衬织物规格》（修改采用 ISO 105-F05：2001），聚丙烯腈贴衬织物的特性应符合表 1-6 要求。

表 1-6 聚丙烯腈纤维贴衬织物特性

项目		标准要求
单位面积质量（g/m²）		135±5
白度值	Y_{10}	86±2
	W_{10}	67±2
	T_{10}	1±1（即 0~2）
pH		7±0.5

（6）丝贴衬织物。按照 GB/T 7568.6—2002《纺织品 色牢度试验 丝标准贴衬织物规格》（修改采用 ISO 105-F06：2000），丝贴衬织物的特性应符合表 1-7 要求。

表 1-7 丝贴衬织物特性

项目		标准要求
单位面积质量（g/m²）		60±3
白度值	Y_{10}	80±5
	W_{10}	65±5
	T_{10}	−2±1（即−3~−1）
pH		7.8±0.5
二氯甲烷可溶性物质（%）		<0.5
碱溶解度质量比（%）		≤19

（7）二醋酯纤维贴衬织物。按照 GB/T 7568.8—2014《纺织品 色牢度试验 标准贴衬织物 第 8 部分：二醋酯纤维》（修改采用 ISO 105-F07：2001），二醋酯纤维贴衬织物的特性应符合表 1-8 要求。

表1-8　二醋酯纤维贴衬织物特性

项目			标准要求
单位面积质量(g/m^2)			160±5
其他规格	经纬纱原料	原料	有光二醋酯纤维
		单纤维线密度(tex)	0.333
		纤维长度(mm)	50.8
	经纬纱线	线密度(旦/2)	120
		捻度(捻/m)	纱捻 430 Z 线捻 310 S
	织物结构		平纹机织物
白度值	Y_{10}		86±2
	W_{10}		69±2
	T_{10}		−1±1(即−2~0)
pH			7±0.5

(8)亚麻和苎麻贴衬织物。按照 GB/T 13765—1992《纺织品　色牢度试验　亚麻和苎麻标准贴衬织物规格》亚麻和苎麻贴衬织物的特性应符合表1-9要求。

表1-9　亚麻和苎麻贴衬织物特性

项目			标准要求	
			亚麻	苎麻
单位面积质量(g/m^2)			155±5	125±5
其他规格	纤维原料	长度(mm)	500~550	75
		单纤维线密度(tex)	2~2.22	0.606
	纱线	线密度(tex)	经纱42,纬纱45	经、纬纱均28
		捻度(捻/m)	500~540,捻向一致	600,捻向一致
	坯布	组织	1/1 平纹	1/1 平纹
		密度(根/10cm)	经向212;纬向196	经向204.5;纬向228
毛细效应(cm)			>6	
白度值	W_{10}		70±5	
pH			7±0.5	

(二)多纤维贴衬织物

(1)用于中国标准、ISO 标准。多纤维贴衬织物是由各种不同纤维的纱线制成,每种纤维形成一条至少为1.5cm 宽且厚度均匀的织条。用于单纤维和多纤维贴衬织物的同类纤维最好具有相同的沾色性能。这些织物的沾色性能应由供货商验证。符合国家标准 GB/T 7568.7—2008《纺织品　色牢度试验　标准贴衬织物　第7部分:多纤维》(修改采用 ISO 105-F10:1989),两种不同组分的多纤维贴衬织物如下。

①DW 型(醋酯纤维—羊毛):醋酯纤维、漂白棉、聚酰胺纤维、聚酯纤维、聚丙烯腈纤维、

羊毛。

②TV 型(三醋酯纤维—黏胶纤维):三醋酯纤维、漂白棉、聚酰胺纤维、聚酯纤维、聚丙烯腈纤维、黏胶纤维。

(2)用于美国标准 AATCC 的多纤维贴衬织物常用的有三种,分别是 1 号、10 号和 10A 号。

①AATCC 1 号多纤维贴衬由 6 种纤维条组成,依次为醋酯纤维、棉纤维、聚酰胺纤维、丝、黏胶纤维和羊毛。每条纤维条宽为 8mm。

②AATCC 10 号多纤维贴衬由 6 种纤维条组成,依次为醋酯纤维、棉纤维、聚酰胺纤维、聚酯纤维、聚丙烯腈纤维和羊毛。每条纤维条宽为 8mm。

③AATCC 10A 号多纤维贴衬由 6 种纤维条组成,依次为醋酯纤维、棉纤维、聚酰胺纤维、聚酯纤维、聚丙烯腈纤维和羊毛。每条纤维条宽为 15mm。

AATCC 多纤维贴衬织物的沾色性能可用 AATCC 评估程序 10 评估。

(三)贴衬织物的使用

(1)一般使用原则:提供两种选用贴衬织物的方法。由于多纤维贴衬织物代替单纤维贴衬织物,试验结果有可能存在差异,应在试验报告中给出所用贴衬织物类型的详细说明,包括尺寸。

(2)贴衬织物的选择,下列程序可以任选其一。

①两块单纤维贴衬织物。第一块贴衬织物应与被测试纺织品或与混合物中的主要成分属于同类纤维;第二块贴衬织物应按各个试验方法的规定选用,或另作规定。

②一块多纤维贴衬织物。在此情况下,不可同时采用其他的贴衬织物,因为会影响多纤维贴衬织物的沾色程度。

(3)贴衬织物的使用。用单纤维贴衬织物时,应与试样尺寸相同,试样两面用贴衬织物完全覆盖。使用多纤维贴衬织物时,应与试样尺寸相同,一般只覆盖试样正面。

四、工作液配制用水

在很多色牢度测试中,需要配制试验用试液,如耐洗色牢度、耐汗渍色牢度等;而有些试验,水本身就是一种工作液,如耐水色牢度。显然,水就是实验室中非常重要的试液,其酸碱度、硬度对配制的工作液以及试验结果至关重要。

(一)实验室用水等级划分

根据 GB/T 6682—2008《分析实验室用水规格和试验方法》的规定,分析实验室用水的原水应为饮用水或适当纯度的水,外观目视观察应为无色透明液体。共分三个级别:一级水、二级水和三级水。

(1)一级水用于有严格要求的分析试验,包括对颗粒有要求的试验,如高效液相色谱分析用水。一级水可用二级水经过石英设备蒸馏或离子交换混合床处理后,再经 0.2μm 微孔滤膜过滤来制取。

(2)二级水用于无机痕量分析等试验,如原子吸收光谱分析用水。二级水可用多次蒸馏或离子交换等方法制取。

(3)三级水用于一般化学分析试验。可用蒸馏或离子交换等方法制取。

分析实验室用水的规格要求见表 1-10。

表 1-10　三种等级用水指标要求

指标名称	一级水	二级水	三级水
pH 范围(25℃)	—	—	5~7.5
电导率(25℃)[mS/m]	≤0.01	≤0.1	≤0.5
可氧化物质含量(以 O 计)[mg/L]	—	≤0.08	≤0.4
吸光度(254nm,1cm 光程)	≤0.001	≤0.01	—
蒸发残夜(105℃±2℃)含量[mg/L]	—	≤1	≤2
可溶性硅(以 SiO$_2$ 计)含量[mg/L]	≤0.01	≤0.02	—

(二)实验室用水的种类

GB/T 6682 修改采用 ISO 3696 标准,ISO 色牢度检测标准对于工作液用水的要求也为三级水。而 AATCC 色牢度检测标准对用水的要求则有些不同,通常 AATCC 标准要求用蒸馏水或去离子水,这种提法是基于用水制取方法的分类。

(1)蒸馏水。蒸馏水是实验室常用的一种纯水,是通过蒸馏冷凝制得的水,蒸馏水能去除自来水中大部分无机盐和污染物,但挥发性的杂质如氨、二氧化碳以及一些有机物还会进入蒸馏水中。

(2)去离子水。去离子水就是将水流经离子交换柱,去掉水中除氢离子、氢氧根离子之外的其他由电解质溶于水中电离所产生的全部离子,即去除溶于水中的电解质物质。去离子水基本用离子交换法制得,仍然可能存在不能电离的非电解质,如乙醇等。

除蒸馏水和去离子水外,还有反渗水、超纯水等类别。

五、调湿要求

色牢度试验的试样和贴衬织物一般没有必要专门进行调湿,但对于某些测试,如耐摩擦色牢度,试样和摩擦白布的含水率差异会影响试验结果,试样或其他材料要求在标准大气中调湿。另外,有几项色牢度试验在评定结果前,也要求对试样和贴衬织物进行调湿平衡。GB、ISO 和 ASTM 标准对于纺织品调湿和试验用标准大气的标准及相关要求如下。

(1)GB/T 6529 和 ISO 139:温度为(20±2)℃,相对湿度为(65±4)%;

(2)ASTM D1776:温度为(21±1)℃,相对湿度为(65±2)%。

调湿平衡终点的确定,除非试验方法中另有规定,通常是直到试样每隔 2h 的连续称量的质量递变量不超过 0.25% 时为止;或者每隔 30min 的连续称量的质量递变量不超过 0.1%,也可认定达到平衡状态。遇有争议时,应以前者为准。一般纺织材料调湿 24h 以上即可,合成纤维调湿 4h 以上即可。调湿过程不能间断,若被迫间断必须重新按规定调湿。

第二节　耐洗色牢度

一、概述

日常穿着的服装和使用的家纺产品通常需要洗涤维护,因此,耐洗色牢度是纺织制品最基本的色牢度性能之一。耐洗色牢度测试用于评估纺织品经频繁洗涤后的色牢度情况。测试的洗涤过程模拟单次或多次手洗、家庭机洗或商业水洗,观察织物因洗涤剂或织物之间的相互摩擦作用而造成的掉色、沾色或外观变化。测试条件包括洗涤时间、温度、洗涤剂种类、加或不加小钢珠等,洗涤结束后,测试样从钢杯中取出,经清洗、烘干后用标准灰卡对样品的变色和沾色情况进行评级。在我国,使用肥皂作为洗涤剂的试验方法使用最为广泛,因而耐洗色牢度也通常被称为皂洗色牢度。国际标准 ISO 105-C 系列为洗涤相关色牢度标准,其中,最常用的试验方法 ISO 105-C06 称为耐家庭和商业洗涤色牢度。在实际应用中,耐洗涤色牢度除了用于评估纺织制品耐洗色牢度性能外,也可用于在产品开发阶段洗水标签的制定。

二、试验设备

耐洗色牢度试验机(图 1-1)是测试纺织品耐洗色牢度的主要设备,由装有一根旋转轴杆的水浴锅组成。有单一箱体和分左右两室两种。分左右两室的耐洗色牢度试验机通常左边是工作室,右边是预热室。旋转轴呈放射形支承着多只不锈钢容器。不锈钢容器(钢杯)有两种规格。一种规格直径为(75 ±5)mm,高为(125±10)mm,容量为(550±50)mL;另一种规格直径为 90mm,高为(200 ±10)mm,容量为(1200 ±50)mL。轴及容器的转速为(40 ±2)r/min。耐洗色牢度试验机的一般操作如下。

图 1-1 耐洗色牢度试验机

(1)往工作室内灌入自来水或蒸馏水,水位高度至旋转架中心高度为准。

(2)然后接好电源线路,对控制面板进行各种功能设置;对钢杯工作时间、工作室水浴温度和预热室水浴进行设定。

(3)按下电源按钮、加热按钮和转动按钮,并进行预热运转。

(4)做好试液、试样的准备和预热工作。

(5)当机内水浴温度达到规定温度时,操作电源按钮使之复位,打开门盖将试液、试样和不锈钢珠放入钢杯,紧固钢杯盖,逐一装上转架,再盖上门盖,按下电源按钮,机器即进入正常运转工作。

(6)当讯响器发出试验时间已到的音响时,操作加热按钮,并转动按钮使之复位。

(7)打开门盖,取出钢杯,打开钢杯盖倒出试液、试样及钢珠。

(8)如不连续测试,按下排水按钮,排尽机器内的水,切断总电源。

三、常用试验方法介绍

对于中国和欧美市场,耐洗色牢度的试验方法标准可分为三类,分别是中国标准和 ISO 国际标准中耐皂洗色牢度、耐家庭和商业洗涤色牢度以及美国 AATCC 标准快速法耐洗涤色牢度。中国标准的色牢度试验方法通常是相应的 ISO 标准进行修改,两者的技术内容相差不大,而 AATCC 标准属不同的标准体系,与中国标准和 ISO 标准在操作要求方面存在较大差异。以下是对这三类耐洗色牢度试验方法的介绍。

(一)耐皂洗色牢度

中国标准 GB/T 3921—2008《纺织品 色牢度试验 耐皂洗色牢度》修改采用了 ISO 105-C10:

2006《纺织品　色牢度试验　第C10部分:耐肥皂或肥皂和苏打洗涤的色牢度》。中国标准中,增加了有关麻贴衬织物的标准要求;另外对洗涤后试样的清洗方法较 ISO 105-C10 稍作修改。除此之外,两项标准在试验原理、设备、材料和试剂、试验步骤等主要技术内容方面基本一致。

1.试验原理

纺织品试样与一块或两块规定的标准贴衬织物缝合在一起,置于皂液或肥皂和无水碳酸钠混合液中,在规定时间和温度条件下进行机械搅动,再经清洗和干燥。以原样作为参照样,用灰色样卡或仪器评定试样变色和贴衬织物沾色。

2.主要设备与材料

(1)合适的机械洗涤装置,水浴温度由恒温器控制,可使试验溶液保持在规定温度±2℃内;适用的不锈钢容器;耐腐蚀的不锈钢珠(直径约为6mm)。

(2)须注意贴衬织物的选择与试验条件(温度)相关,按下述要求选用。

①多纤维贴衬织物

含羊毛和醋纤的多纤维贴衬织物(DW),用于40℃和50℃的试验,某些情况下也可用于60℃的试验,但需在试验报告中注明。不含羊毛和醋纤的多纤维贴衬织物(TV),用于某些60℃的试验和所有95℃的试验。

②两块单纤维贴衬织物

第一块与试样的同类纤维制成,第二块由表1-11规定的纤维制成。如试样为混纺或交织品,则第一块由主要含量的纤维制成,第二块由次要含量的纤维制成,或另作规定。需要注意的是,不同洗涤温度,选用的单纤维贴衬织物有所不同。

表 1-11　单纤维贴衬织物选择规定

第一块	第二块	
	40℃和50℃的试验	60℃和95℃的试验
棉	羊毛	黏纤
羊毛	棉	—
丝	棉	—
麻	羊毛	黏纤
黏纤	羊毛	棉
醋纤	黏纤	黏纤
聚酰胺纤维	羊毛或棉	棉
聚酯纤维	羊毛或棉	棉
聚丙烯腈纤维	羊毛或棉	棉

注　如试样是纱线或散纤维时,需另备一块染不上色的织物(如聚丙烯纤维)。

3.试验用皂液

(1)用于配制皂液的肥皂应不含荧光增白剂。以干重计,所含水分不超过5%,具体组分及要求见表1-12。

表 1-12 肥皂组分及要求

组分(或指标)	要求
游离碱(以 Na_2CO_3 计)	≤0.3%
游离碱(以 NaOH 计)	≤0.1%
总脂肪物	≥850g/kg
制备肥皂混合脂肪酸冻点	≤30℃
碘值	≤50

(2)皂液的配制。当用于实验条件 A 或 B 时,皂液要求每升水(三级水)中含 5g 肥皂;当试验条件为 C、D 或 E 时,每升水(三级水)中含 5g 肥皂和 2g Na_2CO_3。

建议用搅拌器将肥皂充分地分散溶解在温度为(25±5)℃的三级水中,搅拌时间为(10±1)min。

4.试样制备

(1)试样尺寸为 100mm×40mm。

(2)组合试样制备方法按试样准备的一般原则执行(详见本章第一节第二部分)。

(3)用天平测定组合试样的质量,单位为 g,以便于精确浴比。

5.试验步骤

(1)按照所采用的试验条件来制备皂液。

(2)将组合试样以及规定数量的不锈钢球放在容器内,依据表 1-12 注入预热至试验温度 ±2℃的需要量的皂液,浴比为 50∶1,盖上容器,立即依据表 1-13 中规定的温度和时间进行操作,并开始计时。

表 1-13 试验条件

试验方法编号	温度	时间	钢珠数量	Na_2CO_3
A(1)	40℃	30min	0	—
B(2)	50℃	45min	0	—
C(3)	60℃	30min	0	+
D(4)	95℃	30min	10 个	+
E(5)	95℃	4h	10 个	+

注 其他试验所用洗涤剂和商业洗涤剂中的荧光增白剂可能会沾污容器。如果在后来使用不含荧光增白剂的洗涤剂的试验中,使用这种沾污的容器,可能会影响到试样色牢度的级数。

(3)对所有试验,洗涤结束后取出组合试样。分别放在三级水中清洗两次,然后在流动的水中冲洗至干净。

(4)对所有方法,用手挤去组合试样上过量的水分。如果需要,留一个短边上的缝线,去除其余缝线,展开组合试样。将试样放在两张滤纸之间并挤压除去多余水分,再将其悬挂在不超过 60℃的空气中干燥,试样与贴衬仅由一条缝线连接。

(5)用灰色样卡或仪器,对比原始试样,评定试样的变色和贴衬织物的沾色。

(二)耐家庭、商业洗涤色牢度

中国标准 GB/T 12490—2014《纺织品 色牢度试验 耐家庭和商业洗涤色牢度》修改采用

了 ISO 105-C06:2010《纺织品　色牢度试验第 C06 部分:耐家庭和商业洗涤色牢度》。该试验方法用于测定各类型的常规家用纺织品耐家庭和商业洗涤色牢度性能。由于试验过程中解吸附作用和(或)摩擦作用,经一次单个(S)试验,试样所造成的褪色和沾色非常接近于一次家庭和商业洗涤,而经一次复合(M)试验,则接近五次以上温度不超过 70℃的家庭和商业洗涤的效果。复合试验比单个试验的机械作用更为强烈。

标准中的试验方法根据给定的洗涤剂和氯漂方法制定,使用其他洗涤剂和氯漂方法可能需要不同的试验条件。该方法并不反映在商业洗涤程序中荧光增白剂的效应。

耐家庭、商业洗涤色牢度与耐皂洗色牢度相比,洗涤剂和洗涤程序(条件)的不同是这两种试验方法的主要区别,而在方法原理、使用的设备、组合试样的准备、结果评定方面并无很大差别。

1. 贴衬织物选用

与皂洗色牢度相似,标准贴衬织物的选用与试验温度和洗涤程序相关联,但由于两种试验方法的洗涤温度和程序并不一致,试验过程中使用贴衬时应加以区别,切勿混淆。

(1)多纤维标准贴衬织物,按试验温度选用。有羊毛的多纤维贴衬织物(DW),用于 40℃、50℃的试验,在某些情况下也可用于 60℃的试验,需在试验报告中注明;不含羊毛的多纤维贴衬织物(TV),用于某些 60℃的试验和所有 70℃、95℃的试验。在使用含有羊毛的多纤维贴衬时,60℃的过硼酸钠溶液可能会对羊毛纤维造成损伤。

(2)两块单纤维标准贴衬织物。第一块用与试样同类纤维制成,第二块用由表 1-14 规定的纤维制成。如试样为混纺或交织品,则第一块用主要含量的纤维制成,第二块用次要含量的纤维制成,或另作规定。

表 1-14　单纤维贴衬织物选择规定

第一块	第二块	
	试验 A、B	试验 C、D 和 E
棉	羊毛	黏纤
毛	棉	—
丝	棉	—
麻ᵃ	羊毛	黏纤
黏纤	羊毛	棉
醋纤	黏纤	黏纤
聚酯纤维	羊毛或棉	棉
聚酰胺纤维	羊毛或棉	棉
聚丙烯腈纤维	羊毛或棉	棉

注　醋纤贴衬的供应由于其减产可能受到限制。
　　a 根据试样含麻纤维的种类,选用亚麻或苎麻标准贴衬。
　　如试样为纱线或散纤维时,需另备一块染不上色的织物(如聚丙烯纤维)。

2. 试验用洗涤剂

用于耐家庭、商业洗涤色牢度试验的洗涤剂有两种,均不含荧光增白剂(WOB),试验时应至少制备 1L 洗涤剂溶液。一种是 AATCC 1993 标准洗涤剂 WOB,该洗涤剂是低泡沫的,成分中的表面活性剂是阴离子型,另有少量非离子型,可生物降解;另一种为 ECE 含磷洗涤剂。两种洗涤剂的组成见表 1-15 和表 1-16。

表 1-15 AATCC 1993 标准洗涤剂 WOB

组成	质量分数(%)
直链烷基苯磺酸钠[a]	18
铝硅酸钠	25
碳酸钠	18
硅酸钠[b]	0.5
硫酸钠	22.13
聚乙二醇[c]	2.76
聚丙烯酸钠	3.5
硅树脂(泡沫抑制剂)	0.04
水	10
杂项(与表面活性剂不反应)	0.07
总计	100

注 a 烷链均长 C11.8。

　　b $SiO_2 : Na_2O = 1.6 : 1$。

　　c 2%通过聚乙二醇固体颗粒加入,0.76%通过泡沫抑制剂混合物加入。

表 1-16 ECE 含磷洗涤剂

组成	质量分数(%)
直链烷基苯磺酸钠(烷链均长 $C_{11.5}$)	8±0.02
乙氧基牛脂醇(环氧基数 14)	2.9±0.02
钠皂(链长 $C_{12} \sim C_{16}$:13%~26%;$C_{18} \sim C_{22}$:74%~87%)	3.5±0.02
三聚磷酸钠	43.7±0.02
硅酸钠($SiO_2 : Na_2O = 3.3 : 1$)	7.5±0.02
硅酸镁	1.9±0.02
羟甲基纤维素(CMC)	1.2±0.02
乙二胺四乙酸二钠(EDTA)	0.2±0.02
硫酸钠	21.2±0.02
水	9.9±0.02
总计	100

除洗涤剂外,在进行洗涤试验时,某些程序的试液中还需使用碳酸钠、过硼酸钠四水合物($NaBO_3 \cdot 4H_2O$)以及次氯酸钠或次氯酸锂。

大部分次氯酸钠溶液 pH 为 9.8~12.8,有效氯含量为 40~160g/L。实际的有效氯含量应在使用前确定,建议采用下列方法。

将 1.00mL 次氯酸钠原液,移入三角烧瓶中,用水稀释至 100mL,加入 3mol/L 的硫酸(H_2SO_4)溶液 20mL 和 120g/L 碘化钾(KI)溶液 6mL。然后用标准滴定液硫代硫酸钠$[c(Na_2S_2O_3 \cdot 5H_2O) = 0.1mol/L]$滴定。

有效氯(Cl_2)含量 $w(Cl_2)$ 按下式计算,以质量分数(%)表示:

$$w(Cl_2) = \frac{V \times c \times 0.0355}{(V_0 \times \rho_0)} \times 100 \tag{1-1}$$

式中:V——耗用的硫代硫酸钠体积,mL;

c——硫代硫酸钠溶液浓度,mol/L;

V_0——次氯酸钠溶液体积,mL;

ρ_0——次氯酸钠溶液的密度,g/mL。

3. 试验步骤

(1)每升水(三级水)中加入(4 ± 0.1)g 洗涤剂制备成洗涤溶液,试验编号首字母 C、D、E 试验时,每升溶液中加入约 1g 碳酸钠(Na_2CO_3)调节 pH 至表 1-17 规定的值。溶液温度冷却到 20℃后,用已校正的 pH 计测 pH,试验编号首字母为 A、B 时,不需要调节 pH。

表 1-17　试验条件

试验编号	温度(℃)	溶液体积(mL)	有效氯含量(%)	过硼酸钠质量浓度(g/L)	时间(min)	钢珠数量	调节 pH
A1S	40	150	—	—	30	10[a]	不调
A1M	40	150	—	—	45	10	不调
A2S	40	150	—	1	30	10[a]	不调
B1S	50	150	—	—	30	25[a]	不调
B1M	50	150	—	—	45	50	不调
B2S	50	150	—	1	30	25[a]	不调
C1S	60	50	—	—	30	25	10.5±0.1
C1M	60	50	—	—	45	50	10.5±0.1
C2S	60	50	—	1	30	25	10.5±0.1
D1S	70	50	—	—	30	25	10.5±0.1
D1M	70	50	—	—	45	100	10.5±0.1
D2S	70	50	—	1	30	25	10.5±0.1
D3S	70	50	0.015	—	30	25	10.5±0.1
D3M	70	50	0.015	—	45	100	10.5±0.1
E1S	95	50	—	—	30	25	10.5±0.1
E2S	95	50	—	1	30	25	10.5±0.1

注　a 毛、蚕丝及其混纺的精细织物,试验时不用钢珠,并在试验报告中说明。

(2)在需要使用过硼酸钠的试验中,应现配过硼酸钠溶液,配置溶液的温度不超过 60℃,并且在 30min 内使用。

(3)对于试验 D3S 和 D3M,应在洗涤溶液中加入次氯酸钠或次氯酸锂,有效氯含量按

表1-17规定。

（4）根据表1-17在每个容器中加入规定量的洗涤溶液，除试验D2S、E2S外，将溶液调节至规定温度的±2℃，然后放入试样和钢珠，关闭容器，按表1-17的温度和时间运转仪器。

（5）对于试验D2S和E2S，将试样放入溶液温度接近60℃的容器中，关闭容器，在10min内将溶液温度升到规定温度的±2℃，按表1-17规定的条件试验。

（6）洗涤结束后取出组合试样，分别在100mL、40℃的三级水中漂洗两次，每次1min。挤去组合试样上的多余水分，将试样悬挂在不超过60℃的空气中干燥，试样与贴衬仅在缝线处接触。

说明：某些情况下，洗涤后需酸洗，可进行下列附加操作：在30℃、100mL的乙酸溶液中处理1min，然后在30℃、100mL水（三级水）中漂洗每个组合试样各1min。

（7）用灰色样卡或仪器评定试样的变色和贴衬织物的沾色。

（三）快速法耐洗涤色牢度

AATCC 61—2013《耐洗涤色牢度：快速法》是美国乃至整个美洲市场最常用的纺织品耐洗涤色牢度试验方法。

1. 试验原理

试样在适当的温度、洗涤剂溶液、漂白和摩擦作用条件下进行测试，产生的褪色变化与五次手洗或家庭洗涤产生的变化相似。颜色变化在较短的合适时间内得到。摩擦作用通过织物与容器的摩擦效应、低浴比洗涤液和钢珠在织物上的撞击来完成的。

2. 主要设备、材料和试剂

（1）加速洗涤机。在配有恒温控制的水浴中以（40±2）r/min的转速旋转密封的水洗罐的洗涤机。

（2）固定在不锈钢杠杆的水洗罐（钢杯）。型号1（小杯），500mL，75mm×125mm，用于测试方法1A；型号2（大杯），1200mL，90mm×200mm，用于测试方法1B、2A、3A、4A和5A。

（3）不锈钢珠直径为6mm；用于测试1B的白色人造橡胶球直径为9~10mm，硬度70。

（4）多纤维贴衬织物（1号或10号）。

（5）AATCC 1993标准洗涤剂WOB（不含荧光增白剂和磷酸盐）；或AATCC 2003标准液体洗涤剂WOB（不含荧光增白剂）。

（6）AATCC 1993标准洗涤剂（含荧光增白剂）；或AATCC 2003标准液体洗涤剂（含荧光增白剂）。

（7）次氯酸钠漂白剂。

（8）硫酸，10%；碘化钾，10%；硫代硫酸钠，0.1N。

3. 试样准备

（1）不同测试条件需要的试样尺寸：测试条件1A，试样尺寸为50mm×100mm；测试条件1B、2A、3A、4A和5A，试样尺寸为50mm×150mm。

（2）每个试验样品测试一块试样，如果需要提高测试的精确度，可测试多块试样。每个钢杯中仅放一块试样。

（3）在测试条件1A、2A中，使用多纤维贴衬织物评定沾色。在测试条件3A中，使用多纤维贴衬织物或漂白棉织物评定沾色。当选用多纤维贴衬时，可不考虑醋酯纤维、聚酰胺纤维、聚酯纤维和聚丙烯腈纤维的沾色,除非被测织物或最终成衣中含有这些纤维成分的某一种。在测试条件 4A、5A 中不使用贴衬织物,这两种程序无须评定沾色。对于美标耐洗色牢度试验,1A 和 2A 两种测试条件在实际应用中采用的最多。

(4)使用纤维条宽 8mm 的多纤维贴衬织物或漂白棉织物,将其制备成尺寸为 50mm×50mm 的正方形,并沿试样短边(50mm)缝上、钉上或采取其他合适的方式使贴衬织物与试样正面接触。当使用多纤维贴衬织物时,六种纤维条平行于试样的长度方向,并确保羊毛纤维条固定在试样的右边。

(5)使用纤维条宽 15mm 的多纤维贴衬织物,将其制备成尺寸为 50mm×100mm 的长方形,并沿试样长边(100mm 或 150mm)缝上、钉上或采取其他合适的方式使贴衬织物与试样正面接触。六种纤维条平行于试样的宽度方向,并确保羊毛纤维条固定在试样的最上端。

(6)为防止针织试样产生卷边,可采取将针织试样沿四边与相同尺寸的漂白棉布缝合的方式,试样背面接触漂白棉布,试样正面与多纤维贴衬织物贴合。

(7)对于具有绒头方向的绒类织物,将多纤维贴衬织物与试样绒毛的顺毛方向末端(与绒毛指向相反)缝合在一起。

(8)如果待测试样是纱线,使用以下两种方法中任一种准备试样。

①在合适的针织机上织成针织物,按照上述(1)~(6)准备样品和多纤维织物。保留每个样品的一块针织试样作为原样。

②将每种纱样制备成两束长 110m 的纱束,再将纱束折叠,使其宽为 50mm 及适合的长度(100mm 或 150mm)。每种纱样留一束作为原样。用大约相同重量的摩擦小白布分别缝或钉在已准备的纱束两端,在一端附上多纤维布测试织物。

4.试验步骤

(1)测试条件见表 1-18。

表 1-18 AATCC 61 测试条件

测试方法	温度		溶液体积(mL)	洗涤剂(粉剂)浓度(%)	洗涤剂(液体)浓度(%)	有效率含量(%)	钢珠数量(个)	胶球数量(个)	洗涤时间(min)
	℃	°F							
1A	40	105	200	0.37	0.56	0	10	0	45
1B	31	88	150	0.37	0.56	0	0	10	20
2A	49	120	150	0.15	0.23	0	50	0	45
3A	71	160	50	0.15	0.23	0	100	0	45
4A	71	160	50	0.15	0.23	0.015	100	0	45
5A	49	120	150	0.15	0.23	0.027	50	0	45

(2)调节水洗牢度测试仪以保持规定的水浴温度。准备所需要量的洗涤液将其预热到规定的温度。

(3)测试条件为 1A 时,使用 75mm×125mm 的钢杯;测试条件为 2A、3A、4A 和 5A 时,使用 90mm×200mm 的钢杯。

(4)对于测试条件 1A、1B、2A 和 3A,按照表 1-18 的规定加入一定量的洗涤液。

(5)对于测试条件 4A,须准备一种含 1500mg/L 有效氯的溶液。先测定次氯酸钠漂白原液

的含量,然后再按下述方法将其稀释配成 1L 溶液:

$$159.4/\%NaClO = 加入量(g) \qquad (1-2)$$

准确量取一定量的漂液,按式(1-2),放入 1L 容量瓶中,稀释至 1L。量取 5mL 1500mg/L 有效率的次氯酸钠溶液,加入 45mL 的洗涤剂,配成总体积 50mL,加入钢杯。

(6)对于测试方法 5A,测定次氯酸钠漂白原液的含量,再按下述方法将其稀释:

$$4.54/\%NaClO = 加入量(g) \qquad (1-3)$$

准确量取一定量的漂液,按式(1-3),再加入洗涤剂,使总体积为 150mL。

(7)有两种方法可以使钢杯预热到规定的测试温度,使用水洗牢度测试仪或者预热/存放装置。如果钢杯在水洗牢度测试仪中预热,将钢杯放在保持规定测试温度的预热装置中,为了防止氯丁橡胶污染洗涤溶液,在氯丁橡胶垫片和钢杯顶部之间放入特氟纶碳氟化合物。将 75mm×125mm 的钢杯垂直地,或将 90mm×200mm 的钢杯水平地固定在水洗牢度测试仪的紧固板上。水洗牢度测试仪支架两侧的钢杯数量要相等。启动机器至少进行 2min 预热。

(8)停止机器运转,使一排钢杯处于直立位置,打开盖子,放入一块试样,再盖上盖子,但不要拧紧。重复该操作,直到一排所有的钢杯都放入试样,然后再以同样的顺序拧紧钢杯盖(推迟拧紧盖子是为了使压力平衡)。重复操作,直到各排的钢杯都放入试样。

(9)启动水洗牢度测试仪,并且以(40±2)r/min 的速度运行 45min。

(10)对于所有测试方法的漂洗、脱水和干燥程序都是一样的。停止洗涤,取出钢杯,倒出试样,一个试样放在一个烧杯中。用(40±3)℃的蒸馏水或去离子水在烧杯中清洗三次,每次约 1min,可偶尔搅拌或用手挤压。离心脱水或通过小轧车除去多余的水分。在温度不超过 71℃ 的循环通风的烘箱中干燥,或者将试样放入锦纶网袋中,放入滚筒烘干机中用一般程序烘干,温度为(61~71)℃,或者在空气中干燥。

(11)评级前,应将试样置于温度为(21±1)℃,相对湿度为(65±2)%的环境中调湿 1h。此外,还要将洗后试样及多纤维贴衬织物修整,如散纱或试样表面的松散纤维、长毛羽等。对于绒类试样,用毛刷将其毛的倒向梳成与原样一致。如果试样由于洗涤和干燥而起皱,应先将试样平整。为了便于评级,可将试样用卡纸订起,以不影响评级为原则。使用的白色卡纸,其白度在三原色立体图中的 Y 值至少为 85%。对于纱线试样,应将洗前原样及洗后试样梳顺理直,使其外观平整,便于评级。

四、国内外标准差异比较

(一)中国标准与 ISO 标准比较

目前中国市场普遍采用的两个国家标准 GB/T 3921—2008 和 GB/T 12490—2014 修改时分别采用了 ISO 105-C10:2006 和 ISO 105-C06:2010。比较中国标准与其相对应的 ISO 标准,除某些说明性、编辑性方面的修改,两个中国标准的规范性引用文件部分,用国内标准替换了相应的国际标准,另外增加了有关麻标准贴衬织物的标准 GB/T 13765。在 GB/T 3921—2008 标准中,对洗涤后试样的清洗方法较 ISO 105-C10:2006 稍作修改。除上述不同之处,在试验原理、设备、材料和试剂、试验步骤等主要技术内容方面基本一致。

在贴衬织物的选择方面,中国市场和欧洲市场在习惯上是不同的。根据标准,采用多纤维贴衬织物和单纤维贴衬织物是可选的,但欧洲市场一般采用多纤维贴衬织物,即 DW(纤维条含羊毛和醋酯纤维)或 TV(纤维条不含羊毛和醋酯纤维),而在中国市场,习惯上选择单纤维贴衬织物。在中国质量监管部门组织的监督抽查中,多数要求采用单纤维贴衬织物用于评定沾色等级。

另外,在中国市场使用最广泛的耐洗涤色牢度标准是 GB/T 3921,而该项中国标准所对应的 ISO 105-C10 与欧洲市场普遍采用的 ISO 105-C06 并不一致。由此可见,对于耐洗色牢度,中国检测方法与欧洲(ISO)方法基本相同这一说法在实际应用中并非完全准确。表 1-19 是在 GB/T 3921—2008 和 ISO 105-C06:2010 标准中各选出两项常用程序(试验条件)所做的比较。

表 1-19   GB/T 3921 和 ISO 105-C06 常用测试程序比较

标准	方法编号	温度(℃)	溶液体积(mL)	洗涤剂及浓度	时间(min)	钢珠数量(个)
GB/T 3921—2008	A(1)	40	按浴比 50:1	肥皂:5g/L	30	0
ISO 105-C06:2010	A2S	40	150	ECE [a]:4g/L 过硼酸钠:1g/L	30	10 [b]
GB/T 3921—2008	C(3)	60	按浴比 50:1	肥皂:5g/L 碳酸钠:2g/L	30	0
ISO 105-C06:2010	C2S	60	50	ECE [a]:4g/L 过硼酸钠:1g/L (用碳酸钠调节 pH 至 10.5±0.1)	30	25

注   a ECE(含磷,WOB)和 AATCC 1993 标准洗涤剂(WOB)都可选用,但欧洲市场一般选用 ECE(类型 B)。
　　 b 对于含有羊毛、丝的精细织物,不用钢珠。

(二)中国标准与 AATCC 标准比较

中国标准与 AATCC 标准差异较大。除使用的洗涤剂、洗涤条件不同之外,试样尺寸、贴衬织物、钢杯规格都不尽相同(表 1-20);另外,表 1-21 列出了 GB/T 3921—2008 和 AATCC 61—2013 标准中各两项常用程序(试验条件)的比较。

表 1-20   国标和美标常用程序试样尺寸、贴衬织物、钢杯规格比较

标准	方法编号	试验尺寸(mm×mm)	贴衬织物尺寸(mm×mm)	钢杯容量(mL)
GB/T 3921—2008	A(1)	40×100	40×100	550±50
AATCC 61—2013	1A	50×100	50×50	500
GB/T 3921—2008	C(3)	40×100	40×100	550±50
AATCC 61—2013	2A	50×150	50×50	1200

表 1-21   国标和美标常用程序测试条件比较

标准	方法编号	温度(℃)	溶液体积(mL)	洗涤剂及浓度	时间(min)	钢珠数量(个)
GB/T 3921—2008	A(1)	40	按浴比 50:1	肥皂:5g/L	30	0
AATCC 61—2013	1A	40	200	AATCC 1993:0.37% 或 AATCC 2003:0.56%	45	10
GB/T 3921—2008	C(3)	60	按浴比 50:1	肥皂:5g/L 碳酸钠:2g/L	30	0
AATCC 61—2013	2A	49	150	AATCC 1993:0.15% 或 AATCC 2003:0.23%	45	50

五、操作和应用中的相关问题

(一)试验操作注意事项

1. 钢杯的清洁度

耐洗色牢度试验机和配套的钢杯可用于多项色牢度检测标准,不同标准使用的洗涤剂不同。特别是含有荧光增白剂的洗涤剂可能污染容器,如果在被污染的容器中进行不含荧光增白剂的试验,可能会导致试样色牢度的影响。因此,宜将含荧光增白剂和不含荧光增白剂的试验所用容器清楚地区分开。

2. 钢杯的气密性

大部分测试程序需要在加热的水浴中完成,加上洗涤剂浸蚀和钢珠的冲击,这些因素都会加快钢杯密封垫圈的老化,造成钢杯漏气。钢杯一旦不密封,洗涤液可能会流入水浴中,造成污染。同时,水浴中的水也可能渗入测试的钢杯,影响测试结果。测试过程中,当盖紧每排钢杯杯盖后,可翻转时看看是否有气泡从杯盖处冒出,如有,说明该钢杯已不密封,应立即更换。

3. 洗涤剂的配制

固体洗涤剂、肥皂等必须充分溶解和散开,确保配置的洗涤液中没有沉淀,否则,洗涤剂浓度与标准规定有偏差,影响测试结果。

(二)贴衬织物选择建议

1. 标准中未作规定的纤维

对部分纤维成分,标准中未规定试验时贴衬织物时,可参考同一大类的纤维织物进行选择,或参照相似化学结构的纤维进行选择,或选择与染色织物具有相同或相近染色性能的贴衬织物进行试验。如无法参考到单纤维贴衬织物的,选用多纤维贴衬织物。具体单纤维相邻贴衬选择有如下建议。

(1)莫代尔纤维、莱赛尔纤维、醋纤(耐水、汗、干洗色牢度中未规定):黏胶纤维。

(2)牛奶蛋白改性聚丙烯腈纤维:聚丙烯腈纤维。

(3)牛奶蛋白改性聚乙烯醇纤维、大豆蛋白复合纤维:聚酰胺纤维。

(4)聚乳酸纤维、聚苯二甲酰苯二胺纤维(芳纶)、聚乙烯纤维、聚丙烯纤维:聚酯纤维。

(5)竹原纤维:麻

2. 面层和底层为不同成分的复合面料

建议使用多纤贴衬时,分别测试面层、底层,报告较差的结果。当选用单纤贴衬时,分别按面层、底层选用贴衬,制作两个组合试样进行试验,报告较差的结果。

3. PU 面料或 PU 涂层

(1)PU 面料:根据底布纺织品的成分来选择相邻贴衬布。制作两个组合试样进行试验,报告较差的结果。例如,底布为棉/聚酯纤维,测试两个组合试样,第一个组合试样正面用棉,反面用聚酯纤维;第二个组合试样正面用聚酯纤维,反面用棉。

(2)全涤面料有 PU 涂层:按照底布成分来选择相邻贴衬布。制作两个组合试样进行试验。第一个组合试样正面用聚酯纤维,反面用棉;第二个组合试样正面用棉,反面用聚酯纤维。报告较差的结果。

(3)PU 面料有绣花线:首先按照底布成分来选择相邻贴衬布,测试两块组合试样;其次,按照绣花线成分来选择相邻贴衬布,测试两块组合试样。报告较差的结果。

(三)洗涤程序的选择

中国标准、ISO标准和AATCC标准中都有若干洗涤程序(洗涤条件),这三类标准对应的中国市场、欧洲市场和美国市场有着不同的规定或操作习惯。

1. 中国标准

GB/T 3921是中国市场采用最多的耐洗色牢度试验方法标准。在GB/T 3921中,有A(1)、B(2)、C(3)、D(4)和E(5)五个洗涤程序。通常,中国的产品标准中规定了皂洗色牢度的洗涤程序。例如,在机织类服装产品标准FZ/T 81007—2012《单、夹服装》中规定了用GB/T 3921—2008中C(3)方法测试,但当产品的纤维成分为蚕丝、再生纤维素纤维、麻、聚酰胺纤维、毛及其混纺织物时按方法A(1)进行测试。在针织类服装产品标准FZ/T 73020—2012《针织休闲服》中规定了皂洗色牢度按GB/T 3921—2008中C(3)方法执行。

2. ISO标准

欧洲市场普遍采用的耐洗色牢度方法是ISO 105-C06,在该标准中共16个测试程序。在欧美市场,产品性能要求一般由品牌商或是买家决定并制定质量(测试)手册,而制定测试条件的依据通常是市场的商业惯例。对于ISO 105-C06,测试程序的确定是由测试样品所含的纤维种类以及洗涤标签中水洗的温度决定。实验室操作人员可基于以下两种情况选择测试程序。

(1)测试样品提供洗涤护理标签(提供了洗涤温度)。当面料含有蚕丝、羊毛等蛋白质纤维时,测试程序选择"1S"系列,根据提供的护理标签上显示的水洗温度确定在A1S/B1S/C1S/D1S/E1S中选定对应程序。如果面料成分不含蚕丝或羊毛等蛋白质纤维时,则选用"2S"系列,再根据护理标签的水洗温度确在A2S/B2S/C2S/D2S/E2S中选定对应程序。

(2)不提供洗涤护理标签的情况可根据面料的纤维成分确定。可按表1-22确定测试程序。

表1-22 不同纤维成分可选择的洗涤程序

纤维成分	测试程序	
	程序编号	洗涤温度
100%天然纤维素纤维及其混纺、100%再生纤维素纤维以及其混纺(如100%棉,苎麻/棉混纺,100%黏胶纤维等)	C2S	60℃
100%合成纤维、合成纤维/天然织物纤维混纺或交织,聚丙烯腈纤维和醋酯纤维及其混纺除外(如100%聚酯纤维,100%聚酰胺纤维,聚酯纤维/棉混纺等)	B2S	50℃
100%聚丙烯腈纤维、醋酯纤维及其混纺	A2S	40℃
100%动物(蛋白质)纤维及其混纺(如100%羊毛,100%蚕丝,羊毛/聚酰胺纤维混纺等)	A1S	40℃

显然,对于常规家用纺织产品来说,表1-22中列出的4种程序是最常用的。而以D和E开头的程序通常用于制服、工作服、酒店和公共机构纺织品的测试。

3. AATCC标准

在AATCC 61标准中,有1A、1B、2A、3A、4A和5A六种洗涤程序。针对这六种程序,AATCC 61标准给出了如下解释。

(1)测试方法1A。本方法用于评价耐低温、频繁手洗纺织品的色牢度。经本方法测试的试样颜色的变化,类似于在(40±3)℃条件下,经过五次典型的小心手洗而产生的变化情况。

(2)测试方法1B。本方法用于评价耐低温、频繁手洗纺织品的色牢度。经本方法测试的试样颜色的变化,类似于在(27±3)℃条件下,经过五次典型的小心手洗而产生的变化情况。

(3)测试方法2A。本方法用于评价耐低温、频繁家庭机洗纺织品的色牢度。经本方法测试试样颜色的变化,类似于在温度为(38±3)℃条件下,以中等或温和设置进行五次家庭机洗产生的颜色变化。

(4)测试方法3A。本方法用于评定可水洗的纺织品在剧烈条件下的洗涤色牢度。经本方法测试试样颜色的变化,类似于在温度为(60±3)℃条件下,不含氯条件下进行五次家庭机洗产生的颜色变化。

(5)测试方法4A。本方法用于评定纺织品在含有效氯情况下的洗涤色牢度。经本方法测试试样颜色的变化,类似于在温度为(63±3)℃条件下,每3.6kg负荷中含有3.74g/L、5%有效氯情况下的五次家庭机洗的颜色变化。

(6)测试方法5A。本方法用于评定纺织品在含有效氯情况下的洗涤色牢度。经本方法测试试样颜色的变化,类似于在温度为(49±3)℃条件下,有效氯含量为(200±1)mg/kg的情况下的五次家庭机洗的颜色变化。

按照上述对结果的解释,基于提供的洗涤护理标签上显示的洗涤条件,如手洗或是机洗,低温或是中温等信息,即可选定相应的测试程序。但在实际应用中,有一类美国市场较为常用的洗涤护理方式"冷水机洗"却没有在AATCC 61的六种加速耐洗色牢度程序中体现,建议实验室操作人员可采用一种"2A Modified"程序,将2A程序中的洗涤温度从49℃修改成30℃,这一修改程序在美国市场得到普遍接受和认可。

六、耐洗色牢度技术要求

耐洗色牢度是纺织品最重要、最常用的色牢度项目之一。消费者在纺织服装产品服用过程中一般都会对其进行洗涤护理,洗涤后褪色、沾色情况可直观地反映产品耐洗色牢度的优劣。但国内外市场对耐洗色牢度的技术要求不尽相同。

(一)中国市场要求

在我国,耐洗色牢度所要达到的技术要求一般都在行业制定的产品标准中作出规定,而产品标签上必须明示其执行的产品标准,那么产品耐洗色牢度所要达到的级数就应符合明示产品标准中相应质量等级(如优等品、一等品、合格品等)的要求。表1-23~表1-25分别是部分常用机织服装、针织服装、婴童服装产品标准中耐洗涤色牢度的合格品要求。

表1-23 中国常用机织服装产品标准耐洗色牢度技术要求

技术要求/级	GB/T 2660—2017《衬衫》	GB/T 18132—2016《丝绸服装》	FZ/T 81004—2012《连衣裙、裙套》	FZ/T 81006—2017《牛仔服装》	FZ/T 81007—2012《单、夹服装》
变色	≥3	面料≥3	面料≥3 装饰件/绣花线≥3~4	原色产品≥3 水洗产品≥3~4	面料≥3 装饰件/绣花线≥3~4
沾色	≥3	面料≥2~3 里料≥3	面料≥3 里料≥3 装饰件/绣花线≥3~4	原色产品≥2~3 水洗产品≥3	面料≥3 里料≥3 装饰件/绣花线≥3~4

表 1-24　中国常用针织服装产品标准耐洗色牢度技术要求

技术要求/级	GB/T 8878—2014《棉针织内衣》	GB/T 22849—2014《针织T恤衫》	GB/T 22853—2019《针织运动服》	FZ/T 73020—2012《针织休闲服装》	FZ/T 73026—2014《针织裙、裙套》
变色	≥3	≥3~4 印(烫)花≥3	≥3~4	≥3	面料≥3 里料≥3~4
沾色	≥3	≥3	≥3	≥3	≥3

表 1-25　中国常用婴童服装产品标准耐洗色牢度技术要求

技术要求/级	GB/T 33271—2016《机织婴幼儿服装》	FZ/T 73025—2013《婴幼儿针织服饰》	GB/T 31900—2015《机织儿童服装》	FZ/T 73045—2013《针织儿童服装》
变色	≥3	≥3	面料≥3 装饰件/绣花线≥3~4	≥3
沾色	≥3	≥3	面料≥3 里料≥3 装饰件/绣花线≥3~4	≥3

经过查阅和比对我国现行纺织服装类产品标准中耐洗色牢度的技术要求后发现，一般合格品变色和沾色的要求设定为不低于3级。有少数产品标准将合格品变色等级设为"≥3~4级"，如机织产品标准 GB/T 2664、GB/T 2665、GB/T 2666，针织产品标准 GB/T 22849、GB/T 22853 等。沾色等级方面，牛仔服装(机织和针织牛仔)的沾色等级放宽半级，设定为不低于2~3级。此外，部分产品标准中将面料要求、里料要求、装饰件和印花要求分别做出规定。生产企业在进行产品质量内控检测时以及检测机构在对试验结果判定时都应仔细核对相应产品标准中的具体要求。

（二）欧美市场要求

欧美市场对纺织品耐洗色牢度的要求与中国市场由官方产品标准中作出规定的情形不同，因耐洗色牢度不属于法规要求范畴，官方不对其作出指标规定，而是由品牌商、买家以一般商业可接受的水平为基准，在各自的产品质量手册或测试方案中作出规定。一般，欧洲市场商业可接受的变色和沾色等级都为3~4级；美国市场商业可接受的变色和沾色等级分别为3.5级和3级，沾色等级比欧洲宽松半级。有时，美国品牌或买家对沾色等级还有另一种放宽的习惯做法，即当耐洗色牢度试验结果的沾色等级低于3级时，通过在洗涤护理标签上增加"分开洗涤"的附加提示语后可接受。表1-26列举了较有代表性的欧洲、美国品牌对纺织品耐洗色牢度的要求。

表 1-26　欧洲、美国品牌(买家)耐洗色牢度要求举例

市场	测试方法	要求
欧洲某快消品牌	ISO 105-C06	变色:4级,沾色:3~4级,自沾:4~5级 牛仔变色:3~4级,牛仔沾色:3级
美国某快消品牌	AATCC 61	变色:常规3.5级; 靛蓝染料、直接染料、硫化染料染色,涂料染色,成衣套色,套染,印花:3级, 沾色:3级,自沾:4级

从表 1-23~表 1-26 可以看出,欧洲市场对于耐洗色牢度的要求要略高于中国(合格品要求)和美国市场。而美国市场(买家)则对因使用的染料和染色工艺不同对染色牢度的影响有更多考虑,通常,用靛蓝、直接、硫化等染料染色、涂料染色、成衣染色等变色要求放宽至 3 级。

七、拼接互染色牢度介绍

拼接互染色牢度的称谓来自于中国市场要求,主要考核由深、浅色织物拼接而成的各类纺织品。在很多服装产品标准中,将拼接互染色牢度作为一项独立的考核项目。如常用的针织类服装产品标准 GB/T 22849—2014《针织 T 恤衫》、FZ/T 73020—2012《针织休闲服装》、FZ/T 73026—2014《针织裙、裙套》、FZ/T 73052—2015《水洗整理针织服装》和机织类服装产品标准 GB/T 2662—2017《棉服装》、GB/T 32614—2016《户外运动服装 冲锋衣》、FZ/T 81004—2012《连衣裙、裙套》、FZ/T 22700—2016《水洗整理服装》中都设有拼接互染色牢度考核指标。

(一)中国试验方法

GB/T 31127—2014《纺织品 色牢度试验 拼接互染色牢度》规定有两种可选试验方法,即方法 A 洗涤法和方法 B 浸泡法。

1. 洗涤法

方法 A 为洗涤法,其原理是将试样置于规定洗涤液中,在规定的浴比、时间和温度条件下进行机械搅动,再经清洗和干燥后,评定沾色用灰色样卡或仪器评定试样的沾色。与常规方法以贴衬织物沾色程度来评定试样沾色等级不同的是,该测试无须使用贴衬织物,而是直接评定试样浅色部位的沾色等级。试样制备的方法如下。

在两块需要拼接在一起的织物样品上,分别剪取(100±2)mm×(40±2)mm 的试样各一块,将两块试样的正面贴合在一起,沿短边缝合,形成一个组合试样。对于已缝合的成品,可以直接在拼接部位剪取组合试样。

方法 A 所使用的洗涤试验设备与耐洗色牢度试验方法相同,钢杯规格选用较小的一种,即容量为(550±50)mL,其直径为(75±5)mm,高为(125±10)mm。洗涤剂为不含荧光增白剂的 ECE 标准洗涤剂,与国标耐洗色牢度标准 GB/T 12490 中规定的 ECE 洗涤剂相同,其组成见表 1-17。方法 A 的试验步骤如下。

(1)用天平称取 4g ECE 标准洗涤剂,与三级水配制成 1L 洗涤液,并预热至(40±2)℃备用。

(2)将组合试样和预热的洗涤液按浴比 50∶1 放入钢杯中,装入耐洗色牢度试验仪在(40±2)℃下运转 30min。

(3)洗涤结束后取出组合试样,用流动水冲洗至干净,挤去过量水分,并用滤纸吸去多余水分。

(4)用夹子夹住深色试样未缝合的一端,悬挂在不超过 60℃的空气中干燥。

(5)用沾色灰卡或仪器评定浅色试样的沾色。

虽然国家标准 GB/T 31127—2014 是专门检测拼接互染色牢度的试验方法,但在实际应用中仅有少数几项产品标准中引用了该标准的方法 A(洗涤法),如 GB/T 2662—2017《棉服装》、FZ/T 73013—2017《针织泳装》、FZ/T 74005—2016《针织瑜伽服》等。在大多数设有拼接互染色牢度考核项目的产品标准中,大都以标准规范性附录的形式给出试验方法,试验原理和试样准备要求与 GB/T 31127—2014 的方法 A 基本相同,但洗涤程序明确按 GB/T 3921—2008 试验条件 A(1)执行。GB/T 3921—2008 试验程序 A(1)的具体要求见表 1-13。通过比较,GB/T 3921—

2008 试验程序 A(1)与 GB/T 31127—2014 方法 A 的最大区别在于所用的洗涤剂不同。此外,有部分机织服装产品标准中规定拼接互染色牢度按 GB/T 21294—2014《服装理化性能的检验方法》的相关要求执行,而在该标准中,也是通过规范性附录给出试验方法,其要求与产品标准中附录试验方法相同,即洗涤程序按 GB/T 3921—2008 试验条件 A(1)执行。

2. 浸泡法

GB/T 31127—2014《纺织品　色牢度试验　拼接互染色牢度》标准的方法 B 为浸泡法。其原理是将试样置于规定的洗涤液中处理后,放在试验装置中的两块平板间,使之受到规定的压强并在规定温度下放置规定时间,再经清洗和干燥后,用评定沾色用灰色样卡或仪器评定试样的沾色。

方法 B 所用的主要试验仪器是一副可使试样受压的不锈钢架,配有质量约 5kg、底部面积约 115mm×60mm 的重锤以及尺寸约 115mm×60mm×1.5mm 的玻璃或聚丙酸树脂板。当组合试样夹于板间时,可使组合试样受压(12.5±0.9)kPa。方法 B 操作程序中的试样制备、洗涤液配制、试样清洗、干燥以及评级过程均与方法 A 相同。不同之处是试样浸泡处理和受压放置的过程。具体操作如下。

试样平放在合适的平底容器内,然后按浴比 50:1 注入配制好的洗涤液(室温),放置30min,期间不时揿压和搅动试样,以保证洗涤液能充分且均匀地渗透到试样中。浸泡完成后取出试样,用两根玻璃棒夹去组合试样上过量的洗涤液。然后将组合试样平置在不锈钢架上的两块玻璃或聚丙酸树脂板之间,压上重锤后使试样垂直受压(12.5±0.9)kPa,并保证移开重锤后试样所受压强保持不变。将装有试样的不锈钢架放入恒温箱中,温度设定为(37±2)℃,并在此温度下放置 4h,组合试样呈水平放置状态。

说明:每台实验装置(不锈钢架)最多可同时放置 10 块组合试样进行试验,每块试样间用一块板隔开(共 11 块板),如试样少于 10 块,仍然使用 11 块板,以保持名义压强不变。

在实际应用中,GB/T 31127—2014 方法 B 浸泡法很少采用,目前对于拼接互染色牢度基本上存在两种不同的洗涤法测试,一是 GB/T 31127—2014 的方法 A,二是洗涤程序按产品标准中规定的 GB/T 3921—2008 条件 A(1)。由于两种方法所用的洗涤剂不同,对组合试样沾色产生的影响也不同,两者的试验结果不一致。GB/T 31127 的正式实施的日期晚于很多产品标准实施日期,因此,随着产品标准的更新,GB/T 31127 将有机会被更多产品标准直接引用,这种不协调现象也有望得到改观。

(二)中国试验方法与欧美标准的差异

中国试验方法无论是采用单项标准 GB/T 31127 还是产品标准中以规范性附录给出的试验方法,拼接互染色牢度都是一项独立的色牢度项目,而欧美则没有单独的检测标准,如遇印花产品、色织产品或染色产品(制成品的不同部位)中存在深浅对比色时,在耐洗色牢度测试中将会增加自身沾色的评定。在样品制备过程中须考虑试样各种深浅色的组合搭配,不能遗漏。常用欧洲和美国耐洗色牢度试验方法分别为 ISO 105-C06:2010 和 AATCC 61—2013,具体试验方法以及与中国标准的差异在前文已作介绍。

在拼接互染色牢度的技术要求方面,中国的产品标准合格品要求一般设定为 4 级,优等品设为 4~5 级,这与欧美品牌(买家)要求基本一致(表 1-26)。但在个别中国产品标准中,如FZ/T 73013—2017《针织泳装》,优等品、一等品和合格品的技术要求分别设为 3~4 级、3 级和2~3 级,显然,对于同件产品上深浅色的自身沾色,低于 4 级的技术指标有些偏低了。

八、耐干洗色牢度介绍

从广义上讲,耐洗色牢度包括耐水(皂)洗色牢度和耐干洗色牢度。某些纺织品比如含羊毛、羊绒或真皮拼饰,其洗涤护理一般不宜水洗而适用干洗。之所以称为干洗,就是在洗涤过程中水不直接接触被洗物,而是用有机化学溶剂对纺织品进行洗涤、去除油污或其他污渍的一种干进干出的洗涤方式。干洗过程中,印染纺织品在经受机械翻滚摩擦和干洗剂的共同作用下,造成褪色和其他变化,从而对产品的外观造成影响。耐干洗色牢度就是印染纺织品在规定的干洗条件下进行洗涤后保持原色泽的能力。

目前,常用的耐干洗色牢度测试标准主要有:GB/T 5711—2015《纺织品 色牢度试验 耐四氯乙烯干洗色牢度》;ISO 105-D01:2010《纺织品 色牢度试验 第 D01 部分:用四氯乙烯溶剂测定耐干洗色牢度》;AATCC 132—2013《耐干洗色牢度》。

(一)试验方法

1. 标准概述

GB/T 5711、ISO 105-D01、AATCC 132 三项标准均以四氯乙烯溶剂为干洗剂测定各类纺织品耐干洗色牢度的方法。中国标准 GB/T 5711—2015 修改采用了 ISO 105-D01:2010,在技术内容方面,洗涤完成后组合试样的干燥操作略有区别,GB/T 5711 标准未明确干燥温度,而 ISO 105-D01 标准允许在通风橱内不超过(60±5)℃的温度下干燥,其余内容两项标准基本一致。以下是 GB/T 5711—2015 标准介绍。

该标准不适用于评价纺织品整理的耐久性,也不适用于评价纺织品的颜色耐干洗去除斑渍操作的能力。试验只包括耐干洗色牢度试验方法,如需评价纺织品干洗的其他方面,如水斑、溶剂斑,蒸汽压烫等,则需用其他试验方法。

对于某些纺织材料,干洗剂中存在的洗涤液或水,会改变其耐干洗色牢度的性能。本试验要求织物在干的状态下进行,使用没有任何水分的容器,只用干洗溶剂进行测试。如未作进一步说明,标准中耐干洗色牢度是在四氯乙烯溶剂中的干洗色牢度。然而,如果有要求,亦可用其他溶剂。

与耐洗色牢度相比,干洗试验同样使用耐洗色牢度试验机及配套的钢杯。有所不同的是,耐洗色牢度中起摩擦挤压作用的小钢珠换成尺寸更大的小钢片。试样制备方法也基本相同。

2. 试验原理

将纺织品试样与规定的贴衬织物贴合在一起,和不锈钢片一起放入棉袋内,置于四氯乙烯内搅动,然后将试样和贴衬织物挤压或离心脱液、干燥。以原样作为参照样,用灰色样卡或仪器评定试样的变色和贴衬织物的沾色。

3. 试剂和材料

(1)四氯乙烯(又称全氯乙烯),应使用化学纯或以上,储存时应加入无水碳酸钠以中和任何可能形成的盐酸。

(2)贴衬织物,以下①或②任选其一。

①多纤维贴衬织物,DW 型或 TV 型。

②两块单纤维贴衬织物。第一块应由试样的同类纤维或混合织物中的主要纤维制成,第二块纯纺产品按表 1-27 规定、混合织物应由其次要含量的纤维制成,或另有规定。

表1-27 单纤维贴衬织物

第一块	第二块
棉	羊毛
羊毛	棉
丝	棉
麻	羊毛
黏胶纤维	羊毛
聚酰胺纤维	羊毛或棉
聚酯纤维	羊毛或棉
聚丙烯腈纤维	羊毛或棉

注 如试样是纱线或散纤维时,需另备一块染不上色的织物(如聚丙烯纤维)。

(3)未染色的漂白棉斜纹布用于制作布袋,单位面积质量为$(270\pm70)\,g/m^2$,不含整理剂。

(4)耐腐蚀的不锈钢圆片,直径为$(30\pm2)\,mm$,厚度为$(3\pm0.5)\,mm$,质量为$(20\pm2)\,g$,光洁无毛边。

4. 试验步骤

(1)将机械装置(耐洗色牢度试验机)中水浴锅的水温升至试验温度$(30\pm2)\,℃$。

(2)沿三边缝合两块未染色的正方形棉斜纹,制成一个内尺寸为$100mm\times100mm$的布袋。将一个组合试样和12片不锈钢圆片放入袋中,用任何方便的形式闭合袋口。

(3)从机械装置中取出不锈钢容器(钢杯),确保不锈钢容器内部、盖子和密封圈是干燥的。可用干棉布擦拭达到该要求。

(4)将装有组合试样和不锈钢圆片的布袋放入不锈钢容器内。

(5)在通风橱中温度在$(30\pm2)\,℃$时,向每个不锈钢容器中,加入200 mL的四氯乙烯。如果使用其他溶剂,应在试验报告中说明。

(6)盖上不锈钢容器,将其放入试验装置中。所有容器放置完毕后,启动运转,在$(30\pm2)\,℃$的水浴中处理组合试样30 min。

(7)在通风橱中从容器中拿出布袋,取出组合试样,夹于吸水纸或布之间,挤压或离心去除多余的溶剂。将组合试样打开,使试样和贴衬织物仅仅在缝合处连接。将试样悬挂于通风设备中干燥。

(8)以原样和原贴衬织物作为参照样,用灰色样卡或仪器,评定试样的变色和贴衬织物沾色。

美国AATCC 132—2013《耐干洗色牢度》的测试原理和所用的设备以及主要测试流程与GB/T 5711和ISO105-D01标准相同,但在贴衬织物种类、试样数量、尺寸及制备和干洗溶剂配制方面有所不同,具体要求如下:

多纤维贴衬织物为美标1号,纤维条宽8mm,包含醋酯纤维、棉、聚酰胺纤维、丝、黏纤和羊毛和10号,纤维条宽8mm或15mm,包含醋酯纤维、棉、聚酰胺纤维、聚酯纤维、聚丙烯腈纤维和羊毛。

如果待测物为织物,剪取三块试样,尺寸为10cm×5cm,长边平行于织物的经向或纵向。如果待测物为纱线,将其织成针织物,剪取三块试样,尺寸为10cm×5cm,长边平行于织物的纵向。建议针织物沿四边缝制或装订在同尺寸的80cm×80cm漂白棉织物以防止卷边,使整个试样表面得到一致的测试结果。对于具有绒头方向的绒类织物,多纤维贴衬织物附在试样上端,且绒头方向背离试样上端。

使用纤维条宽为 8mm 的多纤维贴衬织物时,剪取尺寸为 5cm×5cm 的多纤维贴衬织物或白色棉织物(若需要),沿试样 5cm 的一边缝制、装订或用其他合适的方式使其与试样正面接触,六种纤维沿试样 5cm 的一边分布,羊毛在右边,纤维条平行于试样的长度方向。使用多纤维条宽为 15mm 的多纤维贴衬织物时,剪取尺寸为 5cm×10cm 的长方形多纤维贴衬织物,沿试样的 10cm 的一边缝制、装订或用其他合适的方法使其与试样正面接触,六种纤维条平行于试样的宽度方向,且羊毛纤维条固定在试样上端,以防止试样脱散。

AATCC 132 试验用干洗洗涤剂与 GB/T 5711、ISO 105-D01 标准不同,除使用氯乙烯之外还需添加指定洗涤剂(Perk-Sheen 324)。干洗试剂制备时,在通风橱内将部分四氯乙烯倒入 1000mL 容量瓶中,然后加入 10mL Perk-Sheen 324 洗涤剂,摇匀或搅拌,再加入四氯乙烯至 1000mL 刻度,最后加入 0.6mL 水,再摇匀或搅拌至溶液无浑浊为止。该混合物在相对湿度为 75% 时产生 1% 体积比。

(二)操作和应用中的相关问题

1. 四氯乙烯安全性

干洗行业广泛使用的四氯乙烯(全氯乙烯)带有刺激的甜味,会影响人的神经中枢,被认为是一种可能使肝脏或肾脏致癌的有害气体。因此,在试验操作过程中,必须在通风橱内工作,建议佩戴防护手套、防护目镜和口罩,避免皮肤直接接触溶剂和吸入溶剂气体。严格按照规定妥善保管和安全处理溶剂。

2. GB 5711、ISO 105-D01、AATCC 132 标准差异

GB/T 5711、ISO 105-D01、AATCC 132 的试验原理基本相同,但 AATCC 132 制备试样数量、试样尺寸不同,干洗剂溶液除四氯乙烯之外还有指定洗涤剂(Perk-Sheen 324)和水,需要单独制备。

3. 印花脱落现象

印花织物检测耐干洗色牢度测试时,有时会发现印花会脱落而黏附在贴衬织物上的现象,这是因为印花所用黏合剂不耐干洗溶剂。按实际情况评定变色和沾色等级,并在报告上注明印花脱落导致变色和沾色。必要时,可提醒企业(测试委托方)该样品不适合干洗。

九、耐洗色牢度的改进

影响染色制品色牢度的因素很多,但主要取决于染料的化学结构、染料在纤维上的物理状态(染料的分散程度、与纤维的结合情况)、染料浓度、染色方法和工艺条件。纤维的性质对染色牢度也有很大的影响,同一染料在不同纤维上往往有不同的牢度。

皂洗色牢度包括原样褪色及贴衬织物沾色两项。原样褪色是指印染织物在皂洗前后褪色的情况;贴衬织物沾色是将两块单纤维贴衬织物或一块多纤维贴衬织物与印染色织物以一定方式缝叠在一起,经皂洗后因染色织物褪色使贴衬织物沾色的情况。染色制品的皂洗褪色是织物上的染料在试液中经外力和洗涤剂的作用,破坏了染料与纤维的结合,使染料从织物上脱落溶解到洗涤液中而褪色。

首先,皂洗色牢度与染料的溶解性有关。含亲水基团多、水溶性好的染料耐皂洗牢度低。

反之,不溶性染料的皂洗牢度高。如酸性染料、直接染料由于含较多的水溶性基团,皂洗牢度较低,而还原、硫化等含不溶性基团,相应耐洗色牢度较高。

其次,耐洗色牢度与染料和纤维的结合情况有关。染料与纤维的结合力越强,耐洗色牢度也越高。如酸性媒染染料和直接铜盐染料,由于金属离子的介入,加强了染料与纤维之间的结合,耐洗色牢度提高。再如活性染料在固色时由于和纤维发生了共价键结合,染料成为纤维的一部分,因此耐洗色牢度较好。

再者,同一染料在不同纤维上的皂洗牢度不同。如分散染料在涤纶上的耐洗色牢度比在锦纶上高,这是因为涤纶的结构比锦纶紧密、疏水性较强的缘故。

此外,耐洗色牢度还与染色工艺有密切关系。染料扩散不充分,大部分浮着于纤维表面,易从纤维上脱落;造成染色牢度不佳;染后洗不净,浮色有残余,也会导致耐皂洗牢度下降。

以活性染料为例,活性染料的皂洗牢度较好,因为染料与纤维形成共价键结合后,水洗并不能轻易造成解吸、褪色与渗色。因此,活性染料染色产品皂洗色牢度的好坏决定于未固着染料(水解染料和少量未反应染料)数量的多少,如果水解染料皂洗去除不尽,以后水洗会不断掉色。皂洗牢度还与键合染料的断键稳定性有关,断键染料也会发生水洗掉色。因此,影响皂洗色牢度的因素,最重要的是染料的自身结构和性能,其次是染色工艺和染后处理等工艺。断键强度高,皂洗牢度往往也好。活性染料固色率高,未固着染料量少,需洗涤去除的染料量就少;活性染料水解速率慢,水解染料量少,需洗涤去除的染料量也少。未固着的染料和水解染料直接性低,水溶性好,不易沾色,易于洗除。染料浓度高,残留染料量多,不易洗除干净,反之则易于洗净。

为提高耐洗色牢度,对不同的纤维,选择不同的染料,制订合理的染色工艺,严格按工艺操作,使染料与纤维充分结合,染后充分洗涤,彻底洗净浮色,必要时可加入适当的固色剂固色以提高耐洗色牢度。

第三节　耐摩擦色牢度

一、概述

耐摩擦色牢度是指印染到织物上的色泽耐受摩擦的坚牢程度,是测定纺织服装的颜色对摩擦的耐抗力及对其他材料的颜色转移程度,并通过沾色评级来反映纺织品耐摩擦色牢度的质量,分干态摩擦和湿态摩擦两种。耐摩擦色牢度是最常见的色牢度测试项目之一,在我国,涉及纺织产品的两项强制性国家标准 GB 18401—2010《国家纺织产品基本安全技术规范》和 GB 31701—2015《婴幼儿及儿童纺织产品安全技术规范》将耐摩擦色牢度纳入考核范围并分别做出等级限定。根据我国质量监管部门历年实施的纺织产品监督抽查结果的有关统计来看,耐摩擦色牢度不合格的占比一直位列所有色牢度项目的第一。此外,由摩擦色牢度问题引发的消费纠纷也屡见不鲜。比如,穿着耐摩擦色牢度不佳的下装,当坐在白色(或浅色)沙发上时,服装上的颜色会沾染到浅色皮革或纺织材质沙发套上;再如,当女士背的浅色挎包遇上摩擦色牢度差的服装,浅色挎包也会被沾污。

按测试仪器的摩擦头与被测试样之间摩擦运动方式的不同来分,耐摩擦色牢度试验方法可分为往复式和立体旋转式两种,俗称"平摩"和"点摩"。往复式耐摩擦色牢度试验是常规检查方法,适用于中国、欧洲和美国的检测标准分别有 GB/T 3920—2008《纺织品　色牢度试验　耐摩擦色牢度》、ISO 105-X12:2016《纺织品　色牢度试验　第 X12 部分:耐摩擦色牢度》和 AATCC 8—2016《摩擦色牢度:摩擦测试仪法》。立体旋转式耐摩擦色牢度试验方法一般只在被测织物含有小面积印花时采用。检测标准有 GB/T 29865—2013《纺织品　色牢度试验　耐摩擦色牢度　小面积法》,ISO 105-X16:2016《纺织品　色牢度试验　第 X16 部分:耐摩擦色牢度　小面积》和 AATCC 116—2018《耐摩擦色牢度:旋转垂直摩擦仪法》。

二、常用试验方法介绍

(一)往复式摩擦法

往复式摩擦法现行标准为 GB/T 3920—2008《纺织品　色牢度试验　耐摩擦色牢度》。该标准规定了各类纺织品耐摩擦色牢度的试验方法。该标准适用于各类纤维制成的,经染色或印花的纱线、织物和纺织制品,包括纺织地毯和其他绒类织物。每一样品可做两个试验,一个使用干摩擦布,一个使用湿摩擦布(某些产品标准仅考核干摩擦色牢度)。

1.试验原理

将纺织试样分别与一块干摩擦布和一块湿摩擦布摩擦,评定摩擦布沾色程度。耐摩擦色牢度试验仪通过两个可选尺寸的摩擦头提供了两种组合试验条件:一种用于绒类织物;另一种用于单色织物或大面积印花织物。

2.设备和材料

(1)耐摩擦色牢度试验仪。具有两种可选尺寸的摩擦头作往复直线摩擦运动,分手动式和电动式两种(图1-2)。

（a）手动式　　　　　　　　　（b）电动式

图1-2　往复式耐摩擦色牢度仪

长方形摩擦头:用于绒类织物(包括纺织地毯)。摩擦表面的尺寸为 19mm×25.4mm。摩擦头施以向下的压力为(9±0.2)N,直线往复动程为(104±3)mm。

圆形摩擦头:用于其他纺织品。摩擦头由一个直径为(16±0.1)mm 的圆柱体构成,施以向下的压力为(9±0.2)N,直线往复动程为(104±3)mm。

说明:使用直径为(16±0.1)mm 的摩擦头对绒类织物试验,在评定对摩擦布的沾色程度时可能会遇到困难,这是由于摩擦布在摩擦圆形区域周边部位会产生沾色严重的现象,即产生晕轮。对绒类织物试验时,使用长方形摩擦头会消除晕轮现象。对绒毛较长的织物,即使使用长方形摩擦头评定沾色时也可能会遇到困难。

(2)棉摩擦布,符合 GB/T 7568.2 的规定(参见表 1-3),剪成(50±2)mm×(50±2)mm 的正方形用于圆形摩擦头,剪成(25±2)mm×(100±2)mm 的长方形用于长方形摩擦头。

(3)耐水细砂纸,或不锈钢丝直径为 1 mm、网孔宽约为 20 mm 的金属网。

说明:宜注意到使用的金属网或砂纸的特性,在其上放置纺织试样试验时,可能会在试样上留下印迹,这会造成错误评级。对纺织织物可优先选用砂纸进行试验,选用 600 目氧化铝耐水细砂纸已被证明对测试是合适的。

3. 试样准备

若被测纺织品是织物或地毯,需准备两组尺寸不小于 50mm×140mm 的试样,分别用于干摩擦试验和湿摩擦试验。每组各两块试样,其中一块试样的长度方向平行于经纱(或纵向),另一块试样的长度方向平行于纬纱(或横向)。若要求更高精度的测试结果,则可额外增加试样数量。

另一种剪取试样的可选方法,是使试样的长度方向与织物的经向和纬向成一定角度。若地毯试样的绒毛层易于辨别,剪取试样时绒毛的顺向与试样长度方向一致。

若被测纺织品是纱线,将其编织成织物,试样尺寸不小于 50 mm×140 mm。或沿纸板的长度方向将纱线平行缠绕于与试样尺寸相同的纸板上,并使纱线在纸板上均匀地铺成一层。

在试验前,将试样和摩擦布放置在规定的标准大气下调湿至少 4h。对于棉或羊毛等织物可能需要更长的调湿时间(详见本章第一节第五部分)。

说明:为得到最佳的试验结果,宜在规定的标准大气下进行试验。

4. 试验步骤

用夹紧装置将试样固定在试验仪平台上,使试样的长度方向与摩擦头的运行方向一致。在试验仪平台和试样之间,放置一块金属网或砂纸,以助于减少试样在摩擦过程中的移动。

当测试有多种颜色的纺织品时,须注意取样的位置,使所有颜色均被摩擦到。如果颜色的面积足够大,可制备多个试样,对单个颜色分别评定;如果颜色面积小且聚集在一起,可选用旋转式摩擦试验仪进行试验。

(1)干摩擦。将调湿后的摩擦布平放在摩擦头上,使摩擦布的经向与摩擦头的运行方向一致。运行速度为每秒 1 个往复摩擦循环,共摩擦 10 个循环。摩擦头在试样上的摩擦动程为(104±3)mm,施加的向下压力为(9±0.2)N。取下摩擦布,按规定要求对其调湿,并去除摩擦布上可能影响评级的任何多余纤维。

(2)湿摩擦。称量调湿后的摩擦布,将其完全浸入蒸馏水中,重新称量摩擦布以确保摩擦布的含水率达到 95%~100%,然后按干摩擦相同操作进行。10 个摩擦循环完成后,取下摩擦白布,晾干后再按规定调湿,以备评级。

说明:当摩擦布的含水率可能严重影响评级时,可以采用其他含水率。例如,常采用含水率为(65±5)%。可用轧液装置或其他适宜的装置调节摩擦布的含水率。

5. 评定

(1)去除摩擦布表布上可能影响评级的多余纤维。

(2)评定时,在每个被评摩擦布的背面放置三层摩擦布。

(3)在适宜的光源下,用评定沾色用灰色样卡评定摩擦布的沾色级数。

(二)立体旋转式摩擦法

立体旋转式摩擦法又称小面积法。中国现行标准为 GB/T 29865—2013《纺织品 色牢度试验 耐摩擦色牢度 小面积法》。该标准规定了纺织品耐摩擦色牢度的试验方法,其被测试面积小于 GB/T 3920 的试验面积。该标准包括两种试验,一种使用干摩擦布,另一种使用湿摩擦布。

1. 试验原理

将纺织试样分别与一块干摩擦布和一块湿摩擦布作旋转式摩擦,用沾色用灰色样卡评定摩擦布沾色程度。该方法专用于小面积印花或染色的纺织品耐摩擦色牢度试验。

2. 设备和材料

(1)耐摩擦色牢度试验仪(图 1-3),有一直径为(25±0.1)mm 的摩擦头,作正反方向交替旋转运动。摩擦头安装在可垂直加压的杆上,向下施加的压力为(11.1±0.5)N,旋转角度为(405±3)°。摩擦头的另一可选直径为(16±0.1)mm,具有同样的压力。

(2)摩擦布,符合 GB/T 7568.2 中规定的棉标准贴衬织物(参见表 1-3),剪取边长为(50±2)mm 的正方形。

(3)耐水细砂纸,或不锈钢丝直径为 1mm、网孔宽约为 20mm 的金属网。

图 1-3 旋转式耐摩擦色牢度仪

说明:宜注意到使用的金属网或砂纸的特性,在其上放置纺织试样试验时,可能会在试样上留下印迹,这会造成错误评级。对纺织织物优先选用砂纸进行试验,可参考使用 600 目氧化铝耐水细砂纸。

3. 试样准备

对织物试样,需准备尺寸不小于 25mm×25mm 的试样,若试验精度要求更高,可增加试样数量;对于纱线样品,将其编织成织物,所取试样尺寸不小于 25mm×25mm。或将纱线平行缠绕在适宜的纸板上,并使纱线在纸板上均匀地铺成一层。

在试验前,将试样和摩擦布放置在规定的标准大气下进行调湿(详见本章第一节第五部分)。

说明:为得到最佳的试验结果,宜在规定的标准大气下进行试验。

4. 试验步骤

移开试验仪的垂直加压杆,将试样夹持在试验仪的底板上,在底板和试样之间放一块金属网或耐水细砂纸,以减少试样在摩擦过程中发生移动。摩擦布被固定在垂直加压杆末端的摩擦头上,将垂直加压杆复原到操作位置上,使试样的摩擦区域与摩擦头上的摩擦布相接触,垂直加压杆向下的压力为(11.1±0.5)N。

取两块试样,分别用于干摩擦试验和湿摩擦试验。

(1)干摩擦。将调湿后的摩擦布平整地固定在摩擦头上,使垂直加压杆作正向或反向转动摩擦共 40 次,摩擦 20 个循环,转速为每秒 1 个循环。取下摩擦布。

(2)湿摩擦。称量调湿后的摩擦布,将其完全浸入蒸馏水中,取出并去除多余水分后,重新称量,以确保摩擦布的带液率为 95%~100%,然后按干摩擦相同操作进行。20 个摩擦循环完成后,取下摩擦白布,晾干后再按规定调湿,以备评级。

说明：当摩擦布的带液率会严重影响评级时，可以采用其他带液率。例如，常采用的带液率为（65±5）%。可用轧液装置或其他适宜的装置调节摩擦布的带液率。

5. 评定

摩擦白布沾色等级评定要求同往复式摩擦法。

说明：旋转摩擦试验仪通常会使摩擦布沾色部位的边缘附近比中心部位沾色严重，可能会使评定摩擦布沾色级数较为困难。

三、国内外标准差异比较

（一）中国标准与 ISO 标准差异

中国现行标准 GB/T 3920—2008《纺织品　色牢度试验　耐摩擦色牢度》修改采用了 ISO 105-X12:2001《纺织品　色牢度试验　第 X12 部分:耐摩擦色牢度》。两项标准的技术内容基本一致，中国标准对耐水细砂纸的规格做出补充说明即"选用 600 目氧化铝耐水细砂纸已被证明对测试是合适的"，这更具可操作性和有利于试验操作和结果的一致性。ISO 现行耐摩擦色牢度标准已由 2001 版更新至 2016 版，更新版标准在测试前试样和摩擦布的调湿方面做了微小修改，技术内容保持不变。

立体旋转式摩擦方法（小面积法）方面，中国标准 GB/T 29865—2013《纺织品　色牢度试验　耐摩擦色牢度　小面积法》修改采用了 ISO 105-X16:2016《纺织品　色牢度试验　第 X16 部分:耐摩擦色牢度　小面积》。与往复式摩擦方法一样，中国标准中对耐水细砂纸的规格做出补充说明。另外，在夹持试样的操作步骤上，中国标准增加了"在底板和试样之间放一块金属网或耐水细砂纸，以减少试样在摩擦过程中发生移动"，这样既细化夹持试样的操作，同时也对试验材料金属网和耐水细砂纸做出了呼应。总体上国家标准与 ISO 标准的技术内容基本一致。

（二）中国标准与 AATCC 标准差异

1. 往复式摩擦方法比较

AATCC 8—2016《摩擦色牢度:摩擦测试仪法》在试验原理方面与中国标准基本相同。但在试验设备材料、试样准备以及测试操作方面与中国标准存在差异。另外，在 AATCC 标准中详细叙述了校准的重要性。GB/T 3920—2008 与 AATCC 8—2016 主要差异见表 1-28。

表 1-28　GB/T 3920、AATCC 8 标准主要差异比较

标准	摩擦头	摩擦布规格	试样数量	试样制备	湿摩擦带液率
GB/T 3920—2008	圆形:直径(16±0.1)mm 长方形:19mm×25.4mm	符合 GB/T 7568.2 要求（参见表 1-4）	两干两湿	尺寸:50mm×140mm 取样方向:平行于经向或纬向，或者斜向	95%~100%
AATCC 8—2016	圆形:直径(16±0.1)mm	参见表 1-27	一干一湿	尺寸:50mm×130mm 取样方向:斜向	（65±5）%

2. 立体旋转式摩擦法比较

GB/T 29865—2018《纺织品　色牢度试验　耐摩擦色牢度　小面积法》和 AATCC 116—2018《耐摩擦色牢度:旋转垂直摩擦仪法》的试验原理和试验设备基本相同，两项标准之间主要

的不同之处是使用的摩擦白布规格及其湿摩擦操作中摩擦白布的带液率,差异的细节与往复式摩擦法 GB/T 3920 及 AATCC 8 之间的差异相同,参见表 1-28。

四、操作和应用中的相关问题

(一)试验操作相关问题

1. 摩擦白布规格

摩擦白布是耐摩擦色牢度试验中最主要的标准耗材,其规格和性能的差异可能对检测结果的评定造成影响。然而,适用于中国市场、欧洲市场和美国市场的现行检测标准中所规定的摩擦白布规格却各不相同。

(1)中国标准 GB/T 3920—2008 及 GB/T 29865—2013(小面积法)规定摩擦白布应符合单纤维贴衬织物系列标准中 GB/T 7568.2 对于棉标准贴衬织物的要求(参见表 1-3)。

(2)欧洲标准 ISO 105-X12:2016 及 ISO 105-X16:2016(小面积法)规定摩擦白布规格符合 ISO 105-F09 标准要求。ISO 105-F09 是一项专门针对棉摩擦布规格设立的标准。对比 GB/T 7568.2 和 ISO 105-F09 后发现,对于摩擦白布的要求,在单位面积质量、pH、白度值等方面都有所不同,此外 ISO 105-F09 对残油含量也做出了规定。在中国标准和 ISO 标准摩擦色牢度试验方法中,通过引用相关织物规格标准,即 GB/T 7568.2 及 ISO 105-F09 来规定摩擦白布的规格要求,因此,对于隐含在两者之间的差异并未在试验方法中显现,实验室操作人员在执行摩擦色牢度测试时,不能认为用于中国标准和 ISO 摩擦色牢度试验的摩擦白布可以互用。实际上,对应于 ISO 105-F09 标准的中国标准 GB/T 33729—2017《纺织品 色牢度试验 棉摩擦布》已经发布和实施,希望相关标准化技术委员会在更新中国两项摩擦色牢度试验方法时,可将其作为摩擦白布规格要求的引用标准,以此提高中国标准与国际标准的一致性。

2. 湿摩擦布带液率的控制

中国标准和 ISO 标准的湿摩擦色牢度规定摩擦白布带液率为 95%~100%,而 AATCC 标准则为(65±5)%。毫无疑问,摩擦布带液率控制技术及控制精准与否,不仅影响湿摩擦色牢度的结果,而且对于实验室技术人员来说,也关系到试验操作的便利性、稳定性,进而影响到工作效率。两项中国标准的湿摩擦操作部分,都以说明的形式给出建议,即"用可调节的轧液装置或其他适宜的装置调节摩擦布的含水率"。在 ISO 标准中,只提及实验室应建立一种技术来控制湿摩擦布的带液率使其到达规定要求;而 AATCC 标准对如何控制湿摩擦布的带液率叙述最为详细,作为举例推荐使用注射器、刻度移液管或自动移液管,吸取干摩擦布 0.65 倍重的水,均匀滴至摩擦白布上,直至达到(65±5)%的带液率。

除使用上述提及的轧液装置和移液器具,其他能有效控制带液率的方法同样可以采用。比如,将摩擦白布浸湿后,置于两块吸水纸之间(吸水纸面积刚好可覆盖摩擦白布),用一恒定重量的不锈钢片(面积不小于摩擦白布)压置一恒定时间,通过反复试验后,可得出能到达规定带液率的经验操作方法。采用这种摩擦白布被整体浸润再整体受压后到达规定带液量的方法,相较使用注射器和刻度移液管,摩擦白布带液的均匀性更好。实验室选用何种控制带液率方法,还与实验室的规模、摩擦色牢度的试验频次等因素有关,总体上,首先要满足所选用的方法能精准地达到规定带液率,其次考虑操作人员能稳定地、高效地执行该项方法。

3.晕轮及异常摩擦结果

当被测试样为起绒织物时,摩擦布在摩擦区域周边易出现沾色严重的现象,即产生晕轮(图1-4)。显然,晕轮现象会增加评级难度,对测试结果产生较大影响。在 GB/T 3920 和 ISO 105-X12 中,规定采用方形摩擦头代替圆形摩擦头以消除晕轮现象。但实际上,在方形摩擦区域垂直于摩擦动程方向的两条边的外沿,其沾色程度也会比方形区域内的严重,同样对结果的评定产生影响。造成摩擦区域周边沾色更严重的原因是在摩擦头行进时,织物表面的绒毛与摩擦布表面呈一定的夹角,使摩擦头在做往复运动时摩擦阻力增大,从而沾色更为严重。一般,对有晕轮现象结果的评级应结合边缘和摩擦区域内沾色情况得出最终级数。

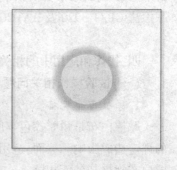

图1-4　晕轮现象示意图

除晕轮现象外,以下几种异常结果在耐摩擦色牢度测试中也时有发生。

(1)摩擦布沾色区域圆形不完整,沾色不均匀[图1-5(a)]。产生这种现象的原因通常是摩擦头表面不平整或是摩擦仪放置试样区域底座或背衬砂纸不平整,应及时修正或更换。

(2)摩擦布沾色区域出现重影(拖影)[图1-5(b)]。产生这种现象的原因通常是摩擦白布未紧贴摩擦头并夹紧或者在摩擦头行进过程中金属夹有松动,应及时检查并加紧摩擦布。

(3)摩擦布沾色区域为椭圆形[图1-5(c)]。产生这种现象的原因通常是试样在摩擦过程中有滑动,应及时检查和采取有效固定试样的方法。

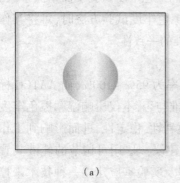 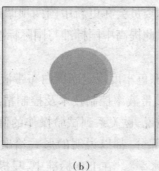 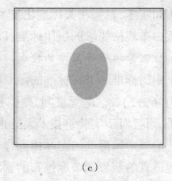

　　　　　(a)　　　　　　　　　　　(b)　　　　　　　　　　　(c)

图1-5　异常摩擦结果示意图

美国标准 AATCC 8 的校准部分对异常摩擦结果有比较详细的列举,并要求使用核查布或内部已知摩擦牢度级数较低的织物定期对摩擦仪作校准,当采用中国标准和 ISO 标准检测耐摩擦色牢度时,同样可借鉴这种方法对仪器和检测结果进行定期校准。

对于立体旋转式摩擦方法(小面积法),按试验方法完成摩擦后,在摩擦白布上的沾色情况可呈现出一种规律,即摩擦区域周边沾色较中心区域更深,其原因主要是对于摩擦区域内的某一点,摩擦白布与试样间的摩擦动程一定是周边大于中心,实际摩擦效率周边区域更大,沾色也相应更严重(图1-6)。评级时,应按周边颜色较深区域评出相应沾色等级。

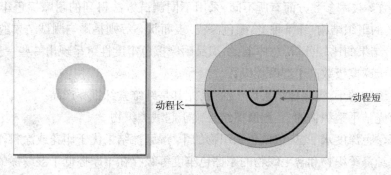

图1-6 小面积法沾色效果示意图

4.针织物取样方向

针织物因其线圈组织结构的特点,一般在外力作用下较易伸长,这给针织物试样的耐摩擦色牢度测试操作带来一定困难,尤其是纬编织物的横向,较大的伸长甚至使测试无法进行。而在耐摩擦色牢度试验方法中,并未对针织物试样或弹性较大试样的取样或试样固定方式作特别说明。显然,针对这种较易伸长的试样,实验室的操作一致性会存在问题,对测试结果的影响也较大。中国针织产品相关的标准化技术委员在其归口的大部分常用针织产品标准中,规定了耐摩擦色牢度只测试直向(纵向),避免由于横向伸长过大而引起测试操作的不便以及测试结果的较大差异。然而,由于标准归口的标准化技术委员会不同,与毛、麻、丝相关的针织产品标准中,如 FZ/T 43015—2011《桑蚕丝针织服装》、FZ/T 73015—2009《亚麻针织品》及 FZ/T 73018—2012《毛针织品》规定耐摩擦色牢度按 GB/T 3920 执行,并未说明可只测直向。此外,国家强制性标准 GB 18401—2010《国家纺织产品基本安全技术规范》和 GB 31701—2015《婴幼儿及儿童纺织产品安全技术规范》针对耐摩擦色牢度也仅规定按 GB/T 3920 方法测试,并未允许不测针织物横向。实际上,产品标准中规定耐摩擦色牢度只测直向,减少了测试步骤,某种程度上可认为降低了考核要求,与强制性标准不一致;而且,针织物的伸长程度与组织结构、织物规格、纤维种类等密切相关,只测直向的合理性有待商榷。

有相关人员对针织物试样在不同伸长率下测得的耐摩擦色牢度结果做出分析,发现在较低和较高伸长率条件下摩擦白布沾色相对较轻,色牢度级数相对较高,而居中伸长率条件下测得的级数相对较低。究其原因,在低伸长率条件下,由于针织物结构较松及其所具有的伸缩性,试验时,摩擦头与试样间的摩擦力较大,大于试样与摩擦仪背衬砂纸间的摩擦力,摩擦头做往复运动时,试样与摩擦头会产生了一部分的同向运动(试样发生滑移),这种同向运动(滑移)的发生使摩擦头在试样上的有效摩擦距离变短,因而沾色相对较轻,色牢度级数较高。在高伸长率条件下,试样由于经过一定拉伸后在单位面积的组织数较正常状态下有明显减少,导致可供转移到摩擦白布上的染料浮色和有色纤维粒子变少,从而表现出其沾色级数较高。建议在耐摩擦色牢度试验方法修订时,可通过验证试验进行进一步研究分析,针对针织物或弹性较大面料的试样固定方法建议一个伸长率区间,使试样在一定张力下既可以避免滑移又不至于过度拉伸,以体现试样真实的耐摩擦色牢度性能。

(二)测试结果一般规律

不同耐摩擦色牢度试验方法在摩擦白布规格、湿摩擦带液率、摩擦头规格、垂直压力、摩擦动程、摩擦次数等技术参数方面有所不同,采用不同测试方法得到的耐摩擦色牢度级数也不尽相同。而试样的组织结构、纤维种类、颜色深浅、表面状态等则是影响测试结果的主要因素。通过对大量实验结果的比较分析,总体上,纺织品耐摩擦色牢度性可呈现出一些一般规律。

(1)通常干摩擦级数高于湿摩擦级数。

(2)浅色织物的干、湿摩擦结果优于深色,尤其是纤维素纤维类产品。

(3)表面光洁平整织物的干、湿摩擦结果优于起绒类织物。

(4)同等颜色深度水平,染色或色织织物的干、湿摩擦结果优于印花或涂料印染织物。

(5)深色纯涤纶织物和含毛织物的摩擦色牢度等级存在干摩擦低于湿摩擦的现象。

(6)对于同一试样,中国标准与 ISO 标准测试结果基本一致,而按美国标准方法的级数可能略高,不同方法间的差异在半级左右。

五、耐摩擦色牢度技术要求

(一)中国市场要求

在我国,耐摩擦色牢度被列为两项强制性国家标准 GB 18401 和 GB 31701 的考核项目之一。表 1-29 列出了我国两项强制性标准中对耐摩擦色牢度规定的技术要求。其中,婴幼儿纺织产品应符合 A 类要求;直接接触皮肤的纺织产品至少应符合 B 类要求;非直接接触皮肤的纺织产品至少应符合 C 类要求。

表 1-29　中国强制性标准中耐摩擦色牢度要求

技术要求		GB 18401—2010《国家纺织产品基本安全技术规范》	GB 31701—2015《婴幼儿及儿童纺织产品安全技术规范》
干摩(级)	A 类	≥4	≥4
	B 类	≥3	≥3
	C 类	≥3	≥3
湿摩(级)	A 类	—	≥3(深色≥2~3)
	B 类	—	≥2~3
	C 类	—	—

在中国销售的产品,其质量要求必须符合国家强制性标准的相关规定外,还应符合明示产品执行标准中的要求。表 1-30~表 1-32 分别是部分常用机织服装、针织服装、婴童服装产品标准中耐摩擦色牢度的合格品要求。

表 1-30　中国常用机织服装产品标准耐摩擦色牢度技术要求例举

技术要求	GB/T 2660—2017《衬衫》	GB/T 18132—2016《丝绸服装》	FZ/T 81006—2017《牛仔服装》	FZ/T 81007—2012《单、夹服装》	FZ/T 81019—2014《灯芯绒服装》
干摩(级)	≥3	≥3	≥3	面料≥3 里料≥3~4	面料≥3 里料≥3~4
湿摩(级)	≥3 (起绒/植绒/深色≥2~3)	浅色≥3 深色≥2	—	面料≥2~3 起绒/植绒/深色≥2	面料≥2~3 深色≥2

表1-31　中国常用针织服装产品标准耐摩擦色牢度技术要求例举

技术要求	GB/T 8878—2014《棉针织内衣》	GB/T 22849—2014《针织T恤衫》	FZ/T 43015—2011《桑蚕丝针织服装》	FZ/T 73020—2012《针织休闲服装》	FZ/T 73032—2017《针织牛仔服装》
干摩（级）	≥3	≥3	≥3	≥3	≥3
湿摩（级）	≥2~3（深色≥2）	≥2~3（深色≥2）	≥2	≥2~3（深色≥2）	—

表1-32　中国常用婴童服装产品标准耐摩擦色牢度技术要求例举

技术要求	GB/T 33271—2016《机织婴幼儿服装》	FZ/T 73025—2013《婴幼儿针织服饰》	GB/T 31900—2015《机织儿童服装》	FZ/T 73045—2013《针织儿童服装》
干摩（级）	≥4	≥4	面料≥3里料≥3~4	≥3
湿摩（级）	≥3	≥2~3	≥3（起绒/植绒/深色≥2~3）	≥2~3深色≥2

耐摩擦色牢度是中国强制性标准中规定的考核项目之一。经过查阅和比对我国现行纺织服装类产品标准中耐摩擦色牢度的技术要求后发现,对于非婴童纺织产品,一般,合格品干摩要求设定为不低于3级,有里料的产品,里料的干摩要求可略高于面料,为3~4级;湿摩合格品要求一般设定为不低于2~3级,绒面织物及深色产品则可降低半级,即湿摩要求为2级,而对于牛仔服装(机织FZ/T 81006和针织FZ/T 73032)及水洗整理服装(机织GB/T 22700和针织FZ/T 73052),其合格品要求可不考核耐湿摩擦色牢度。对于婴童纺织产品,由于在强制性标准GB 31701中增加耐湿摩擦色牢度的考核要求,并且受标准制修订时间先后顺序的影响,在现行婴童纺织产品标准中对于湿摩技术要求的设定存在与强制性标准GB 31701—2015不一致的情况。例如,婴幼儿针织服饰标准FZ/T 73025—2013中规定湿摩合格品要求为不低于2~3级,但GB 31701—2015中要求不低于3级,仅当面料为深色时,才可降低至2~3级。再如,根据机织儿童服装标准GB/T 31900—2015,里料不必考核湿摩要求,但GB 31701—2015规定对于可贴身穿着的儿童服装,须符合B类要求,而B类的湿摩要求应不低于2~3级。

需要注意的是,产品是否有里料并非是判断该产品是直接接触皮肤还是非直接接触皮肤产品的唯一依据,带有里料的产品属于直接接触皮肤产品的情况是非常常见的,无论是生产企业进行产品质量内控还是检测机构在对试验结果判定时都应仔细核对相应产品标准及国家强制性标准规定的要求,遵循从严原则。

(二)欧美市场要求

欧美市场对纺织品耐摩擦色牢度的要求与中国市场由官方强制性标准和产品标准中作出规定的情形不同,通常是由品牌方、买家以一般商业可接受的水平为基准,在各自的产品质量手册或测试方案中作出规定。一般,欧美洲市场商业可接受的干摩和湿摩等级分别为3~4(3.5)级和2~3(2.5)级,对于灯芯绒及靛蓝牛仔面料,干、湿摩要求可分别降半级,即3级和2级。而欧美品牌或买家对耐摩擦色牢度要求的设定通常会更具体、更灵活。某些美国品牌(买家)甚至允许一些湿摩擦色牢度较差的产品在水洗一次或三次后再进行检测,如结果尚可的话可放宽接受,只是在产品的洗涤护理标签上增加"穿着使用前进行水洗"的附加提示语,这种由品牌、买家自行调整和决定可接受等级的做法显然与中国市场符合性要求有着明显的差异。表1-33例举了较有代表性的欧洲、美国品牌对纺织品耐摩擦色牢度的要求。

表1-33 欧洲、美国品牌(买家)耐摩擦色牢度要求例举

市场	测试方法	要求	
		干摩(级)	湿摩(级)
欧洲某快消品牌	ISO 105-X12	常规:≥4 涂料染色、印花、起绒织物、牛仔面料:≥3	常规:≥3~4 涂料染色、印花、起绒织物、深色面料:≥2 牛仔面料:不考核
美国某快消品牌	AATCC 8	常规:≥3.5 靛蓝染料、涂料染色, 成衣染色、印花及磨毛织物:≥3	常规:≥2.5 靛蓝染料、涂料染色, 成衣染色、印花及磨毛织物:≥2

从表1-30~表1-33可以看出,总体上,欧美市场对于耐摩擦色牢度的干摩要求要略高于中国市场(合格品要求),而对于一些特殊类别,如牛仔面料、涂料印染、印花、起绒织物等,各个市场的要求有所不同。

六、牛仔面料耐摩擦色牢度问题

(一)牛仔布染色常用染料

牛仔布大多用靛蓝染料染经纱,用白纱作纬纱交织而成。靛蓝染料不溶于水,在染色之前需要先将其还原成可溶性的隐色体盐,利用这些隐色体盐对纤维素纤维的亲和力上染纤维,再经氧化,成为不溶性的靛蓝颗粒固着在纤维上,实现纤维的着色。

硫化染料(硫化黑)是另一种牛仔布常用的染料。硫化染料是以芳烃的胺类或酚类化合物为原料,用硫黄或多硫化钠进行硫化而制成的。还原染料相似,硫化染料不溶于水,在硫化钠溶液中,被还原成隐色体而溶解。硫化染料隐色体对纤维素纤维有亲和力,上染纤维后再经氧化,在纤维上重新生成不溶性的染料而固着。

(二)牛仔布耐摩擦色牢度影响因素

牛仔布因其特有的风格,对所用的原料、纱线,采用的染色工艺、水洗整理等都有特定的要求,而这些要求也会直接或间接地对牛仔布的染色牢度产生影响。

牛仔布用纱要求原棉成熟度好,僵瓣、死棉、棉结要少,否则靛蓝染料上染性差,易造成染色不匀,导致色花、色斑、耐摩擦色牢度差。

传统牛仔布所用纱线较常规面料更粗,尤其是中型和重型牛仔布,其线密度一般为重型牛仔布83~117tex,中型牛仔布49~97tex。纱线染色时,因靛蓝或硫化染料隐色体与纤维的亲和力较低,移染性能较差,大多不能透染而呈环染状,对耐摩擦色牢度产生不利影响。而这种染色环染现象却是牛仔服装仿旧、洗旧风格所需要的。

染色工艺方面,染料隐色体被氧化后,接着进行水洗、皂煮处理(靛蓝氧化后呈现晶体态,可不必皂煮)。水洗和皂煮的目的是除去附在纤维表面的不溶性染料颗粒,即浮色。浮色主要是由于染物表面的残液未充分洗去即被氧化而形成的,浮色的去除能提高洗涤后摩擦色牢度。

因此,布面存在的浮色被认为是影响耐摩擦色牢度的直接因素。另外,还原过程中 pH 的高低对染色牢度也有较大影响。理想的 pH 为 10.5~11.5,此时上染率最高,颜色艳亮,色牢度好。pH 低,隐色酸比例上升,而隐色酸是还原态的非离子型酸性隐色体,微溶于水,不能上色。pH 增大,靛蓝隐色体的单离子粒子增加,它对棉纤维有相当高的亲和力,因而上染率高。pH 超过 12,便出现靛蓝隐包体的双离子粒子,它对棉纤维亲和力降低,难以上染。

(三)牛仔产品耐擦色牢度要求

牛仔面料风格的特点决定了对染料和水洗工艺的要求,这使色牢度尤其是湿摩擦色牢度达不到较高的级数。这也是中国牛仔服装的行业标准 FZ/T 81006 和 FZ/T 73032 未对牛仔产品湿摩擦色牢度做出要求的原因之一,同时,强制性国家标准 GB 18401 也只考核干摩擦色牢度。但中国另一强制性国家标准 GB 31701—2015《婴幼儿及儿童纺织产品安全技术规范》中明确规定耐湿摩擦色牢度 A 类为 3 级(深色 2~3 级),B 类 2~3 级,C 类不要求,即涉及婴幼儿及儿童的牛仔产品(A 类和 B 类)必须要达到 GB 31701 里的湿摩擦要求,这就对牛仔面料的染整加工提出了更高的要求,既要做出风格,又要求改善色牢度。当然,用活性染料代替传统的靛蓝染料制成仿牛仔风格的婴幼儿及儿童服装也是可采取的措施之一。

七、耐摩擦色牢度的改进

纺织品在与其他物体的摩擦过程中,其颜色的脱落或对被摩擦物体的沾色程度受许多因素影响。颜色脱落沾色有两种方式:一种是纺织品上的染料脱落或掉色,沾染在接触物体表面;另一种是染色纤维脱落,也黏附在摩擦物体表面。实践表明,染料脱落是沾色的主要原因。

说明:摩擦布表面上可能影响评级的多余纤维在评级前要求去除。

对于活性染料而言,虽然不同化学结构的活性染料与纤维素纤维形成的共价键强度、键的稳定性和附着力存在一定的差异,但对染色织物的耐湿摩擦色牢度的影响却无明显的差异。染色织物进行湿摩擦时,染料与纤维之间形成的共价键并不会断裂而产生浮色。而发生转移的染料通常是过饱和的、未与纤维形成共价键的、仅靠范德瓦尔力而产生吸附作用的染料,即浮色。活性染料染色织物的耐湿摩擦色牢度与染色的深度紧密关联,即在进行湿摩擦时,颜色的转移量与染色深度近乎成良好的线性关系。这其中染色时染料的过饱和是最重要的因素,因为纤维与染料的结合有一个极限值,即饱和值。染深色时,所用的染料浓度较高,但不能大大超过饱和值,因为过量的染料并不能与纤维结合,而只能在织物表面堆积而形成浮色,严重影响织物的耐湿摩擦色牢度。

染料的直接性和扩散性与摩擦牢度有较密切关系。直接性高的活性染料虽然上染率和固色率较高,但却会严重影响染色产品的摩擦牢度。因为直接性高,染料扩散性差,较难扩散进入纤维内部,造成表面浮色多,而且直接性高的染料,其水解染料不易洗除,容易沾染到摩擦物体上。

扩散性好的染料容易进入纤维内部,有利于改善摩擦牢度,同时它们的洗涤性也较好,容易从纤维内部扩散出来。一些稳定性差的染料,未固着的染料虽然洗净了,但放置一定时间后,水解染料容易扩散出来,使皂洗和摩擦牢度变得很差,扩散快的染料更为明显。

不同纤维的微结构和形态结构不同,染料扩散速率和透染程度也不同,因此,染料在不同纤维上的固色率和分布也不同。固色率高,水解染料量少,易于洗除,摩擦牢度也较好;纤维表面光洁、组织结构平整和摩擦因数低,同样也可以改善摩擦牢度。总之,固色率高、透染性好、染料易于洗除的纤维,表面浮色少;表面光洁和摩擦系数低的纤维纺织品摩擦牢度都较好。

织物的前处理加工对摩擦牢度的影响也很大。未经处理的棉纤维在湿态条件下会发生膨润,摩擦力增大,纤维强力下降,这些都为有色纤维的断裂、脱落和颜色的转移创造了良好的条件。因此,在染色前对纤维素纤维进行适当的前处理,如丝光、烧毛、纤维素酶光洁处理、退浆煮炼、漂白、烘干,可以提高织物表面的光洁度和毛效、降低摩擦阻力、减少浮色,从而有效改善织物的耐湿摩擦色牢度。

活性染料上染和固色后的洗涤是染色加工中的一道重要工序。洗涤不仅要充分去除未固着的染料,还要去除残留的电解质、碱剂、助剂及纤维内部特别是纤维孔道中的染料等。为此要制订合理的洗涤工艺,特别是要控制升温速率、水流量和交换方式。应先在冷水或温水中快速冲洗和交换,去除表面浮色和各种化学品,然后再升高温度,加快纤维内未固着染料的解吸和扩散,最后降温并加强水洗,使染料充洗除。

综上,从染色加工来看,提高和改善耐摩擦色牢度的主要的措施一是合理选用染料,即选用固色率高、配伍性好、透染性好、易洗净和浮色少的染料;二是合理制订染整工艺,包括前处理、染色和染后水洗工艺。良好的前处理是充分上染和固色的基础;控制好染色工艺条件,可保证高固色率,减少浮色;合理充分的洗涤,不仅可有效洗去浮色,还可将织物上有损牢度的物质(酸、碱等)也充分洗除,使染色织物在存放时不易发生染料断键掉色,也是提高耐摩擦色牢度的关键之一。

第四节　耐光、耐光汗色牢度

一、概述

耐光色牢度也称耐日晒色牢度,是指印染到织物上的色泽耐受日光或模拟日光照射的坚牢程度。纺织品在使用过程中通常会暴露在日光或光线之下,而光能破坏染料分子结构从而导致面料褪色或者色相改变。耐光色牢度是常用色牢度项目之一,是纺织服装质量检验的重要指标。耐光色牢度结果的评定分为八级,八级最好,一级最差。

耐光色牢度根据光源的不同有三种测试方法,即日光法、氙弧灯法和碳弧灯法。日光法是将纺织品试样与蓝色羊毛标样置于同一条件下(不受雨淋等规定条件)进行日光曝晒,然后将试样与蓝色羊毛标样的变色进行对比,评定耐光色牢度等级。氙弧灯法和碳弧灯法都为人造光源曝晒方法。测试时,试样与蓝色羊毛标样一起,在人造光源下按规定条件曝晒,然后试样与蓝色羊毛标准进行对比,评定耐光色牢度。因日光环境受天气影响较大,实验室检测耐光色牢度大多采用人造光代替日光,氙弧灯法是普遍采用的测试纺织品耐光色牢度的试验方法,现行检测标准有 GB/T 8427—2008《纺织品　色牢度试验　耐人造光色牢度:氙弧》,ISO 105-B02:2014《纺织品　色牢度试验　第 B02 部分:耐人造光色牢度:氙弧》和 AATCC 16.3—2014《耐光色牢度:氙弧光》。

二、氙弧灯曝晒设备

曝晒设备按冷却方式可分为空冷式和水冷式两类;按安装试样夹的试样架不同可分为旋转式和平板式两种。

(一)一般要求

试验设备装有一个或多个空冷式或水冷式氙弧灯作为辐照源。不同型号、不同尺寸的设备中,使用不同型号、尺寸、功率的灯管。曝晒设备应装有滤除实际不存在的短波紫外光辐射的滤光片,可装有滤除或减少会引起试样温度偏高的红外线辐射的滤光片。此外,曝晒设备中应有安装试样和传感器的位置,这些位置的光源辐照度要均匀。

旋转式试样架可围绕垂直安装的氙弧灯旋转。旋转试样架可装有翻转模式,即试样夹每次交替绕其纵轴翻转。未使用翻转模式时,认为试样是连续在光源中曝晒的。平板式氙弧灯曝晒设备可将试样夹水平放置,试样夹应与氙弧灯平行。

氙弧灯曝晒设备应封闭运转,以免试验人员受到紫外线辐射。此外,该设备通常为封闭绝热的,以减少室温变化的影响。

(二)辐照系统

辐照系统由光源、滤光部件和必要的附件组成。

光源为一个或多个相关色温为 5500~6500K 的氙弧灯,其尺寸由设备型号而定。氙弧灯与试样表面和蓝色羊毛标样表面应保持相等距离。曝晒设备应满足试样曝晒区任何位置的辐照度差异不应超过平均值的±10%。

氙弧灯发出的直接辐射包含相当多的日光中不存在的短波紫外线辐射。使用滤光片以减少短波辐射(< 310nm)。经适当过滤的氙弧光辐射的光谱功率分布能较好地模拟日光在紫外和可见光区的平均水平。

所用滤光系统的透光率在 380~750nm 范围的至少 90%,而在 310~320nm 则降为 0。氙弧的红外辐射可通过使用滤光片减弱,以更好地控制试样温度。

氙弧灯因连续使用,辐照强度会下降。根据设备制造商说明书更换灯管和滤光片,并记录用于本标准曝晒的每台设备的灯管和滤光片的更换时间。

曝晒设备最好装有辐照度传感系统。如果装有辐照度传感器,则应将其安装在能够获得与试样表面相同辐照度的位置上。如果辐照度传感器没有安装在试样平面内,则应校准至试样处的辐照度。辐照度传感器(如果装有)应能测量特定波长范围(如 300~400nm)或以一个单波长(如 420nm)为中心的窄波带的辐照度,并对辐照度传感器在特定波长范围或单波长处进行校准。应在试验报告中注明测量的波长或波长范围。当辐照度可控时,辐照度应控制为(42±2)W/m²(波长范围为 300~400nm)或(1.10±0.02)W/(m²·nm)(波长为 420nm)。

所有氙弧灯曝晒设备都装有合适的启动器和控制装置,即可手动也可自动控制氙灯功率。手动控制操作时,需定期调节氙弧灯功率以保持要求的辐照度。根据设备供应商提供的说明书进行手动功率控制操作。

当对氙弧灯功率进行自动控制以保持恒定辐照度时,设备可使用一个或多个辐照度计耦合成一个适当的反馈控制系统。如果使用辐照度计,应将其安装在与试样表面接收相同的辐照度的位置上。如果辐照度计不在试样平面内,其应有足够的接收面并校准至试样处的辐照度。

对自动保持辐照度恒定值的辐照计来讲,等时间曝晒应获得等效的辐照,可由以下式求得:

$$H = E3.6t \tag{1-4}$$

式中:H——曝晒辐照量,kJ/m^2;

$\quad E$——辐照度,W/m^2 或 [J/(m$^2 \cdot$ s)];

$\quad t$——时间,h;

$\quad$3.6——转换常数。

带有可设定倒计数积分器的滤光辐照度计,以 kJ/m^2 为单位,与曝晒设备一起使用,当试样达到预先设定的曝晒值时终止试验。

(三)冷却系统

空冷式曝晒设备的氙弧灯和滤光片间的空间有空气流通,对氙弧灯和滤光片进行冷却。水冷式曝晒设备的内层和外层滤光玻璃容纳和引导冷却水流动。3 级水以最低约 380L/h 的流量循环通过氙灯组件,并用安装在氙弧灯前部的混合床去离子器使水净化。灯内的循环水通过热交换器冷却,应是洁净的。热交换器使用自来水或制冷剂作为交换介质。

(四)温度和湿度控制

鼓风系统产生的气流,经过试验仓直接到达试样表面,气流量可调。通过调节试验仓内与循环冷空气混合的暖空气的流量,来自动控制黑标温度或空气温度。通过调节鼓风机的速度可以使黑标温度与空气温度的差值保持恒定。在氙弧灯设备中可以使用加湿装置或用喷雾器将水雾化成微粒对空气给湿,用电容传感器或接触式湿度计测量和控制试样仓内的相对湿度。

曝晒试样的表面温度主要取决于辐照吸收量、试样辐射系数、试样内热传导量和试样与空气以及试样与试样夹之间的热传递量。由于控制单个试样表面温度是不切实际的,所以用特定的黑色涂层传感器测量并控制试验仓内的温度。固定在黑平板上的温度传感器应置于试样曝晒区内,使其与测试平面表面接收相同的辐照并经历相同冷却条件。

可使用两种类型的黑色涂层温度传感器:黑标温度计和黑板温度计。

(1)黑标温度计应包括一个厚度为 0.5~1.2mm 的不锈钢平板。典型的长度和宽度约为 70mm×40mm,平板向光面应涂覆耐老化性能良好的黑色涂层。涂覆后的平板应至少吸收至 2500nm 总入射光通量的 90%。例如,铂电阻传感器等热敏元件应安装在不锈钢平板背光面,并与板面中心有良好的热传导。不锈钢平板背光面应附有 5mm 厚的基板,基板由没有填充物的纯聚偏氟乙烯(PVDF)制成。在 PVDF 基板里有一个足够放置铂电阻传感器的小凹槽。PVDF 基板凹槽面与传感器距离应约为 1mm。PVDF 基板的长度和宽度应足够大以保证黑标准温度计的涂黑金属板与其底座支架之间不存在金属间的热传导。绝缘黑板的金属支架与金属板的边缘相距至少 4mm。

(2)黑板温度计应包括一个耐腐蚀的金属平板。典型尺寸约为长 150mm,宽 70mm,厚 1mm。平板向光面应涂覆耐老化性能良好的黑色涂层。涂覆后的平板应至少吸收至 2500nm 总入射光通量的 90%。热敏元件应紧固在向光面的中心位置,它可以是一个带有刻度盘显示的涂黑杆状双金属盘式温度计、电阻温度计、热敏电阻或热电偶。金属板背光面应暴露于试验仓的空气中。

　　黑板或黑标温度计的指示温度取决于设备光源产生的辐照度、温度和试验仓内的空气流速。黑板温度计所测温度通常与黑色涂层金属板温度相当。黑标温度计所测温度通常与低导热率的深色样品曝晒表面的温度相当。在典型的曝晒试验条件下,黑标温度计的指示温度会比黑板温度计的高。因为黑标温度计是绝热的,所以其温度变化的响应速度稍慢于黑板温度计。

　　曝晒设备应控制黑标温度或黑板温度在要求温度的±3℃以内。如果在稳定运行时,黑标温度计或黑板温度计的指示温度变动范围超过要求温度的±3℃时,则终止试验,并检修设备,确保设备能控制黑标温度或黑板温度允许误差在要求限度内,然后继续试验。

　　曝晒设备的设计应满足:在试样曝晒区任何位置上,黑板温度或黑标温度传感器在要求温度的±5℃以内。曝晒设备供应商应提供其设备符合这项性能要求的证明文件。

　　通风系统产生的气流要通过试验仓并到达试样表面。如果经相关方同意,试验仓内的空气温度可通过温度传感器控制,该温度传感器应避光避水。

　　试验环境的湿度会对实验室加速曝晒试验产生显著影响。设备应通过加湿试验仓内空气的方式控制相对湿度。

　　对于规定有效湿度的试验条件,不能依赖于试验仓中相对湿度的仪器读数。正确调节有效湿度对获得有效结果至关重要。图1-7给出了有效湿度和湿度控制标样的耐光色牢度的关系。有效湿度只能通过评定湿度控制标样的耐光色牢度来测量。湿度控制标样是用红色偶氮染料染色的棉织物。对于要求的曝晒条件,按曝晒条件所规定的有效湿度,然后用图1-7中确定湿度控制标样所需的等效耐光色牢度(用蓝色羊毛标样1~8表示)(例如,对于通常条件,有效湿度规定为40%,这相当于湿度控制标样的耐光色牢度为5级)。

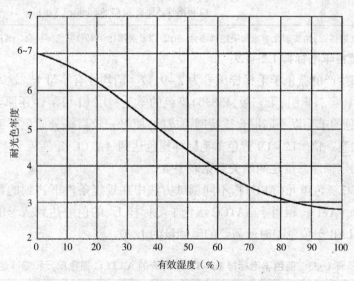

图1-7　湿度控制标样曝晒的平均结果

三、蓝色羊毛标样

　　蓝色羊毛标样是一组已知耐光性能的蓝色毛织物,有蓝色羊毛标样1~8(欧洲推荐)和蓝色羊毛标样L2~L9(美国推荐)两种。试样耐光性能可通过与蓝色标样1~8或蓝色标样

L2~L9 比较获得耐光色牢度等级。根据 ISO 105-B01:2014《纺织品　色牢度试验　第 B01 部分:日光》第 4.1 部分提供信息,这两组蓝色羊毛标样存在相关性(图 1-8),但将使用不同蓝色羊毛标样获得的测试结果进行比较时,要注意到两组羊毛标样的褪色性能不同,因此,两组标样所得结果不可互换。

(一) 欧洲蓝色羊毛标样 1~8

欧洲研制和生产的蓝色羊毛标样编号为 1~8,这些标样是用表 1-34 中的染料染成的蓝色羊毛织物,它的范围从 1(很低色牢度)到 8(很高色牢度),使每一较高编号蓝色羊毛标样的耐光色牢度比前一编号约高一倍。

表 1-34　用于蓝色羊毛标样 1~8 的染料

标准级别	染料(染料索引名称)[a]
1	CI 酸性蓝 104(CI Acid Blue 104)
2	CI 酸性蓝 109(CI Acid Blue 109)
3	CI 酸性蓝 83(CI Acid Blue 83)
4	CI 酸性蓝 121(CI Acid Blue 121)
5	CI 酸性蓝 47(CI Acid Blue 47)
6	CI 酸性蓝 23(CI Acid Blue 23)
7	CI 可溶性还原蓝 5(CI Solubilised Vat Blue 5)
8	CI 可溶性还原蓝 8(CI Solubilised Vat Blue 8)

注　a 染料索引(第四版)由英国化学家和染色师协会(SDC)以及美国化学家和染色师协会(AATCC)共同发布。

(二) 美国蓝色羊毛标样 L2~L9

美国研制和生产的蓝色羊毛标样编号为 2~9,数字前均注有字母 L。这八个蓝色羊毛标样是用 CI 媒介蓝 1(染料索引,第三版,43830)染色的羊毛和用 CI 可溶性还原蓝 8(染料索引,第三版,73801)染色的羊毛以不同混合比特制而成的,使每一较高编号蓝色羊毛标样的耐光色牢度比前一编号约高一倍。L2~L9 蓝色羊毛标样褪色达到 AATCC 变色灰卡 4 级所需 AATCC 褪色单元以及与固定辐照总量之间的关系见表 1-35。

说明:AATCC 褪色单元(AFU)指不同测试方法中在规定条件下达到的特定曝晒量。一个 AATCC 褪色单元(AFU),相当于 AATCC 蓝色羊毛标样 L4 的色差达到灰卡的 4 级或者色差达到 1.7±0.3 CIELAB 单位色差时所需要的曝晒量的 1/20。

表 1-35　蓝色羊毛标样 L2~L9 所对应的 AATCC 褪色单元和辐照量[a]

AATCC 蓝色羊毛标样	AATCC 褪色单元(AFU)	氙弧[kJ/(m²·nm)] @420nm	氙弧[kJ/(m²·nm)] @300~400nm
L2	5	21	864
L3	10	43	1728

续表

AATCC 蓝色羊毛标样	AATCC 褪色单元（AFU）	氙弧[kJ/(m²·nm)] @420nm	氙弧[kJ/(m²·nm)] @300~400nm
L4	20	85[b]	3456
L5	40	170	6912
L6	80	340[b]	13824
L7	160	680	27648
L8	320	1360	55296
L9	640	2720	110592

注　a 变色为 AATCC 变色灰卡的 4 级。

　　b 该值由实验证明，其余值则通过计算得出。

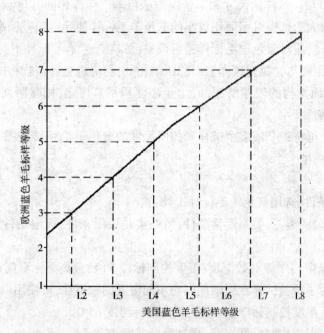

图1-8　耐日光曝晒中两组蓝色羊毛标样的关系图

四、氙弧灯曝晒试验方法

（一）中国标准介绍

现行国家标准 GB/T 8427—2008《纺织品　色牢度试验　耐人造光色牢度：氙弧》是中国市场纺织服装产品耐光色牢度检测普遍采用的标准。

1.试验原理

纺织品试样与一组蓝色羊毛标样一起在人造光源下按照规定条件曝晒，然后将试样与蓝色羊毛标样进行变色对比，评定色牢度。对于白色（漂白或荧光增白）纺织品，是将试样的白度变化与蓝色羊毛标样对比，评定色牢度。

2. 试样准备

试样的尺寸可以变动,根据试样数量和设备试样夹的形状和尺寸而定。

(1)空冷式曝晒设备。如在同一块试样上进行逐段分期曝晒,通常使用的试样面积不小于45mm×10mm。每一曝晒和未曝晒面积不应小于10mm×8mm。如试样是织物,应紧附于硬卡上;如试样是纱线,则紧密卷绕于硬卡上,或平行排列固定于硬卡上;如试样是散纤维,则梳压整理成均匀薄层固定于硬卡上。每一曝晒和未曝晒面积不应小于10mm×8mm。

(2)水冷式曝晒设备。试样夹宜放置约70mm×120mm的试样。需要时可选用与试样夹相匹配的不同尺寸的试样。蓝色羊毛标样应放在白纸卡背衬上进行曝晒,如需要试样也可安放在白纸卡上。

(3)遮盖物操作要求。遮盖物应与试样和蓝色羊毛标样的未曝晒面紧密接触,使曝晒和未曝晒部分之间界限分明,但不应压得太紧。

(4)其他注意事项。试样的尺寸和形状应与蓝色羊毛标样相同,以免对曝晒与未曝晒部分目测评级时,面积较大的试样对照面积较小的蓝色羊毛标样使评定误差偏高。

对于较厚的试样,应对蓝色羊毛标样进行调整(如在蓝色羊毛标样下衬垫硬卡),以使光源至蓝色羊毛标样的距离与光源至试样表面的距离相同,但应避免遮盖物将试样未曝晒部分表面压平。对于具有绒面结构的较厚纺织品,由于小面积不易评定,则曝晒面积应不小于50mm×40mm,最好为更大面积。

为了便于操作,可将一个或多个试样和相同尺寸的蓝色羊毛标样按图1-11、图1-12的方式置于一个或多个白纸卡上。

3. 曝晒条件

(1)欧洲曝晒条件,选用蓝色羊毛标样1~8:

欧洲曝晒条件分两类:一类是通常条件;另一类是极限条件,极限条件又分两种,具体参数要求如下。

①通常条件(温带):中等有效湿度,湿度控制标样5级,最高黑标温度50℃。

②极限条件:为了检验试样在曝晒期间对不同湿度的敏感性,可使用以下极限条件:

a. 低有效湿度:湿度控制标样6~7级,最高黑标温度65℃。

b. 高有效湿度:湿度控制标样3级,最高黑标温度45℃。

说明:用黑板温度计(BPT)测量温度要比黑标温度计(BST)低5℃。

(2)美国曝晒条件,选用蓝色羊毛标样L2~L9:

黑板温度(63±1)℃,仪器试验箱内相对湿度(30±5)%,低有效温度,温度控制标样的色牢度为6~7级。

4. 湿度的调节

(1)检查设备是否处于良好的运转状态,氙弧灯是否洁净。

(2)将一块不小于45mm×100mm的湿度控制标样与蓝色羊毛标样一起装在硬卡上,并尽可能使之置于试样夹的中部。

(3)将装妥的试样夹安于设备的试样架上,试样架上所有的空档,都要用没有试样而装着硬卡的试样夹全部填满。

(4)开启曝晒设备后,需连续运转到试验完成,除非需要清洗氙弧灯或因灯管、滤光片已到规定使用期限需进行调换。

(5)将部分遮盖的湿度控制标样与蓝色羊毛标样同时进行曝晒,直至湿度控制标样上曝晒和未曝晒部分间的色差达到灰色样卡的4级。

(6)在此阶段评定湿度控制标样的耐光色牢度,必要时可调节设备上的控制器,以获得选定的曝晒条件。每天检查,必要时重新调节控制器,以保持规定的黑板温度(黑标温度)和湿度。

5.曝晒方法

(1)一般原则

有5种不同的曝晒方法,测试时可根据用途或与相关方的约定从中选择最适宜的方法。

在预定的条件下,对试样(或一组试样)和蓝色羊毛标样同时进行曝晒。其方法和时间要以能否对照蓝色羊毛标样完全评出每块试样的色牢度为准。在整个试验过程中要逐次遮盖试样和蓝色羊毛标样(如方法1或方法2)。也可使用其他的遮盖顺序,例如遮盖试样及蓝色羊毛标准的两侧,曝晒中间的三分之一或二分之一。

(2)方法1

①本方法被认为是最精确的,在评级有争议时应予以采用。其基本特点是通过检查试样来控制曝晒周期,故每块试样需配备一套蓝色羊毛标样。

②将试样和蓝色标样按图1-9所示排列,将遮盖物AB放在试样和蓝色羊毛标样的中段三分之一处。按规定的曝晒条件,在氙灯下曝晒。不时提起遮盖物AB,检查试样的光照效果,直至试样曝晒和未曝晒部分间的色差达到灰色样卡的4级。用另一个遮盖物(图1-10中的CD)遮盖试样和蓝色羊毛标样的左侧三分之一处,在此阶段,注意光致变色的可能性。如试样是白色(漂白或荧光增白)纺织品即可终止曝晒。

说明:光致变色是指试样经过短暂曝晒后发生的变色,但置于暗处后基本恢复到原来的颜色。

③继续曝晒,直至试样的曝晒和未曝晒部分的色差等于灰色样卡3级。

④如果蓝色羊毛标样7或L7的褪色比试样先达到灰色样卡的4级,此时曝晒即可终止。这是因为如当试样具有等于或高于7级或L7级耐光色牢度时,则需要很长时间曝晒才能达

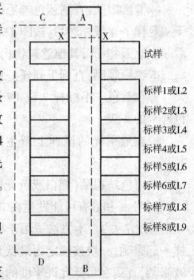

图1-9　方法1装样图
AB—第一遮盖物,在X—X处可成折叶使它能在原处从试样和蓝色羊毛标样上提起和复位　CD—第二遮盖物

到灰色样卡3级的色差。再者,当耐光色牢度为8级或L9级时,这样的色差就不可能测得。所以,当蓝色羊毛标样7或L7以上产生的色差等于灰色样卡的4级时,即可在蓝色羊毛标样7~8或蓝色羊毛标样L7~L8的范围内进行评级,因为,为达到这个色差所需时间之长,已足以消除由于不适当曝晒可能产生的任何误差。

(3)方法2

①本方法适用于同时测试大量试样。其基本特点是通过检查蓝色羊毛标样来控制曝晒周期,只需要一套蓝色羊毛标样对一批具有不同耐光色牢度的试样试验,从而节省蓝色羊毛标样

的用料。

②试样和蓝色羊毛标样按图 1-10 所示排列。用遮盖物 AB 遮盖试样和蓝色羊毛标样总长的五分之一到四分之一之间。按规定曝晒条件进行曝晒。不时提起遮盖物检查蓝色羊毛标样的光照效果。当能观察出蓝色羊毛标样 2 的变色达到灰色样卡 3 级或 L2 级的变色等于灰色样卡 4 级,并对照在蓝色羊毛标样 1、2、3 或 L2 上所呈现的变色情况,评定试样的耐光色牢度(这是耐光色牢度的初评)。在此阶段应注意光致变色的可能性。

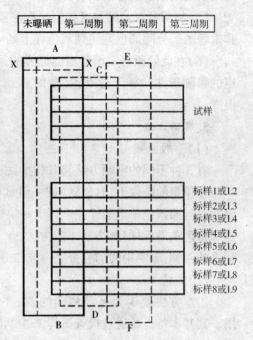

图 1-10　方法 2 装样图

AB—第一遮盖物,在 X—X 处可成折叶使它能在原处从试样和蓝色羊毛标样上提起和复位　CD—第二遮盖物　EF—第三遮盖物

③将遮盖物 AB 重新准确地放在原先位置,继续曝晒,直至蓝色羊毛标样 4 或 L3 的变色与灰色样卡 4 级相同。这时再按图 1-10 所示位置放上另一遮盖物 CD,重叠盖在第一个遮盖物 AB 上。

④继续曝晒,直到蓝色羊毛标样 6 或 L4 的变色等于灰色样卡 4 级。然后,按图 1-10 所示的位置放上最后一个遮盖物 EF,其他遮盖物仍保留原处。

⑤继续曝晒,直到下列任一种情况出现为止:

a. 在蓝色羊毛标样 7 或 L7 上产生的色差等于灰色样卡的 4 级;

b. 在最耐光的试样上产生的色差等于灰色样卡 3 级;

c. 白色纺织品(漂白或荧光增白),在最耐光的试样上产生的色差等于灰色样卡 4 级。

说明:a 和 c 有可能发生在③或④之前。

(4)方法 3。本方法适用于核对与某种性能规格是否一致,允许试样只与两块蓝色羊毛标样一起曝晒,一块按规定为最低允许牢度的蓝色羊毛标样,另一块为更低的蓝色羊毛标准。连续曝晒,直到在最低允许牢度的蓝色羊毛标样的分段面上等于灰色样卡的 4 级(第一阶段)和 3 级(第二阶段)的色差。白色纺织品(漂白或荧光增白)晒至最低允许牢度的蓝色羊毛标样分段面上等于灰色样卡 4 级。

(5)方法 4。本方法适用于检验是否符合某一商定的参比样,允许试样只与这块参比样一起曝晒。连续曝晒,直到参比样上等于灰色样卡 4 级和(或)3 级的色差。白色纺织品(漂白或荧光增白)晒至参比样等于灰色样卡 4 级。

(6)方法 5。本方法适用于核对是否符合认可的辐照能值,可单独将试样曝晒,或与蓝色羊毛标样一起曝晒,直至达到规定的辐照量为止,然后和蓝色羊毛标样一同取出,按规定条件评级。

6. 耐光色牢度的评定

在试样的曝晒和未曝晒部分间的色差等于灰色样卡 3 级的基础上,做出耐光色牢度级数的最后评定。白色纺织品(漂白或荧光增白)在试样的曝晒与未曝晒部分间的色差达到灰色样卡

4级的基础上,做出耐光色牢度级数的最后评定。

移开所有遮盖物,试样和蓝色羊毛标样露出实验后的两个或三个分段面,其中有的已曝晒过多次,连同至少一处未受到曝晒的,在合适的照明条件下比较试样和蓝色羊毛标样的相应变色。

白色纺织品(漂白或荧光增白)的评级应使用人造光源,在有争议时更有必要,除非另有规定。

试样的耐光色牢度即为显示相似变色(试样曝晒和未曝晒部分间的目测色差)的蓝色羊毛标样的号数。如果试样所显示的变色更近于两个相邻蓝色羊毛标样的中间级数,而不是近于两个相邻蓝色羊毛标样中的一个,则应给予一个中间级数,如3~4级或L2~L3级。

如果不同阶段的色差上得出了不同的评定,则可取其算术平均值作为试样耐光色牢度,以最接近的半级或整级来表示。当级数的算术平均值是四分之一或四分之三时,则评定应取其邻近的最高半级或一级。

为了避免由于光致变色性导致耐光色牢度发生错评,应在评定耐光色牢度前,将试样放在暗处,在室温下保持24h。

如试样颜色比蓝色羊毛标样1或L2更易褪色,则评为1级或L2级。

用一个约为灰色样卡1级和2级之间的中性灰色(约为Munsell N5)的遮框遮住试样,并用同样孔径的遮框依次盖在蓝色羊毛标样周围,这样便于对试样和蓝色羊毛标样的变色进行对比。

如耐光色牢度等于或高于4或L3,初评就显得很重要。如果初评为3级或L2级,则应把它置于括号内。例如,评级为6(3)级,表示在试验中蓝色羊毛标样3刚开始褪色时,试样也有很轻微的变色,但再继续曝晒,它的耐光色牢度与蓝色羊毛标样6相同。

如试样具有光致变色性,则耐光色牢度级数后应加一个括号,其内写上一个P字和光致变色试验的级数,例如6(P3~4)级。

"变色"一词包括色相、彩度、亮度的各个变化,或这些颜色特性的任何综合变化。

试样与规定的蓝色羊毛标样或一个符合商定的参比样一起曝晒,然后对试样和参比样及蓝色羊毛标样的变色进行比较和评级。如试样的变色不大于规定蓝色羊毛标样或参比样,则耐光色牢度定为"符合";如果试样的变色大于规定蓝色羊毛标样或参比样,则耐光色牢度定为"不符合"。

方法5的色牢度评定是用变色灰色样卡对比或用蓝色羊毛标样对比。

(二)ISO标准介绍

适用于欧洲市场的现行耐日晒色牢度标准是ISO 105-B02:2014《纺织品 色牢度试验 第B02部分:耐人造光色牢度:氙弧》。因中国国家标准GB/T 8427—2008是修改采用旧版ISO 105-B02标准,2014版ISO标准与现行GB/T 8427标准在细节上存在不少差异。

曝晒设备方面,ISO标准从设备称谓上不再详细区分空冷式和水冷式,并增加了辐照度允差,即辐照度应控制为(42 ± 2) W/m^2(波长范围为300~400nm)或(1.10 ± 0.02) W/(m^2·nm)(波长为420nm)。

1. 曝晒条件的更新

GB/T 8427—2008的曝晒条件分欧洲和美国两种。其中,欧洲曝晒条件又分通常条件

(温带)和极限条件(低湿极限和高湿极限)。ISO 105-B02:2014 标准分四种曝晒条件,分别为使用欧洲蓝色羊毛标样 1~8 的曝晒循环 A1、A2、A3 以及使用美国蓝色羊毛标样 L2~L9 的曝晒循环 B。ISO 标准的四种曝晒条件和中国标准基本对应,分别是 A1 对应欧洲通用条件,A2 对应欧洲低湿极限,A3 对应欧洲高湿极限;曝晒循环 B 对应中国标准的美国曝晒条件。ISO 标准四种曝晒条件详细要求见表 1-36。

表 1-36　ISO 标准曝晒条件

项目	曝晒循环 A1	曝晒循环 A2	曝晒循环 A3	曝晒循环 B
条件	通常条件	低湿极限条件	高湿极限条件	—
对应气候条件	温带	干旱	亚热带	—
蓝色羊毛标样	1~8			L2~L9
黑标温度[a]	(47±3)℃	(62±3)℃	(42±3)℃	(65±3)℃
黑板温度[a]	(45±3)℃	(60±3)℃	(40±3)℃	(63±3)℃
有效湿度[b]	近于 40% 有效湿度(当蓝色羊毛标样 5 的变色与灰色样卡 4 级相同时,可实现该有效湿度)	低于 15% 有效湿度(当蓝色羊毛标样 6 的变色与灰色样卡 3~4 级相同时,可实现该有效湿度)	近于 85% 有效湿度(当蓝色羊毛标样 3 的变色与灰色样卡 4 级相同时,可实现该有效湿度)	低湿(湿度控制标样的色牢度为 L6~L7)
相对湿度	由有效湿度确定			(30±5)%
辐照度[c]	当辐照度可控时,辐照度应控制为(42±2)W/m²(波长在 300~400nm)或(1.10±0.02)W/(m²·nm)(波长在 420nm)			

注　a 由于试验仓空气温度与黑标温度和黑板温度不同,所以不应采用试验仓空气温度控制。
　　b 有效湿度是基于当曝晒的湿度控制标样变色达到与灰色样卡 4 级时对蓝色羊毛标样的变色评定。
　　c 宽波段(300~400nm)和窄波段(420nm)的辐照度控制值是基于通常设置,但不表明在所有类型设备中均等效。咨询设备制造商其他控制波段的等效辐照度。

2. 曝晒方法

中国标准与 ISO 标准相同,有 5 种曝晒方法且一一对应,但在内容上都有所差异。具体如下。

(1)ISO 标准方法 1 增加初评过程。初评对于耐光色牢度较好(一般等于或高于 4 级或 L3 级)的试样很重要,从初评结果可知试样在曝晒初期的颜色变化情况。曝晒方法 1 初评过程如下:

当蓝色羊毛标样 2 的变色达到灰色样卡 3 级(或蓝色羊毛标样 L2 的变色达到灰色样卡 4 级)时,对照蓝色羊毛标样 1、2、3 或 L2 上所呈现的变色情况,评定试样的耐光色牢度。这是耐光色牢度初评。如果需要保留初评阶段变色的视觉依据,结束试验,并使用新试样和蓝色羊毛标样重新曝晒。对于新试样不必重复初评。

(2)ISO 标准方法 3 增加一块比目标蓝色羊毛标样低两级的蓝色羊毛标样。方法 3 适用于核对与某种性能要求是否一致。其特点是通过检查目标蓝色羊毛标样来控制曝晒周期。该方法允许多个试样与少数蓝色羊毛标样一起曝晒,通常为目标蓝色羊毛标样以及比目标蓝色羊毛标样低一级和低两级的蓝色羊毛标样。这样做是为了对不符合所需性能要求的试样的耐光色牢度级数进一步量化。

ISO 标准曝晒方法 3 的操作过程如下：

将一个或多个试样和相关蓝色羊毛标样按图 1-11 所示排列在白纸卡上。蓝色羊毛标样应限定为目标蓝色羊毛标准以及比目标蓝色羊毛标样低一级和低两级的蓝色羊毛标样。用遮盖物 ABCD 遮盖试验卡中间三分之一的部分。

将装好的试验卡放入试验仓内，并使其在选定的曝晒条件下曝晒，直到目标蓝色羊毛标样的未曝晒和曝晒部分的色差达到灰色样卡 4 级(第一阶段)。在此阶段注意光致变色的可能性。对于白色纺织品(漂白或荧光增白)至此阶段时即可终止曝晒。

移开原遮盖物，并用另外一个遮盖物遮盖 FBCE 区域(图1-11)，仅曝晒试验卡的右边三分之一部分。

将试验卡放回试验仓内继续曝晒直到目标蓝色羊毛标样曝晒和未曝晒部分的色差达到灰色样卡 3 级(第二阶段)。

(3)ISO 标准详细叙述曝晒方法 4 的操作过程并给出参考装样图。另外，中国标准中提及确定曝晒终点时的评级为"参比样上等于灰色样卡 4 级和(或)3 级的色差"，而 ISO 标准方法4 中明确需要评参比样曝晒值灰色样卡 4 级和 3 级，也就是必须有两个阶段。

ISO 标准曝晒方法 4 的操作过程如下：

方法 4 与方法 1 类似，但其适用于检验是否符合商定参比样。其特点是通过检查商定参比样来控制曝晒周期。允许试样只与参比样一起曝晒，不使用蓝色羊毛标样。本方法特别适合于质量控制，允许将许多试样与同一个参比样比较。

将一个或多个试样与相关参比样一起按图 1-12 所示排列在白纸卡上。用遮盖物 ABCD 遮盖试验卡中间三分之一的部分。

将试验卡放入试验仓中，在选定的曝晒条件下进行曝晒，直到商定参比样的未曝晒区和曝晒部分的色差达到灰色样卡 4级。对于白色纺织品(漂白或荧光增白)至此阶段时即可终止曝晒。

移开原遮盖物，并用另外一个遮盖物遮盖 FBCE 区域(图1-12)，仅曝晒试验卡的右边三分之一的部分。

将试验卡放回试验仓内继续曝晒，直到参比样曝晒和未曝晒部分的色差达到灰色样卡 3 级。

(4)ISO 标准详细叙述曝晒方法 5 的操作过程并给出参考装样图。方法 5 适用于核对是否符合认可的辐照能值。可单独将试样曝晒，或与蓝色羊毛标样一起曝晒，直到达到规定辐照量为止。

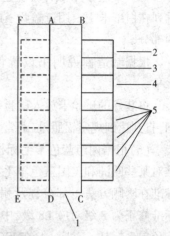

图 1-11　ISO 标准方法 3 装样图

1—遮盖区域，ABCD 为第一阶段遮盖物；FBCE 为第二阶段遮盖物　2—蓝色羊毛标样($n-2$)　3—蓝色羊毛标样($n-1$)　4—目标蓝色羊毛标样(n)　5—试样

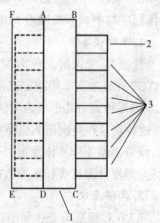

图 1-12　ISO 标准方法 4 装样图

1—遮盖区域　2—商定参比样　3—试样

ISO 标准曝晒方法 5 的操作过程如下：

将一个或多个试样与蓝色羊毛标样一起按图 1-13 所示排列在白纸卡上。用遮盖物 ABCD 遮盖试验卡中间二分之一的部分。

根据制造商说明书设置仪器，使其达到规定的辐照度水平。

将装好的试验卡放入试验仓中，按选定的曝晒条件进行曝晒，直到达到规定辐照量（通常用焦耳表示）。

（5）根据两组蓝色羊毛标样存在相关性（图 1-8），ISO 标准对某些欧洲和美国蓝色羊毛标样对应级数做出修正。中国标准在曝晒方法 1 部分提及耐光色牢度 8 级对应 L9 级，ISO 标准修正为 8 级对应 L8 级；中国标准在曝晒方法 2 部分提及蓝色羊毛标样 6 对应 L4，在 ISO 标准中修正为蓝色羊毛标样 6 对应 L5。

（6）ISO 标准在曝晒方法 1~4 中都推荐使用面积更大的遮盖物替换原遮盖物以免由于遮盖物叠加造成漏光而对测试和评级产生不良影响。

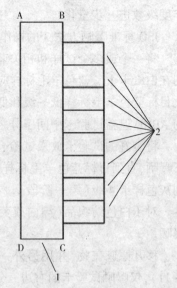

图 1-13　ISO 标准方法 5 装样图
1—遮盖区域　2—试样和（或）蓝色羊毛标样（如果适用）

（三）AATCC 标准

美国耐日晒色牢度标准为 AATCC 16 系列。按光源不同，AATCC 16. 1、AATCC 16. 2、AATCC 16. 3 的光源分别是日光、碳弧灯和氙弧灯。与中国标准和 ISO 标准相同，纺织品耐日晒色牢度一般采用氙弧灯作为曝晒光源，现行标准为 AATCC 16.3—2014《耐光色牢度：氙弧光》。美国标准与中国标准、ISO 标准属不同标准体系，在标准内容和操作细节方面存在不少差异。

1. 曝晒设备

传统上，美国耐光色牢度测试曝晒设备多采用水冷式，这与美国标准体系有一定关系。AATCC 在标准文本中指定或推荐试验设备的品牌和型号及其相关耗材是司空见惯的，ATLAS Ci 系列曝晒设备几乎成为美国耐光（耐气候）检测的标配。随着市场开放、贸易需求的逐步加大，这种现象在美国检测标准更新改版过程中有了较大改善。现行耐光色牢度标准对曝晒（褪色）设备类型不作具体规定，只要技术性能上可以控制辐射量、湿度、试验仓温度以及黑板（或黑标）温度计温度等技术参数的设备均可使用。

2. 试验原理

AATCC 标准与 ISO 和中国标准的试验原理有所不同，AATCC 16. 3—2014 标准试验原理如下：

待测纺织品和参比标准在规定条件下同时曝晒，用 AATCC 变色灰卡或测色仪对比试样的曝晒部分和遮挡部分或原样之间的颜色变化，评定试样的耐光色牢度。耐光牢固的分级是通过对同时曝晒的系列 AATCC 蓝色羊毛标样的评估来完成的。

按上述原理，美标耐光色牢度是用变色灰卡评定，这与中国标准和 ISO 标准用同时曝晒的蓝色羊毛标样评定耐光色牢度（曝晒方法 5 如果未使用蓝标用变色灰卡评级）明显不同。同时，试验原理又提到耐光牢度分级是通过对比同时曝晒的 AATCC 蓝色羊毛标样（L2~L9）评估完成,这其实与中国标准和 ISO 标准耐光色牢度评定相近。可见,在 AATCC 标准中,存在耐光色牢度和耐光牢度分级两个概念且含义不同。

3. AATCC 褪色单元(AFU)

AATCC 检测方法引入 AATCC 褪色单元概念,其含义如下:

不同测试方法中在规定条件下达到的特定曝晒量。一个 AATCC 褪色单元(1 个 AFU),相当于 AATCC 蓝色羊毛标样 L4 的色差达到灰卡的 4 级或者色差达到 1.7±0.3 CIELAB 单位色差时所需要曝晒量的 1/20。

4. 曝晒条件

AATCC 16.3—2014 分 3 种不同曝晒选择,其曝晒条件与中国、ISO 标准有所不同。其中,可选方法 3 是美国市场纺织品耐光色牢度最为常用的,与中国标准中美国曝晒条件和 ISO 标准中曝晒循环 B 基本一致。AATCC 标准 3 种可选曝晒方法的曝晒条件见表 1-37。

表 1-37　AATCC 标准 3 种备选方法曝晒条件

构成		可选方法 1	可选方法 2	可选方法 3
光源		氙弧光照/黑暗交替	氙弧连续光照	氙弧连续光照
黑板温度计(℃)		—	—	63±1
黑标温度计(℃)		70±1	60±3	—
箱体空气温度(℃)	光周期	43±2	32±5	43±2
	暗周期	43±2	—	—
相对湿度(%)	光周期	35±5	30±5	30±5
	暗周期	90±5	—	—
光周期时间(h)	开	3.8	连续	连续
	关	1.0	—	—
过滤器种类		符合 AATCC 16.3—2014 A3.3 要求		
辐射量 W/(m² · nm)(420nm)		1.10±0.03	1.25±0.20	1.10±0.03
辐射量 W/m²(300~400nm)		48±1	65±1	48±1
水的要求(输入)	种类	软化水或蒸馏水或经反渗透过滤		
	硬度	低于 17×10⁻⁶(17ppm),低于 8×10⁶(8ppm)则更好		
	pH	7±1		
	温度(℃)	16±5		

5. 标准材料

美国标准测试使用的蓝色羊毛标样仅采用美国制的 L2~L9,这与中国标准、ISO 标准中欧洲、美国两种蓝色羊毛标样均可选用有所不同。另外,需要备有两块已褪色的蓝标作为标准参照样,一块为褪色的 L4 AATCC 蓝色羊毛标样(已曝晒 20 个 AATCC 褪色单元),另一块为褪色的 L2 AATCC 蓝色羊毛标样(已曝晒 20 个 AATCC 褪色单元)作为备选参照样。AATCC 标准不需要温度控制标样。

6. 试样准备

AATCC 标准试样准备在数量和尺寸等要求方面与中国标准、ISO 标准有所差异,具体规定如下。

（1）试样数量。对于可接受性测试，为了提高精确度，至少取三块试样和参比标准，除非买卖双方有其他协议要求。

（2）剪取和安装试样。用耐测试环境影响的标签区分每一块试样。将试样和参比试样安装在试样架上，两者的表面与光源的距离相等。使用遮盖物时，应避免压平试样表面，尤其是测试起绒织物时。试样的尺寸和形状应和参比标准相同。按以下要求剪取和准备试样。

①试样的背衬。对于所有方法，如果试样没有完整的背衬，则将试样和参比标准安装在白色背衬卡上，用透光率接近 0 的遮盖物遮盖安装好的试样。

②织物。剪取试样时，使其长度方向平行于经向（长度方向），尺寸至少为 70mm×120mm，试样的曝晒面积至少为 30mm×30mm。将有背衬的试样固定在测试仪器提供的测试架上，确保夹持器的前后遮挡物与试样紧紧接触，并且在曝晒和未曝晒区域之间有一条明显的界限，但没必要挤压试样。为防止试样脱边，可对其缝边、剪锯齿边或熔边。

③纱线。将纱线缠绕或固定在白色背衬卡上，长度约为 150mm，宽度至少为 25mm，仅对直接面对曝晒的那部分纱线的变色程度进行评级。控制样必须含有与曝晒试样相同数目的纱线。曝晒结束后，用 20mm 的遮盖物或者其他合适的带子将这些面对光源的纱线捆紧，使纱线紧密地排列在曝晒架上以进行评级。

7. 校准和验证

AATCC 测试方法对试验条件、试验仪器的要求更为严格，因此，按标准要求完成仪器校准显得尤为重要，否则试验结果可能会出现较大偏差。校准和验证包括用 AFU 的测量、用已褪色的 L4 或 L2（备选）蓝色羊毛标样作为标准参比样校准等方式。具体操作要求如下。

（1）校准、验证和 AFU 褪色单元的测量。仪器校准时，为了保证标准化和精确度，与曝晒仪器有关的系统（如光控系统、黑色温度计、箱体空气传感器、湿度控制系统、UV 传感器和辐射计）应该定期进行校准。如有可能，校准应该溯源到中国国家标准或国际标准。校准周期和程序应该参照生产商的说明进行。

验证仪器的精确性需评估经 80~100AFU 曝晒之后的 AATCC 蓝色羊毛标样。参比标准总是位于靠近黑板温度计传感器件的试样夹的中间位置进行曝晒。

（2）用 AATCC 蓝色羊毛标样校准。将 L4 AATCC 蓝色羊毛标样在指定的温度、湿度以及操作条件下，连续曝晒（20±2）h。曝晒后，以目视方法或仪器方法评估所曝晒的标准试样。增加或减少灯的功率、曝晒时间，并曝晒附加的标准试样，直至所曝晒的标准试样的颜色变化符合以下标准之一。

①目光评定。等于所用批次褪色的 L4 AATCC 蓝色羊毛标样显示的变色级数。

②仪器测量：对于 AATCC 蓝色羊毛标样 L4 的批次，当根据 AATCC 评级程序 6 评定时，等于该蓝色羊毛标准件校准证书中指定的变色 CIELAB 值。

说明：作为备选，也可用 L2 蓝色羊毛标样，操作和评定要求与用 L4 蓝色羊毛标样一致。

8. AFU 的测量

（1）用 AATCC 蓝色羊毛标样测量 AFU。有关 AATCC 蓝色羊毛标样和 AATCC 褪色单元的使用，可为不同的曝晒方法（如日光、碳弧灯、氙弧灯）提供通用的曝晒标准。用术语"时钟显示小时"和"仪器显示小时"的报告方式并不有效。

表1-35中列出每一个AATCC蓝色羊毛耐光性标准织物产生相当于变色灰卡4级变色所需的AFU数量。

对于仪器的测色,用CIE 1964的10°视场和D65光源计算色度数据,按照AATCC评级程序6规定,色差以CIELAB单位表示。

说明:对于间歇光照(光照和黑暗交替)的氙弧光方法,虽然使用连续光照操作时间进行校准,但是由于有暗周期,真正测试过程中实际的操作时间可能或长或短。

(2)基于光谱辐射的AFU测量。对于曝晒方法1和方法3,在规定的条件下操作氙弧灯仪器时,波长420nm处测得的曝晒量为85kJ/(m² · nm),产生20个AFU。

9. 曝晒程序

(1)仪器曝晒程序的一般条件。将试样安装在试样架上,确保所有的试样有足够的支撑。靠近或远离光源的任何移动,即使很小的距离,都可能导致试样间褪色的差异。当使用间歇光照的方法时,应从光照循环开始进行曝晒。

对于针织物、机织物和非织造布,除非另有规定,确保试样的正面直接暴露在辐射光源下。

启动测试仪器直到所选的曝晒结束。需要更换过滤装置、灯管需打断曝晒时,避免不必要的延迟,否则会导致结果偏差或错误。可用合适的记录仪监控测试箱内的条件。如有必要,可重新调整控制条件以保持指定的测试条件。在测试过程中,验证仪器的校正状况。

(2)仪器曝晒到特定的辐射量。

①一步法。将试样和适用的参比标准曝晒到5、10、20,或20倍数的AFU,直到试样曝晒至所需的辐射量,此辐射量通过同时曝晒的适当的蓝色羊毛标准来测定的AFU进行确定。

②两步法。先按照一步法进行,不一样的是试样的曝晒面积增加1倍。当试样曝晒到第一阶段规定的辐射量后,从测试箱内取出试样,用遮盖物遮住已曝晒面积的一半,然后继续曝晒20或20倍数的AFU直至达到所需的更高的辐射量。

安装有辐射监测器的仪器,曝晒的AFU可以通过测量波长在420nm处的曝晒量来确定和控制(表1-35)。

说明:两步法可以较好地表征试样耐光牢度全部的性能。

(3)使用参比试样进行仪器曝晒。将试样和参比试样同时曝晒到需要的终点,以AFU,辐照量(kJ/m²)或参比试样的性能(即参比试样的变色达到变色灰卡的4级)来判定终点。

(4)仪器曝晒,耐光牢度分级。

①一步法。同时曝晒试样和一系列AATCC蓝色羊毛耐光性标准织物,至试样的变色达到变色灰卡的4级。

②两步法。先按一步法进行,不一样的是试样的曝晒面积增加1倍。试样曝晒至变色灰卡的4级后,从测试箱内取出试样,用遮盖物遮住已曝晒面积的一半,继续曝晒直到达到变色灰卡的3级。

10. 评级

(1)调湿。当曝晒结束后,取出试样和参比标准。按照ASTM D1776规定的标准大气条件,在暗室里调湿至少4h,然后再评级。

(2)变色评级。依据材料的规格或采购要求,对比试样的曝晒和遮盖部分或原样部分。试样完整的耐光性能评估要求使用一级以上的曝晒。在原材料和曝晒样品的被覆盖部分存在色差,这表明织物已经被非光线以外的某些物质(如热量或者大气中的某种反应性气体)所影响。虽然产生色差的确切原因还未知,但是当此现象发生时应在报告中提及。

不管是曝晒至规定的 AFU、辐射能或与参比标准进行对比,应根据 AATCC 评级程序 1(变色灰卡)或 AATCC 评级程序 7(仪器评估颜色变化)在规定的曝晒水平进行变色评级。

(3)基于同时曝晒的参比试样的接受性判断。如使用参比样进行曝晒,可根据一致同意的参比试样评定试样的颜色变化程度,按以下方法评定试样的耐光色牢度。

①满意——当参比试样的变色达到变色灰卡的 4 级时,试样的颜色变化等于或小于参比试样的变色。

②不满意——当参比试样的变色达到变色灰卡的 4 级时,试样的颜色变化大于参比试样的变色。

(4)基于 AATCC 蓝色羊毛耐光性标准织物的分级。

①一步法曝晒。试样的耐光色牢度分级如下。

a. 比较试样和同时曝晒的 AATCC 蓝色羊毛标样的颜色变化(表 1-38)。

b. 测定试样的颜色变化等于变色灰卡 4 级时所需的 AFU 数量(表 1-35)。

表 1-38　使用 AATCC 蓝色羊毛标准织物对试样变色进行分级

颜色变化			色牢度级别	等量 AFU
小于	等于但不大于	大于		
—	—	L2	L1	—
—	L2	L3	L2	5
L2		L3	L2~L3	—
—	L3	L4	L3	10
L3		L4	L3~L4	—
—	L4	L5	L4	20
L4		L5	L4~L5	—
—	L5	L6	L5	40
L5		L6	L5~L6	—
—	L6	L7	L6	80
L6		L7	L6~L7	—
—	L7	L8	L7	160
L7		L8	L7~L8	—
—	L8	L9	L8	320
L8		L9	L8~L9	—
—	L9	—	L9	640

②二步法曝晒,试样的耐色牢度分级如下。

a. 测定试样的颜色变化达到变色灰卡 4 级和 3 级所需的 AFU 数量(表 1-35)。

b. 两个级数:3 级变色的结果写在前面,括号里注明 4 级变色时的结果。例如:L5(4)表示在试样变色达到灰卡 3 级时为 L5 级,在试样变色达到灰卡 4 级时为 L4 级。当仅仅只用 1 级表示时,用产生试样变色 4 级时的 AFU 数来表示。

(5)高于 L7 AATCC 蓝色羊毛标准的分级。使用表 1-39,根据试样的变色达到灰卡的 4 级的曝晒周期中,L7 蓝色羊毛标准的变色达到 4 级的总数目,对试样色牢度进行分级。

表 1-39　使用高于 L7 的 AATCC 蓝色羊毛标准织物进行分级

曝晒 L7 的数目			色牢度级别	等量 AFU
小于	等于但不大于	大于		
—	2	—	L8	320
3	—	2	L8~L9	—
—	3	—	L8~L9	480
4	—	3	L8~L9	—
—	4	—	L9	640
5	—	4	L9~L10	—
—	5	—	L9~L10	800
6	—	5	L9~L10	—
—	6	—	L9~L10	960
7	—	6	L9~L10	—
—	7	—	L9~L10	1120
8	—	7	L9~L10	—
—	8	—	L10	1280
等等[a]	等等[a]	—	等等[a]	等等[a]

注　a 等级每增加一级,表示间隔为前一等级所需的 AFU 数量的两倍。任何一个试样所需的 L7 的数量位于两个整数之间,那么其分级定位两级的中间值。

五、操作和应用中的相关问题

(一)设备选择

耐日晒色牢度测试方法不限定某一种曝晒设备。试验设备的选择一定程度上取决于试样的尺寸、类型、体积以及设备的容量。例如,在没有辐照度控制的旋转型设备中,试样一直在光源下曝晒,这种设备的容量是带有双面试样夹和翻转模式设备的一半。不过,由于试样只在每个交替翻转中才受到曝晒,所以使用翻转模式的相同设备需要用两倍时间以完成试验。相比之下,由于受到试验仓范围的限制,平板型设备通常不带有翻转模式。

类似地,由于平板型设备允许使用更大的试样,从而可以更准确地评价整个图案的耐光色牢度。对于地毯等可能有大量图案且包括 30 多种颜色的样品更适合使用平板型设备,因为试样可重新放回原来的地毯中进行色差比较,而在旋转型设备中通常是对相对小的曝晒区进行色差比较。

当然,对于实验室采购人造光曝晒设备来说,要综合考虑检测项目、检测标准、检测试样量等方面的需求。比如,可适用的检测项目有耐光色牢度、耐光汗色牢度、耐气候色牢度等,可选用的标准有国家标准、ISO 标准和美国标准等,生产企业质量内控实验室和大型商业性实验室在检测试样量(试验频次)肯定有很大不同,工厂一般可选中等容量设备,而大型实验室可选多台大容量,配少量中小容量曝晒设备,并且在参数设置时可指定。

(二)试样安装

(1)试样(包括标样和其他纺织样品)的安装会影响试验结果的准确性。理论上,试验卡上的试样宜具有相同的厚度。不推荐将厚样品和薄样品或不同厚度的样品放在一张试验卡上,因为这样更不容易使用遮盖物而且曝晒区和非曝晒区的分界线不容易清晰。

(2)根据纺织样品确定合适的装样方法。对于大多数织物推荐用金属钉,但不推荐用铜钉,因为铜钉可从光源中吸收热且导热性强。或者可以使用胶带,而且胶带不能在光源下曝晒,保证其黏合剂不迁移,不然会影响试样,对于多数样品不推荐用双面胶。以下给出了特殊类型纺织品的具体装样方式。

(3)对于散纤维、纱条、粗纱或毛条等样品,推荐将纤维梳理排列成足够厚度和密度的纯色均匀薄层,固定于试验卡的整个宽度上。很难用金属钉固定短纤维,可以用双面胶或喷胶固定。在这种情况下,宜考虑到在试验过程中要保证试样牢固地固定于试验卡上,同时不影响最表层纤维在光源中曝晒。

(4)纱线装样比纤维容易,但比织物难。对于纱线样品,最简单的装样方法是将纱线紧密平行地卷绕在试验卡上或将一组纱线平行排列在试验卡上,并用金属钉或胶带在试验卡背面固定。

(5)对于表面较平的大部分织物,推荐用不含铜的金属钉固定试样。或者,试样宽度可伸出试验卡并包裹试验卡的边缘,并用胶带在试验卡背面固定。

(6)对于三维织物、拉绒或起绒织物、绒毛织物和提花织物等,装样会有特殊的问题。选择遮盖物时要考虑避免遮盖物压缩试样表面,同时要保证曝晒区和非曝晒区的分界线清晰。

对于绒毛织物,测试时避免压缩试样是十分重要的,同时要保持曝晒区和非曝晒区的绒毛方向一致。如果不能避免压缩试样,要在试验报告中注明。

对于厚度不匀的织物,如提花织物或一些绒毛织物等有地组织和图案区的织物,需要考虑对每个区域分别做试验,并使用不同的试验卡,以避免不同厚度的试样混用一个试验卡。或者,也可使用较大试样,将其直接在光源中曝晒,不使用遮盖物,当评定色差时,将曝晒试样重新放回初始样品中进行色差比较。这一步骤的缺点是:如果要求保留完成曝晒测试时的视觉依据,则需要较大样品和多个试样。

(7)对于多色材料或具很细小图案的印花纺织品等,也会存在特殊问题,比如,如何保证图案的相同区域在所有曝晒区和未曝晒区均出现。同样,对于多色样品要保证测试所有颜色就需要多个试样。

(8)测试铺地纺织品会有和多色或大量图案纺织品类似的问题。铺地纺织品会包含很多颜色,一些地毯上同一图案中有30多种颜色。虽然有时可以抽取和分别测试各色纱,但这样的操作有时难以实现,而且这样操作不能反映关于整个图案受光照后的效果。因此,更适合曝晒包括所有颜色的较大试样(或多个试样),并将曝晒后的试样重新放回初始的地毯中进行整体色差比较。

此外,对于厚的铺地纺织品,试样很难在不压缩试样表面的情况下曝晒和遮盖。一个解决办法是不使用遮盖物,而曝晒多个试样,并将曝晒后的试样重新放回初始的地毯中进行整体色差比较。

宜将曝晒后的试样重新放回原来的未曝晒地毯中并保持原来的位置和方向。确保曝晒和非曝晒试样上的绒毛倾向一致。

（9）对于所有类型的纺织品，在使用某类型的试验仪测试时，须要将试验卡装入试样夹中。当使用试样夹时，其要与试样类型适合。注意保证试样表面与光源的距离同蓝色羊毛标样或其他标样表面与光源距离相同。为了达到距离相同，有时需要通过使用衬垫材料抬高离光源最远的试验卡的表面以调节距离，或用不同深度的试样夹来容纳较厚的试样，或使用从背面安装试样的试样夹。

（三）遮盖物

遮盖物要防止被遮盖部分试样受到光曝晒或避免先前曝晒区受到进一步曝晒。因此，有必要保证遮盖物紧贴试样夹，如果没有用到试样夹，应保证遮盖物充分重叠试验卡的边缘以避免试验卡外边缘有漏光现象。另外，有必要保证遮盖物与试样类型相适应，遮盖物不能使试样压缩且要避免边缘漏光。

试验过程中，在不同阶段观察试验卡时，要保证遮盖物准确地放回其移动前的位置。如果不小心，会导致曝晒区和未曝晒区之间的界限不清晰，使色差评定更困难。

不同试验阶段更换遮盖物时，也会出现类似的问题。ISO 标准推荐用更大尺寸的遮盖物以免漏光产生不良影响。相关比较试验结果证明，用更大尺寸和遮盖物叠加两种方式在规范操作的前提下对测试结果的影响不明显。

（四）曝晒方法的选择

曝晒方法与曝晒终点的确定有直接关系，是影响耐光色牢度结果的重要因素。ISO 与中国标准分别有 5 种曝晒方法，根据试验设备类型、试样量、试验目的等多个因素选择最合适的曝晒方法。在标准中以资料性附录形式给出了相关建议。

（1）方法 1 可获得每个样品最多的细节信息，但它要求试验卡为每个试样配备一整套蓝色羊毛标样。如果试验样品的耐光性未知而且没有目标性能要求，方法 1 是最合适的。

例如，纺织品制造商开发了新产品而且对该新产品的耐光性未知。由于该纺织品适合于多种用途，所以无法确定目标性能要求，制造商需要知道该纺织品的耐光性。测定纺织品的耐光性可以避免制造商将其用于不合适的最终用途。采用方法 1 时，制造商可以在选定的试验条件下测定纺织品最高耐光色牢度。

（2）与方法 1 相比，方法 2 更适用于大量试样同时测试而且它们的耐光色牢度均未知。与方法 1 不同，方法 2 中仪器每运行一次只需要一套蓝色羊毛标样对多个试样进行试验。方法 2 更适合于染厂对同一颜色不同批试样同时测试并比较，以确保耐光色牢度的稳定性。

例如，染厂要完成一个大订单，但染色是分多次小批量完成的。染厂为确保订单中每个染色批的耐光色牢度均一致，可选择方法 2，使每批的试样同时测试并与一套蓝色羊毛标样比较。染厂不仅可以用方法 2 测定最高耐光色牢度，而且很容易比较不同染色批的差异。这样可以很快找出与其他批耐光色牢度不一致的染色批，并酌情弃用或返工（重染）。

（3）方法 3 和方法 4 很相似，因为它们都是对试样与已知蓝色羊毛标样或参比样进行对比。当与以往试验材料对比或有合适的产品标准规定了耐光色牢度最低要求时，实验室最常用方法 3 和方法 4 测定这些目标耐光色牢度已知的纺织品。

对于方法 3，如果样品要求的目标耐光色牢度至少与蓝色羊毛标样 4 相同时，试验卡上放蓝色羊毛标样 4、3 和 2 以及一个或多个试样就足够了。与方法 1 不同,当目标蓝色羊毛标样达到规定色差时结束试验,并通过与目标蓝色羊毛标样比较评定试样。这意味着如果试样褪色小于目标蓝色羊毛标样,则试验结果为"大于 4 级"。

使用两个级数更低的蓝色羊毛标样是因为通常实验室操作以及许多客户希望知道试样耐光色牢度比目标值低多少。同样是这个示例,如果试样褪色大于目标蓝色羊毛标样 4,由于试验卡上有蓝色羊毛标样 2 和 3,所以实验室不仅仅标注"小于 4 级"还可以提供更详细的试验结果。比如,实验室可能给出试验结果为"3~4 级",表明试样比目标值差一点;也可能给出试验结果为"2 级",表明与目标值差得相当远。这就让试验报告的读者结合其他与试验无关的因素做出明智的贸易判断。

方法 4 是用参比样代替蓝色羊毛标样。参比样可以是一个主染料批次、以前产品运行样或竞争对手的织物样。试样与参比样比较,但是与方法 3 不同,试验结果只可能表述为"大于""小于"或"等于"参比样。但是一些实验室仍然会把蓝色羊毛标样和参比样一起曝晒,这样可以提供关于试样耐光色牢度的附加信息。

(4)方法 5 和方法 1~方法 4 不同,它不需要使用任何参照材料。方法 5 是控制试样受到的曝晒辐照量。但很多实验室会使用蓝色羊毛标样以从试验中获得更多信息。

当使用方法 5 时,因为曝晒不是根据试样或参比样的变色控制的,所以实验室要明确知道如何表达试验结果。在使用方法 5 的试验报告中,因为色牢度级数评定不是根据蓝色羊毛标样定的,所以评定级数要明确表述为"灰色样卡级数",以避免读者混淆。这两种评定级数是不能互换的,也不可能根据一种级数推算另一种级数。

例如,当试样在一定的辐照量中曝晒时,其曝晒区和未曝晒区的色差等于灰色样卡 4 级,但这个色差可能和蓝色羊毛标样 2 获得的色差相似。这时褪色可表示为灰色样卡"4 级"或"2 级"。在这种情况下,只简单将试验结果报告为"4 级",会认为试验结果是试样与蓝色羊毛标样 4 比较得到的,然而实际上它只是等于蓝色羊毛标样 2 级。

但对于商业性检测实验室来说,曝晒方法的选择通常基于产品的质量要求。在中国市场,日用消费品类的纺织制成品,如服装、家纺产品等的耐光色牢度要求及其测试方法都在相应的产品标准中作出规定。一般,日用纺织产品的曝晒方法大多选择方法 3。在欧洲市场,ISO 105-B02 是最常用耐光色牢度试验方法,欧洲品牌或买家的质量手册中对于耐光指标有明确的要求,即所要达到的级数,但不会规定选择哪一种曝晒方法。通常,实验室按照产品要求所要达到的级数选择对应级数及以下的欧洲蓝色羊毛标样,比如,日晒色牢度要求达到 5 级,选择蓝标 1~5 五块蓝色羊毛标样与试样一起曝晒,曝晒终点为 5 级羊毛标样晒至灰卡 4 级,这种曝晒方法接近标准中的方法 2,但又不完全相同。在美国市场,AATCC 16.3 标准中也规定了几种不同的曝晒方法,最常用的是用一步法按要求的 AATCC 褪色单元(AFU)曝晒至所需的辐射量。

(五)评级相关事项

虽然标准中明确规定了耐光色牢度评级步骤,然而,不同性质的被测纺织品,其操作和评级步骤有所不同。

对于有细小面积图案的印花纺织品试样,色差评级会有困难。在这种情况下,当对比线两侧不能获得足够的面积时,评级者必须基于非连续区域判断评级。

对于一些绒毛铺地纺织品,未必可以单独评定每种颜色的色牢度。在这种情况下,更适合进行整体评级,但要格外注意是否有一个或多个颜色出现更明显的褪色。地毯上一些浅色比深色更容易褪色,而且在整体设计效果上浅色褪色更易察觉的现象是常见的。

当不连续颜色评级时需要考虑相邻颜色对评级的影响。例如,如果一种颜色散布在一个图案的数点上,并在一个区域内与深色相邻,在另一个区域内与稍浅色相邻,通过比较两个不同的邻界区域对目标颜色进行评级可能会产生不良影响,并会影响综合评级。通过在曝晒和未曝晒试样上遮盖更小观察区域可改善非连续区域评级。这时需要根据要评级的样品、使用不同形状和(或)尺寸的遮盖物。

对于某些纺织品,受热变色会对各种颜色或纺织材料产生影响,尤其是如红色和橙色等热致变色的颜色。类似地,热或湿度会对绒毛纺织品或如聚酯纤维或聚酰胺纤维等合成纺织材料的结构产生影响。由于热和湿度的影响引起绒毛织物在一个方向倾斜从而导致感官变色是常见的,这种变色不是因为颜色实际发生变色而是因为同一区域的两次观察时绒毛方向不同引起的。另外,有些试样由于它们的设计或结构,小面积评级并不最合适于整体效果评定。在这种情况下,更适合保留初始样品,并将曝晒后的试样放回原来样品中,然后进行耐光色牢度评级。这在绒毛铺地织物和提花织物等纺织品中是最常见的操作。

当使用仪器评级时,使用的孔径要适合于试样的图案或花型以及曝晒区。对于铺地纺织品类材料,由于试样表面易受压缩、当试样表面吸收或折射很高比例的光源光时测量表面反射光存在困难、分离图案中单独颜色存在困难等,不适合使用仪器评级。虽然不反对使用仪器评级,但只有适当考虑以上问题后才可使用,并且当使用仪器评级时要在试验报告中说明。

六、耐光色牢度技术要求

耐光(耐晒)色牢度是纺织品重要质量性能之一。在纺织服装服用过程中,耐光色牢度较差的产品经几次穿着或洗晒后不仅有明显褪色,有时色相也会发生明显变化,由此引发的消费投诉也屡见不鲜。另一种较多见的情况发生在店铺,因耐光色牢度不佳,一些陈列的货品(如叠在一起的衬衫或长裤)暴露在灯光下,其弯折处易出现褪色,形成类似色档的色差,货品只能报废,商家因此遭受不小的损失,也容易引起贸易纠纷。

在我国,耐光色牢度所要达到的技术要求一般都在行业制定的产品标准中作出规定,而产品标签上必须明示其执行的产品标准,那么产品耐光色牢度所要达到的级数就应符合明示产品标准中相应质量等级(如优等品、一等品、合格品等)的要求。表 1-40~表 1-43 分别是中国及欧美市场对于内衣睡衣类、外衣类、泳装类和窗帘类产品的耐光色牢度要求。

表 1-40 不同市场对内衣睡衣类产品耐光色牢度技术要求

市场	测试方法	技术要求(级)	
美国	AATCC 16.3	10 个 AATCC 褪色单元	≥3.5
欧洲	ISO 105-B02	晒至 3 级	≥3
中国	GB/T 8427 (方法 3)	GB/T 8878—2014《棉针织内衣》	—
		FZ/T 73017—2014《针织家居服》	—
		FZ/T 81001—2016《睡衣套》	—

表 1-41 不同市场对外衣类产品耐光色牢度技术要求

市场	测试方法	技术要求(级)		
美国	AATCC 16.3	20 个 AATCC 褪色单元		≥3.5
欧洲	ISO 105-B02	晒至 4 级		≥3~4
中国	GB/T 8427 (方法 3)	GB/T 14272—2011《羽绒服装》		优等品、一等品≥4 合格品≥3
		FZ/T 73053—2015 《针织羽绒服装》	深色	优等品≥4~5 一等品≥4 合格品≥3~4
			浅色、荧光色	优等品≥4 一等品、合格品≥3

表 1-42 不同市场对泳装类产品耐光色牢度技术要求

市场	测试方法	技术要求(级)		
美国	AATCC 16.3	40 个 AATCC 褪色单元		≥3.5
欧洲	ISO 105-B02	晒至 5 级		≥4~5
中国	GB/T 8427 (方法 3)	FZ/T 73013—2017 《针织泳装》	荧光色	优等品、一等品≥3 合格品不考核
			非荧光色	优等品≥4 一等品、合格品≥3
		FZ/T 81021—2014 《机织泳装》	深色	优等品、一等品≥4 合格品≥3
			浅色	优等品≥4 一等品、合格品≥3

表 1-43 不同市场对窗帘类产品耐光色牢度技术要求

市场	测试方法	技术要求(级)		
美国	AATCC 16.3	40 个 AATCC 褪色单元		≥3.5
欧洲	ISO 105-B02	晒至 5 级		≥4~5
中国	GB/T 8427 (方法 3)	GB/T 19817—2005 《纺织品 装饰用织物》		优等品≥5 一等品、合格品≥4
		FZ/T 62011.1—2016 《布艺类产品 第 1 部分:帷幔》		优等品≥6 一等品≥5 合格品≥4

　　欧美市场耐光色牢度商业可接受的技术要求通常基于产品大类,如内衣、外衣、泳装、滑雪衫、家用纺织品以及户外用帐篷等。并且,技术要求不仅仅只给出产品经曝晒后所要到达的变色等级,根据产品暴露在光线下的时间或强度等因素,对几种产品大类测试时的曝晒级数或时间分别作出规定,如美国市场规定了 AATCC 褪色单位的数量,欧洲市场明确了晒至几级蓝色羊毛标样。而对于中国市场,情况则有所不同。在不同产品类别对应的产品标准中,只给出最终经耐光色牢度测试后应达到的级数,而测试方法 GB/T 8427 的方法 3 规定用目标蓝色标样以及

比目标蓝色标样低一级的蓝色羊毛标样共两块蓝标(更新标准为比目标蓝标低一级和低两级蓝色羊毛标样,共三块蓝标)与样品一同曝晒。实际上,变色级数要求与目标蓝色羊毛标样级数之间是不能直接画等号的。比如,产品标准中规定耐光色牢度要求为变色3~4级,3~4级是没有对应蓝色羊毛标样的,而且,变色3~4级的测试结果不一定是以4级蓝色羊毛标样作为最低目标蓝标曝晒后得到的结果,用5级蓝色羊毛标样作为目标蓝标,与低一级和低两级的蓝标,即4级蓝标和3级蓝标同时曝晒时,同样有可能得出3~4级的测试结果。因此,中国产品标准中耐光(耐日晒)色牢度仅对最终变色结果作出规定是缺少一定严密性的。

变色级数方面,美国市场通常设定为3.5级。虽然测试时根据不同产品类别曝晒的AATCC褪色单位是不同的,但AATCC方法曝晒后按5级变色灰卡评级,3.5级为可接受的级数。欧洲市场,如果3级蓝标为最低目标蓝标,变色允许级数为不低于3级。而当4级、5级蓝色羊毛标样作为最低目标蓝标时,变色等级分别为3~4级和4~5级(比目标蓝标级数低半级)是可接受的。在我国,大部分产品标准中规定耐光色牢度的合格品的要求为不低于3级。有少数产品(如丝绸服装)相应的产品标准中合格品比3级更低。另外,从表1-40~表1-42可以看出,欧美耐光色牢度要求要高于中国的合格品要求,基本上与一等品要求相当。由于我国标准制定或归口管理的标准化技术委员会不同,即便是同一类别的产品,如泳装、羽绒服等,机织和针织的技术要求也不同。另外,在某些针织类服装制定或修订的产品标准中,对荧光色面料的耐光色牢度予以特别关注,对其技术要求作了降低甚至豁免。

七、耐光、汗复合色牢度介绍

(一)概述

耐光、汗复合色牢度简称耐光汗色牢度,是指纺织品颜色于服用过程中在人体汗液和日光共同作用下保持原来色泽的能力。汗液成分与日光能量会对染料发生光原反应,使染料褪色。染料的光汗褪色作用涉及的因素有染料化学结构、染料聚集状态、纤维材料的性质、消费者的穿着护理方式以及环境等。纺织品的耐光汗色牢度主要与染料的特性、纺织材料的种类、人体汗液的成分、大气条件等因素有关。

近年来,纺织服装因耐光汗色牢度差引起的贸易纠纷和消费者投诉也时有发生。尤其对于中国市场来说,耐光汗色牢度在一些针织服饰产品标准中有明确的指标要求,如GB/T 22849—2014《针织T恤衫》、FZ/T 73020—2012《针织休闲服装》、FZ/T 73043—2012《针织衬衫》、FZ/T 74002—2014《运动文胸》等对耐光汗色牢度的要求都在3级或以上。国内外的品牌商、销售商也逐渐意识到对夏季贴身穿着的、运动类的服装的耐光汗色牢度作质量管控的重要性,纷纷将这项色牢度要求纳入产品质量(检测)手册中。

(二)试验方法

中国和欧美现行的检测标准主要有GB/T 14576—2009《纺织品　色牢度试验　耐光、汗复合色牢度》、ISO 105-B07:2009《纺织品　色牢度试验　第B07部分:人工汗液润湿的纺织品耐光色牢度》和AATCC 125—2013《耐汗光色牢度》。而中国标准GB/T 14576—2009修改采用了ISO 105-B07:2009,两者技术内容的主要差异是中国标准规定使用蓝色羊毛标样4并明确曝晒终点为蓝色羊毛标样4晒至变色灰卡4~5级,其余技术内容基本一致。

1. 试验原理

各种检测标准的试验原理基本相同,即取经过人工汗液处理后的试样放在耐光试验机(曝晒设备)中,按规定条件曝晒至终点,然后取出试样经清洗干燥后,用灰色样卡(变色)或仪器评定其变色级数。

2. 人工汗液组分

中国标准、ISO 标准和 AATCC 标准所用的人工汗液组分存在一定的差异。其中,GB/T 14576—2009 有三种人工汗液(两种酸性、一种碱性),其汗液组分和 ISO 105-B07:2009 相同;而 AATCC 125—2013 只规定两种汗液(酸性和碱性各一种),并且其组分与中国标准和 ISO 标准不同,详见表 1-44。

说明:AATCC 125—2013 标准的人工碱性汗液只作备选用,如无特别指定,仅使用酸性汗液。

表 1-44　中国标准、ISO 标准、AATCC 标准人工汗液组分

汗液种类和组分		汗液配方(g/L)		
		GB/T 14576 或 ISO 105-B07		AATCC 125
酸性汗液	L-组氨酸盐酸盐一水合物	0.25	0.5	0.25
	氯化钠	10	5	10
	无水磷酸氢二钠	1	—	1
	85%乳酸	1	—	1
	磷酸二氢钠二水合物	—	2.2	—
	溶液 pH[a]	4.3±0.2	5.5±0.2	4.3±0.2
碱性汗液	L-组氨酸盐酸盐一水合物	0.5		0.25
	氯化钠	5		10
	磷酸氢二纳	十二水合物 5 或二水化合物 2.5		无水 1
	碳酸铵	—		4
	溶液 pH[a]	8±0.2		8

注　a pH 要求为 4.3±0.2 的酸性汗液在配制完成后如达不到规定要求,汗液须重新配制;其余汗液的 pH 用 0.1mol/L 氢氧化钠溶液调节至规定值。

3. 试样准备

(1)取样。试样尺寸取决于试样数量及所用耐光试验机试样架的形状和尺寸。中国标准试样尺寸不小于 45mm×10mm。ISO 标准要求试样尺寸不小于 40mm×10mm。AATCC 标准的试样尺寸为 51mm×70mm。如试样是织物,应紧附于防水白板上;如试样是纱线,则紧密卷绕于防水白板上,或平行排列固定于防水白板上;如试样是散纤维,则梳压整理成均匀薄层固定于防水白板上。每种汗液对应制备一块试样。

(2)浸渍汗液。中国标准与 ISO 标准对于试样浸渍人工汗液的操作相同。称取试样质量(精确至 0.01g),将试样放入一适宜的容器中,加入 50mL 新配制的汗液(所用汗液的种类由有关各方协商确定)。将试样完全浸没于汗液中,室温下浸泡(30±2)min,其间应对试样稍加揿压和搅动,以保证试样完全润湿。从汗液中取出试样,去除试样上多余的汗液,称取试样的质量,使其带液率为(100±5)%。AATCC 标准对浸渍所用容器有明确规定,倒入人工汗液的体积也与

中国标准、ISO 标准不同,并且对润湿试样和使其达到规定带液率的操作进行了细化。AATCC 标准规定将每一个试样放入直径 9cm、深 2cm 的培养皿中,加入新配置的汗渍溶液至深 1.5cm (实际操作时可算出应倒入的汗液体积),将试样浸入汗液中(30±2)min,不时搅动,使其完全浸湿。对于不易润湿的试样,可通过浸湿和使用小轧车挤压交替进行的方式,直到试样被人工汗液完全渗透。经过(30±2)min 后,每个试样垫衬多纤维贴衬织物后通过小轧车(多纤维条垂直于小轧车滚筒长度方向),或者将试样夹于两层 AATCC 纺织品吸水纸之间挤压,使其带液率为(100±5)%。

(3)装样。装样操作中国标准和 ISO 标准基本相同,将浸泡过汗液的试样固定在防水白板上,试样不用遮盖物遮盖。把蓝色羊毛标样固定在另一块白板上(蓝色羊毛标样不需要浸渍人工汗液),并按相应耐日晒色牢度方法中规定的遮盖要求遮盖蓝色羊毛标样。最后将固定好试样和蓝色羊毛标样的白板分别装在耐光试验机的试样架上。与试样一同曝晒的蓝色羊毛标样是用于确定曝晒终点,显然,选用哪一级的蓝色羊毛标样会对测试结果产生直接影响。在 GB/T 14576— 2009 中,明确使用蓝色羊毛标样 4,且曝晒终点为蓝色羊毛标样褪色至变色灰卡 4~5 级。而 ISO 105-B07:2009 中只提及将蓝色羊毛标样按 ISO 105-B02 耐日晒色牢度标准晒至预定变色灰卡级数作为终点。AATCC 标准规定的装样与中国标准、ISO 标准有所区别,只需将浸透的试样直接装在试样架上,或固定在覆有塑料薄膜的背衬和白纸板上,而无须使用蓝色羊毛标样。

4.曝晒过程

GB/T 14576—2009 的曝晒过程按照 GB/T 8427(氙弧)或 FZ/T 01096(碳弧)规定的任一个曝晒条件进行,而纺织品耐日晒色牢度是按 GB/T 8427 氙弧灯曝晒方法,国内耐光汗色牢度测试也多选用氙弧光源。ISO 标准与中国标准曝晒过程相近,但由于 ISO 耐日晒色牢度标准已更新至 2014 版,其曝晒条件与现行 GB/T 8427—2008 有所差异。此外,ISO 标准未明确蓝色羊毛标准的级数及曝晒终点。AATCC 标准的曝晒条件按美国标准耐日晒色牢度试验 AATCC 16.3 中方法 3 规定的条件进行,并且规定曝晒终点为试样曝晒 20 个 AATCC 褪色单位。中国标准、ISO 标准和 AATCC 标准耐光汗色牢度曝晒相关要求见表 1-45。

表 1-45 中国标准、ISO 标准、AATCC 标准曝晒要求

标准号	GB/T 14576—2009	ISO 105-B07:2009	AATCC 125—2013
曝晒参照标准	GB/T 8427—2008[a]	ISO 105-B02:2014	AATCC 16.3—2014 方法 3
曝晒光源	氙弧		
黑板温度(℃)	—	曝晒循环 A1[b]:45±3	63±1
黑标温度(℃)	欧洲曝晒条件[b]:最高 50	曝晒循环 A1[b]:47±3	—
相对湿度(%)	欧洲曝晒条件(循环 A1)[b]:符合有效湿度要求		30±5
辐射度(W/m^2)(420nm)	1.1±0.02		1.1±0.03
辐射度(W/m^2)(300~400nm)	42±2		48±1
曝晒终点	蓝色羊毛标样 4 晒至变色灰卡 4~5 级	目标蓝色羊毛标样晒至变色灰卡 4 级[c]	试样曝晒 AATCC 20 个褪色单位

注 a 中国标准的曝晒条件可按 FZ/T 01096 使用碳弧光源,本表只列出较常用的氙弧光曝晒条件。

　　b 本表只列出中国标准和 ISO 标准中最常用的通常条件(温带)。

　　c 目标蓝色羊毛标样一般由品牌商、买家在其质量手册中规定,服装产品要求大多为 4 级。

5. 曝晒后试样清洗

中国标准、ISO 标准规定当试样完成曝晒后、在评级之前需清洗和晾干。即试样从曝晒试验仓中取出后用三级水清洗 1min，然后悬挂在不超过 60℃的空气中晾干。AATCC 标准则未提及此项操作。

(三) 操作及应用的相关问题

1. 人工汗液的配制

表 1-45 列出了中国标准、ISO 标准、AATCC 标准各种人工汗液的组分。需要强调的是人工汗液须现配现用，AATCC 标准规定即使在室温密封条件下存放也不得超过三天。人工汗液配制完成后应在存放容器上注明配制的日期和时间，以免误用不新鲜的人工汗液。同时，耐光汗色牢度使用的人工汗液实际上与耐汗渍色牢度使用的人工汗液有关联性。也就是 pH 为 4.3 的酸性汗液即为 AATCC 15 耐汗渍色牢度使用的汗液；pH 为 5.5 的酸性汗液和 pH 为 8 的碱性汗液就是 GB/T 3922 和 ISO 105-E04 耐汗渍色牢度使用的两种人工汗液，实验室操作人员可直接取用新鲜配制的耐汗渍色牢度人工汗液，从而提高试验用试剂的利用率和工作效率。

配制的人工汗液对 pH 的控制非常严格，其中 pH 为 4.3 的酸性汗液在按规定的组分配制完成后，pH 就应符合 4.3±0.2 的要求，否则须重新配制。pH 为 5.5 的酸性汗液和 pH 为 8 的碱性汗液用 0.1mol/L 氢氧化钠溶液调节至规定值。pH 试纸不得用于测试溶液的 pH，而必须使用精度至少为 0.01 的 pH 计。

2. 人工汗液的选择

对比欧美市场，耐光汗色牢度在中国市场的应用较多。在一些针织类服装产品标准中设有此项色牢度要求，而这些产品标准多数规定了使用碱性人工汗液。如常用标准 GB/T 22849—2014《针织 T 恤衫》、GB/T 22853—2019《针织运动服》、FZ/T 73020—2012《针织休闲服装》、FZ/T 73026—2014《针织裙、裙套》和 FZ/T 73043—2012《针织衬衫》等都规定耐光汗色牢度仅选用碱性人工汗液。ISO 标准或国内产品标准中未明确使用何种人工汗液时，通常可按耐汗渍色牢度标准(ISO 105-E04、GB/T 3922)中规定使用的人工汗液要求执行或与相关方确认，对应每种汗液应分别取样和报告结果。AATCC 标准一般仅使用 pH 为 4.3 的酸性汗液，在特别要求下可选备用的碱性汗液。

3. 曝晒条件和曝晒方法

曝晒条件和曝晒方法是两个不同的概念。前者侧重曝晒设备技术参数(条件)的设定；后者还包括标准参照物的种类、曝晒阶段的设定以及曝晒终点确定方法等内容。耐光汗色牢度的曝晒条件按相应耐日晒色牢度标准的规定执行。现行的中国耐日晒色牢度标准 GB/T 8427—2008 的曝晒条件分欧洲曝晒条件和美国曝晒条件两种。其中，欧洲曝晒条件又分通常条件(温带)和极限条件(低湿极限和高湿极限)，如无特别指定，实验室测试时选用通常条件。ISO 105-B07：2014 标准有 4 种曝晒条件，分别为使用欧洲蓝色羊毛标样 1~8 的曝晒循环 A1、A2、A3(欧洲曝晒条件)以及使用美国蓝色羊毛标样 L2~L9 的曝晒循环 B(美国曝晒条件)。曝晒循环 A1 为常用的通常条件(温带)。GB/T 8427 已在更新阶段，更新版本将与现行 ISO 105-B02：2014 标准基本一致。美国耐日晒色牢度标准 AATCC 16.3—2014 有三种曝晒方法，其所对应的曝晒条件也各有差异(表1-37)。AATCC 125—2013 明确按 AATCC 16.3 中的方法 3 曝晒要求执行。表 1-45 列出了中国标准、ISO 标准、AATCC 标准常用的曝晒条件。

4. 曝晒终点的确定

中国标准、ISO 标准、AATCC 标准对于曝晒终点的确定各不相同。中国标准和 ISO 标准通过蓝色羊毛标样来确定曝晒终点,而 AATCC 标准直接规定试样曝晒 20 个 AATCC 褪色单位。GB/T 14576—2009 标准明确使用蓝色羊毛标样 4 晒至变色灰卡 4~5 级。ISO 标准则只提及按耐光色牢度标准 ISO 105-B02 执行,而该标准中有 5 种不同曝晒方法,它们对应的曝晒终点确定的方法也各不相同。一般,欧洲耐光汗色牢度曝晒方法(曝晒终点的确定)与欧洲耐光色牢度操作相同,是以方法 2 为基础,按品牌商或买家的要求选取目标蓝色羊毛标样,再加上比目标蓝标低一级和低两级的蓝标与试样一同曝晒,终点为目标蓝色羊毛标样褪色至变色灰卡 4 级。在欧洲,大多数服装品牌商或买家对于耐光汗色牢度要求设定为 4 级,那么试验时,用 2 级、3 级、4 级三块蓝色羊毛标样与试样一同曝晒,终点为 4 级蓝色羊毛标样变色至灰卡 4 级。可见,中国标准 GB/T 14576 虽然修改采用 ISO 105-B07 标准,试验操作也基本一致,但确定曝晒终点的方法却是不同的,这是这两项标准在技术内容方面的最大差异。然而,中国耐光汗色牢度标准在更新时做出的这项与 ISO 不同的修改某种意义上是考虑了该项测试存在的一个弊端,即试样在曝晒数小时后,由于汗液的蒸发,试样由湿变干,耐光汗色牢度测试也就演变成耐日晒色牢度测试,背离了该项测试的初衷。明确采用蓝色羊毛标样 4 褪色至变色灰卡 4~5 级,一方面便于实验室操作的统一,另一方面将曝晒持续时间作了控制和缩短(10h 左右),这也尽可能保证试样的曝晒过程在湿态下进行。相较于美国标准要求的 20 个 AATCC 褪色单位,中国标准曝晒时间大约缩短一半。但与此同时,由于终点是蓝色羊毛标样变色 4~5 级,属比较小的色变,实验室操作(评级)人员以此判断是否到达曝晒终点时,存在一定难度和不稳定性。建议可采取两种辅助手段来验证,一是测试时同时加晒一块蓝色羊毛标样 3,当 3 级蓝色羊毛标样褪色达到变色灰卡 4 级时,可认为 4 级蓝色羊毛标样褪色已达到变色灰卡 4~5 级;二是用 4 级蓝色羊毛标样变色的 GS 值(4.5±0.05)来控制曝晒量。

八、耐光色牢度的改进

耐光色牢度主要取决于所用染料的化学结构,以及它的聚集状态、结合状态与混合拼色情况。因此,合理选用染料是改善和提高纺织品耐光色牢度最主要的途径。选用染料时应注意以下几点。

(1)根据纤维性质和纺织品用途选用染料。对纤维素纤维纺织品,应选用抗氧化性较好的染料;对于蛋白质纤维,应选用抗还原性较好或含有弱氧化性添加剂的染料;其他纤维则应根据对褪色的影响来选用染料。纤维素和蛋白质等多组分复合纤维及两种以上纤维的混合织物,应根据它们的组成比例来选用染料。商品染料一般都有其应用范围的说明,选用时应加以注意。不同生产厂家的染料,由于混配组成和添加物不同,混用时可能会降低耐光色牢度。

(2)根据颜色深度和后整理要求选用染料。通常,染料的耐光色牢度与所染色泽的深浅成正比,即色泽越深,耐光色牢度越好。这是由于染料在纤维上的浓度越高,染料分子的聚集度越大,同样数量的染料接触空气、水分和光照的表面积就越小,染料被光氧化的概率也越低;反之,色泽越浅,染料在纤维上大多呈高度分散的状态,受光照的概率较高,最终使耐光色牢度明显下降。因此,染浅色品种,应选用耐光牢度较高的染料。此外,织物上添加了许多后整理剂(如柔软剂、抗皱整理剂等)也会降低产品的耐光牢度,因此,应选用对这些整理剂不敏感的染料。

（3）选用耐光稳定性、配伍性好的染料拼色。不同染料的褪色性能不同，甚至光褪色机理也不同。有时，一种染料的存在会敏化另一种染料的褪色。拼色时，应选用相互不会敏化，甚至可以提高耐光稳定性的染料，这在染深色品种如黑色时，尤为重要。三原色中的一只染料过快褪色，将很快导致染色纤维或织物变色，而褪色的染料残余物还会影响未褪色的另外两只染料的光稳定性。

因染色工艺对耐晒牢度也会产生影响，所以合理控制染色工艺，使染料与纤维充分结合，尽量避免和减少水解染料和未固着染料残留在纤维上，是获得较高耐光色牢的重要技术手段。

此外，如果织物已经染色，而日晒牢度达不到要求的情况下，使用助剂也是一种改善的途径。在染色过程中或染色后添加合适的助剂，使其在受到光照时先于染料发生光反应，消耗光能量，以此起到保护染料分子的作用。此类助剂称为紫外线吸收剂，或称为日晒牢度增进剂。需要注意的是，此类日晒牢度增进剂并不是对所有的纺织品都有效，不同染料的光褪色机理各不相同，一些整理剂可能仅对部分染料的光稳定性有改善作用，而对其他染料没有效果，甚至起反作用。例如，防紫外线整理剂，虽然可减弱紫外线对纺织品的作用，但大部分染料发生光褪色是由可见光引发的，所以对提高纺织品耐光色牢度效果不明显。

第五节　耐汗渍、耐水、耐唾液色牢度

一、概述

纺织品耐汗渍、耐水、耐唾液色牢度是指印染到织物上的色泽耐受汗液、水、唾液浸渍的坚牢程度。在日常穿着使用护理过程中，纺织品服装可较长时间接触皮肤，皮肤分泌的汗液对某些染料产生影响，致使织物上的染料转移到人体皮肤上，对人体健康造成一定危害。纺织产品在受到雨淋或在水洗护理时，也会处于较长时间被水浸渍的状态，如果耐水色牢度不达标，不仅对产品本身造成褪色或沾污，织物上的染料也有可能转移到人体皮肤或者随污水排放，对人体健康和环境造成不利影响。唾液色牢度一般只针对婴幼儿纺织产品，婴幼儿经常会无意识地将服装或配饰（如围嘴、帽子、手套、围巾等）放入嘴中咀嚼或吮吸，若耐唾液色牢度不佳，染料会随着唾液进入婴幼儿口中，从而危害婴幼儿健康。因此，纺织品耐汗渍、耐水、耐唾液色牢度是常见的三项色牢度项目。在我国，纺织产品涉及的两项国家强制性标准 GB 18401—2010《国家纺织产品基本安全技术规范》和 GB 31701—2015《婴幼儿及儿童纺织产品安全技术规范》都将这三项色牢度纳入考核并对达标要求做出限定。

中国及欧美市场的耐汗渍、耐水色牢度试验方法原理基本相同，即组合试样（被测织物与贴衬织物）在经试液处理后，评定其变色和沾色等级。而耐唾液色牢度试验方法中国标准与欧美普遍采用的德国 DIN 标准的测试原理则完全不同。

二、试验设备

耐汗渍、耐水及耐唾液色牢度（中国试验方法）用到的主要试验仪器为耐汗渍色牢度仪和恒温箱。

(一)耐汗渍色牢度仪

由一副不锈钢架(包括底座、弹簧压板)和底部面积为 60mm× 115mm 的重锤配套组成,并附有尺寸约 60mm×115mm×1.5mm 的玻璃板或丙烯酸树脂板。弹簧压板和重锤总质量约 5kg,当(40±2)mm±(100±2)mm 的组合试样夹于板间时,可使组合试样受压(12.5±0.9)kPa。试验装置的结构应保证试验中移开重锤后,试样所受的压强保持不变,如图 1-14 所示。用于美国标准的耐汗渍色牢度仪的重锤为 8 磅(3.63kg),总压重为 10.0 磅(4.54kg)。

图 1-14 耐汗渍色牢度仪

(二)恒温箱

温度保持在(37±2)℃(中国标准和 ISO 标准);(38±1)℃(美国标准)。

三、耐汗渍色牢度试验方法

(一)中国试验标准介绍

中国现行耐汗渍色牢度标准为 GB/T 3922—2013《纺织品 色牢度试验 耐汗渍色牢度》。该方法的原理是将纺织品试样与标准贴衬织物缝合在一起,置于含有组氨酸的酸性、碱性两种人工汗液中分别处理,去除试液后,放在试验装置中的两块平板间,使之受到规定的压强;再分别干燥试样和贴衬织物。用灰色样卡或仪器评定试样的变色和贴衬织物沾色。

1. 人工汗液制备

试验所用到的人工汗液有碱性和酸性两种,须用三级水配制,且现配现用。两种汗液的组分及用量见表 1-46。

表 1-46 人工汗液组分及用量

汗液种类	L-组氨酸盐酸盐一水合物(g/L)	氯化钠(g/L)	磷酸氢二钠十二水合物(或磷酸氢二钠二水合物)(g/L)	磷酸二氢钠二水合物(g/L)	0.1mol/L 氢氧化钠溶液
碱性	0.5	5	5(2.5)	—	调 pH 至 8±0.2
酸性	0.5	5	—	2.2	调 pH 至 5.5±0.2

2. 试样及贴衬织物

(1)试样尺寸为 100mm×40mm。

(2)组合试样制备方法按试样准备的一般原则执行(详见本章第一节第二部分)。

(3)用天平测定组合试样的质量,单位为 g,以便于精确浴比。

贴衬织物可一块多纤维贴衬或两块单纤维贴衬(中国试验方法较多采用单纤维贴衬)。当选用单纤维贴衬时,第一块贴衬应由试样的同类纤维制成,第二块贴衬由表 1-28 规定的纤维制成。如试样为混纺或交织品,则第一块贴衬由主要含量的纤维制成,第二块贴衬由次要含量的纤维制成,或另作规定。

3. 试验步骤

(1)将一块组合试样平放在平底容器内,注入碱性试液使之完全润湿,试液 pH 为 8±0.2,浴比约为 50∶1。在室温下放置 30min,不时揿压和拨动,以保证试液充分且均匀地渗透到试样中。倒去残液,用两根玻璃棒夹去组合试样上过多的试液。

（2）将组合试样放在两块玻璃板或丙烯酸树脂板之间,然后放入已预热至试验温度的试验装置中(耐汗渍色牢度仪),使其所受名义压强为(12.5±0.9)kPa。

说明:每台耐汗渍色牢度仪一次最多可同时放置10块组合试样进行试验,每块试样间用一块板隔开(共11块)。如少于10个试样,仍使用11块板,以保持名义压强不变。

（3）采用相同的程序将另一组试样置于pH为5.5±0.2的酸性试液中浸湿,然后放入另一个已预热的试验装置中进行试验。

说明:当有多个试样同时进行试验操作时,建议用于浸渍碱性试液和酸性试液的平底容器具有明显区别,如采用不同颜色等。

（4）把带有组合试样的试验装置放入恒温箱内,在(37±2)℃下保持4h。根据所用试验装置类型,将组合试样呈水平状态[图1-15(a)]或垂直状态[图1-15(b)]放置。

（5）取出带有组合试样的试验装置,展开每个组合试样,使试样和贴衬间仅由一条缝线连接(需要时,拆去除一短边外的所有缝线),悬挂在不超过60℃的空气中干燥。

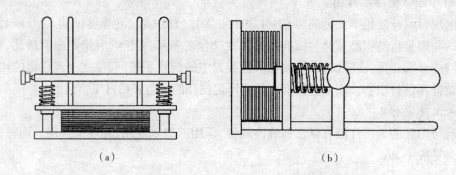

（a）　　　　　　　　　　（b）

图1-15　装有试样的耐汗渍色牢度仪在烘箱内的放置方法

（6）用灰色样卡或仪器评定每块试样的变色和贴衬织物的沾色。

（二）ISO标准与中国标准的差异

欧洲试验方法以ISO标准为准,现行耐汗渍色牢度测试标准为ISO 105-E04:2013《纺织品 色牢度试验 第E04部分 耐汗渍色牢度》。因国家标准GB/T 3922修改采用该项ISO标准,两者在技术内容方面基本一致,中国标准中增加了印花织物组合试样的制备方法。

（三）美国标准及其与中国标准、ISO标准的差异

美国AATCC 15—2013《耐汗渍色牢度》,其试验原理与中国标准和ISO标准基本相同,但使用的人工汗液、试样、贴衬织物的尺寸以及试验操作方面与中国标准和ISO标准有较大差异。

1.试样准备

对于织物试样,将尺寸为5cm×5cm的多纤维贴衬织物缝在尺寸为6cm×6cm的试样上,多纤维贴衬织物紧贴试样的正面,缝线在组合试样一侧并垂直于多纤贴衬的纤维条。

如果所测试的样本是纱线或松散的纤维,则取用重量约等于贴衬织物总重量一半的纱线或纤维,将它放在规格为5cm×5cm的多纤维贴衬织物与规格为6cm×6cm的未染色布之间,缝合四侧边。

说明:不要使用熔边的多纤维贴衬织物,熔边会改变边缘的厚度,从而导致测试过程中压力不均匀。

2.人工汗液制备

AATCC 15 使用酸性汗渍溶液。在 1L 的容量瓶中注入一半蒸馏水,加入以下化学药品并混合,确保所有的化学药品被充分溶解。AATCC 标准人工汗液组分及用量见表 1-47。

表 1-47 AATCC 标准人工汗液组分及用量

汗液种类	L-组氨酸盐酸盐一水合物（g/L）	氯化钠（g/L）	无水磷酸氢二钠（g/L）	乳酸（USP85%）（g/L）	pH
酸性	0.25±0.001	10±0.01	1±0.01	1±0.01	4.3±0.2

说明:用 pH 计测量溶液 pH,pH 应为 4.3±0.2,否则应废弃并重新配制。确保精确称量所有的化学品。由于 pH 试纸精度低,在此不推荐使用 pH 试纸。汗渍溶液有效期不能超过 3 天。

3.核查要求

试验操作和仪器应做定期核查,记录并保留结果。以下的观察和校正操作对避免产生错误的试验结果很重要。

(1)用内部控制织物(其与多纤维贴衬织物沾色最严重的纤维条,经视觉评定为中等级数)作为核查试样,每一次核查试验用三块试样,核查试验应周期性进行,且对每次使用的新一批多纤维织物或贴衬织物进行核查试验。

(2)不均匀的沾色可能是由于浸泡程序不恰当,或者是由于仪器的夹板变形,给试样施加的压力不均匀的结果。应检查浸泡程序,确保天平称量准确,认真遵守操作程序,确认所有夹板未变形,处于良好状态。

4.试验步骤

(1)将已称重的每一试样分别放入直径为 9cm,深为 2cm 的培养皿里,加入新制备的汗渍溶液至 1.5cm 高度,浸泡试样(30±2)min,不时加以搅动和挤压,以确保试样完全润湿。对于很难润湿的试样,使试样交替湿润和通过轧液装置压轧润湿,直至完全被浸透。

(2)浸泡(30±2)min 后,使组合试样通过轧液装置,多纤维织物条与轧辊长度方向垂直(所有的纤维条同时通过轧液装置),将每一试样称重,使其为原重的 2.25±0.05 倍。因为某些织物在通过轧液装置时可能不能保留需要的溶液量,对于这类试样,可以用 AATCC 白色吸水纸来控制试样的带液量以达到规定要求。由于沾色程度会随着含湿量的增加而加重,所以在试验系列中给定结构的所有试样的带液量应该保持一致。

(3)将每一试样组合放在有记号的树脂板或玻璃板上,使多纤维织物纤维条与板的长度方向垂直。

(4)放夹板于汗渍仪器中,使试样组合在 21 块夹板间均匀分布,不考虑试样的数量,将所有的 21 块夹板放进试样架。在最后一块夹板放在最上面后,压上重锤,使总重量达到 4.54kg。拧紧螺栓以锁住压板。取走重锤,将耐汗渍色牢度仪卧倒放进烘箱。

(5)在温度为(38±1)℃的烘箱中,加热承载的试样 6h±5min,定时检查烘箱温度,确保整个试验在规定的温度范围内。

(6)取出耐汗渍色牢度仪,取下试样组合,将试样和多纤维贴衬织物拆开,将多纤维贴衬织物和试样分别放在金属网上,在温度(21±1)℃、相对湿度(65±2)%的条件下调湿一个晚上。

(7)用评级灰卡评定试样的变色和多纤维贴衬织物的沾色级数。

根据以上对耐汗渍色牢度试验方法的介绍,中国标准、ISO 标准与 AATCC 标准的主要差异见表 1-48。

表 1-48　中国标准、ISO 标准及 AATCC 标准耐汗渍色牢度测试操作主要差异

操作要求	GB/T 3922/ISO 105-E04	AATCC 15
试样尺寸	40mm×100mm	6cm×6cm
人工汗液制备	一种碱性(pH 8.0±0.2)、一种酸性(5.5±0.2),详见表 1-46	一种酸性(4.3±0.2),详见表 1-48
人工汗液用量	浴比约 50：1	在直径为 9cm,深为 2cm 的培养皿里加液至 1.5cm 高
试样带液量	未规定	原重的 2.25±0.05 倍
汗架相关操作	重锤:5kg 总压强:(12.5±0.9)kPa 夹板总数:11 块	重锤:3.63kg 总压重:4.54kg 夹板总数:21 块
烘箱相关操作	温度:(37±2)℃ 放置时长:4h	温度:(38±1)℃ 放置时长:6h±5min
试样移出烘箱后操作	展开每个组合试样,悬挂在不超过 60℃的空气中干燥	拆开试样和多纤维贴衬织物,分别放在金属网上,在温度(21±1)℃、相对湿度(65±2)%的条件下调湿一个晚上

四、耐水色牢度试验方法

中国标准、ISO 标准、AATCC 耐水色牢度试验现行标准分别为 GB/T 5713—2013《纺织品 色牢度试验 耐水色牢度》、ISO 105-E01:2013《纺织品 色牢度试验 第 E01 部分 耐水色牢度》及 AATCC 107—2013《耐水渍色牢度》。该试验方法的原理是在规定的温度和时间下,将试样和贴衬织物的组合样浸泡在水中,然后放于两块玻璃板或者塑料板之间,并在规定的压力、温度下保持一定的时间。然后观察试样的变色及贴衬织物的沾色状况。

GB/T 5713 修改采用了 ISO 105-E01 标准,两项标准的技术内容基本一致。而 AATCC 107 标准与中国标准、ISO 标准相比,在试验条件和操作方面有所不同。总体上,耐水色牢度的试验操作与耐汗渍色牢度十分相近,主要区别在于浸渍的溶液为三级水(新鲜的蒸馏水或去离子)。中国标准、ISO 标准与 AATCC 标准耐水色牢度测试操作主要差异见表 1-49。

表 1-49　中国标准、ISO 标准及 AATCC 标准耐水色牢度测试操作主要差异

操作要求	GB/T 5713 或 ISO 105-E01	AATCC 107
试样尺寸	40mm×100mm	6cm×6cm
浸渍溶液	三级水	取自离子交换器中刚沸腾的蒸馏水或去离子水
试样带液量	未规定	原重的 2.5~3 倍
汗架相关操作	重锤:5kg 总压强:(12.5±0.9)kPa 夹板总数:11 块	重锤:3.63kg 总压重:4.54kg 夹板总数:21 块

续表

操作要求	GB/T 5713 或 ISO 105–E01	AATCC 107
烘箱相关操作	温度：(37±2)℃ 放置时长：4h	温度：(38±1)℃ 放置时长：18h
试样移出烘箱后操作	展开每个组合试样,悬挂在不超过60℃的空气中干燥	拆开试样和多纤维贴衬织物,分别放在金属网上,在温度(21±1)℃、相对湿度(65±2)%的环境中晾干

五、耐唾液色牢度试验方法

(一)使用汗架的试验方法

在我国,耐唾液色牢度项目被纳入强制性国家标准的考核范围。对于婴幼儿纺织产品,耐唾液色牢度是必检项之一,是中国市场纺织品检测中常用且重要的色牢度项目。现行试验方法标准为 GB/T 18886—2019《纺织品 色牢度试验 耐唾液色牢度》。该试验方法的原理是将试样与规定的贴衬织物贴合在一起,于人造唾液中处理后去除试液,放在试验装置内两块平板之间并施加规定压力,然后将试样和贴衬织物分开干燥,用灰色样卡评定试样的变色和贴衬织物的沾色。从试验原理看,耐唾液色牢度试验操作与耐汗渍、耐水色牢度大致相同,所用的试液为人造唾液。人造唾液用三级水配制,现配现用,所用试剂为化学纯,各组分及用量见表 1–50。

表 1–50 GB 标准人造唾液组分及用量

六水合氯化镁 (g/L)	二水合氯化钙 (g/L)	三水合磷酸氢二钾 (g/L)	碳酸钾 (g/L)	氯化钠 (g/L)	氯化钾 (g/L)
0.17	0.15	0.76	0.53	0.33	0.75

注 用质量分数为 1% 的盐酸溶液调节试液 pH 至 6.8±0.1。

按 GB/T 18886—2002 规定,每个组合试样需两块单纤维贴衬织物或一块多纤维贴衬织物,单纤维贴衬织物选用要求中如第一块是聚酰胺纤维,第二块单纤维贴衬的选用与耐汗渍、耐水色牢度标准中规定的略有不同。具体规定见表 1–51。

表 1–51 单纤维贴衬织物

第一块	第二块
棉	羊毛
羊毛	棉
丝	棉
麻	羊毛
黏胶纤维	羊毛
醋酯纤维	黏胶纤维
聚酰胺纤维	羊毛或棉
聚酯纤维	羊毛或棉
聚丙烯腈纤维	羊毛或棉

注 其他种类纤维可参照同类或相近纤维使用。

组合试样制备完成后,按 50∶1 的浴比在人造唾液里放入一块组合试样,使其完全润湿,然后在室温下放置 30min,必要时可稍加按压和搅动,以保证试液能良好而均匀地渗透。取出试样,倒去残液,用两根玻璃棒夹去组合试样上过多的试液,或把组合试样放在试样板上,用另一块试样板刮去过多的试液,将试样夹在两块试样板中间。然后使试样受压 12.5kPa。把装有组合试样的汗架(耐汗渍色牢度仪)放在恒温箱里,在(37±2)℃的温度下放置 4h。拆去组合试样上除一条短边外的所有缝线,展开组合试样,悬挂在温度不超过 60℃ 的空气中干燥。用灰色样卡评定试样的变色和贴衬织物与试样接触一面的沾色。

(二)使用滤纸的试验方法

与其他色牢度项目不同,耐唾液色牢度并没有对应的 ISO 标准和 AATCC 标准。在欧美市场,用于婴幼儿纺织产品耐唾液色牢度检测的标准通常采用德国标准 DIN 53160-1:2010《日用品色牢度的测定 第 1 部分:使用人工唾液进行检查》。该项标准的适用范围、试验原理、操作步骤与中国标准完全不同,两者的试验结果也无可比性。DIN 53160-1 标准介绍如下。

1. 适用范围

此项标准不只适用于纺织产品,也可用于检查置入口中的日用品,或者使用时预计会被置于口中或与口腔黏膜接触的日用品。此标准不适用于接触食品的日用物品、受功能限制析出染料的部分或整个产品(如蜡笔和彩笔笔芯等)。该试验方法不受染色程序(如染色、着色、涂层)的影响。不考虑可能的机械磨损,如表面涂层在机械磨损后露出有色层。

2. 试验原理

此方法的试验原理是将试样与经人造唾液浸湿的滤纸贴合在一起,在规定条件下放置一定时间后,取下滤纸并干燥,用灰色样卡评定滤纸的沾色等级。

3. 人造唾液的配制

DIN 标准人造唾液组分及含量见表 1-52。

表 1-52 DIN 标准人造唾液组分及用量

六水氯化镁 (g/L)	二水氯化钙 (g/L)	三水磷酸氢二钾 (g/L)	碳酸钾 (g/L)	氯化钠 (g/L)	氯化钾 (g/L)	1%盐酸 调节 pH
0.17	0.15	0.76	0.53	0.33	0.75	6.8±0.1

将钾盐和钠盐溶解在大约 900mL 水中(蒸馏水,至少是三级水),再添加氯化钙和氯化镁并搅拌,直到所有添加的试剂完全溶解。用 pH 计测溶液 pH,加入盐酸,直至 pH 稳定在 6.8±0.1。将溶液转移到一个 1000mL 的容量瓶中,加水到标记处。避光保存,使用前确保人工唾液 pH 在 6.8±0.1 之间。

说明:如果人造唾液的保存时间超过 2 周,建议使用煮沸 10min 的水。

4. 试验步骤

(1)从滤纸上剪下约 15mm 宽、80mm 长的条带(视测试样本的大小而定)。

(2)用人造唾液浸泡滤纸条。

(3)将浸湿的滤纸条放在样品上,用合适的方法固定,如:用胶带或箔纸包裹在试样上,使试样与浸湿的滤纸接触,尽可能贴合。用胶带将滤纸条沿整个长度覆盖,在滤纸条的两端至少伸出 10mm,以便将滤纸条牢固地粘住样品。

说明：当试样尺寸较大时，可对该被测物的某一节或某一部分进行测试。如果样品太小，无法进行规定的测试安排，如木珠，则用浸透人工唾液的滤纸紧紧包裹。

（4）在（37±2）℃温度下，将制备好的组合试样放在盛水干燥器内2h。事先将干燥器放入恒温烘箱，并在测试期间将干燥器始终放在恒温烘箱内。

5. 评级

从试样组合上取下滤纸，使胶带面向下放入恒温烘箱，在（37±2）℃温度下干燥1h。用沾色灰卡评定滤纸的沾色等级。

说明：滤纸颜色不均匀时，应评估颜色最浓的部位，并在检测报告中注明情况。

六、操作和应用中的相关问题

（一）印花、复合面料的试样制备

对印花织物试验时，如使用单纤维贴衬，可采用正面与两块贴衬织物每块的一半相接触，剪下其余一半，交叉覆于背面，缝合两端短边。如一块试样不能包含全部颜色，需取多个组合试样以包含全部颜色。对复合面料试验时，还应考虑面层、底层的纤维种类，按要求选择贴衬织物制备多个组合试样。如使用多纤维贴衬，对于正反面颜色、成分、组织不同的试样，试样的正反面应分别与一块多纤维贴衬接触制备组合试样。对于颜色较多的样品，为保证多纤维贴衬的各纤维条与每种颜色都有接触，可制备更多的组合试样。

（二）组合试样的润湿

耐汗渍、耐水色牢度以及耐唾液色牢度（中国标准）试验要求组合试样在试液中浸润30min，期间需要不时地撤压和拨动试样以确保试样完全被浸透。但有些面料由于经过柔软、防水等后整理，组合试样很难被润湿，或者润湿不均匀。在AATCC 15《耐汗渍色牢度》标准中，建议使用轧液装置（小轧车），对组合试样交替进行浸和轧，直至完全被浸透。实践证明，这种方式用于难以浸润的样品是有效的，可推荐用于耐汗渍、耐水等需要浸润试样的色牢度试验。

（三）中国标准、ISO标准、AATCC标准试验结果比较

耐汗渍色牢度GB/T 3922和ISO 105-E04标准的技术内容基本一致，但根据实际操作习惯，按中国标准检测时较多使用单纤维贴衬织物，而ISO标准通常使用多纤维贴衬织物。对大量的试验结果跟踪后发现，耐汗渍色牢度测试不合格主要是沾色等级不达标，并且，当使用多纤维贴衬时，醋酯纤维和聚酰胺纤维的沾色等级通常较差。对于同一试样，使用的贴衬类别不同，沾色的等级往往也不同。如试样的成分为全棉，两块单纤维贴衬应为棉和羊毛，若试验结果中两块单纤维的沾色都为3级或3~4级时，采用多纤维作为贴衬时，聚酰胺纤维的沾色等级一般都低于3级，甚至会相差更多。假设以中国强制性标准GB 18401 B类要求做判定依据的话，用单纤维贴衬的试验结果为合格，用多纤维贴衬却为不合格。中国标准和ISO标准规定采用两种酸碱度不同的人工汗液（pH分别为5.5和8），从实际试验结果看，同一试样浸渍这两种不同汗液后的测试结果比较一致，沾色等级差异大多在半级以内。中国标准、ISO标准与AATCC 15相比，由于试验方法存在差异（详见表1-48），试验结果也不同。不考虑贴衬织物种类因素时，一般，对于同一试样的沾色等级，AATCC 15的试验结果较中国标准、ISO标准更低，AATCC标准使用人工汗液pH为4.3以及在烘箱内恒温放置时间要比中国标准、ISO标准多两个小时是主要的影响因素。

　　耐水色牢度中国标准 GB/T 5713 和 ISO 105-E01 标准的技术内容基本一致,在试验结果的差异方面,情况与耐汗渍色牢度相同,试验结果的差异主要是因使用的贴衬织物种类不同而造成的。这两项标准与美国 AATCC 107 标准相比,试验结果相差较大,主要原因是恒温时间的长短不同,中国标准、ISO 标准为 4h,而 AATCC 标准为 18h。由此可见,AATCC 耐水色牢度的试验结果通常比中国标准、ISO 标准更低。

　　中国耐唾液色牢度标准 GB/T 18886 与欧美市场普遍采用的 DIN 53160-1 相比,由于两项标准的试验原理和试验操作完全不同,两者的试验结果不具可比性。

七、耐汗渍、耐水、耐唾液色牢度技术要求

　　对于中国市场来说,因耐汗渍、耐水、耐唾液色牢度被纳入两项强制性国家标准 GB 18401、GB 31701 的考核范围而备受关注,其重要性不言而喻。无论是在中国生产还是进口到中国销售的国外品牌纺织品服装都须符合中国强制性标准的规定。此外,在 Oeko-Tex Standard 100 认证标准中对这几项色牢度也作了相关规定。中国强制性标准和 Oeko-Tex Standard 100 的具体要求见表 1-53 和表 1-54。

表 1-53　GB 18401、GB 31701 耐水、耐汗渍、耐唾液色牢度要求

项目		A 类	B 类	C 类
耐水色牢度	变色和沾色(级)≥	3~4	3	3
耐汗渍色牢度	变色和沾色(级)≥	3~4	3	3
耐唾液色牢度	变色和沾色(级)≥	4	—	—

注　婴幼儿纺织产品应符合 A 类要求,直接接触皮肤的产品至少应符合 B 类要求,非直接接触皮肤的产品至少应符合 C 类要求,其中窗帘等悬挂类装饰产品不考核耐汗渍色牢度。

表 1-54　Oeko-Tex Standard 100 耐水、耐汗渍、耐唾液和汗液色牢度要求

项目		Ⅰ 类 婴儿用品	Ⅱ 类 直接接触皮肤类产品	Ⅲ 类 非直接接触皮肤类产品	Ⅳ 类 装饰材料
耐水色牢度	沾色(级)≥	3~4	3	3	3
耐汗渍色牢度	沾色(级)≥	3~4	3~4	3~4	3~4
耐唾液和汗液色牢度	沾色(级)≥	牢固	—	—	—

注　耐唾液和汗液色牢度测试方法等同 DIN 53160-1:2010(唾液)及 DIN 53160-2:2010(汗液)。一般,当按沾色灰卡评定等级达到 4~5 级及以上时,可认为"牢固"。

　　但需要注意的是,在中国市场销售的产品除必须符合强制性标准的规定外,还应符合明示产品标准中的要求。在大多数产品标准中设有优等品、一等品和合格品等不同的质量等级,优等品和一等品的要求往往要高于 GB 18401。在某些产品标准中,即使是合格品要求,也有可能比强制性标准严格。例如,标准 FZ/T 73049—2014《针织口罩》中规定,耐水、耐汗渍、耐唾液色牢度变色和沾色合格品要求均为 4 级;在常用机织服装产品标准中,GB/T 2664—2017《男西服、大衣》、GB/T 2665—2017《女西服、大衣》、GB/T 2666—2017《西裤》、GB/T 14272—2011《羽绒服装》的面料耐水色牢度变色等级的合格品要求为 3~4 级,GB/T 18132—2016《丝绸服装》(面料)、FZ/T 81006—2017《牛仔服装》(水洗产品)的耐水、耐汗渍色牢度变色等级的合格品要

求为3~4级;这些技术指标都要高于国家强制性标准要求,无论是生产厂商、进口品牌商或检测实验室在进行产品质量控制和检验判定时需格外留意,确保产品质量合格。另外,对于出口到欧美市场的产品,耐水、耐汗渍色牢度要求也略高于中国强制性标准和产品标准中合格品要求。通常,美国市场可接受的变色和沾色等级分别为3.5级和3级,而欧洲市场变色和沾色等级均为3~4级。我国的出口企业一定要了解中外试验方法及指标要求方面的差异,以免在交货检验中因检测不达标而造成损失。

第六节 其他色牢度

一、耐氯漂、耐非氯漂色牢度

(一)目的和意义

日常生活中,消费者经常用带有漂白效果的洗衣粉、洗衣液或消毒剂对衣物进行清洁和消毒。目前,漂白剂的品种主要有次氯酸钠、亚氯酸钠、次硫酸钠、过氧化氢水溶液等。次氯酸钠作为一种最常见的漂白剂,通常出现在带漂白效果的洗衣粉、洗衣液内,如果用这种含有氯漂成分的洗涤剂处理不可氯漂的衣物,就可能出现"洗花"的现象。因此,消费者需要从纺织品洗涤维护标签中找到与漂白相关的指导信息。根据中国纺织品使用说明标准GB/T 5296.4—2012《消费品使用说明 第4部分:纺织品和服装》中的要求,产品应按GB/T 8685的规定标注维护方法。GB/T 8685—2008《纺织品 维护标签规范 符号法》规定,纺织品洗涤护理标签中应包括水洗、漂白、干燥、熨烫和专业维护的指导信息。其中,有关漂白的图形符号有三种,表1-55列出了这三种符号和对应的漂白程序。

表1-55 GB/T 8685漂白护理符号及对应漂白程序

符合	漂白程序
△	允许任何漂白剂
⚠	仅允许氧漂/非氯漂
⨻	不可漂白

然而,对于洗涤护理符号的应用,不同市场有所不同。在中国,几乎所有日用纺织产品的护理标签上显示的漂白符号均为三角形打叉(不可漂白);而在欧美市场,符号 ⚠ 也较为常见,美国市场较多使用文字叙述,如"必要时,可使用非氯漂白"(英文表述为 Only Non-Chlorine Bleach When Needed)。究其原因,欧美市场在确定某一纺织产品的洗涤护理标签时,都需要通过一系列的测试来验证。例如,在推荐或确定漂白护理标签时,需要验证产品的耐氯漂和非氯漂性能,当两

项结果都为不合格时,"不可漂白"的图标或洗语方可使用。其实,中国标准 GB/T 8685—2008 附录 A 中也给出了验证标准,色牢度试验室方法可分别采用 GB/T 7069 和 ISO 105-C09 来检测耐氯漂和耐非氯漂色牢度;欧洲市场使用的验证标准为 ISO 105-N01 和 ISO 105-C09。而美国市场的情况则不同,耐氯漂和非氯漂色牢度的试验方法不唯一,有些采用实验室内部方法,有些采用 AATCC TS 001,有些美国品牌或买家有自己的试验方法,从操作方式上,大概有洗涤法、点滴法和浸泡法三种。

(二)试验方法介绍

1. 洗涤法

根据洗涤护理标签标准 GB/T 8685 和 ISO 3758 附录中的相关信息,推荐和验证洗标时可分别采用 GB/T 7069、ISO 105-N01 进行耐氯漂色牢度测试和 ISO 105-C09 进行耐非氯漂色牢度测试。GB/T 7069 等效采用 ISO 105-N01。总体上,这几个标准的试验方法为洗涤法。

(1)耐氯漂色牢度试验(GB/T 7069,ISO 105-N01)。该方法的试验原理是将纺织品试样在次氯酸盐溶液中搅动,水洗后,在过氧化氢或亚硫酸氢钠溶液中搅动,再经清洗和干燥。用灰色样卡评定试样的变色。

洗涤用的容器的材质可以是玻璃或釉瓷容器,可关闭,放置试样及漂白溶液。次氯酸钠(NaClO)工作液,每升含约 2g 有效氯,用 10g/L 无水碳酸钠(Na_2CO_3)调节 pH 至 11±0.2,温度为(20±2)℃。工作液的有效率浓度须滴定,并且必须现配现用。试样取 40mm×100mm 试样一块,无须使用贴衬织物。

试验操作时分两种情况:

①如试样经拒水整理,需将试样在温度 25~30℃ 的肥皂溶液(与 GB/T 3921 中使用的皂液相同,5g/L)中充分浸湿,除去试样上多余皂液,使保持约为自身干质量的溶液,立即展开试样,放入次氯酸钠工作液中,温度为(20±2)℃,浴比为 50∶1。

②如试样未经拒水整理,需将试样在室温下放入三级水中浸湿,除去试样上多余水分,展开试样,放入次氯酸钠工作液中,温度为(20±2)℃,浴比为 50∶1。

关闭容器,使试样在(20±2)℃ 溶液中静置 60min,避免直接阳光曝晒。之后试样在流动冷水中充分冲洗,然后放入 2.5mL/L 的过氧化氢溶液[30%(m/m)H_2O_2]或 5g/L 的亚硫酸氢钠溶液的任一溶液中,在室温下搅动 10min。最后,试样在流动冷水中充分冲洗,除去多余水分,悬挂在不超过 60℃ 的空气中干燥。

用变色灰色样卡评定试样的变色。

(2)耐非氯漂色牢度试验(ISO 105-C09)。ISO 105-C09:2007《纺织品 色牢度试验 第 C09 部分:家庭和商业洗涤色牢度——用无磷洗涤剂加上低温漂白活性剂进抗氧漂白试验》是中国和欧洲市场推荐使用的耐非氯漂色牢度试验方法。该方法使用的水洗设备和操作流程与耐洗色牢度相近。以下对 ISO 105-C09 标准作简单介绍。

该标准适用于所有类型的纺织品(丝和羊毛除外)经过漂白活性剂(氧化漂白体系)的家庭和商业洗涤程序后,测定其变色的方法。其原理是纺织试样经过洗涤、清洗和干燥过程,在规定温度、碱度和漂白剂浓度的条件下洗涤试样,以便在短时间内得到与经过多次循环机洗相一致的褪色结果。将试样和原样对比,用灰色样卡或仪器评定试样的变色级数。

试验使用的漂白洗涤剂(氧化漂白体系)有两类,具体见表 1-56,其中,第一类更为常用。

表 1-56　漂白洗涤剂

第一类		第二类	
组分	用量(g/L)	组分	用量(g/L)
ECE 1998 无磷标准洗涤剂基粉	10	AATCC 1993 标准洗涤剂基粉	10
漂白活性剂 TAED	1.8	漂白活性剂 SNOBS/NOBS	4
四水过硼酸钠	12	一水过硼酸钠	3

注 1. 标准洗涤剂均为不含荧光增白剂(WOB)。

2. 漂白活性剂均为100%活性,如实际使用的活性小于100%,应换算出相应用量。

试样尺寸为50mm×100mm,需用天平称重,以便根据浴比精确量取洗液的体积。按浴比100:1向钢杯中加入适量的洗液,放入试样(每个钢杯只放一块试样),规定起点温度为(25±5)℃,以每分钟(1.5±0.5)℃的升温速度在耐洗色牢度试验机中预热罐内溶液至60℃后,运行30min。洗涤结束后取出试样,用三级水清洗两次,然后在流动的冷水中冲洗至干净,用手挤去试样上过量的水分。将试样放在两张滤纸间挤压去除多余水分,再将其悬挂在不超过60℃的空气中干燥。在评级前,可将试样放在标准大气条件下调湿1h。

当选用第二类洗涤液时,有些操作与使用第一类洗液稍有不同,如洗涤运行的起始温度稍低,为(20±2)℃,并以每分钟2℃升温至60℃。洗涤完成后,用(40±3)℃的三级水清洗1min,并不时进行搅拌或用手挤压,按这种方法对每块试样清洗三次。其余操作要求使用第一类和第二类洗涤液基本相同。

(3)耐氯漂色牢度试验(AATCC 61 5A)。对于美国市场,采用洗涤法测试耐氯漂色牢度一般按 AATCC 61 标准的 5A 程序执行。具体试验参数可参见表1-18。

2. 点滴法

点滴法试验方法由于较为快速方便,在美国市场应用较为广泛。某些商业实验室以及美国品牌或买家的内部方法采用点滴法来验证纺织面料的耐氯漂和非氯漂程度。这些内部方法大多参考了 AATCC 技术补充资料 TS-001。此标准包括一种点滴法测定耐氯漂色牢度和点滴法和浸泡法各一种测定耐非氯漂色牢度,以下对 AATCC TS-001 中点滴法作简单介绍。

(1)耐氯漂快速点滴法试验见表1-57。

表 1-57　AATCC TS-001 点滴法氯漂试验

使用试剂	点滴液配制	操作步骤
Clorox 液体漂白剂(CLB)	15mL CLB 稀释在 75mL 水中;或两者的配比为1:5	滴一滴测试液在试样的每个颜色上,并使试液渗透试样,不要淋洗,1min 之后室温干燥试样,然后目视评定变色等级

(2)耐非氯漂快速点滴法试验见表1-58。

表 1-58　AATCC TS-001 点滴法非氯漂试验

使用试剂	点滴液配制	操作步骤
Clorox 2 液体	原液	滴一滴测试液在试样的每个颜色上,并使试液渗透试样,保持 5min,用水将样品完全冲洗干净后室温干燥,然后目视评定变色等级

3. 浸泡法

对美国市场,浸泡法多用于耐非氯漂色牢度,某些实验室或美国品牌的内部方法参考了 AATCC TS-001 中的浸泡试验方法,具体见表 1-59。

表 1-59　AATCC TS-001 浸泡法非氯漂试验

使用试剂	点滴液配制	操作步骤
Clorox 2 粉末固体	4.7g 固体 Clorox 充分溶解于 250mL 热水中(49℃)	尺寸为 50mm×50mm 的样品浸泡于 49℃的试液中 1min。用水将试样完全冲洗干净后室温干燥,然后目视评定变色等级

(三)耐氯漂、非氯漂色牢度要求

对耐氯漂和非氯漂色牢度技术要求的理解有其特殊性,与其他色牢度指标要求不同,当测试结果未达标时,并不意味着产品质量存在问题,只是说明该面料耐不耐氯漂或耐不耐非氯漂。通常,当氯漂和非氯漂测试结果(变色)达到灰卡 4 级或以上时,可认为试样是可以耐受氯漂或非氯漂。

二、耐海水、耐含氯泳池水色牢度

在众多色牢度测试中,某些色牢度项目仅针对特定产品使用。耐海水和耐含氯池水色牢度就属这种情况,这两种色牢度试验用于泳装或沙滩装产品。

(一)耐海水色牢度

耐海水色牢度的试验方法与耐水、耐汗渍色牢度相类似,通过试样浸渍人工海水后在一定压力下保持一定时间,评定试验变色和贴衬织物的沾色等级。现行中国标准、ISO 以及 AATCC 标准分别为 GB/T 5714—1997《纺织品　色牢度试验　耐海水色牢度》、ISO 105-E02:2013《纺织品　色牢度试验　第 E02 部分　耐海水色牢度》以及 AATCC 106—2013《耐水色牢度:海水》。

1. 试验方法简介

以下是 GB/T 5714—1997 标准的试验方法简介。

(1)试验原理。耐海水色牢度试验的原理是将试样与一块多纤维贴衬织物或两块单纤维贴衬织物贴合一起,浸入氯化钠溶液中,挤去水分,置于试验装置的两块平板中间,承受规定压力。干燥试样和贴衬织物,用灰色样卡或仪器评定试样的变色和贴衬织物的沾色。

(2)设备与试液。试验所用设备与耐水、耐汗渍色牢度相同,主要是耐汗渍色牢度仪及其配套的玻璃或丙烯酸树脂板以及重锤。烘箱温度保持在(37±2)℃或(38±1)℃。试验用工作液为人工模拟海水,主要成分为氯化钠,浓度为 30g/L。

(3)组合试样制备。组合试样准备方法同其他使用贴衬织物的色牢度项目基本相同,但在 GB/T 5714—1997 标准中单纤维贴衬织物的选择与其他标准略有不同,其具体规定见表 1-60。

表 1-60　单纤维贴衬织物选择

第一块	第二块
棉	羊毛
羊毛	棉

第一块	第二块
丝	棉
亚麻	羊毛
黏胶纤维	羊毛
醋酯纤维或三醋酯纤维	黏胶纤维
聚酰胺纤维	羊毛或棉
聚酯纤维	羊毛或棉
聚丙烯腈纤维	羊毛或棉

（4）试验步骤。将组合试样在室温下置于氯化钠溶液中完全浸湿。倒去溶液，平置于两块玻璃或丙烯酸树脂板之间，放于预热的耐汗渍色牢度仪并维持恒定压力12.5kPa。将带有组合试样的汗架放入烘箱内，在(37±2)℃温度下处理4h。展开组合试样，使试样和贴衬仅由一条缝线连接（如需要，断开所有缝线），悬挂在不超过60℃的空气中干燥。用灰色样卡评定试样的变色和贴衬织物的沾色。

2. 中国标准、ISO标准、AATCC标准差异

中国标准与ISO标准的操作基本相同，但现行中国标准等效采用1994版的ISO 105-E02标准，而ISO标准已更新至2013版，因此，中国标准和ISO标准有所差异。两者的主要不同在单纤维贴衬织物选择以及在ISO更新版中明确了浸渍人工海水时对浴比的规定。而AATCC标准属不同标准体系，其试验操作与中国标准、ISO标准相比存在不少差异。耐海水色牢度试验方法主要差异见表1-61。

表1-61 中国标准、ISO标准及AATCC标准耐海水色牢度测试操作主要差异

操作要求	GB/T 5713—1997	ISO 105-E01:2013	AATCC 107—3013
试样尺寸	40mm×100mm		6cm×6cm
贴衬织物	多纤维贴衬(TW或TV)或单纤维贴衬		多纤维贴衬 (1#或10#)
人工海水	氯化钠 30g/L		氯化钠 30g/L 氯化镁 5g/L
试样带液量	未规定	浴比 50∶1	试样干重的2.5~3倍
汗架相关操作	重锤:5kg 总压强:(12.5±0.9)kPa 夹板总数:11块		重锤:3.63kg 总压重:4.54kg 夹板总数:21块
烘箱相关操作	温度:(37±2)℃ 放置时长:4h		温度:(38±1)℃ 放置时长:18h
试样移出烘箱后操作	展开每个组合试样(仅一短边相连)，悬挂在不超过60℃的空气中干燥		拆开试样和多纤维贴衬织物，分别放在金属网上，在温度(21±1)℃、相对湿度(65±2)%的环境中晾干

(二)耐含氯泳池水色牢度

含氯泳池水色牢度又称耐氯化水色牢度,是检测纺织织物耐受含氯游泳池水的程度。试验时,试样在给定浓度的含氯溶液处理纺织品试样,然后干燥,用灰色样卡或分光光度仪评定试样的变色。试样用氯溶液处理的过程实际上是一个快速洗涤的过程,按使用的洗涤设备不同,可分为快速洗涤法和干洗圆筒法。现行的方法标准中,GB/T 8433—2013《纺织品 色牢度试验 耐氯化水色牢度(游泳池水)》、ISO 105-E03:2010《纺织品 色牢度试验 第 E03 部分 耐氯化水色牢度(游泳池水)》以及 AATCC 162—2011《耐水色牢度:氯化游泳池水》的选项 1 属快速洗涤法。而 AATCC 162—2011 的选项 2 为干洗圆筒法。以下分别对这两种试验程序作介绍。

1. 快速洗涤法

(1)中国标准和 ISO 标准。GB/T 8433—2013 修改采用了 ISO 105-E03:2010,与 ISO 标准在技术内容方面基本一致。该标准规定了测定各类纺织品的颜色耐消毒游泳池水所用浓度的有效氯作用的方法。标准规定了三种不同的测试条件(有效率浓度):有效氯浓度 50mg/L 和 100mg/L 用于游泳衣,有效氯浓度 20mg/L 用于浴衣、毛巾等。

快速洗涤法使用的主要设备与耐洗色牢度相同,即耐洗色牢度试验机(详见本章第二节第二部分)及其配套的不锈钢容器(钢杯)。试样的尺寸为(40±2)mm×(100±2)mm,当一块试样不能包含被测物所有颜色时,应取多块试样,每块试样需单独称重。此试验考核被测物经试液处理后的变色程度,故无须使用贴衬织物。每块试样放入规定规格的钢杯内[直径为(75±5)mm,高为(125±10)mm,容量为(550±50)mL],每个钢杯中盛有 20mg/L、50mg/L 或 100mg/L 三种有效氯浓度中的一种次氯酸钠溶液,体积按浴比 100:1 确定。确保试样完全浸透。关闭容器,在(27±2)℃温度,避光情况下转动 1h。之后从容器中取出试样,挤压或脱水,室温悬挂干燥,避免强光直射,用灰色样卡或分光光度仪评定试样的变色。显然,快速洗涤法的操作步骤并不复杂,而配制精确有效氯浓度的次氯酸钠溶液是试验的关键之一,三种不同有效氯浓度的工作液组分见表 1-62。

表 1-62 工作液组分

组成及组分浓度		不同有效氯浓度工作液的用量		
		100mg/L	50mg/L	20mg/L
溶液 1[a]	次氯酸钠水溶液包含以下组分及浓度: 有效氯:140~160g/L 氯化钠:120~170g/L 氢氧化钠:20g/L(最高) 碳酸钠:20g/L(最高) 铁离子:0.01g/L(最高) 取 20mL 稀释至 1L	$\dfrac{705}{V}$mL [b]	$\dfrac{705}{2V}$mL [b]	$\dfrac{705}{5V}$mL [b]
溶液 2	磷酸二氢钾:14.35g/L	100mL	100mL	100mL

续表

组成及组分浓度		不同有效氯浓度工作液的用量		
		100mg/L	50mg/L	20mg/L
溶液 3	磷酸氢二钠二水合物:20.05g/L 或磷酸氢二钠十二水合物:40.35g/L	500mL	500mL	500mL
工作液配至 ᶜ		1000mL	1000mL	1000mL

注 a 次氯酸钠溶液必需现配现用。

　　b V 为滴定终点时硫代硫酸钠溶液的用量(mL)。将过量碘化钾(KI)和盐酸(HCl)加至 25mL 溶液 1 中,以淀粉作指示剂,用 0.1mol/L 硫代硫酸钠溶液滴定游离碘。

　　c 工作液 pH 为 7.5±0.05。使用前须用 pH 计校正,如需要,可用 0.1mol/L 氢氧化钠或 0.1mol/L 乙酸调节。

　　(2)AATCC 标准。AATCC 162—2011 标准的选项 1 为快速洗涤法,所用设备与中国标准、ISO 标准相同,即耐洗色牢度试验机,但所用钢杯的规格不同。AATCC 标准使用"大杯",规格为直径 90mm,高(200±10)mm,容量(1200±50)mL。除此之外,AATCC 标准在试样制备、工作液有效氯浓度、洗后处理、评级要求等方面与中国标准、ISO 标准相比有较大差异。以下是 AATCC 162 选项 1 的试验方法介绍。

　　AATCC 标准规定试样尺寸约为 5cm×5cm,除被测试样外,另外需要准备一块与试样尺寸相同的试验用控制织物。试样和试验用控制织物总重为(1.0±0.05)g。同样的试样可取多块来拼凑到 1.0g 的负载。

　　配制工作液时,首先要制备一种"硬度浓缩液"。将 800mL 去离子水或蒸馏水倒入 1L 的容量瓶中,加入 8.24g 氯化钙和 5.07g 氯化镁,同时搅动使之溶解。再加水达到 1L 容量。所得到的溶液即为"硬度浓缩液",可保留使用 30 天。用去离子水或蒸馏水稀释 51mL 硬度浓缩液到 5100mL(稀释 100 倍),加入 0.5mL 的家用次氯酸钠溶液(储存天数不超过 60 天),通过滴定确定实际的有效氯含量,调节到 $5×10^{-6}$(5ppm)。

　　在钢杯中加入 1000mL 有效氯浓度为 $5×10^{-6}$(5ppm)的工作液,调温至 21℃。加入制备好的试样与控制织物,总重为 1g。将密封的钢杯装入耐洗色牢度试验机,运行 60min。洗涤完毕后取出试样和控制织物,用小轧车去除多余的溶液。用蒸馏水或去离子水彻底漂洗。再次轧水,置于漂白吸水纸巾上干燥。AATCC 试验方法使用了控制织物,其作用是验证试验的有效性,评级时,先对控制织物的变色评级,如果其级数不是 2~3 或 3 级,则认为试验是无效的。若是 2~3 或 3 级,则可对试样的变色评级。

2. 干洗圆筒法

　　实际上,对于美标耐含氯泳池水色牢度来说,快速洗涤法是 AATCC 162—2011 版标准中新增的选项,之前的版本只有干洗圆筒法一种洗涤方法。因此,用干洗圆筒作为洗涤设备的方法使用更为普遍。干洗圆筒设备是一种小型的、简易的干洗试验机,参见图 1-16。该试验机圆筒的规格为高约 33cm、直径约 22cm,材质为不锈钢。此滚筒安装于垂直位置,轴线倾斜 50°,并且旋转速度为 45~50r/mm。

图 1-16　干洗试验机

选项 2 干洗圆筒法大部分操作步骤与选项 1 快速洗涤法相同,试样尺寸、试样试验总重以及圆筒内工作液体积等要求与选项 1 不同。选项 2 的试样和控制织物尺寸稍大,为 6cm×6cm,总重为(5±0.25)g。如果试样不足 5g,可加入多块试样,不同颜色的试样可混合试验,使总重为 5g。

实验前,圆筒要求清洁,可加入约 5000mL 去离子水和 0.5mL 家用次氯酸钠溶液。关闭干洗试验机并运转 10min(一般在干洗试验机用于含氯游泳池水以外的测试或两周以上未使用的情况下需要进行清洁工作),洗后倒去残液。在圆筒中加入 5000mL 工作液,调温至 21℃,放入试样和控制织物,关闭圆筒并翻滚运行 60min。之后清洗、干燥和评级要求同选项 1 的快速洗涤方法。

(三) 耐海水、耐含氯泳池水色牢度技术要求

中国、欧洲和美国市场对于耐海水色牢度、耐含氯泳池水色牢度可接受的技术要求见表 1-63。

表 1-63　耐海水、耐含氯泳池水色牢度技术要求

项目		中国市场		欧洲市场	美国市场
		FZ/T 73013—2017《针织泳装》	FZ/T 81021—2014《机织泳装》	一般商业要求	
耐海水(级)	变色	≥3	≥3	≥3~4	≥3~4
	沾色	≥3	≥3	≥3~4	≥3
耐含氯泳池水(级)	变色	≥2~3	≥3~4	≥3~4	≥3~4

注　所列中国市场要求为相关产品标准中合格品要求。

三、耐热压、耐干热色牢度

(一) 耐热压色牢度

1. 概述

耐热压色牢度是测定各类纺织材料和纺织品颜色耐热压和耐热滚筒加工能力的试验方法。耐热压色牢度也称为耐熨烫色牢度,很多纺织品在服用、护理时需要进行熨烫处理,熨烫时要对纺织品施加高温或高温高湿,其温度大多远远超过纺织品染色时的温度,对某些染料亦会产生很大的影响。现行中国、欧美的检测标准有 GB/T 6152—1997《纺织品　色牢度试验　耐热压色牢

度》、ISO 105-X11:1994《纺织品 色牢度试验 第 X11 部分:耐热压色牢度》及 AATCC 133—2013《耐热色牢度:热压》。中国标准等效采用 ISO 标准,AATCC 标准在试样尺寸、评级程序方面稍有不同,试验原理和主要操作步骤与中国标准、ISO 标准基本一致。

2. 试验设备

试验的加热装置是由一对光滑的平行板组成,装有能精确控制的电加热系统,并能赋予试样以(4±1)kPa 的压力(图 1-17)。热量应只能从上平板传递给试样;如下平板所装加热系统不能关掉,则需用石棉板作为绝热层。如无加热装置,可使用家用熨斗代替,但其温度应能用表面高温计或感温纸测定。熨斗必须加重,使其面积和总重量成一个合适的比值,以产生(4±1)kPa 的压力。然而,熨斗一般均采用通断双位式温控方式,表面温度波动较大,使试验的准确性和重复性受到限制。使用家用熨斗做试验时,需在报告中写明。

图 1-17 耐热压(升华)色牢度仪

3. 加压温度

试验加压的温度是根据纤维的类型和织物或服装的组织结构来确定的。通常使用的三种温度为(110±2)℃、(150±2)℃、(200±2)℃。必要时也可采用其他温度,但要在试验报告上注明。如中国产品标准 FZ/T 73015—2009《亚麻针织品》和 FZ/T 81010—2018《风衣》中对耐热压色牢度的温度有其特别的规定,具体要求见表 1-64。

表 1-64 FZ/T 73015 和 FZ/T 81010 耐热压温度规定

FZ/T 73015—2009		FZ/T 81010—2018	
纤维类别	加压温度(℃)	纤维类别	加压温度(℃)
纯亚麻	200±2	聚丙烯腈纤维	150±2
毛、黏胶纤维、聚酯纤维、丝	180±2	聚酰胺纤维	120±2
聚丙烯腈纤维	150±2	聚乙烯醇缩醛纤维	120±2
聚酰胺纤维	120±2	其他纤维	180±2

注 混纺、捻、并产品试验温度采用其中温度低的一种(含量低于 10% 可不考虑)。

另外,在 AATCC 133—2013 标准中,给出了不同纤维熨烫温度的指南。具体信息见表 1-65。

表 1-65 AATCC 133 安全熨烫温度指南

0 级 121℃ 以下	I 级 121~135℃	II 级 149~163℃	III 级 177~191℃	IV 级 204℃ 及以上
改性聚丙烯腈纤维 93~121℃ 烯烃类(聚乙烯纤维)79~121℃ 橡胶 82~93℃ 聚偏二氯乙烯纤维 66~93℃ 聚乙烯醇缩醛纤维 54℃	醋酯纤维 烯烃类 (聚丙烯纤维) 丝	聚丙烯腈纤维 人造蛋白纤维 聚酰胺 6 纤维 聚氨基甲酸酯纤维(氨纶) 羊毛	聚酰胺 66 纤维 聚酯纤维 三醋酯纤维 (热定形)	棉 碳氟化合物 玻璃纤维 大麻、黄麻、芒麻、亚麻 人造丝、黏胶纤维

4.试验步骤

试样的尺寸为 40mm×100mm(AATCC 标准为 12cm×4cm)。对于经受过任何加热和干燥处理的试样,必须在试验前在标准大气中调湿。不管加热装置的下平板是否加热,应始终覆盖石棉板、羊毛法兰绒和干的未染色棉布。石棉板厚度为 3~6mm。作绝热用的石棉板应光滑且不弯曲;羊毛法兰绒衬垫的单位面积质量为 260g/m², 用二层羊毛法兰绒做成厚约 3mm 的衬垫,也可以类似的光滑毛织物或毡做成厚约 3mm 的衬垫;未染色、未丝光的漂白棉布的单位面积质量为 100~130g/m², 表面光滑。试验时,需要用到一块尺寸与被测试样相同的棉贴衬织物,热压有三种方式,分别为干压、潮压和湿压。

(1)干压:把干试样置于覆盖在羊毛法兰绒衬垫的棉布上,放下加热装置的上平板,使试样在规定的温度受压 15s。

(2)潮压:把干试样置于覆盖在羊毛法兰绒衬垫的棉布上,取一块棉贴衬织物浸在三级水中,经挤压或甩水使之含有自身质量的水分,然后将这块湿织物放在干试样上,放下加热装置的上平板,使试样在规定的温度受压 15s。

(3)湿压:将试样和一块棉贴衬织物浸在三级水中,经挤压或甩水使之含有自身质量的水分后,把湿的试样置于覆盖在羊毛法兰绒衬垫的棉布上,再把湿的棉贴衬织物放在试样上。放下加热装置的上平板,使试样在规定的温度受压 15s。

5.评定

(1)变色:热压完成后取出试样,立即用灰色样卡评定试样的变色,然后试样在标准大气中调湿 4h 后再作一次变色评定。

(2)沾色:标准大气中调湿 4h 后,用灰色样卡评定棉贴衬织物的沾色。要用棉贴衬织物沾色较重的一面评定。

(二)耐干热色牢度

耐干热色牢度是染色纺织品颜色耐受高温热处理的能力。现行中国、欧美的检测标准有 GB/T 5718—1997《纺织品 色牢度试验 耐干热(热压除外)色牢度》、ISO 105-P01:1993《纺织品 色牢度试验 第 P01 部分:耐干热(热压除外)色牢度》及 AATCC 117—2013《耐干热色牢度(热压除外)》。中国标准与 ISO 标准等效,AATCC 标准部分等效 ISO 标准。

耐干热色牢度试验使用的设备与耐热压色牢度相同(图 1-17),试验时加热装置的上下两块平行板都需加热,使试样组合稳定、均匀地受热。试样组合的制备可有两种可选方法,试样及贴衬织物的尺寸应适合于加热装置,一般为 40mm×100mm。第一种方法是试样正面与一块同尺寸的多纤维贴衬织物相接触,沿一短边缝合,形成一个组合试样;第二种方法是试样夹于两块单纤维贴衬织物之间,沿一短边缝合,形成一个组合试样。使用单纤维贴衬织物时,第一块由试样同类纤维制成,如试样为混纺,则由其中主要的纤维制成;第二块由聚酯纤维制成或另作规定。AATCC 标准要求使用"三明治"组合,第一块贴衬织物为与试样成分相同,第二块用 10A 号多纤维贴衬;若试样为混纺,则第一块贴衬织物与其主要纤维成分相同,第二块与其次要纤维成分相同。

试验时,将组合试样放于加热装置中,在(150±2)℃、(180±2)℃、(210±2)℃三种温度中选择一种处理 30s。如需要,亦可使用其他温度,需要在试验报告中注明。试样所受压力必须达到(4±1)kPa。取出组合试样,在规定的标准大气中放置 4h,用灰色样卡评定试样的变色以及贴衬织物的沾色。

(三)分散染料升华牢度和热迁移现象

耐热压色牢度也称耐熨烫色牢度,耐干热色牢度有时也被称为耐升华色牢度。这两项色牢度试验与分散染料的升华性和热迁移现象有一定关联。熨烫、升华色牢度主要用于测定各类有色纺织品的颜色耐高温作用的能力和纺织品的颜色耐热压及热滚筒加工的能力,从而为合理选用染料确定印染工艺参数提供依据,也可用来检测印染成品质量。

涤纶及其混纺织物在染整加工以及使用过程中,由于要受到高温热处理,如热定形、热熔染色、熨烫整理等,所以对分散染料的耐升华牢度有一定要求。分散染料的耐升华牢度与染料分子的大小、分子中极性基团的数目以及极性大小有关。一般来说,染料分子的结构越大、分子中极性基团的数目越多、染料分子的极性越大,则染料的耐升华牢度越好。

分散染料的热迁移发生在染后高温后处理过程中(如热定形),由于纤维外层的助剂在高温时对染料产生的溶解作用,染料从纤维内部通过纤维毛细管高温而拓宽迁移到纤维表层,使染料在纤维表面堆积,造成如色变、在熨烫时沾污其他织物、耐摩擦、耐水洗、耐汗渍、耐干洗和耐日晒色牢度下降等影响。分散染料热迁移性与染料本身结构有关,而与染料的耐升华牢度没有绝对的关系,因为两者产生的机理不同,升华是染料先气化,呈单分子状态再转移,热迁移是染料以固态凝聚体(或单分子)向纤维表面迁移。为防止分散染料的热迁移现象,在染色前和染色中使用的助剂都必须洗除干净。在染色后处理及整理时,应精心选择将要留在织物上的化学品,如柔软剂、抗静电剂、防污剂等。只有对不易产生热迁移现象的产品才可使用。

四、耐臭氧、耐烟熏色牢度

耐臭氧、耐烟熏色牢度并不是针对所有纺织产品的常规色牢度检测项目,但牛仔面料易黄变的现象被证明与靛蓝染料染色牛仔布的臭氧褪色、烟熏褪色有较大关联,也引起了业界的广泛关注。

(一)耐臭氧色牢度

耐臭氧色牢度是纺织品的颜色耐受大气中臭氧作用的能力。试验的原理是将纺织品暴露在含有臭氧的大气中,直到试样达到一定的变色或完成规定的循环次数后评定变色。现行中国、欧美的检测标准有 GB/T 11039.3—2005《纺织品 色牢度试验 耐大气污染物色牢度 第3部分:大气臭氧》、ISO 105-G03:1993《纺织品 色牢度试验 第 G03 部分:耐大气臭氧色牢度》及 AATCC 109—2016《耐低湿大气中臭氧色牢度》。中国标准修改采用 ISO 标准,两者技术内容基本一致。试验在不超过 65%和(85±5)%两种相对湿度大气环境下分别进行,测试时,一块控制标样与试样一同放入臭氧试验仓内,当控制标样的颜色褪到达褪色标准时为一个周期。重复该周期,直至试样达到规定的变色,或者达到预定的周期数。AATCC 标准更新至 2016 版,取消了使用控制标样和褪色标样,而按规定的臭氧浓度和试验时间来确定测试的周期。以下是AATCC 方法的介绍。

试验设备为臭氧老化试验机主要由臭氧发生器、风扇、隔板机构、试样架和试样室构成。试样的尺寸至少为 10cm×6cm,每种试样应剪取两块,一块放入试验仓,另一块评级时作对比之用,且应置于密封的容器里,避光防止褪色。

将试样悬挂在试验仓内,测试仪器必须放置在室温为 18~28℃、相对湿度不超过 67%的房间中。建议该试验在温度(21±1)℃及相对湿度(65±2)%的标准大气下的房间中进行。臭氧的浓度为(4.5±1)ppm,试验时间(4.5±1)h为一个循环。取出一次循环结束时颜色发生变化的试样。通常,对臭氧敏感的试样在一次循环后即可产生可测量的颜色变化。如有必要,再进行同样循环的试验。在规定完成试验循环后,立即取出试样,与原样比较并用灰色样卡或仪器评定试样的变色等级。

说明:悬挂试样时,应避免试样间的重叠,因为暴露表面积的大小会影响臭氧的吸收。

(二)耐烟熏色牢度

耐烟熏色牢度是检测纺织品颜色耐受天然气燃烧所产生的大气氮氧化作用的能力。试验原理是将试样和一块试验控制标样同时暴露在由天然气(丁烷气)燃烧所产生的氮氧化物中,直到控制标样显示的变色程度达到相应的褪色标准。用评定色变的标准灰卡来评定试样的颜色变化。如果试样在一段暴露周期内或一个循环内没有明显的颜色变化,试验可以继续进行,直到完成规定的时间或试样色变达到规定的级别。现行中国、欧美的检测标准有GB/T 11039.2—2005《纺织品 色牢度试验 耐大气污染物色牢度 第2部分:燃气烟熏》、ISO 105-G02:1993《纺织品 色牢度试验 第G02部分 耐燃气烟熏色牢度》及AATCC 23—2015《耐烟熏色牢度》。三项标准的试验原理和操作步骤相差不大,AATCC标准应用相对较多,以下对AATCC试验方法作简单介绍。

试验设备为耐烟熏色牢度测试仪,主要包括测试室、燃烧箱、控制箱、观察门、控制面板、计时器、温控计、气阀开关、风扇和排烟装置。将试样剪成大约5cm×10cm。对于评价试样在存储及使用过程中耐氮氧化物色牢度,可取一块原样进行测试。将试样和一块控制标样挂在烟熏仓内,彼此不能接触,也不能直装接触到任何热的金属表面。点燃气炉,调整火焰和通风装置,以保证烟熏仓内的温度不超过60℃。持续烟熏试验,直到控制标样的变色达到褪色标准。然后从烟熏仓中取出试样,并立即用变色灰卡评定每块试样变色。

从烟熏仓取出试样后,试样暴露于氮氧化合物环境下,颜色可能会继续变化。这种情况下,可以做更为细致的目测评定或仪器测定,那么须立即将试样、控制标样、几块原样投入到尿素缓冲溶液中浸渍5min,然后挤压出多余溶液,彻底淋洗干净。在不超过60℃的空气中干燥试样。干燥后,对照经尿素缓冲溶液处理过的试样原样,使用灰色样卡或仪器评定每块试样的变色。如需保留试样或原样,须储存在暗处。

说明:10g/L的尿素缓冲液(NH_2CONH_2),通过加入0.4g磷酸二氢钠二水合物和2.5g磷酸盐氢二钠十二水合物以及0.1g或更少的阴离子表面活性剂调节pH至7。

第一个实验循环后,将没有颜色变化的试样和没有被尿素缓冲溶液处理过的试样重新放回到烟熏仓中,和一块新的控制标样放在一起,继续测试,直到第二个控制标样达到褪色标准变化。重复上述测试,直到完成规定循环次数或者试样达到指定的颜色变化程度。

(三)牛仔面料的耐臭氧色牢度问题

靛蓝牛仔面料的耐臭氧色牢度问题由来已久,比如牛仔裤长期暴露于空气中或者陈列在货柜时会黄变,一些折叠部位黄变更加明显,严重影响外观。大量测试结果表明,靛蓝牛仔面料的耐臭氧色牢度普遍不佳,尤其是经漂洗后的中浅色品种。好一点的变色为3~4级,而差的只有2~3级。在中国市场,由于两项常用产品标准FZ/T 81006—2017《牛仔服装》和FZ/T 73032—2017《针织牛仔服装》中都未将耐臭氧色牢度列为考核项目,牛仔服装耐臭氧色牢度问题并未显现。但大部分国外品牌或买家对牛仔服装的耐臭氧色牢度及烟熏色牢度设有质量要求,一般为 4 级,牛仔面料耐臭氧色牢度的不合格率普遍较高,相关出口企业必须予以高度关注。

造成靛蓝牛仔面料耐臭氧色牢度差的根本原因在于靛蓝在强氧化剂的作用下会分解成靛红(吲哚满二酮),而臭氧就具有强烈的氧化作用。靛红应为红色,但实际测试中所看到的现象更偏向于变黄,这与实际使用的染料纯度、染色加工中所添加的其他化学物质、织物和后整理工艺等诸多因素有关。

牛仔服装大多要进行各种水洗整理,如整理工艺不当,加工过程中,色纱上的靛蓝染料被剥落下来,回沾到本白纱上,这些沾污在面料上的靛蓝染料更容易黄变。所以加工过程中,要采取措施减少靛蓝染料对本白纱沾色。如酵洗时用中性酵素代替酸性酵素且加白底防沾剂,因为酸性条件下,本白纱更容易沾污剥落的染料,加白底防沾剂则能进一步减少对本白纱的沾污,水洗工序要彻底洗掉面料加工过程的浮色和杂质。

五、酚黄变测试

(一)概述

一般,浅色纺织品的黄变可能因耐光性能差、耐臭氧性能差或由酚类黄变造成。酚黄变是由于氮的氧化物和酚类化合物的作用,而造成纺织材料变黄的现象。纺织品酚黄变测试是仅针对纺织材料产生潜在酚黄变情况的评估,不涉及由于其他原因使其泛黄的情况。现行的国家标准是 GB/T 29778—2013《纺织品 色牢度试验 潜在酚黄变的评估》,中国标准改采用了 ISO 105-X18:2007 标准。该方法作为一种筛选试验,在实际情况中对检测后发现有泛黄现象的材料采取补救措施,以有效减少由于酚黄变而引起的争议。试验原理是将各试样和控制织物夹在含有 2,6-二叔丁基-4-硝基苯酚的试纸中,置于玻璃板间并叠加在一起,用不含 BHT(2,6-二叔丁基-4-甲基苯酚)的聚乙烯薄膜将其裹紧形成一个测试包,在规定的压力下,放入恒温箱或烘箱中一定时间。用评定沾色用灰色样卡评定试样的黄变级数,以此评估试样产生酚黄变的可能性。

说明:2,6-二叔丁基-4-硝基苯酚是由 BHT(2,6-二叔丁基-4-甲基苯酚)与氮的氧化物反应生成。

(二)试验方法介绍

1.试样准备

织物试样的尺寸约为 100mm×30mm,或按相关方协商取样。

2.仪器和材料

(1)玻璃板,尺寸为(100±1)mm×(40±1)mm×(3±0.5)mm。彻底清洁每组试验中使用的玻璃板,所用的清洁剂(如酒精)不会残留。

(2)恒温箱或烘箱,试验温度保持在(50±3)℃。

(3)试验装置,由一副不锈钢架组成,配有质量为(5.0±0.1)kg、底部尺寸至少为 115mm×60mm 的重锤,且能与不锈钢架装配在一起。试验装置的结构应保证试验中移开重锤后试样所受压力不变。

(4)试纸,尺寸为(100±2)mm×(75±2)mm,20℃时单位面积质量为(88±7)g/m²,纤维素成分大于 98%,经过浓度小于 0.1%的 2,6-二叔丁基-4-硝基苯酚的处理,用评定沾色用灰色样卡评级时,使控制织物的黄变级数等于或小于 3 级。每次试验需使用新的试纸。用可密封的铝箔包装,储存在阴凉干燥的环境或调湿的实验室中。开封后使用期限为 6 个月。

说明:建议佩戴不含 BHT 的防护手套进行操作。

(5)控制织物,尺寸为(100±2)mm×(30±2)mm,白色聚酰胺纤维织物,按本方法试验后变黄。每次试验需使用新的控制织物。用可密封的铝箔包装,储存在阴凉干燥的环境下。

(6)聚乙烯薄膜,不含 BHT,厚度约为 63μm,尺寸最小为 400mm×200mm。

3. 试验步骤

(1)取 7 块玻璃板、最多 6 张试纸、最多 5 块试样以及 1 块控制织物,以准备测试包。

(2)将各试样和控制织物分别夹在沿长度方向对折的试纸中间,形成最多 6 份夹心组合试样,再分别置于两块玻璃板之间,各组合试样间均由 1 块玻璃板隔开,如图 1-18 所示。当被测试样小于 5 块时,仍需 7 块玻璃板和 1 块控制织物。

(3)将叠放好的一组玻璃板、试纸、试样和控制织物,用三层聚乙烯薄膜裹紧,再用胶带密封形成一个测试包。

说明:建议胶带沿着测试包的侧面进行密封。

(4)将测试包放在试验装置中,并施加(5±0.1)kg 的重锤,以使试样承受相应的压力。

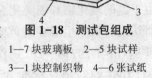

图 1-18 测试包组成

1—7 块玻璃板 2—5 块试样
3—1 块控制织物 4—6 张试纸

说明:每个试样装置可同时放置 3 个测试包,彼此叠放在一起。

(5)将装有测试包的试验装置放在恒温箱或烘箱里,在(50±3)℃的温度下放置 16h±15min。

(6)从恒温箱或烘箱取出试验装置,再取下测试包,冷却,用于评定。

4. 评定

(1)在打开测试包的 30min 内完成对各试样的评定,这是由于某些纺织材料在试验过程中产生的色变与空气接触后可能很快发生改变。

(2)先用评定沾色用灰色样卡评定控制织物的泛黄程度,若黄变级数等于或小于 3 级,证明试验有效;若黄变级数大于 3 级,则取新的试样和控制织物重新试验。

(3)用评定沾色用灰色样卡或仪器评定试样的黄变级数。

说明:如果试样出现黄变不匀或有黄斑,建议重新试验。

第七节　色牢度评定

一、概述

通常,色牢度试验结果是以某一具体的等级来表示。换言之,色牢度等级的评定是色牢度试验的最后步骤,也是极其重要的环节,评定给出的色牢度等级直接表征样品的色牢度性能,关系到质量要求的符合性。色牢度是根据试样的变色和贴衬织物的沾色(适用时还可评定自身沾色)分别评定的。试样和贴衬织物烘干后应进行冷却,评定前应恢复其正常含水率,除非另有规定。评定沾色前应去除试样黏附在贴衬织物上的散纤维。

二、色牢度评定原则

(一)变色评定原则

试验中试样的变化可能是明度、彩度和色调的变化或这些变化的任何组合。无论变化性质如何,以试后样和原样目测对比色差的大小为基础进行评级。依据相关评级标准的规定(表1-66),对比色差是目测对照有代表性的5对或9对颜色小卡片,级别范围均从表示无色差的5级到表示较大色差的1级。采用9挡灰色样卡时,试样的色牢度级数是原样与试后样的色差所对应的灰色样卡上的数字;采用5挡灰色样卡时,如果色差更接近于两级之间,则应评为相应的半级。不允许有小于半级的评定。只有当试后样和原样之间无色差时,才能评为5级。在评定耐光色牢度试验结果时,将曝晒过的试样与同时曝晒的蓝色羊毛标样进行对比。另外,试验过程中,用评定变色用灰卡来确定褪色应达到的程度。

在某些试验中,试样除变色外,其外表(如绒头排列、结构、光泽等)也会发生变化。在这种情况下,通过梳或刷等方法尽可能将试样表面恢复至原状。如果不能恢复至原状,试验报告中最终结果不但应给出变色级数,还应注明外观的整体变化。

对某些纺织品,单纯润湿织物和未经润湿过的织物相比,会有明显的色差,这并不属于颜色的真实变化,而应属于织物表面的改变或整理剂的泳移。在这种情况下,评级应与润湿后的原样比较,而不是未润湿的原样。润湿的方法是将原样水平放置,在其表面均匀喷洒蒸馏水,避免形成水滴,然后自然干燥。如果按此操作,应在试验报告中注明。有争议时,可依据相关标准规定进行仪器评定。

(二)沾色评定原则

贴衬织物的沾色牢度,不论是从处理浴中吸收染料或从试样上直接转移的颜色,均以目测检验贴衬织物与试样接触的一面进行评定。除非另有规定,处理浴的颜色一般不需考虑。依据相关评级标准的规定(表1-66),规定的5挡或9挡评定沾色的方法与评定变色的方法相似。试验中的每种贴衬织物都要评定沾色,缝纫处可以忽略。如果贴衬织物在没有试样的试验中发生任何目测到的变化,则应取上述处理的贴衬织物,作为评定沾色的参比样。同样,当有争议时,可依据相关标准的规定进行仪器评定。

三、观察与照明条件

在评定色牢度时,将原样和试后样,或未沾色和已沾色的贴衬织物各一块,按同一方向并列紧靠置于同一平面上。如果需要,可用两层或多层试样,以免织物外观受其他背衬的影响。将适当的灰色样卡靠近并置于同一平面上。为了获得最佳精度,对比区域的尺寸和形状应大致相同,可使用一个中性灰色遮框实现。该遮框的颜色约介于评定变色用灰色样卡1级与2级之间(近似蒙赛尔N5),尺寸与灰色样卡大小相同。周围环境为同样的中性灰色。

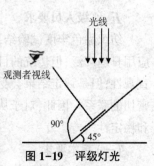

图1-19 评级灯光和观测角度示意图

评定区域应尽可能大,遮框上的开孔应包括将要评定的区域(如沾色痕迹)。为了得到可靠的试验结果,遮盖原样和遮盖试后样的材料颜色应一致。

用符合 CIE 标准照度 D65 的光源照射在被测试样的表面上,光源照度等于或大于 600lx,入射光与试样表面约为 45°,观察方向大致垂直于试样表面(图 1-19)。

四、色牢度评定标准

(一)灰卡评定标准

中国标准、ISO 标准、AATCC 标准分别对变色和沾色评定用灰色样卡及使用方法作出规范要求,标准编号和标准名称见表 1-66。其中,中国标准等同采用 ISO 标准,两者评定要求相同。

表 1-66　中国标准、ISO 标准、AATCC 标准色牢度变色、沾色灰卡及其使用相关标准

标准类别		标准编号与名称
中国标准	变色	GB/T 250—2008《纺织品　色牢度试验　评定变色用灰色样卡》
	沾色	GB/T 251—2008《纺织品　色牢度试验　评定沾色用灰色样卡》
ISO 标准[a]	变色	ISO 105-A02:1993《纺织品　色牢度试验　第 A02 部分:评定变色用灰色样卡》
	沾色	ISO 105-A03:1993《纺织品　色牢度试验　第 A03 部分:评定沾色用灰色样卡》
AATCC 标准	变色	AATCC 评定程序 1—2012《评定变色用灰色样卡》
	沾色	AATCC 评定程序 2—2012《评定沾色用灰色样卡》

注　[a]包括两项标准的技术勘误 2:2005。

(二)仪器评定标准

中国标准、ISO、AATCC 仪器评定相关标准见表 1-67。

表 1-67　中国标准、ISO 标准、AATCC 标准色牢度仪器评定标准

标准类别		标准编号与名称
中国标准	变色	GB/T 32616—2016《纺织品　色牢度试验　试样变色的仪器评级方法》
	沾色	GB/T 32598—2016《纺织品　色牢度试验　贴衬织物沾色的仪器评级方法》
ISO 标准	变色	ISO 105-A05:1996《纺织品　色牢度试验　第 A05 部分:变色仪器评定》
	沾色	ISO 105-A04:1989《纺织品　色牢度试验　第 A04 部分:贴衬织物沾色的仪器评级方法》
AATCC 标准	变色	AATCC 评定程序 7—2015《试样变色的仪器评定》
	沾色	AATCC 评定程序 12—2017《沾色级数的仪器评定》

五、评级人员要求

纺织品色牢度试验结果的评定主要有目视评定和仪器测量两类方法。虽然仪器评级、配色应用日趋广泛,但传统的目视评定仍然是评定色牢度试验结果应用最广泛的方法。目视评定有直观性,但是评定结果会受到许多因素的影响,它与评级人员的生理、心理感觉及客观条件有着密切的联系。因此,对于从事色牢度评级人员应设置相应的要求,以保证其评级结果的准确性和稳定性。

(一)基本要求

(1)评级人员应无色盲、局部色盲、色弱等视觉疾病,必须具有正常的色感觉,并且对颜色要敏感。

(2)评级时,最好穿着灰色衣服,不穿亮丽色彩的服装,不涂指甲油以及不佩戴任何能反射

光线的配饰及物品。

（3）评级过程中保持精神集中,情绪平稳,疲惫或生病时不要评级,否则可能会影响评级结果。

（4）熟悉评级标准,能根据相关规定(包括客户要求),选择合适的光源(如 D65 光源等)。

（5）评级正式开始前,检查灰卡的使用期限及其状况,清理与评级无关的杂物,调节座位高低,使视线能基本垂直于 45°评级台面,与此同时让自己的视觉感受适应当前光源环境。

（6）评级一人初评后,应至少有一人复评。

（二）培训与训练

除上述基本要求外,对评级人员应给予必要的培训和加强相关训练以保持评级的稳定性。评级人员之间可采取互评训练,实验室之间可进行比对试验。对评级人员的培训及训练结果作记录并不定期考核。蒙赛尔色相测试色棋(Munsell 100 hue test)（图 1-20）是比较有效的训练工具。另外,也可使用与之有相同功能的训练软件(图 1-21)。

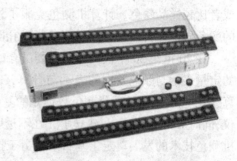

图 1-20 蒙赛尔色相测试色棋

（三）评级常见问题

评级时一般会出现一些常见的错误,评级人员应予以重视并避免。

（1）将沾色灰卡用于对氯漂色牢度、日晒色牢度(尤其是白色样品)评级。

（2）没有在沾色样品旁边放一块未沾色的多纤维贴衬进行对照评级。

（3）放置未沾色的多纤维贴衬时,纤维条的顺序与待评级的多纤维贴衬相反。

（4）没有将灰卡沿测试样品和未沾色样的边缘处齐平放置。

（5）手持灰卡时接触色块对比区域并在灰卡上留下指印。

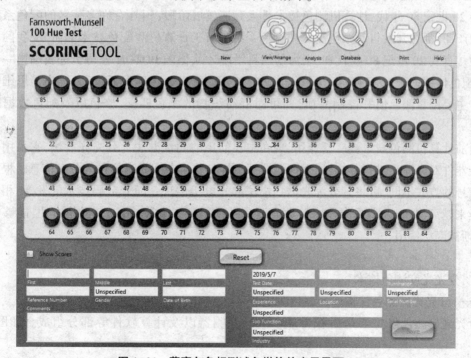

图 1-21 蒙赛尔色相测试色棋软件应用界面

第八节　计算机测色技术及其在纺织材料分析中的应用

一、计算机测色技术发展概况

计算机测色是指用测色仪测定样品颜色相关数据信息,通过计算机中的测色程序,来分析或者比较样品颜色。计算机测色克服了外界测量因素及人为的影响,通过已经建立的国际标准的颜色质量评价体系,提高颜色测量的准度、精度及测量结果的稳定性。

在20世纪30年代国际照明委员会(CIE)规定了一整套标准色度系统,其内容包括了颜色的定量表示与颜色差别的表示与计算,CIE色度系统发展至今还包括了近代色貌的表示和计算,CIE色度系统是现代颜色数据化的基础。同年代的哈迪成功设计出了反式自动记录式测色仪,同时Kubelka-Munk建立了光在不透明介质中被吸收以及被散射的理论。这些理论为计算机测色技术的发展奠定了基石。但由于技术条件有限,一直在20世纪60年代前,纺织品测色主要使用的测量方法为目测法。计算机测色的初创时期为20世纪50年代,美国的科学家Davidson等联合设计了第一台适用于纺织产品颜色测量的商用模拟计算机COMIC,它代表着计算机测色系统的正式创建。

在20世纪60年代随着计算机技术的迅猛发展,科学技术不断提高,各个领域都开始应用计算机技术,使得将颜色快速数据化成为可能,计算机测色技术进入了发展的快车道。随着技术的发展,在纺织行业测色逐渐开始使用光电积分法测色仪,由于光电积分法的仪器受所采用的滤光片的限制,其不能准确测量出三刺激值和色品坐标。但光电积分法的优势在于其测色速度快,能够准确测量测色样品间的色差,故采用光点积分法的仪器多为便携式仪器。

在20世纪80年代,计算机测色技术进入高速发展阶段,国外有许多著名的配色系统制造商和生产商,都在开发自动颜色测量和配色系统。对于计算机测配色技术的研究,我国相对起步较晚。直到20世纪80年代初,上海纺织科学院才从德国POTON公司引进我国第一台自动测色、配色仪器。于1984年起,沈阳化工研究所开始开发颜色匹配系统,并推出了思维士配色软件。主要测量颜色值和控制品质,并可对混纺织物的颜色匹配、修色以及配色数据库进行管理。

目前计算机测色技术被广泛应用,现在主要使用的测量方法为分光光度法,它采用了光栅等分光器件对光源光进行分光,通过探测器探测样品整个空间光谱能量的分布信息。根据采集光谱信号的方式不同,可将其分为光谱扫描法和光电摄谱法。随着数码技术的发展,相机的分辨率越来越高,基于数字图像技术的数码测色系统得到了发展,由于其操作方便,能够快速评级,逐渐被广泛使用。

二、分光光度测色技术

(一)分光光度测色仪构造

分光光度测色仪主要是由积分球、光源、探测器以及计算软件等部分组成。如图1-22所示。

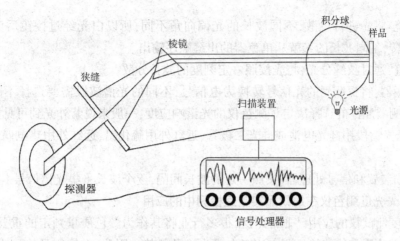

图1-22　分光光度测色仪结构示意图

（1）样品：样品选择时应该要满足三个条件——测试结果能真正代表被测对象的颜色特性，对该类样品重复测量时能得到相同的数据，仪器测试结果与目视评价有较好的相关性。样品在制作过程中要选择最具代表性的对象，且整个测色过程要保持样品清洁。若是样品半透明，可以用白色和黑色两种垫背进行测量，两次测量值的差别表明了它半透明性和透明度；若是样品的颜色会随着温度的变化而变化，必须规定测量时的温度；若是样品的表面特征具有方向性，其颜色受光源和观测方向影响，则需要分情况来讨论，如果是定向型则测色结果要考虑样品的放置方位，如果是漫射型则需测各个方向的值，最后求得平均值作为最终值。

（2）光源：国际标准照明委员会（CIE）给出了几个不同的照明光，它们的分类依据是不同的相对光谱功率。不同的照明光有不同的相对光谱功率分布，因而有不同的色光，而色光会影响人们对物体颜色的观察。因此，制定标准照明系统能够统一颜色测量数据，使数据之间具有可比较性。

目前常用的光源如下。

标准光 A：标准黄色光（钨丝灯发的光），是完全放射体所放射的光，它可以用来鉴定染料的同色异谱现象。

标准光 B：代表正午时太阳的直射光，色温约为4874K。

标准光 C：代表阴天日光，色温约为6744K。

D75 光源：北方天空自然光，色温约为7500K。

紫外（UV）光源：是一种紫外光线。

（3）积分球：积分球在颜色测量中有着重要地位，积分球的主要作用是形成一个理想的漫反射源。积分球通常是由金属制成的空心球，内壁涂有一层光谱选择性小，反射比高的材料，可以使进入积分球的光束在球壁上进行多次漫反射，球内表面任意一点的照度只与球的几何尺寸、涂层漫反射比、进入球的辐通量有关，而与位置无关，从而形成理想的漫反射源。单光路仪器如果使用积分球，当参比标准和待测样互换时，由于两者吸收比的差异，积分球壁平均效率将发生变化，从而出现单光束样品吸收误差，且多数分光光度测色仪都采用脉冲氙灯作为光源，在测量的过程中，脉冲氙灯每次点亮时的光谱能量会发生较大变化，所以通常采用双光路设计来消除影响。

（4）棱镜：将光进行色散，不同波长的光偏向角不同，所以白光经过棱镜后就被分成单色光。棱镜旋转，不同波长的光就从单色器的出缝顺序输出。

（5）狭缝：通过狭缝分光，将光按照一定刻度的波长分散。

（6）探测器：将探测到的光信号转换为电信号，不同的光谱波段需要选择不同类型的探测器原件。探测器原件的选择决定了测色仪的光谱响应度，一般来说紫外光到可见光谱段用光电倍增管，可见光谱段用硅光电池或硅光二极管，近红外用硫化铅，远红外用热电偶、热释电、高莱池等。

（7）扫描装置和信号处理器：按照一定的波长间隔，逐个波长采集光谱信号。

(二) 分光光度测色仪在纺织品实验室检测中的应用

分光光度测试仪的应用已非常广泛，很多行业将其作为颜色质量判定的重要依据，电子测色取代实验室检测中传统的目测方法正在成为一种趋势。因此，在纺织品检测中，电子测色已经越来越多地被使用。

以 Datacolor 公司的 Colour Tool 测色软件的常规测色界面为例，对分光光度测色仪测得的结果进行数据解读。通过图 1-23 可以看到，使用分光光度仪可以很快地得到关于标准样和批次样的一系列数据。

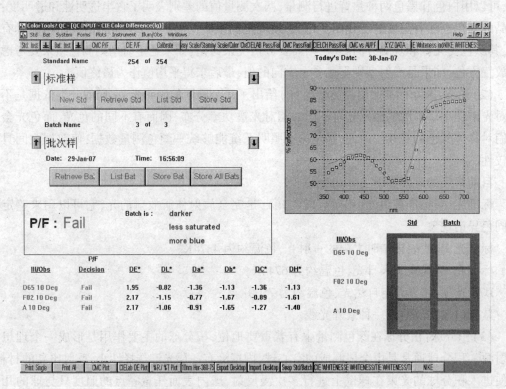

图 1-23　Datacolor Colour Tool 界面显示示意图

首先，从显示屏的左下方可以看到一组数据：

DE 表示标准样与批次样之间的总色差；

DL 表示标准样与批次样之间的亮度差异；

Da 表示批次样比标准样偏红(+)；偏绿(−)；

Db 表示批次样比标准样偏黄(+)；偏蓝(−)；

DC 表示标准样与批次样之间的饱和度差异；

DH 表示标准样与批次样之间的色调差异。

在显示屏的图表中还给出了在三种光源下的各种色差值。

其次，在显示屏的右上方可以看到一组反射率曲线，实线为标准样的反射率曲线，虚线为批次样的反射率曲线，通过此曲线图可以很直观地看出标准样与批次样在各波长区间上的反射率差异。

最后，在显示屏的中部可以得到基于标准要求或者客户要求的最终判定(合格或不合格)，以及相应的文字评价说明。

此外，目前在商业上应用非常广泛的色差指标是 CMC DE(1∶c=2∶1)，该指标是英国测色师和染色师委员会的开发研究的色差计算公式，在此计算式中加入了明度和彩度的调整比例，使通过仪器测色计算出的色差更接近目测的色差(图1-24)。

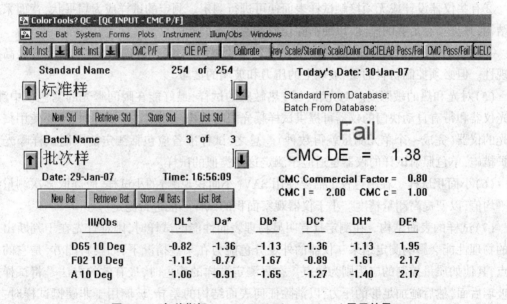

图1-24　色差指标——CMC DE(1∶c=2∶1)显示结果

三、影响分光光度计测色结果的因素

分光光度测色仪作为目前主流的测色仪，广泛用于工厂、检测实验室、科研机构等。一般仪器供应商会对使用方进行培训，但是由于在测色过程中有诸多影响因素会导致测色结果不稳定和不准确。下面将总结一些主要的影响因素以及相应的解决办法。

(1)荧光。测色仪器没有精确控制照射试样 UV 能量的能力，操作人员可在光源和试样之间插一个吸收 UV 的滤光片，以便有效地消除导致荧光的 UV。采用该方法可能会导致与目测不一致的结果。该方法只能在紫外线辐射吸附引起荧光的情况下使用。可控制 UV 能的仪器将会产生与目测一致的结果，但是这些结果难以在其他非类似的仪器上再现。当试样带有荧光时,进行对比的所有试样应在相同的时间间隔内测定(在 1h 范围内),不可用预先测定的数据(标准、试样等)作为对比依据。

(2)含湿量。由于含有水分的试样对测色有影响,所以有必要对试样进行调湿,使被测试样的含湿量达到稳定。调湿应在温度和湿度恒定的室内或橱内进行,使所有试样有足够的时间达到含水量恒定。一般大多数含棉或吸湿纤维的试样需要数小时的调湿,环境状况也会影响试样的含湿量,在测定期间,应尽可能保持试样的调湿状态。

(3)透光度。大部分纺织试样在某种程度上是透明的,所有试样应采用相同的条件进行测定,如所用材料充足,应层叠至不透光为止。层叠后的试样背面放置白板和黑板时,测定结果相同,说明其折叠层数足够。如果采用多层软材料会导致其他问题,那么可采用一项折中的方法,在背面衬入不含荧光增白剂的固定层数的白色材料或瓷板,一般采用与试样相同的背衬材料。

(4)试样的硬挺程度。为了防止柔软试样伸入测色仪的透光孔内,可采用下列程序之一。

①卷绕。将试样固定或安置在一块板或其他钢性构架上,背面结构应为中性色(白、灰或黑),使所有测定试样的测试结果再现,并且应遵守不透明条件。当纱线和长丝试样卷绕在板上时,有必要控制其张力、定向和厚度,以便能再现测定结果。

②有些仪器设计成无须接触试样表面便可进行测定。测定的试样应为扁平状,背面采用钢性结构,并且具有足够的厚度,以便消除任何透明因素的影响。

③一些试样,特别如纱线和纤维,用分光光度计测色时,隔在玻璃后面,这样能够提高测量重现性。但必须控制材料的量、玻璃上的压力和玻璃的洁净。

(5)对光和热的敏感度。对光和(或)热敏感的试样,最好能在瞬间曝光的测色仪中测量。闪光仪器和带有自动快门的仪器可提供试样曝光限时机构。测定这些试样时,不要使用扫描可见光的仪器(完成一个单元测量就得数秒)。总之,试样准备应包括测定前限制试样曝光量的保护措施,单色照射试样的仪器也适应于测定这些类似的试样。

(6)小面积试样。在测色仪上需要使用 SAV(小面积观测)的小试样,应读取多次测量结果的平均值,以便提高测量精度。小于仪器观察面积的试样不能进行测定。

(7)试样的表面结构。在测定具有明显物理表面性能的试样时,困难首先在于判断出什么样的物理性能会影响测定结果。仪器的外观分色能力在某些情况下,如染料配方,是它的一个优点,其他如质量控制的应用则为缺点。在只测定试样的颜色时,最有效的方法是将试样安置在玻璃后面,然后施加足够的压力,以消除任何表面结构的差异,玻璃用于非硬挺试样时,应采用相同的措施和条件,当表面结构导致定向变化时,试样可以 4 的倍数进行测定,在每次测定后旋转90°,然后平均所有测定结果,以便产生一组单独的色度值。

四、数码测色技术
(一)基本原理
由于分光光度测色仪在商业领域中的局限性,使颜色领域的专家们寻找其他的方法进行颜色的测量和计算。随着数码拍照计算的突飞猛进,利用高像素的数码相机可以抓取到被测样品的每一个细微的颜色特征,用这些特征进行计算后得到需要的数据,变得非常方便。在这种情况下,数码测色系统应运而生。目前在市场上具有主导地位的数码测色系统是由英国公司SDCATLAS 研发的数码测色仪 Digieye。其测色过程包括图像采集和颜色数据分析两部分。

（1）图像采集。其工作原理是利用数码相机的光学镜头将物体聚焦成像在图像转换器上，此时光学信号被转换成电信号；然后模/数转换器将采集到的图像像素的电信号转换成数字信号，最后利用影像处理器对数字信号进行处理并转换成特定的图像格式，并将图像保存到相机的存储设备中。

（2）颜色数据分析。其过程是对已采集到的图像，利用软件系统分析和测量图像的 RGB 值，根据标准色卡的 CIE RGB 颜色空间和 CIE XYZ 颜色空间之间的转换模型，将测得的 RGB 值转换成 XYZ 值，再将 XYZ 值转换到 CIE LAB 颜色空间中的 L、a＊、b＊值。

（二）系统构造

数码测试仪 Digieye 主要由标准光源箱、高分辨率的数码相机以及校准色板等组成，如图 1-25 所示。

（1）标准光源箱。标准光源箱箱壁由不透光的材料制成且能阻隔外部环境的光线，内部拥有足够的空间来放置试样，箱体有一定的高度从而可以提供均匀的照明，内部结构和表面可使散射光线照明试样区域，避免光源直接照射试样。光源一般采用 D65 光源，且能够在评估区域表面提高足够的光照度。

图 1-25 数码测试仪 Digieye 的外形图

（2）数码相机。数码相机主要用于图像采集，其中能够影响图像颜色的因素主要包括分辨率、光圈、快门和白平衡。分辨率通常用每英寸的像素来表示。它决定采集到的图像在计算机显示器上的尺寸和质量，是评价数码相机记录物体细节能力的一项重要性能指标。数码相机像素的核心要素由图像传感器（CCD 或 CMOS）决定。通常选择像素不低于 300 万的数码相机作为测试工具。数码相机的白平衡也称彩色平衡，是指在不同色温的环境下红（R）、绿（G）、黑（B）三色滤片三色光取得白色，即为了获得准确的色彩还原，将白色物体在成像后还原成白色，实现彩色的平衡，使数码相机拍出来的照片色彩和人眼看到的物体颜色一致。

（3）校准色板。校准色板是为了将数码相机所拍摄图像的 R、G、B 值转换为 CIE XYZ 值，以便于对图像颜色进行测量。一般使用分光光度计对色卡中每个颜色进行测量，将色块的反射率数据记录并储存在软件中，作为每次相机校验的参考数据。

（三）测试方法简介

数码测试仪 Digieye 的测色操作相对于传统的分光光度测色仪简单很多，样品制备的要求也降低很多。由于被测样品的表面温湿度会直接影响样品的反射率，而反射率的变化会直接影响样品的颜色参数，因此，设备最好是安装在恒温恒湿室，确保恒温恒湿室在标准的温湿度环境。被测样品在测试前，必须经过调湿。

设备的校准，在预制的软件中包含了校准程序，按照要求将校准色板放置在光源箱中间的试样台上，点击软件中的校准程序，等待数码相机拍照后上传所有的数据到软件，完成自动校准。

设备校准后，将被测样品放入标准光源箱进行拍照，然后根据需要在数码照片上选择被测区域，软件会给出被测区域的颜色参数。如果需要对两个被测区域做色差对比，则按照顺序在照片上选择参比样区域和测试样区域,测色软件会给出两者之间的色差值和一系列的相关颜色参数,也可以非常容易地得到对应的灰卡数值。

(四)数码测色仪的特点分析

研究表明,数码测色系统比分光光度测色系统更接近视觉观察结果。与分光光度测色仪相比,数码测色仪虽然解决了分光光度测色仪的一些局限,诸如对样品的要求,利用分光光度测色仪进行测色对样品尺寸有一个限值,而且越小的样品测试数据的稳定性就越差,然而数码测色技术的最小测色区域可以达到一个像素。但是数码测色法由于在原理上的限制,存在着一定的色域缺陷,在进行测色和配色的研究时,建议采用分光光度测色系统对被测试样的反射率光谱进行更为可靠。

一般来说,分光光度测色系统只适用于单色织物,对于交织混色织物无法进行测色,只能对织物中每一种颜色的纱线织成的织物进行单独测色,综合各种颜色之前的色差值,对此交织混色织物的色差进行一个评价,但是由于各种颜色纱线混纺后的效果会发生较大变化,各部分比例的不同也会导致不同的视觉效果。然而利用数码测色仪就有可能还原交织混色织物相同区域的综合色差参数,最终得到一个可供参考的综合的色差值。

在荧光试样的测色准确性方面,数码测色系统仍然无法得到较稳定的测色结果,由于荧光染料在低波段反射率不稳定的表现,也直接影响了数码相机在拍照过程中较难捕获色样真实而稳定的数码图像,从而导致最终的颜色参数有较大波动。因此,与分光光度测色仪相同,针对荧光产品需要采用特殊的测色设备进行测色。

五、计算机测色技术在纺织上的应用

纺织行业是较早应用测色技术的行业之一。纺织行业的产品对颜色的要求颇高,无论是前期生产过程中对于颜色的质量控制,还是在后期成品阶段对于产品颜色的符合性检测,都对颜色的测量有较多的需求。

颜色的判定根本还是基于人眼,是一种主观判断,因此,在纺织行业对颜色的判定,传统的方法是依赖于有经验的技术人员进行主观判定。即使在电子测色技术已经获得突破性发展的当下,很多工厂的技术部门仍然依赖技术人员的主观判定。但不可否认的是,随着电子测配色技术的成熟,该项技术已经在纺织品生产领域和商业贸易领域越来越普及。

目前电子测配色技术在纺织行业的应用主要在以下几方面。

(1)在纺织原材料的品质鉴定方面。颜色或者批次之间的色差是纺织原材料的重要品质指标之一。原材料的颜色差异会导致后续的半成品或者成品的颜色差异,因此,在原材料阶段的颜色质量控制显得尤为重要。在棉花品质鉴定中,棉花的白度是重要的品质之一,除了人为的判定以外,用仪器对棉花进行电子测色是目前较为普及的方法。在化纤浆料的配置过程中,浆料的颜色品质也是重要的指标之一。

(2)在纺织品染整的应用较为广泛。目前在国际贸易中,买卖双方利用电子测色技术对纺织品的颜色确认已经被普遍采用,不但方便快捷,便于存储和传递,而且一致性较好,避免了主观判定的波动性。在国际贸易中,一般买家在下单时确定样品的颜色,供应商打小样后给买家确认,经过买家确认后再进行大货生产。按照传统的方式,这个过程需要数天,甚至数周,但是通过将颜色数据化后进行传递和确认,就非常方便和迅速。

（3）在第三方实验室中的应用。越来越多的买卖双方需要对颜色进行确认和评判,当出现争议时,就需要通过第三方实验室进行最终的确定。越来越多的品牌商正在对产品进行颜色管理,通过第三方实验室对供应商进行产品的颜色管理和控制也正在成为一种趋势。此外,传统的色牢度测试依然是通过实验室技术人员的主观判定出具结果,电子测色技术作为一种补充确认的手段在实验室中也逐渐普及,经过主观判定和电子测色的结果进行比对,也有助于提高技术人员颜色评价的稳定性。

参考文献

[1]沈志平.染整技术:第二册[M].北京:中国纺织出版社,2005.

[2]曾林泉.纺织品贸易检测精讲[M].北京:化学工业出版社,2012.

[3]柳映青,牛增元,叶湖水.纺织品安全评价及检测技术[M].北京:化学工业出版社,2015.

[4]梅自强,王克莉,王盘大,等.牛仔布和牛仔服装实用手册[M].北京:中国纺织出版社,2009.

[5]宋心远,沈煜如.活性染料染色[M].北京:中国纺织出版社,2009.

[6]曾林泉.纺织品染色常见问题及防治[M].北京:中国纺织出版社,2008.

[7]孙铠,黄茂福.染整工艺原理:第四分册[M].北京:中国纺织出版社,2010.

[8]秦传香,秦志忠.纺织用荧光染料的研究[J].印染助剂,2005(9):1-3.

[9]陈荣圻.关于活性染料及分散染料色牢度几个热点问题的探讨[J].印染助剂,2004(4):198-205.

[10]李启正,金肖克,张声诚,等.数码测色法在织物颜色评价中的应用[J].印染,2014,40(17):17-22.

[11]薛朝华.颜色科学与计算机测色配色实用技术[M].北京:化学工业出版社,2004.

[12]曾林泉.印染配色仿样技术[M].北京:化学工业出版社,2009.

[13]胡威捷,汤顺青,朱正芳.现代颜色技术原理及应用[M].北京:北京理工大学出版社,2007.

[14]吴浩,黄晓华.现代分析测试技术在印染行业的应用(四)——电子测色配色系统基本原理及应用[J].印染,2007,33(6):41-44.

第二章　耐洗涤性能评价及检测

第一节　水洗尺寸稳定性

一、概述

水洗尺寸变化是纺织品或服装经过洗涤、脱水和干燥后,长度或宽度尺寸发生变化的一种现象。纺织品或服装在日常使用过程中经常被洗涤,主要目的是去除其穿着时产生的污垢。服装穿用之后产生的污垢会堵塞面料的缝隙,妨碍正常的排汗和透气,穿着时会感到不舒服。同时这些污垢也为细菌和微生物提供了生长繁殖的场所,服装长期不洗影响人体健康,还会影响面料的牢度。但是洗涤干燥之后产生的尺寸变化直接影响到产品的美观性以及穿着性能。所以通过考核尺寸变化率来确保服装良好的服用性能。从全球市场质量管控要求来看,尺寸变化率是一项基本的考核项目被纳入各个品牌的质量管控手册中。而我国因为标准体系与国外存在着差异,尺寸变化率的考核是被纳入产品标准里,绝大多数的纺织和服装产品都会考核尺寸变化率。

目前我国考核尺寸变化率的方法标准有 GB/T 8628—2013《纺织品　测定尺寸变化的试验中织物试样和服装的准备、标记及测量》,GB/T 8629—2017《纺织品　试验用家庭洗涤和干燥程序》和 GB/T 8630—2013《纺织品　洗涤和干燥后尺寸变化的测定》。该系列标准主要适用于考核纺织织物、服装及其他纺织制品在试验准备和标记、家庭洗涤和干燥以及测量后评价尺寸变化的情况。中国标准的三个方法分别修改采用国际标准 ISO 3759:2011《纺织品　测定尺寸变化的试验中织物试样和服装的准备、标记及测量》,ISO 6330:2012《纺织品　试验用家庭洗涤和干燥程序》和 ISO 5077:2007《纺织品　洗涤和干燥后尺寸变化的测定》。美国市场针对尺寸变化率的方法有 AATCC 135—2018《织物经家庭洗涤后的尺寸稳定性》和 AATCC 150—2018《服装经家庭洗涤后的尺寸稳定性》。

水洗尺寸变化率测试的基本原理是通过测量洗涤前在试样上标记的几对记号(或几个基准点)之间的距离经过洗涤护理后的尺寸变化,通常以计算原始尺寸变化的百分率表示结果的稳定性。尺寸变化率的负值"−"代表缩水,正值"+"代表伸长,接近"0"代表很小的变化或无变化。

二、中国试验方法介绍

(一)试验设备

洗涤设备和干燥设备是水洗尺寸变化率试验的关键设备。对于扭曲率、外观和平整度等项目的考核,因其需要经过洗涤后再做测量、计算和评定,且洗涤的程序同水洗尺寸变化率,所以洗涤和干燥设备也是这几个项目必不可少的试验设备。

(1)洗涤设备。标准规定了三种类型的全自动洗衣机,第一种是 A 型标准洗衣机,水平滚筒、前门加料型;第二种是 B 型标准洗衣机,垂直搅拌、顶部加料型;第三种是 C 型标准洗衣机,垂直波轮、顶部加料型。这三种类型的洗衣机规格见表 2-1 和表 2-2。

表 2-1　A 型标准洗衣机的规格

部件	项目		参数	A1 型/新机型规格	A2 型
内滚筒	直径		—	(520±1)mm	(515±5)mm
	深度		—	(315±1)mm	(335±5)mm
	净容积		—	61L	65L
	提升片	数目		3 个	3 个
		高度		(53±1)mm	(50±5)mm
		长度		延伸至内滚筒整个深度	延伸至内滚筒整个深度
		间距		120°	120°
外滚筒	直径		—	(554±1)mm	(575±5)mm
滚筒转速	洗涤	载荷和水		(52±1)r/min	(52±1)r/min
	脱水	低速甩干		(500±20)r/min	(500±20)r/min
		高速甩干		(800±20)r/min	(500±20)r/min
加热系统	加热功率		—	5.4(1±2%)kW	5.4(1±2%)kW
	温度控制		—	恒温控制	恒温控制
		关机温度允差		±1℃	±1℃
		开机温度		≤(关机温度-4℃)	≤(关机温度-4℃)
旋转动作	正常转动 正常停止	时间间隔		(12±0.1)s (3±0.1)s	(12±0.1)s (3±0.1)s
	缓和转动 缓和停止	时间间隔		(8±0.1)s (7±0.1)s	(8±0.1)s (7±0.1)s
	柔和转动 柔和停止	时间间隔		(3±0.1)s (12±0.1)s	(3±0.1)s (12±0.1)s
供水系统	供水	流量 温度		(20±2)L/min (20±5)℃	(25±5)L/min (20±5)℃
	水位控制	水位高度允差		≤3mm	≤3mm
		重复性允差		±5mm(±1L)	±5mm(±1L)
	排水系统	排水速率		>30L/min	>30L/min

表 2-2   B 型和 C 型标准洗衣机的规格

部件	项目	参数	顶部加料型	
			B 型(垂直搅拌)	C 型(垂直波轮)
内滚筒(转笼)	深度	—	(370±1)mm	(440±1)mm
	宽度	—	—	—
	直径	—	—	(460±1)mm
	容积	—	90.6L	50L
	搅拌棒	数量	1根	—
	波轮	—	—	1个
外滚筒(转鼓)	直径	顶部	(565±1)mm	(490±1)mm
	直径	底部	(551±1)mm	
	深度	—	—	(510±1)mm
滚筒转速	脱水	低速甩干	399~420r/min	(500±30)r/min
	脱水	高速甩干	613~640r/min	(780±30)~(830±30)r/min
加热系统	加热功率	—	—	—
旋转动作	搅拌速度	正常	(173~180)冲程次数/min	(120±20)r/min
	搅拌速度	柔和	(114~120)冲程次数/min	(90±20)r/min
供水系统	供水	—	家用水龙头	—
	漂洗供水	—	—	15L/min(家用水龙头)
	水位控制	高水位	(356±13)mm	—
		中水位	(297±25)mm	—
		低水位	(237±25)mm	—
		超低水位	(178±25)mm	—
	水位控制[(水的体积)/(内滚筒水的体积)]	54L[a]	—	(57±2)L/(43±2)L
		40L	—	(40±2)L/(27±2)L
	排水系统	排水速率	43~64L/min	27L/min

注   a 载荷 5kg 时水的体积为 54L,无载荷时水的体积为 59L,载荷 2kg 时水的体积为 57L。

（2）干燥设备。样品在经过洗涤后,可以通过两种方式进行干燥,一种是借助带有温度控制的设备,通过加热以此来升高温度,使样品中的水分能够快速蒸发。此种方式的烘干一般采用翻转烘干机和烘箱进行烘干,其中翻转烘干机的规格参数见表 2-3。另外,也可采用电热或干热平板压烫仪,可由有关方商定。另一种干燥方式可以在空气中自然晾干,此种烘干方式时间较长,且受外界环境影响较大。一般用绳、杆等来满足悬挂干燥的方式。也可用约 16 目的不锈钢或塑料制成的筛网干燥架用于平摊干燥。

表 2-3 翻转烘干机的规格

项目	参数	A1 型	A2 型	A3 型
干燥系统	—	通风式	冷凝式	鼓风式
湿度控制	—	计时器	计时器	计时器
	—	自动	自动	自动
转鼓	容积	80~130L	80~130L	160~200L
	直径	550~590mm	550~590mm	650~700mm
	周边离心加速度	0.6~0.95g	0.6~0.95g	0.6~0.95g
提升片	数量	2个或3个	2个或3个	2个或3个
	高度	50~90mm	50~90mm	80~100mm
	分布	均匀	均匀	均匀
输入功率	—	最大 3.5kW	最大3kW	最大 6kW
烘干速率	100%棉	最小 25mL/min	最小 25mL/min	最小 50mL/min
	棉/聚酯纤维	最小 20mL/min	最小 20mL/min	最小 40mL/min
出风温度	正常	最大 80℃	最大 80℃	最大 80℃
	低温	最大 60℃	最大 60℃	最大 60℃
冷却阶段	—	最少 5min 或低于 50℃	最少 5min 或低于 50℃	最少 5min 或低于 50℃
冷凝效率	—	—	最小 80%	—
额定容量装载率=载荷(kg)/容积(L)	装载率 1:15 装载率 1:25 （100%棉）	5.3~8.7kg 3.2~5.2kg	5.3~8.7kg 3.2~5.2kg	10.6~13.3kg 6.4~8kg
	装载率 1:30 装载率 1:50 （棉/聚酯纤维）	2.7~4.4kg 1.6~2.6kg	2.7~4.4kg 1.6~2.6kg	5.3~6.7kg 3.2~4kg

（二）试样的准备、标记及测量

GB/T 8628—2013 标准规定了测定因水洗、干洗、水浸渍或汽蒸等处理程序引起尺寸变化时的纺织织物、服装和织物组件试样的准备、标记和测量方法。

1. 标记和测量用工具

（1）直尺、钢卷尺或玻璃纤维卷尺，以毫米为刻度，其长度大于所测量的最大尺寸。玻璃纤维卷尺每 6 个月至少校验一次。

（2）平滑测量台，足以放置整个样品。

（3）工作台，用于支撑服装。

（4）能精确标记的用具。例如，不褪色墨水或织物标记打印器，如果必要，可使用带有测量格的模板；与织物颜色形成强烈对比的细线，用于缝进织物做标记。在热塑材料上刺小孔做标记的热金属丝；订书钉，适用于在试验中不翻动（如水中浸泡）的试样。

2. 织物试样的准备、标记及测量

（1）选样。对于织物类产品，试样应具有代表性。在距布匹端 1m 以上取样。每块试样包含不同长度和宽度上的纱线。裁样之前标出试样的长度方向。适体筒径圆机加工的针织物应使用其筒状,无缝或织可穿的圆形针织物宜作为服装测试。筒状针织物宜裁开并使用平坦的单层状态。

(2)尺寸。剪裁试样每块至少 500mm×500mm,各边分别与织物长度和宽度方向相平行。如果幅宽小于 650mm,经有关当事方协商,可采取全幅试样进行试验。对于较大长度和宽度的纺织制品,按照 GB/T 4666 进行测量。如果织物在试样中可能脱散,使用尺寸稳定的缝线对试样锁边。

(3)调湿。按照 GB/T 6529 的规定,将试样放置在温度为 20℃,相对湿度为 65%的标准大气条件下,试验在自然松弛状态下调湿至少 4h 或达到恒重。

(4)标记。将试样放在平滑测量台上,在试样的长度和宽度方向上,至少各做三对标记。每对标记点之间的距离至少 350mm,标记距离试样边缘应不小于 50mm,标记在试样上的分布应均匀(图 2-1)。如果试样幅宽不足 500mm,可采用窄幅织物试样的标记给出的方法进行标记,根据织物宽度,在每块试样的长度方向上做至少一对标记点,每对两个标记之间的间距不小于 350mm。标记距试样边,长度方向不小于 50mm,宽度方向不小于 35mm,各对标记相互分开,使测量值能代表整个试样。宽度方向标记距离可根据试样宽度与有关方协议确定,测量点标记如图 2-2~图 2-4 所示。

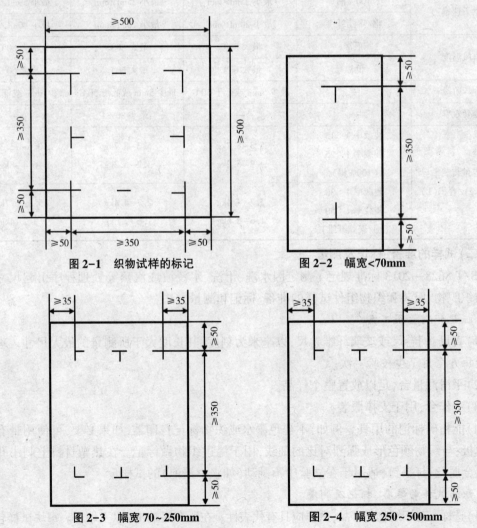

图 2-1　织物试样的标记

图 2-2　幅宽<70mm

图 2-3　幅宽 70~250mm

图 2-4　幅宽 250~500mm

(5)尺寸测量。将试样平放在测量台上,轻轻抚平褶皱,避免扭曲试样。将量尺放在试样上,测量两标记点之间的距离,记录精确至1mm。

3. 服装试样的准备、标记及测量

(1)服装部位的测量首先需要按照以下通则进行操作。

a. 表2-4~表2-7中列出的测量部位可能没有必要全部测量,测量部位的选择应依据服装的类型和式样确定。

b. 测量规定部位之间,最好是接缝之间或接缝交点之间的距离。如果需要,可使用规定的标记用具在服装上标记测量部位。如果服装设计比较复杂,必要时可作示意图表示测量部位。

c. 当内衬与面料织物不同时,内衬测量部位为表2-4~表2-7中规定的服装相应部位。

d. 将服装悬挂在合适的衣架上,并放置在调湿大气中,调湿至少4h或直至达到恒重。如果服装不能正常地悬挂,每个试样单独平放在测量台或工作台上。

e. 将所有可闭合处闭合,测量服装上规定接缝之间的间距。

f. 用量尺测量每对标记部位间的间距,记录精度为1mm或更高的精度。测量时,不要进行无必要的拉伸。

g. 弹性服装或服装的弹性部位在松弛状态下测量。

h. 被检服装的对称部位(如两只袖子)应作对应的测量。

(2)测量部位按照如下表2-4~表2-7的规定进行测量。

表2-4 上衣类服装(包括女便服、外衣、睡衣、衬衫和内衣)

测量部位	测量方法
领圈长度	服装领嘴闭合处的领子长度(可以使用合适的领圈模型)
摆缝长	从袖窿最低点到服装底边的垂直距离
前片衣长	从领肩缝交点垂直到底边的前片长度
后片衣长	后领缝中点到底边的后片中线长度
袖下缝长度	袖窿最低点到袖口之间袖下缝的长度
总肩宽	由肩袖缝的交叉点摊平衡量的宽度
胸宽	扣好纽扣或拉上拉链,前后身摊平,沿袖窿底缝横量的宽度(即胸围一半的宽度)
袖宽	过摆缝与袖缝的交点与袖长垂直处的袖宽
袖口宽	无规定,如需要可以按照相关产品标准的规定测量

表2-5 裤类服装

测量部位	测量方法
前裆	从腰缝到腿内侧裆缝交点的前身长度,不包括腰头
后裆	从腰缝到腿内侧裆缝交点的后身长度,不包括腰头
裤腿长	从裆缝交点沿腿内侧到裤脚口的长度,如果是短裤,则从一个裤口经裤裆到另一个裤口的长度
腰宽	无规定,建议测量方法是扣上裤钩(纽扣),沿腰宽中间横量
裤口或裤脚口宽	无规定,如需要可以按照相关产品标准的规定测量
膝部(中裆)宽	裆缝交点至裤脚口一半距离处的宽度(短裤不测)
横裆	从裆底处沿垂直于裤长的方向横量到裤侧边
裤长	由腰上口沿侧缝摊平垂直量至脚口

表 2-6　裙子

测量部位	测量方法
裙长	从裙腰缝到底边之间的长度，不包括腰头，在前身中心线和后身中心线测量
腰宽	裙腰处的腰宽
裙宽	裙上口之下，如有腰头则为腰缝之下，至少三对等距离点的宽度

表 2-7　连衫裤工作装、连衫裤装、工装裤和连体游泳衣

测量部位	测量方法
前片衣长	前领下口的中心到裤裆接缝或到开门末端的长度
后片衣长	后领下口中心到裤裆接缝的长度

注　其他部位可综合上衣和裤类服装测量部位的规定进行测量。

（3）在很多中国产品标准中，针对服装尺寸稳定性的标记方法，并未直接引用 GB/T 8628，而在试验方法部分给出明确的标记规定，并配有标记示意图，这对操作的统一带来了便利，同时，试验人员在洗前做标记时也应弄清楚所依据的标准和要求，以免打错标记而影响试验结果的有效性。以常用的针织服装产品标准 FZ/T 73020—2012《针织休闲服装》为例，标准中给出了上衣、裤子、连衣裙以及短裙的标记要求（表 2-8）及其示意图（图 2-5）。

表 2-8　FZ/T 73020—2012 水洗尺寸变化率测量部位

类别	部位	测量方法
上衣 连衣裙	直向	测量衣长或裙长，由肩缝最高处垂直量到底边
	横向	测量后背宽，由袖窿缝与肋缝的交点向下 5cm 处横量
裤子 短裙	直向	测量侧裤长或侧裙长，沿裤缝或裙缝由侧腰边直量到底边
	横向	裤子测量中腿宽，由横裆到裤口边的二分之一处横量 短裙测量臀宽，由腰下二分之一处横量

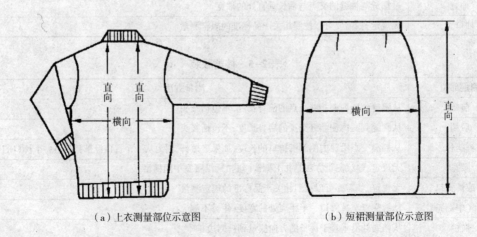

（a）上衣测量部位示意图　　　　（b）短裙测量部位示意图

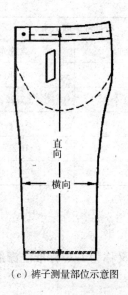

（c）裤子测量部位示意图

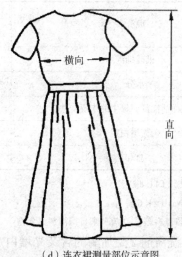

（d）连衣裙测量部位示意图

图 2-5　水洗尺寸变化率测量部位示意图

4. 平面纺织制品试样的准备、标记及测量

按照服装中通则的程序，测量部位为全长和全宽。帷幔、窗帘等厚重装饰布悬挂后可能会伸长，洗涤后可能会收缩。尺寸变化一般不包括受张力产生的尺寸变化；对于特殊的制品，如成型床罩，可能需要对其他部位进行测量。

（三）家庭洗涤和干燥程序

GB/T 8629—2017 规定了纺织品试验用家庭洗涤和干燥程序，并规定了程序中所用的标准洗涤剂和陪洗物。

1. 标准洗涤剂

（1）标准洗涤剂 1 是不加酶的无磷洗衣粉，分为含荧光增白剂和不含荧光增白剂两种，又称为 AATCC 1993 无荧光增白剂标准洗涤剂（WOB）和 AATCC 1993 含荧光增白剂标准洗涤剂。仅用于 B 型洗衣机，其名义组分见表 2-9。

表 2-9　AATCC 1993 标准洗涤剂 1——不含/含荧光增白剂标准洗涤剂

成分	标准洗涤剂 1(%)	
	无荧光增白剂	含荧光增白剂
直链烷基苯磺酸钠[a]	18.79(±1)	18.79(±1)
固体铝硅酸钠	27.91(±1.5)	27.91(±1.5)
碳酸钠	16.56(±0.8)	16.56(±0.8)
固体硅酸钠[b]	0.58(±0.03)	0.58(±0.03)
硫酸钠	22.51(±1.2)	22.51(±1.2)
聚乙二醇[c]	2.14(±0.1)	2.14(±0.1)
聚丙烯酸钠	3.7(±0.2)	3.7(±0.2)

续表

成分	标准洗涤剂 1(%)	
	无荧光增白剂	含荧光增白剂
有机硅抑泡剂	0.38(±0.02)	0.38(±0.02)
水分	7.36(±0.4)	7.22(±0.4)
杂质(表面活性剂原料中的未反应物)	0.07	—
荧光增白剂	—	0.21(±0.01)
总和	100	100

注 a 烷链均长 C11.8。

　　b $SiO_2/Na_2O=1.6$。

　　c 2%来自基料颗粒,0.76%来自抑泡剂混合物。

（2）标准洗涤剂 2 是加酶的含荧光增白剂无磷洗衣粉（又称为 IEC 标准洗涤剂 A^*）。用于 A 型及 B 型洗衣机。标准洗涤剂 2 的名义组分见表 2-10。

表 2-10　标准洗涤剂 2——IEC 标准洗涤剂 A^*

成分	标准洗涤剂 2(%)
直链烷基苯磺酸钠	8.8(±0.5)
乙氧基脂肪醇 $C_{12/14}$(7EO)	4.7(±0.3)
钠皂(脂肪皂)	3.2(±0.2)
抑泡剂(无机载体含 12%的硅)	3.9(±0.3)
铝硅酸钠沸石 4A(80%活性物质)	28.3(±1)
碳酸钠	11.6(±1)
丙烯酸与马来酸共聚钠盐(颗粒)	2.4(±0.2)
硅酸钠(SiO_2：$Na_2O=3.3$：1)	3(±0.2)
羧甲基纤维素	1.2(±0.1)
膦酸酯(DEQUEST 2066,25%活性酸)	2.8(±0.2)
棉用荧光增白剂(1,2-二苯乙烯型)	0.2(±0.02)
硫酸钠	6.5(±0.5)
蛋白酶(Savinase 8.0)	0.4(±0.04)
四水过硼酸钠(活性氧 10%~10.4%)(单独添加)	20
四乙酰乙二胺(活性成分 90%~94%)(单独添加)	3
总和	100

（3）标准洗涤剂 3 是不加酶的不含荧光增白剂无磷洗衣粉（又称为 ECE 标准洗涤剂 98）。用于 A 型及 B 型洗衣机,其名义组分见表 2-11。

表2-11 标准洗涤剂3——ECE 不含荧光增白剂标准洗涤剂98

成分	标准洗涤剂3(%)
直链烷基苯磺酸钠(烷链均长 C11.5)	7.5(±0.5)
乙氧基脂肪醇 C_{12-18}(7EO)	4(±0.3)
钠皂(链长 C_{12-17}:46%;C_{18-20}:54%)	2.8(±0.2)
抑泡剂(DC-42485)	5(±0.3)
铝硅酸钠沸石 4A	25(±1.0)
碳酸钠	9.1(±1.0)
丙烯酸与马来酸共聚钠盐	4(±0.2)
硅酸钠(SiO_2:Na_2O =3.3:1)	2.6(±0.2)
羧甲基纤维素(CMC)	1(±0.1)
二乙烯三胺五甲叉膦酸	0.6
硫酸钠	6(±0.5)
水分	9.4
四水过硼酸钠(单独添加)	20
四乙酰乙二胺(TAED)(100%活性)(单独添加)	3
总和	100

(4)标准洗涤剂4是加酶的含荧光增白剂无磷洗衣粉,又称为 JIS K 3371(类别1)。仅用于 C 型洗衣机,其名义组分见表2-12。

表2-12 标准洗涤剂4——JIS K 3371 标准洗涤剂

成分	标准洗涤剂4(%)
直链烷基苯磺酸钠	15(±1)
沸石	17(±1)
硅酸钠	5(±0.5)
碳酸钠	7(±0.5)
羧甲基纤维素(CMC)	1(±0.5)
硫酸钠	55(±5)
荧光增白剂	+
酶	+
总和	100

注 1.其他洗涤剂若有相同或更好的洗涤效果,同样适用。

2.用量1.33g/L。

(5)标准洗涤剂5是无磷洗衣液,分为含荧光增白剂和不含荧光增白剂(WOB)两种(又称为 AATCC 2003 含荧光增白剂标准液体洗涤剂和 AATCC 2003 无荧光增白剂标准液体洗涤剂)。用于 B 型洗衣机,其名义组分见表2-13。

表 2-13　标准洗涤剂 5——2003 AATCC 不含/含荧光增白剂标准液体洗涤剂

成分	标准洗涤剂 5(%)	
	无荧光增白剂	含荧光增白剂
直链烷基苯磺酸钠,钠盐	12(±0.6)	12(±0.6)
非离子表面活性剂	8(±0.8)	8(±0.8)
柠檬酸(柠檬酸钠)	1.2(±0.12)	1.2(±0.12)
脂肪酸(C24 钠盐)	4(±0.6)	4(±0.6)
氢氧化钠	2.7	2.65
螯合剂(DTPA)	0.3(±0.05)	0.3(±0.05)
稳定剂(丙二醇)	8(±1.2)	8.13(±1.2)
防腐剂(硼砂)	1(±0.1)	1(±0.1)
荧光增白剂	—	0.04(±0.01)
水/杂质	平衡	平衡
总和	100	100

注　AATCC 2003 标准液体洗涤剂只适用于 B 型洗衣机。

(6)标准洗涤剂 6 是不加酶的含荧光增白剂无磷洗衣粉(又称为 SDC 标准洗涤剂类型 4)。用于 A 型洗衣机,其名义组分见表 2-14。

表 2-14　标准洗涤剂 6——无磷标准洗涤剂

成分	标准洗涤剂 6(%)
直链烷基苯磺酸钠	7.5(±0.5)
乙氧基脂肪醇 C_{12-18}(7EO)	4(±0.3)
钠皂	2.8(±0.2)
抑泡剂(有机载体硅含量8%)	5(±0.3)
铝硅酸钠	25(±1)
碳酸钠	9.1(±1)
丙烯酸与马来酸共聚钠盐	4(±0.2)
硅酸钠(SiO_2:Na_2O=3.3:1)	2.6(±0.2)
羧甲基纤维素	1(±0.1)
二乙烯三胺五甲叉膦酸	0.6
硫酸钠	5.8(±0.5)
棉用荧光增白剂(1,2-二苯乙烯型)	0.2(±0.02)
水分	9.4
四水过硼酸钠(单独添加)	20
四乙酰乙二胺(单独添加)	3
总和	100

2.试验用水

试验用水的硬度应低于 0.7mmol/L,按 GB/T 7477 测定,以碳酸钙表示。洗衣机注水口处的供水压力应高于 150kPa;注水温度应为(20±5)℃,在热带地区,最低水温应为(20±5)℃,若试验用水温度不同于该温度,宜在试验报告中注明所用水温。

说明:有关各方商定一致时,可使用硬度低于 2.7mmol/L 的水。

3.陪洗物

陪洗物有三种类型,类型Ⅰ是 100%棉型陪洗物,适用于纤维素纤维产品。类型Ⅱ是 50%聚酯纤维/50%棉陪洗物,类型Ⅲ是 100%聚酯纤维陪洗物,这两种类型的陪洗物适用于合成纤维产品及混合产品。对于未提及的其他纤维产品可选用类型Ⅲ聚酯纤维陪洗物。这三种陪洗物的成分规格和缝制要求见表 2-15 和表 2-16。

表 2-15　陪洗物成分及规格

项目	类型Ⅰ:100%棉	类型Ⅱ:50%聚酯纤维/50%棉	类型Ⅲ:100%聚酯纤维
纱线	34.3/1 tex	40/1 tex	—
织物结构 密度,经向[a] 密度,纬向[a]	平纹织物 (259±20)根/10cm (227±20)根/10cm	平纹织物 (189±20)根/10cm (189±20)根/10cm	聚酯纤维针织物变形丝
织物质量[a]	(188±10)g/m²	(155±10)g/m²	(310±20)g/m²
每片尺寸	[92×92(±2)]cm	[92×92(±2)]cm	[20×20(±4)]cm
每片质量	(320±10)g	(260±10)g	(50±5)g
尺寸变化率(经向和纬向)	±5%	±5%	±5%
整理	烧毛,退浆,煮练,漂白,未经上浆或硬挺整理,机械预缩	—	水洗,未经上浆或硬挺整理(热固化)

注　a 坯布。

表 2-16　陪洗物的缝制

项目	类型Ⅰ:100%棉	类型Ⅱ:50%聚酯纤维/50%棉	类型Ⅲ:100%聚酯纤维
层数	2	2	4
缝合方式	叠合沿四边缝合	叠合沿四边缝合	叠合沿四边缝合,沿对角线缝纫加固

总洗涤载荷应包括试样和相应陪洗物,对所有类型标准洗衣机,总洗涤载荷应为(2±0.1)kg。如果试样为一件完整成衣时,若其总洗涤载荷超过 2.1kg,报告其总质量。试样量应不超过总洗涤载荷的一半。

说明:试样为一件完整成衣时,若试样和陪洗物的比例超过 1:1,报告其实际比例。

4.洗涤程序

(1)不同类型的洗衣机对应不同的洗涤程序,每种洗涤程序代表一种独立的家庭洗涤。按照相应产品标准的规定选择合适的洗衣机和洗涤程序。

①A 型标准洗衣机共计有 13 种洗涤程序,其具体洗涤程序参数见表 2-17。

表 2-17 A 型标准洗衣机洗涤程序

程序编号	加热、洗涤和漂洗中的搅拌	洗涤				漂洗 1		漂洗 2			漂洗 3			漂洗 4		
		温度	水位	洗涤时间	冷却	水位	漂洗时间	水位	漂洗时间	脱水时间	水位	漂洗时间	脱水时间	水位	漂洗时间	脱水时间
		a	bc	d	f	bc	dg	bc	dg	d	bc	dg	d	bc	eg	d
		℃	mm	min	—	mm	min	mm	min	min	mm	min	min	mm	min	min
9N[h]	正常	92±3	100	15	要i	130	3	130	3	—	130	2	—	130	2	5
7N[h]	正常	70±3	100	15	要i	130	3	130	3	—	130	3	—	130	2	5
6N[h]	正常	60±3	100	15	不要	130	3	130	3	—	130	2	—	130	2	5
6M[h]	缓和	60±3	100	15	不要	130	3	130	2	—	130	2	2j	—	—	—
5N[h]	正常	50±3	100	15	不要	130	3	130	3	—	130	2	—	130	2	5
5M[h]	缓和	50±3	100	15	不要	130	3	130	2	—	130	2	2j	—	—	—
4N	正常	40±3	100	15	不要	130	3	130	3	—	130	2	—	130	2	5
4M	缓和	40±3	100	15	不要	130	3	130	2	—	130	2	2j	—	—	—
4G	柔和e	40±3	130	3	不要	130	3	130	2	1	130	2	6	—	—	—
3N	正常	30±3	100	15	不要	130	3	130	3	—	130	2	—	130	2	5
3M	柔和	30±3	100	15	不要	130	3	130	2	—	130	2	2j	—	—	—
3G	柔和e	30±3	130	3	不要	130	3	130	2	—	130	2	2j	—	—	—
4H	柔和e	40±3	130	1	不要	130	2	130	2	2	—	—	—	—	—	—

注 A 型洗衣机,现成的记忆卡(A1 型)或详细的编程说明(A2 型)可以从制造商处获得。记忆卡是被锁定的,里面的内容无法编辑或更改。

N 正常搅拌:滚筒转动 12s,静止 3s。

M 缓和搅拌,滚筒转动 8s,静止 7s。

G 柔和搅拌,滚筒转动 3s,静止 12s。

H 仿手洗,柔和搅拌,滚筒转动 3s,停顿 12s。

a 洗涤温度,即停止加热温度。

b 机器运转 1min,停顿 30s 后,自滚筒底部测量液位。

c 对于 A1 型洗衣机,采用容积法测量更为精准。

d 时间允差为 20s。

e 低于设定温度 5℃以下的升温过程不进行搅拌,从低于设定温度 5℃开始升温至设定温度的过程进行缓和搅拌。

f 冷却:注水至 130mm 水位,继续搅拌 2min。

g 漂洗时间自达到规定液位时计。

h 加热至 40℃,保持该温度并搅拌 15min,再进一步加热至洗涤温度。

i 仅适用于具备安全防护设施的实验室试验。

j 短时间脱水或滴干。

②B 型标准洗衣机共有 11 种洗涤程序,洗涤程序参数见表 2-18。

表 2-18 B 型标准洗衣机洗涤程序

程序编号	加热、洗涤和漂洗中的搅拌	总载荷(干质量)(kg)	洗涤 温度(℃)	洗涤 水位(mm)	洗涤 洗涤时间(min)	浸洗 水位(mm)	浸洗 漂洗时间(min)	脱水 脱水速度(r/min)	脱水 脱水时间(min)
1B	正常	2±0.1	60±3	297±25	12	297±25	3	613~640	6
2B	正常	2±0.1	49±3	297±25	12	297±25	3	613~640	6
3B	正常	2±0.1	49±3	297±25	10	297±25	3	399~420	4
4B	正常	2±0.1	41±3	297±25	12	297±25	3	613~640	6
5B	正常	2±0.1	41±3	297±25	10	297±25	3	399~420	4
6B	正常	2±0.1	27±3	297±25	12	297±25	3	613~640	6
7B	正常	2±0.1	27±3	297±25	10	297±25	3	399~420	4
8B	柔和	2±0.1	27±3	297±25	8	297±25	3	399~420	4
9B	正常	2±0.1	16±3	297±25	12	297±25	3	613~640	6
10B	正常	2±0.1	16±3	297±25	10	297±25	3	399~420	4
11B	柔和	2±0.1	16±3	398.5±17.8	8	297±25	3	399~420	4

③C 型标准洗衣机共有 7 种洗涤程序,洗涤程序参数见表 2-19。

表 2-19 C 型标准洗衣机洗涤程序

程序编号	洗涤和漂洗中的搅拌	洗涤 温度(℃) a	洗涤 水位(L) —	洗涤 时间(min) —	洗涤 脱水时间(min)	浸洗 水位(L)	浸洗 时间(min)	浸洗 脱水时间(min) e	脱水 水位(L)	脱水 时间(min)	脱水 脱水时间(min) e
4N	正常c	40±3	40	15	3	40	2	3	40	2	7
4M	正常c	40±3	40	6	3	40	2	3	40	2	3
4G	正常c	40±3	40	3	3	40	2	3	40	2	≤1
3N	正常c	30±3	40	15	3	40	2	3	40	2	7
3M	正常c	30±3	40	6	3	40	2	3	40	2	3
3G	正常c	30±3	40	3	3	40	2	3	40	2	≤1
4H	柔和d	40±3	54	6	2	54	2	2	54	2	≤1

注 a 洗涤用水先加热到设定温度,然后供给洗衣机。
b 漂洗用水由家用水龙头直接供给。
c 正常搅拌的一个周期指按正常的搅拌速度搅拌 0.8s,停止 0.6s,然后反方向搅拌 0.8s,停止 0.6s。
d 4H 是仿手洗程序,一个周期指按柔和的搅拌速度搅拌 1.3s,停止 5.8s,然后反方向搅拌 1.3s,停止 5.8s。
e 4H 的脱水采用低速甩干,其余程序的脱水采用高速甩干。

(2)若使用翻转干燥或者测定质量损失,单个试样、制成品或成衣在洗涤前要先称量。

(3)将待洗试样放入洗衣机,加足量的陪洗物,使总洗涤载荷符合规定的要求。应混合均匀,选择洗涤程序进行试验。

(4)根据不同洗衣机的类型选择标准洗涤剂用量。对于 A 型标准洗衣机,直接加入(20±1)g 标准洗涤剂 2、标准洗涤剂 3 或标准洗涤剂 6。对于 B 型标准洗衣机,先注入选定温度的水,再加入(66±1)g 标准洗涤剂 1,或加入(100±1)g 标准洗涤剂 5;若使用标准洗涤剂 2 或标准洗涤剂 3,加入量要控制在能获得良好的搅拌泡沫,泡沫高度在洗涤周期结束时不超过(3±0.5)cm。对于 C 型标准洗衣机,先注入选定温度的水,再直接加入 1.33g/L 的标准洗涤剂 4。

(5)在完成洗涤程序后小心取出试样,注意不要拉伸或绞拧,选择一种干燥程序干燥。

5. 干燥程序

标准规定了 6 种干燥程序,分别是程序 A—悬挂晾干、程序 B—悬挂滴干、程序 C—平摊晾干、程序 D—平摊滴干、程序 E—平板压烫和程序 F—翻转干燥。

(1)空气干燥。选择的洗涤程序结束后,立即取出试样,从表 2-20 中选择干燥程序进行干燥。若选择滴干,洗涤程序应在进行脱水之前停止,即试样要在最后一次脱水前从洗衣机中取出。

表 2-20　空气干燥程方式

程序	干燥方法
程序 A—悬挂晾干	从洗衣机中取出试样,将每个脱水后的试样展平悬挂,长度方向为垂直方向,以免扭曲变形。试样悬挂在绳、杆上,在自然环境的静态空气中晾干。试样的经向或纵向应垂直悬挂,制成品应按使用方向悬挂
程序 B—悬挂滴干	试样不经脱水,按悬挂晾干方式干燥
程序 C—平摊晾干	从洗衣机中取出试样,将每个脱水后的试样平铺在水平筛网干燥架或多孔面板上,用手抚平褶皱,注意不要拉伸或绞拧,在自然环境的静态空气中晾干
程序 D—平摊滴干	试样不经脱水,按上述平摊晾干方式干燥
程序 E—平板压烫	从洗衣机中取出试样,将试样放在平板压烫仪上。用手抚平重褶皱,根据试样需要,放下压头对试样压烫一个或多个短周期,直至烫干。压头设定的温度应适合被压烫试样。记录所用温度和压力

注　为了后续试验,程序 A、B、C 和 D 四种干燥方式的环境条件可参照 GB/T 6529。

(2)程序 F—翻转干燥。选择的洗涤程序结束后,立即取出试样和陪洗物,将其放入翻转烘干机中进行翻转干燥。在翻转干燥前,要设定翻转烘干机的时间和湿度,以防翻转干燥中出现过度干燥的情况。过度干燥的特征是烘燥至最终含水率低于调湿状态。为了确定过度干燥对尺寸测量的影响,宜在过度干燥前后分别测量试样的尺寸。继续烘燥直至达到所确定的最终含水率。停止加热后继续翻转 5min,立即将试样取出。

(3)烘箱干燥。若有关各方商定,可采用烘箱干燥程序。从洗衣机中取出试样,将每个脱水后的试样平铺在烘箱内的水平筛网上,用手抚平褶皱,注意不要拉伸或绞拧,在(60±5)℃的温度下烘干。

(四)洗涤和干燥后尺寸变化的测定

按照产品标准的规定选择试样数量。如果产品标准没有规定,每个样品试验 3 个试样。当样品不足时,每个样品可试验 1 个或 2 个试样完成洗前标记、测量以及洗涤的过程。

经洗涤和干燥后,试样调湿处理与洗前一致,按照 GB/T 8628 规定的程序测量试样洗涤后的尺寸。根据 GB/T 8630—2013 方法的规定,按照式(2-1)分别计算试样长度方向和宽度方向上的尺寸变化率:

$$D = \frac{x_t - x_0}{x_0} \times 100\% \tag{2-1}$$

式中: D ——水洗尺寸变化率,%;

x_0 ——试样的初始尺寸,mm;

x_t ——试样处理后的尺寸,mm。

分别记录每对标记点的测量值,并计算尺寸变化量相对于初始尺寸的百分数。尺寸变化率的平均值修约值至 0.1%。以负号(-)表示尺寸减小(收缩),以正号(+)表示尺寸增大(伸长)。

三、欧美试验方法介绍

(一)美国标准介绍

美国市场针对尺寸变化率的试验方法有 AATCC 135—2018《织物经家庭洗涤后的尺寸稳定性》和 AATCC 150—2018《服装经家庭洗涤后的尺寸稳定性》。这两个测试方法适用于测定消费者使用家庭洗涤程序后织物(或服装)的尺寸的变化。标准中规定的四种洗涤温度、三种搅动循环和四种干燥方式,提供了代表普通家庭洗涤和护理的程序。

这两个方法所评价的产品类别不同,AATCC 135—2018 主要是评价织物尺寸变化率的方法,而 AATCC 150—2018 主要评价服装尺寸变化率的方法。综合这两个标准,因其评价产品类别不同,所以方法主要的差异在于试样(标记)的准备,其他内容基本相同。

1. 试验设备

(1)标准洗衣机,规格参数见表 2-21。

表 2-21 标准洗衣机规格参数

洗涤循环	常规程序	缓和程序	耐久压烫程序
水位	(72±4)L	(72±4)L	(72±4)L
搅拌速度	(86±2)冲程次数/min	(27±2)冲程次数/min	(86±2)冲程次数/min
洗涤时间	(16±1)min	(8.5±1)min	(12±1)min
最终脱水速度	(660±15)r/min	(500±15)r/min	(500±15)r/min
最终脱水时间	(5±1)min	(5±1)min	(5±1)min
洗涤温度	(Ⅱ)冷水:(27±3)℃ (Ⅲ)温水:(41±3)℃ (Ⅳ)热水:(49±3)℃ (Ⅴ)非常热水:(60±3)℃	(Ⅱ)冷水:(27±3)℃ (Ⅲ)温水:(41±3)℃ (Ⅳ)热水:(49±3)℃ (Ⅴ)非常热水:(60±3)℃	(Ⅱ)冷水:(27±3)℃ (Ⅲ)温水:(41±3)℃ (Ⅳ)热水:(49±3)℃ (Ⅴ)非常热水:(60±3)℃

注 由于美国能源部的要求,许多洗衣机使用较冷的水。外部控制箱可以用来控制机器设定的温度。

（2）标准烘干机（规格参数见表2-22），以及滴干和挂干时使用的装置。

表2-22　标准烘干机规格参数

循环	常规程序	缓和程序	耐久压烫程序
最大排气温度	(68±6)℃	(60±6)℃	(68±6)℃
冷却时间	≤10min	≤10min	≤10min

（3）放置调湿样品或干燥样品的架子，打孔搁架或可推拉筛网。

（4）天平或台秤，至少5kg的量程。

（5）持久性记号笔，适合的直尺，卷尺，标记模板或其他用来做标记的装置。也可用缝线的方式来做标记。

（6）测量工具。卷尺或直尺，刻度为毫米、1/8英寸或1/10英寸；卷尺或直尺模板，可以直接得到尺寸变化百分比，刻度为0.5%或更小；织物测量用的数字成像系统。

2. 洗涤剂

AATCC 1993标准洗涤剂。

3. 陪洗物

陪洗物的成分及规格见表2-23。

表2-23　陪洗物成分及规格

项目	类型1：100%棉	类型3：50%聚酯纤维/50%棉±3%
纱线	16/1环锭纺	16/1或30/2环锭纺
织物结构	平纹织物，[52×48(±5)]根/英寸	平纹织物，[52×48(±5)]根/英寸
织物质量	(155±10)g/m²	(155±10)g/m²
四边	所有的边都有褶边或重叠	所有的边都有褶边或重叠
每片尺寸	920mm×920mm(±30)mm	920mm×920mm(±30)mm
每片质量	(130±10)g	(130±10)g

4. 织物试样准备

（1）取样与准备。

①所取的测试样品要能代表样本的各个过程阶段、整理阶段、研究实验阶段、装箱阶段、批样阶段或成品阶段。

②织物如果在洗涤前已经破损，那么洗涤后的尺寸变化结果是不真实的。对于这种情况，建议样品在取样时要避开破损的区域取样。

③ 筒状针织样品要剪开使用单层，只有用紧身织机生产的圆形针织织物采用筒状进行测试。用紧身织机生产的圆形针织织物用于制作无侧缝服装。紧身圆形针织服装和无缝服装（织可穿）应该依据AATCC 150《服装经家庭洗涤后的尺寸变化进行测试》。

④ 标记前，按ASTMD1776纺织品试验调湿方法先对样品进行预调湿，将每个试样分别平铺在筛网或在打孔搁架上放置。

⑤ 把试样放在一个平面上，避免试样超出工作台面而悬在台子边缘。使用模板来选择测试尺寸，平行于织物长度方向或边缘来标记样品。离幅宽十分之一以上取样。试样应该包含不

同的长度方向和宽度方向的纱线(图 2-6)。在把样品剪下时标出试样的长度方向。如果可能,每个织物测试三个试样。如果织物不够,可以只测试一个或两个试样。

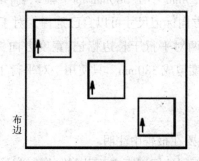

布
边

图 2-6 面料取样图示

(2)标记。

①选项 1:250mm 标记。取 380mm×380mm 试样,平行于织物长度和宽度方向分别做三对 250mm 的标记点。每一标记点距布边至少 50mm。同一方向的标记线距离至少 120mm(图 2-7)。

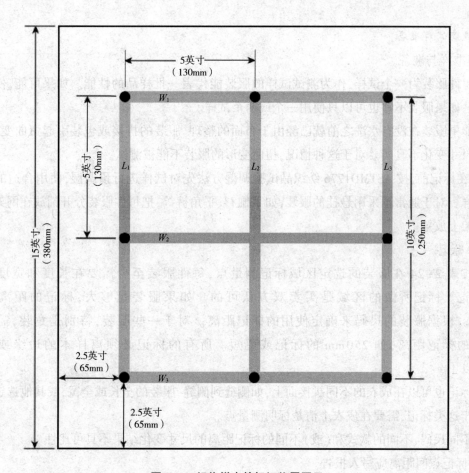

图 2-7 织物样本的标记位置图示

②选项 2：460mm 标记。取 610mm×610mm 试样，平行于织物长度和宽度方向分别做三对 460mm 的标记点。每一标记点距布边至少 50mm，同一方向的标记线距离至少 250mm。

③ 窄幅织物，宽度大于 125mm 小于 380mm 的窄幅织物，取全幅织物，长度剪成 380mm。按选项 1 标记长度方向，宽度方向标记尺寸可以自己选择。对于 25～125mm 宽样品，取全幅织物，长度剪成 380mm。只使用两对平行于长边标记，宽度方向标记尺寸可以自己选择。小于 25mm 宽样品，取全幅织物，长度剪成 380mm。只使用一对平行于长边标记，宽度方向标记尺寸可以自己选择。

（3）原始测量和样品尺寸。

①样品尺寸和标记的距离要在报告中注明。

②使用不同的样品尺寸、不同的标记距离、不同数量的样品、不同数量的标记，尺寸变化的结果没有可比性。

③为了提高尺寸变化计算的准确性和精确度，依照选项 2 标记方式对织物进行标记，用适合的直尺或卷尺测量每对标记的距离并记录。对于幅宽小于 380mm 的织物，如果使用了宽度方向标记，也要测量并记录。如果使用校准后的模板来直接标记和测量尺寸变化率，则不需要原始测量。

5. 服装试样准备

（1）取样与准备。

①每件服装为一个试样，作为测试试样的服装能代表一批样品的性能。如果可能，使用三件测试。如果服装不够也可以只使用一个或两个试样。

②如果服装在没有水洗之前就已经由于布面的整理、服装的拼接或包装引起扭曲变形，则得出的尺寸变化不真实。对于这种情况，扭曲变形的服装不能被测试。

③ 在标记前，按 ASTMD1776 纺织品试验调湿方法先对试样进行预调湿，使用合适的衣架悬挂试样。对于通常不采用悬挂的服装，如 T 恤衫、平角裤等，把每件服装分开铺放在网架或在打孔搁架上放置。

（2）标记。

①按表 2-24 在服装的选定区域标记测量点，每件服装至少需要在长度和宽度上有三组标记。标记所做的区域是买卖双方认可的。如果服装足够大，标记的距离使用 460mm。根据服装的尺码来确定使用的标记距离。对于一些服装，特别是童装，需要使用较短的标记距离，如 250mm 的标记或更短。所有的标记必须离样本的边缘或缝线 25mm 以上。

②标记也可以在成衣的不同拼接面上，如侧缝到侧缝，服装的全长或全宽，或其他选定的区域。对于这类标记，需要在成衣上清楚标明测量点。

③不同尺码、不同的款式和(或)不同的标记距离的尺寸变化结果不具可比性。

④ 标记点间距离应写入报告。

表 2-24 服装测量的部位举例

成衣类型	测量部位	成衣类型	测量部位	成衣类型	测量部位
睡衣上装	身长	制服/套装	身长	睡衣下装	裤管内缝
	袖长		裙长		裤长
	下摆		袖长		臀围
	胸围		肩宽		腰围
女裙	长度		胸围	衬裙	长度总长
	下摆		腰围		下摆前裆
	臀围		臀围		腰围后裆
	腰围		下摆		臀围腰围
套头衫	长度	连体工作服	身长	衬衫	衣领
	袖长		前裆		领基
	胸围		后裆		身长
	腰围		裤管内缝		袖长
	肩宽		腋下长度		胸围
宽松衬衫	长度		袖内侧长		袖口
	袖长		肩宽	平脚裤	总长
	肩宽		腰围		前裆
	胸围		胸围		后裆
	腰围		臀围		腰围
工装裤	长度	短裤	裤长	裤子	前裆
	外缝		前裆		后裆
	前裆		后裆		裤管内缝
	后裆		腿宽		外缝
	内缝		内缝宽		腰围
	腰围		臀围		臀围
	臀围		腰围		—

（3）原始测量。为提高尺寸变化计算的准确度和精度,使用适当的直尺或卷尺测量和记录服装所做标记间距离,所用单位为毫米或 1/8 英寸或 1/10 英寸,记为测量值 A。如果使用校准后的模板来直接标记和测量尺寸变化率,不需要原始测量。

6. 洗涤程序

（1）洗涤。按表 2-21 选择洗涤的条件并在设备上设定。称取试样和陪洗物使其总负荷为 (1.8 ± 0.1) kg(陪洗物的规格见表 2-23)。开始选择洗涤循环,允许机器充满到指定的水位。根据洗衣机制造商的说明,加入 (66 ± 1) g 的 AATCC 1993 标准洗涤剂到洗衣机中。如果直接在水中加入洗涤剂,搅拌片刻使其完全溶解,在添加试样和陪洗物之前停止搅拌。然后加入测试样和陪洗织物,使其在搅拌中心周围均匀分布。开始洗涤。

若选择程序 C 进行干燥,洗涤进行到最后一个漂洗程序。在最后一个漂洗程序开始排水前把测试样拿出来。当试样使用程序 A、B、D 干燥时,完成整个洗涤程序。每次洗涤循环后,将缠在一起的试样和陪洗物轻轻分开,小心不要扭曲试样。然后选择合适的干燥程序进行干燥。

(2)干燥。从表 2-25 和表 2-26 中选择干燥程序。对于所有的干燥方式,允许试样完全干燥后再进行清洗。再重复选择的洗涤和干燥程序,共 3 次或协议的循环次数。

表 2-25　翻转干燥程序

程序	干燥方式	操作程序
程序 A	翻转干燥	将试样与陪洗织物一起放入烘干机中烘干,根据表 2-22 设置温度控制来产生选定的循环排气温度。一直烘到所有试样和陪洗物都干燥为止,立即取出试样
程序 A ⅰ	常规翻转干燥	
程序 A ⅱ	缓和翻转干燥	
程序 A ⅲ	耐久压烫翻转干燥	

表 2-26　自然干燥程序

程序	干燥方式	操作程序
程序 B	挂干	挂干是通过固定试样两角,使织物的长度方向与水平面垂直。悬挂在室温下的静止空气中至干燥,室温不高于26℃。不能直接对着试样吹风,否则可能导致试样变形
程序 C	滴干	滴干是通过固定滴水试样的两角,使织物的长度方向与水平面垂直。悬挂在室温下的静止空气中至干燥,室温不高于26℃。不能直接对着试样吹风,否则可能导致试样变形
程序 D	平摊晾干	摊平试样在水平的网架或打孔搁架上,去除褶皱,但不要扭曲或拉伸试样。放置在室温下的静止空气中至干燥,室温不高于26℃。不能直接对着试样吹风,否则可能导致试样变形

(3)调湿。试样在完成最后一次干燥循环后,按照 ASTM D1776 的方法,操作同洗前,对试样进行再次调湿。

(4)熨烫。如果试样非常皱,而且消费者希望会对此类织物做成的成衣进行熨烫的,在再次测量标记前可以对试样进行手工熨烫。根据织物纤维类型选择适当的熨烫温度,参见AATCC 133《耐热色牢度:热压》中的表 1-65 安全熨烫温度指南。在熨烫时使用的压力能够去除样品的褶皱即可。由于个别操作人员在操作手工熨烫程序时的高度可变性(目前没有一个标准的手工熨烫程序可供参考),手工熨烫后尺寸变化结果的重现性非常差。因此,在比较不同的操作者在操作洗涤和手工熨烫后的尺寸变化时应格外注意。熨烫后,按照 ASTM D1776 的方法对试样进行调湿。样品的放置方式同取样与准备程序中的放置方式。

7. 尺寸变化的测定

调湿后,把样品无张力地放在一个光滑水平面上。测量并记录每对标记间的距离或服装上标记间的距离,精确到毫米或 1/8 或 1/10 英寸,测量值为 B。如果使用缩水率尺,测量每对标记,要求精确到 0.5% 或更小,直接记录尺寸变化率。

另外,对于织物,如果使用数字成像系统,按照制造商的说明。在测量时,样品在测量设备的压力下折痕变平的,不会引起测量结果的偏差。

若测量结果直接是尺寸变化率,取第一次、第三次或其他洗涤干燥次数后的织物上的每个方向的平均值,分别计算长度和宽度方向的平均值,精确到0.1%。对于服装,取第一次、第三次或其他洗涤干燥次数后的服装的每个区域的平均值。

若测量结果是长度的值,按式(2-2)计算第一次、第三次或其他洗涤干燥次数后的尺寸变化。

$$DC = 100(B-A)/A \qquad\qquad (2-2)$$

式中: DC——(平均)尺寸变化;

A——(平均)原始尺寸;

B——(平均)洗涤后尺寸。

对于织物,平均原始尺寸和平均洗后尺寸都是所有试样各个方向测量值的平均值。对于服装,平均整个服装每个测量区域的尺寸变化;如果需要,分别计算长度和宽度方向的平均值,修约值至0.1%。

如果最终测量的尺寸小于原始尺寸,以负号(-)表示尺寸减小(收缩);如果最终测量的尺寸大于原始尺寸,以正号(+)表示尺寸增大(伸长)。

计算一次完整的洗涤程序结束后的尺寸变化率,如果结果在预定的要求范围内,按照洗涤程序操作直到预定的循环全部完成。计算洗涤干燥一次后的尺寸变化,需要时可以熨烫。如果超出了预定的要求范围,停止测试。

(二)欧洲标准介绍

ISO 3759:2011《纺织品　测定尺寸变化的试验中织物试样和服装的准备、标记及测量》,ISO 6330:2012《纺织品　试验用家庭洗涤和干燥程序》和ISO 5077:2007《纺织品　洗涤和干燥后尺寸变化的测定》是欧洲市场采用的测定尺寸变化率的三个方法。中国标准的三个方法GB/T 8628—2013、GB/T 8629—2017和GB/T 8630—2013分别修改采用国际标准ISO 3759:2011、ISO 6330:2012和ISO 5077:2007。中国标准和ISO标准在主要技术内容上基本保持一致。

四、国内外标准差异比较

(一)中国标准与ISO标准比较

中国标准与其相对应的ISO标准在整体的结构设定上基本相同。从标准文本内容来看,除某些说明性、编辑性等方面的修改外,在中国标准中的规范性引用文件部分,用相应的国家标准或行业标准替换ISO标准。另外,针对一些技术内容作了修改:GB/T 8628—2013标准中增加了裤长的测量部位;GB/T 8628—2013和GB/T 8630—2013标准中都相应地增加了计算式尺寸变化率的代号D和结果修约要求;GB/T 8630—2013将ISO标准的尺寸变化率平均值修约至0.5%改为0.1%;GB/T 8628—2013标准中增加了窄幅织物试样的标记方法;GB/T 8629—2017标准中增加了关于烘箱干燥和干燥程序介绍的资料性附录。其余的主要技术内容,中国标准与ISO标准基本一致。

(二)中国标准与AATCC标准比较

中国标准与AATCC标准的方法有很大的差异,结合中国方法标准在产品标准中的实际应用情况与AATCC标准进行比较,分析了试样准备、设备和材料以及洗涤程序三个主要方面的差异。

（1）试样准备，见表 2-27。

表 2-27 试样准备

试样类型	中国标准	AATCC 标准
织物	尺寸 500mm×500mm，标记点间距离至少 350mm	选项 1：尺寸 380mm×380mm，标记点间距离至少 250mm； 选项 2：尺寸 610mm×610mm，标记点间距离至少 460mm
窄幅织物	如果幅宽小于 650mm，可取全幅织物。 当幅宽小于 500mm 时，根据织物宽度，在每块试样的长度方向上做至少一对标记点，每对两个标记之间的间距不小于 350mm。宽度方向标记距离可根据试样宽度与有关方协议确定	如果幅宽小于 380mm，可取全幅织物，长度剪成 380mm。 幅宽大于 125mm 小于 380mm 的织物：按选项 1 标记长度方向；幅宽 25~125mm 的织物：只使用两对平行于长边标记；幅宽小于 25mm 的织物：只使用一对平行于长边标记；这三种幅宽的宽度方向标记尺寸可以自己选择
服装	依据服装的类型和式样确定测量部位。 标准中规定了四种类型的服装测量部位要求，分别是上衣（包括女便服、外衣、睡衣、衬衫和内衣）、裤类、裙子和连体类服装（包括连衫裤工装、连衫裤装、工装裤和连体游泳衣）。另外，对于连体类服装可分别参考上衣和裤类测量部位的规定进行测量，稍微对上衣类中的个别测量部位做修改	AATCC 标准细化了不同用途的服装类型的测量部位，比如上衣类，又细化分为衬衫、宽松衬衫、套头衫和睡衣上装的测量部位要求；裤类细化分为裤子、睡衣下装、短裤和平脚裤的测量部位要求；裙子分为女裙和衬裙的测量部位要求；连体类服装分为连体工作服、工装裤和制服/套装的测量部位要求。 以上这些所有服装类型测量的部位都不同

（2）设备和材料，见表 2-28。

表 2-28 设备和材料

项目	中国标准	AATCC 标准
洗衣机	标准中规定了三种类型的标准洗衣机，目前产品标准中要求使用的洗衣机主要是 A 型—水平滚筒、前门加料型	标准洗衣机，顶部加料型
陪洗物	三种类型的陪洗物： 类型Ⅰ：100%棉 类型Ⅱ：50%聚酯纤维/50%棉 类型Ⅲ：100%聚酯纤维 纤维素纤维产品应选用类型Ⅰ陪洗物；合成纤维产品及混合产品应选用类型Ⅱ或类型Ⅲ陪洗物；未提及的其他纤维产品可选用类型Ⅲ陪洗物	两种类型的陪洗物： 类型 1：100%棉 类型 3：50%聚酯纤维/50%棉 ±3%
洗涤剂	标准中规定了六种洗涤剂的类型，且每种洗涤剂适用不同类型的洗衣机。因产品标准中常用的是 A 型标准洗衣机，所以对应于 A 型洗衣机的洗涤剂有如下三种： 标准洗涤剂 2：加酶的含荧光增白剂无磷洗衣粉（IEC）； 标准洗涤剂 3：不加酶的不含荧光增白剂无磷洗衣粉（ECE 标准洗涤剂 98）； 标准洗涤剂 6：不加酶的含荧光增白剂无磷洗衣粉（SDC 标准洗涤剂类型 4）； 洗涤剂用量：（20±1）g	AATCC 1993 标准洗涤剂； 洗涤剂用量：（66±1）g

（3）洗涤程序，见表2-29。

表2-29 洗涤程序

项目	中国标准	AATCC标准
总洗涤载荷	（2±0.1）kg，试样为一件完整成衣时，若其总洗涤载荷超过2.1kg	（1.8±0.1）kg
洗涤程序	标准中规定了三种类型标准洗衣机，不同的洗衣机有不同的洗涤程序。因产品标准中常用的是A型标准洗衣机，所以对应于A型洗衣机的洗涤程序有13种，具体见表2-17	标准中规定了三种洗涤循环：常规程序、缓和程序和耐久压烫程序。 洗涤的温度有四种： （Ⅱ）冷水：（27±3）℃ （Ⅲ）温水：（41±3）℃ （Ⅳ）热水：（49±3）℃ （Ⅴ）非常热的水：（60±3）℃
干燥程序	翻转干燥中出风温度：正常最大80℃，低温最大60℃。 悬挂晾干和悬挂滴干的试样放置方式：试样悬挂在绳、杆上	翻转干燥中最大排气温度：常规程序（68±6）℃、缓和程序（60±6）℃、耐久压烫程序（68±6）℃。 滴干和挂干的试样放置方式：固定试样的两角

五、操作和应用中的相关问题

1. 洗涤程序选择

我国在洗涤程序上的选择主要按照产品标准的规定，表2-30列出了一些常用服装产品标准中的洗涤程序，不同的产品标准对洗涤程序的要求不同，同时针对不同类别的纤维含量也有不同的要求。对于欧洲和美国市场，在考核尺寸变化率时，洗涤程序主要参照产品使用说明（即洗唛）上的规定。从这一点来看，对于我国的操作，如果标准中规定的洗涤程序和洗唛的要求不同，会出现尺寸变化率结果不一致的情况。所以，生产商和经销商在管控产品质量时，既要考虑到我国产品标准中的这一特殊要求，也要考虑消费者在穿用服装时洗涤方式往往会参照洗唛的规定。

表2-30 常用服装产品标准中的洗涤程序

产品标准	洗涤程序		干燥方法
	引用方法	洗涤程序	
GB/T 2660—2017《衬衫》	GB/T 8629—2001	明示手洗：仿手洗 其他：5A	程序A悬挂晾干
GB/T 2664—2017《男西服、大衣》	GB/T 8629—2017	采用A型标准洗衣机 明示手洗：4H 其他：4G	程序A悬挂晾干
GB/T 18132—2016《丝绸服装》	GB/T 8629—2001	明示手洗：仿手洗 其他：7A	程序A悬挂晾干

续表

产品标准	洗涤程序		干燥方法
	引用方法	洗涤程序	
FZ/T 81004—2012《连衣裙、裙套》FZ/T 81007—2012《单、夹服装》	GB/T 8629—2001	面料含毛或蚕丝≥50%的成品和丝绸产品:7A其他:5A	程序 A 悬挂晾干
FZ/T 81006—2017《牛仔服装》	GB/T 8629—2001	5A	转笼翻转干燥
GB/T 8878—2014《棉针织内衣》	GB/T 8629—2001	5A	悬挂晾干,上衣用竿穿过两袖,使胸围挂肩处保持平直,并从下端用手将两片分开理平。裤子对折晾干,使横裆部位在晾竿上,并轻轻理平
GB/T 22849—2014《针织 T 恤衫》	GB/T 8629—2001	含毛 30%及以上的产品:7A明示手洗:仿手洗其他:5A	程序 A 悬挂晾干
FZ/T 73020—2012《针织休闲服装》	GB/T 8629—2001	明示手洗:仿手洗其他:5A	程序 A 悬挂晾干横机产品:程序 C 平摊晾干
GB/T 23328—2009《机织学生服》	GB/T 8629—2001	规定执行(未明示洗涤程序)	(未明示干燥程序)

2. 新旧标准中洗涤程序的差异

虽然 GB/T 8629 已经更新为 2017 版本,但是从表 2-30 中可以看出,目前很多产品标准仍然引用 GB/T 8629—2001 进行洗涤和干燥。结合产品标准基本使用 A 型标准洗衣机,表 2-31 梳理了新旧标准中对于 A 型洗衣机规定的洗涤程序的主要差异。

表 2-31 新旧标准主要差异

程序编号		加热、洗涤和漂洗中的搅拌		洗涤温度(℃)	
新标准	旧标准	新标准	旧标准	新标准	旧标准
9N	1A	正常	—	92±3	92±3
7N	—	正常		70±3	—
6N	2A	正常	—	60±3	60±3
6M	3A	缓和	正常	60±3	60±3
5N		正常		50±3	
5M	4A	缓和	正常	50±3	50±3
4N	5A	正常	—	40±3	40±3
4M	6A	缓和	正常	40±3	40±3

续表

程序编号		加热、洗涤和漂洗中的搅拌		洗涤温度（℃）	
新标准	旧标准	新标准	旧标准	新标准	旧标准
4G	7A	柔和		40±3	40±3
3N	—	正常		30±3	
3M	—	柔和		30±3	—
3G	8A	柔和		30±3	30±3
—	9A	—	柔和	—	92±3
4H	仿手洗	柔和		40±3	40±3

六、水洗尺寸变化率技术要求

在我国，尺寸变化率所要达到的技术要求一般在行业制定的产品标准中进行规定。而欧美市场的技术要求是由品牌方、买家以一般商业可接受的水平为基准，在各自的产品质量手册或测试方案中作出规定。如表2-32和表2-33列举了中国市场常见产品的尺寸变化率技术要求。表2-34和表2-35列举了欧美市场中较有代表性的品牌对其产品的尺寸变化率的技术要求。

表2-32 中国市场常用服装产品标准水洗尺寸变化率技术要求（针织类）

产品类别	中国市场要求
GB/T 22849—2014《针织T恤衫》	直向：-6%～+3% 横向：-6%～+3%
FZ/T 73020—2012《针织休闲服装》	直向：-6.5%～+2% 横向：-6.5%～+2%
GB/T 8878—2014《棉针织内衣》	直向：≥-8% 横向：-8%～+3%
FZ/T 73024—2014《化纤针织内衣》	纤维素纤维含量≥50%：直向：-8%；横向：-8%～+2% 纤维素纤维含量<50%：直向：-7%；横向：-7%～+2%

表2-33 中国市场常用服装产品标准水洗尺寸变化率技术要求（机织类）

产品类别	中国市场要求
GB/T 2660—2017《衬衫》	领大：≥-2%；胸围：≥-2.5%；衣长：≥-3%
GB/T 2664—2017《男西服、大衣》	胸围：-1%～+1%；衣长：-1.5%～+1.5%
FZ/T 81007—2012《单、夹服装》	领大（关门领）：≥-2%；胸围：≥-2.5%；衣长：≥-3.5% 腰围（不包括松紧腰围）：≥-2%；裤长：≥-3.5%
GB/T 33271—2016《机织婴幼儿服装》	胸围：≥-3.5%；衣长：≥-3.5%；裤、裙长：≥-3.5%

表 2-34　欧洲、美国品牌(买家)水洗尺寸变化率技术要求举例(针织类)

纤维成分/织物结构	美国市场要求	欧洲市场要求
100%棉/100 蚕丝的单面布	一次水洗后：±5% 三次/五次水洗后：-6%~ +5%	-6%~ +5%
涤/棉混纺或纯化纤的单面布	一次水洗后：±5% 三次/五次水洗后：-5.5% +5%	-6%~ +5%
100%棉/100%黏纤/100%蚕丝的双罗纹/ 罗纹/色织条纹单面布 100%黏纤的单面布	一次水洗后：-6%~+5% 三次/五次水洗后：-7%~ +5%	-7%~ +5%
涤/棉混纺或纯化纤的双罗纹/ 罗纹/色织条纹单面布	一次水洗后：±5% 三次/五次水洗后：-6%~+5%	-6%~ +5%
100%棉/100%黏纤/100%蚕丝的绒布/毛圈布 涤/棉混纺或纯化纤的绒布/毛圈布	一次水洗后：-6%或+5% 三次/五次水洗后：-7%+5%	-7%~ +5%
100%羊毛或羊毛混纺	一次水洗后：-6%或+5% 三次/五次水洗后：-7%+5%	-6%~ +5%
经编针织布/花边	一次水洗后：-6%或+5% 三次/五次水洗后：-7%~+5%	-7%~+5%

表 2-35　欧洲、美国品牌(买家)水洗尺寸变化率技术要求举例(机织类)

纤维成分/织物结构	美国市场要求	欧洲市场要求
100%棉/100 蚕丝/100 羊毛	一次水洗后：-3.5%~+3% 三次/五次水洗后：-4%~+3%	-4%~ +3%
涤/棉混纺或纯化纤	一次水洗后：±3% 三次/五次水洗后：-3.5%~+3%	-4%~ +3%
灯芯绒/牛仔布/100%黏纤	一次水洗后：-4%~+3% 三次/五次水洗后：-4.5%+3%	-4%~ +3%
法兰绒	一次水洗后：-4.5%~+3% 三次/五次水洗后：-5%~+3%	-4.5%~+3%
经过预缩整理的布匹	一次水洗后：±1% 三次/五次水洗后：—	±1%

从表2-32~表2-35中尺寸变化率要求可以看出，不同市场尺寸变化率要求的设定不同。我国的要求按照不同的产品类别进行设定。针织类主要是分纵向和横向考核，而机织类是按照服装的主要部位，如胸围、衣长等，且不同部位的要求也不相同。美国和欧洲的要求主要是按照纤维成分、织物结构和织物风格等因素去考量尺寸变化率要求。

七、尺寸稳定性的改进

织物的尺寸稳定性是指织物在热湿、化学助剂、机械外力等作用下,其尺寸维持不变的性能。对于不同品种的织物,其尺寸不稳定的表现形式,常见的有松弛收缩、湿膨胀收缩、毡缩及热收缩等。产生这些缩水的现象,原因也是多方面的。一方面是纤维吸湿性的影响。纤维的吸湿性越大,其织物的缩水率越大。如纤维素纤维中的黏胶纤维,因其分子链短,洁净度低,所以湿模量低,湿态变形大。如果在保持形变的状态下干燥,纤维中就存在较大的"干燥变形",当纤维再次润湿时,由于内应力松弛必然会产生较大的收缩,缩水率可达100%。毛织物除内应力松弛、纤维各向溶胀异向性这些因素外,羊毛的缩绒性也是影响缩水率的重要原因。另一方面是织物结构的影响。同一种纤维制成的不同结构的缩水率不同,其中以织物的经密和纬密影响最大。经纱密度比纬纱密度大的织物(如卡其、华达呢、府绸等),由于纬纱之间空隙大,吸湿溶胀后纬纱直径增大,使经纱弯曲程度增大,所以经向缩水率比纬向缩水率大;同样道理,纬纱密度比经纱密度大的织物(如麻纱类),纬向的缩水率比经向缩水率大;经纱密度与纬纱密度接近时(如平纹),经向和纬向缩水率接近。此外,结构疏松的织物缩水率较大(如女线呢类)。

综上所述,应根据织物缩水的主要原因来采取防缩方法。首先,在制作成衣前,需要对服装面料采取各种措施以提高织物的尺寸稳定性,例如,机械防缩法和化学整理防缩法(即树脂整理)。机械防缩法可以通过拉幅、热定形、预缩等作用调整织物的结构。化学整理防缩法即使用树脂整理剂通过交联、成膜的方法固定纤维的结构。另外,对于成衣来说,选择合适的护理方法也可以降低尺寸的不稳定性。对于毛织物和丝织物来说,干洗的尺寸稳定性要优于水洗尺寸稳定性。而洗涤的温度同样会影响其尺寸稳定性。一般而言,温度越高,稳定性越差。样品的干燥方式对织物的缩率影响也较大,其中滴水法对织物的尺寸影响最小,而翻转干燥法对织物的尺寸影响最大。另外,根据织物的成分选择一个合适的熨烫温度,也可以改善织物的缩水情况。因此,选择合理的维护标签来清洗衣物是至关重要的。

第二节　商业干洗尺寸稳定性

一、概述

干洗是一种在有机溶剂中对纺织品和服装进行清洗的过程,也就是利用有机溶剂去除油垢或污渍等。由于溶剂中几乎不含水,所以称为干洗。

干洗使用的是有机溶剂,因此,干洗实际上是溶剂洗涤。其去除污垢的主要原理是用干洗溶剂做介质将可溶解的污垢成分溶解下来。所以干洗剂可以溶解什么样的污垢,就可以洗掉什么样的污垢。因此,干洗溶剂的溶解范围(溶解谱)决定了哪些污垢能够在干洗过程中洗干净。当溶解谱太宽时,对衣物面料以及衣物上的附件影响较大,有可能被过重地脱脂,衣物上的各种附件也可能被溶解,从而使衣物受到损伤。而当溶解谱太窄时,很多污垢就不能洗涤干净。因此,溶解范围适中,选择脱脂力适当的溶剂至关重要。

通常习惯采用溶剂的 KB 值作为某种干洗溶剂的脱脂力参考。KB 值过高或过低都不适合用作干洗溶剂。合适的干洗溶剂可以将衣物上绝大多数的油脂性污垢洗涤干净,而水溶性污垢和一些其他污垢则需依靠干洗助剂来解决。

(一)常用的干洗溶剂

洗涤溶剂是指能够去除污渍的物质。自然界有些物质如皂荚等具有洗涤去污性能,称为天然洗涤溶剂。除天然洗涤溶剂和肥皂外,通过合成的方法生产了各种合成表面活性剂。合成洗涤溶剂用于水洗。随着洗涤技术的发展,有机溶剂被广泛用来代替水洗。以有机溶剂为基本组分配制成的洗涤剂称为干洗溶剂。

干洗不仅要求有机溶剂有较强的溶解油污能力和洗涤污渍的能力,而且应无毒(低毒)、安全可靠、不腐蚀衣物和设备。从经济合理、毒性较小、洗涤性好等方面考虑,常用的有机溶剂有石油系溶剂干洗剂和四氯乙烯干洗剂,其特性见表2-36。

表2-36 干洗溶剂及其特征

特性	四氯乙烯干洗溶剂	石油系溶剂干洗溶剂
外观	透明	无色透明
沸点(℃)	121	150~200
密度(g/mL)	1.62	0.75~0.8
相对密度	—	0.8~0.87
闪点(℃)	—	38~64
凝固点(℃)	−22.4	—
蒸馏范围	120~122℃,可蒸馏出总量的96%	170~270℃
纯度	99.9%	
其他	不挥发成分<10mg/L 挥发后无残留气体,含水量<30mg/L	油性物 KB 值:31~35 表面张力:25~27N/m

1.四氯乙烯干洗溶剂

四氯乙烯又名全氯乙烯,分子式为 C_2Cl_4;挥发速度为9;KB 值是90。其主要特点如下。

(1)可溶解物质范围比较宽,能够溶解各种油脂、橡胶、聚氯乙烯树脂等。适合洗涤常见油性污垢,干洗洗净度较高,但对某些织物后整理剂或服装附件造成损伤。

(2)不燃、不爆、无闪点,使用过程安全可靠。

(3)沸点低,容易蒸馏回收,便于溶剂的更新利用。

(4)属于中等毒性有机溶剂,容易控制对使用者和使用环境的影响。

(5)需要控制干洗环境的气体浓度,防止操作者超标吸入。

(6)四氯乙烯使用后的废渣渗入水系污染环境,需要进行无害处理。

(7)四氯乙烯在阳光、水分和较高温度条件下,具有酸化倾向,不宜较大量长时间储存。

2.碳氢干洗溶剂

碳氢干洗溶剂为石油烃产品,是石油烃的混合物。其主要特点如下。

(1)溶解范围相对窄一些,干洗洗净度稍差。对各种织物后整理剂和服装附件没有影响。

(2)易燃、易爆,使用中必须严格控制温度、压力,确保使用安全。

(3)中低毒性,要对使用环境的气体浓度严格控制以防发生工作场地空气污染。

(二)常用的干洗设备

现代服装干洗机主要有两种,即四氯乙烯干洗机和石油干洗机。

1. 四氯乙烯干洗机

四氯乙烯干洗机由洗涤系统、过滤系统、烘干回收及冷却系统、蒸馏系统、溶剂储存缸、泵、纽扣收集器等组成,如图2-8所示。

干洗机工作时,泵将洗涤液从储存缸抽取至转笼,电动机通过带传动使转笼运转,提供去污所需的机械力。在泵的作用下,干洗液从转笼至过滤系统、纽扣收集器再回到转笼进行循环洗涤,并将污垢留在过滤器。循环洗涤完成后,进行高速脱液,再进行烘干。与此同时,四氯乙烯气体被烘干系统的冷却装置冷却成液体回收。

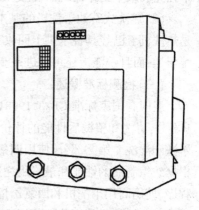

图2-8 四氯乙烯干洗机

根据烘干回收四氯乙烯能力的不同,四氯乙烯干洗机分为开启式干洗机和全封闭环保型干洗机。两者的主要区别在于烘干回收系统不同。

开启式干洗机的烘干回收系统为水制冷。烘干后,通过开启放风阀将剩余的四氯乙烯气体排出机体。这不仅污染空气,而且浪费洗涤液。全封闭环保型干洗机的烘干回收系统由制冷机组完成制冷,四氯乙烯气体不外排,而是重新回到制冷回收系统通过再次制冷回收、复用。这样既环保又节约洗涤液。

洗涤后的洗涤液经过蒸馏系统蒸馏,可以使脏的四氯乙烯洗涤液重新变成干净的四氯乙烯洗涤液,重复使用。

2. 石油干洗机

石油干洗机分为冷洗式和热洗式两种。冷洗式石油干洗机是指洗涤与烘干分别在两台机器内进行的开放式干洗机;热洗式石油干洗机指洗涤、干燥、蒸馏均在一台机器内进行的干洗机。冷洗式石油干洗机又分为烘干不回收和烘干回收两种;其工作原理基本相同,只是烘干过程有所不同:后者机内配置了将石油系溶剂气体冷却回收系统;前者则没有烘干回收系统,而是将石油系溶剂的残留蒸气完全外排放到机体外。图2-9为石油干洗机示意图。

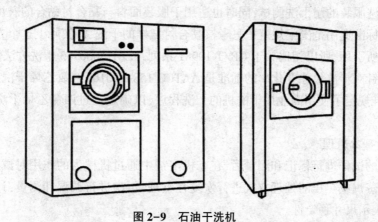

图2-9 石油干洗机

(1)冷洗式石油干洗机的基本工作原理。洗涤系统提供机械作用力,过滤系统保障洗涤液洁净,通过各种传感装置,确保洗涤衣物在含氧量低、温度低的安全状态洗涤脱液后,进入另外单独完成烘干工作的机器,经过烘干达到干燥。

(2)热洗式石油干洗机的基本工作原理。工作原理与冷洗式石油干洗机基本相同,不同的是热洗机上已经具备了烘干回收和蒸馏回收系统,洗涤完成后衣物直接在该机体中进入烘干系统干燥,而且洗涤液还可以进一步蒸馏净化而彻底回收循环使用。

(三)检测标准概述

我国有国家标准 GB/T 19981.1—2014《纺织品　织物和服装的专业维护、干洗和湿洗　第1部分:清洗和整烫后性能的评价》和 GB/T 19981.2—2014《纺织品　织物和服装的专业维护、干洗和湿洗　第2部分:使用四氯乙烯干洗和整烫时性能试验的程序》考核干洗尺寸变化率。根据纺织制品的性能和最终用途选择合适的干洗程序,即普通材料、敏感材料和特敏材料干洗程序,使用商用干洗机和四氯乙烯对织物和服装进行干洗,按照 GB/T 19981.1 标准的要求对其尺寸变化性能进行评价。此标准不仅对尺寸变化率性能进行评价,还涵盖了变色牢度、耐干洗色牢度(织物)、耐湿洗色牢度(织物)、接缝平整度、褶裥保持、外观平整度、褶皱回复性(外观法)、表面磨损性和整理剂损失等项目的性能评价。因此,需结合两个标准,才能评价整个产品的尺寸稳定性能。

中国国家标准分别修改采用国际标准 ISO 3175-1:2010《纺织品　织物和服装的专业维护、干洗和湿洗　第1部分:清洗和整烫后性能的评价》和 ISO 3175-2:2010《纺织品　织物和服装的专业维护、干洗和湿洗　第2部分:使用四氯乙烯干洗和整烫时性能试验的程序》。目前,ISO 标准已经更新为 2017 版本。与旧标准相比,主要的技术内容变化是删除了特敏材料的术语和相关的测试程序;增加了干洗机应配备溶剂干燥自动控制装置;增加了陪洗织物的规格要求,即羊毛布片质量为 (230 ± 10) g/m^2,棉布片质量为 (180 ± 10) g/m^2;补充试样制备的说明,服装按照原样进行测试,组合试样可以按照原样或者制备同织物试样进行测试。增加了确定烘干除味时间的要求。在机器内烘干载荷,对烘干后的载荷,吹室温空气不少于 5min,直到温度降至 45℃。

我国还有 FZ/T 80007.3—2006《使用黏合衬服装耐干洗测试方法》方法,该标准规定了用商业干洗机来测定经四氯乙烯或烃类溶剂洗涤后服装的尺寸变化率。此标准适用于使用黏合衬的各类可干洗服装的耐干洗测试,同时也适用于服装面料与黏合衬黏合的衣片或小样的耐干洗测试。虽然标准适用范围中规定了只考核黏合衬试样的干洗,但实际上这个方法被大部分的服装产品标准所引用,所以相比较于 GB/T 19981 系列,FZ/T 80007.3 干洗方法使用更为广泛。

美国市场针对干洗尺寸变化率的标准是 AATCC 158—2016《四氯乙烯干洗的尺寸变化:机洗法》。该标准规定了使用商业用干洗机的干洗程序,以确定经过四氯乙烯干洗后织物和服装的尺寸稳定性。

(四)试验基本原理

对经调湿的试样进行标记和测量后,在有机溶剂中通过机械力的作用对试样进行清洗,干洗后通常采用蒸汽或热压的处理方式进行恢复性整理,再次进行调湿和测量,计算其尺寸变化率,以百分数表示尺寸稳定性。

在某些情况下,一次干洗和整烫引起制品尺寸和其他变化的可能非常有限,而重复干洗会引起尺寸或者其他变化并影响其使用寿命。通常经 3~5 次干洗及后整理后,织物大部分潜在的变化特性得以显现出来。洗涤的次数根据产品标准或者买家的规定来确定。

二、试验方法介绍

1.试验设备

（1）干洗机。中国国家标准、中国纺织行业标准、ISO 标准和 AATCC 标准采用四氯乙烯为溶剂的全封闭双向转笼式的商用干洗机。其设备的关键参数信息：转笼的直径在 600~1080mm 之间，深度不小于 300mm，配有 3~4 个提升片。其转速产生的干洗系数 g 应在 0.5~0.8 之间，脱液时干洗系数 g 在 60~120 之间。美国市场对于脱液系数略有不同，要求 g 在 35~120 之间。

干洗系数 g 按照下式计算：

$$g = 5.6n^2d \times 10^{-7} \tag{2-3}$$

式中：n——速率，r/min；

　　　d——转笼直径，mm。

这种商业干洗机还应具有按需控制溶剂温度和空气温度的装置，并且能够测定干洗时溶剂温度、烘干时进口或出口空气温度的装置，测量的精度为±2℃。同时干洗机应具有使乳液能够缓慢加入笼和滚筒之间的溶剂液面之下的适当装置。

AATCC 标准中使用的干洗机可以是洗涤/干燥一体机，也可以另外配一台烘干机。烘干机转笼的尺寸应该和干洗机的一致。

另外，FZ/T 80007.3 标准还允许使用烃类溶剂的干洗机，其参数要求基本与四氯乙烯为溶剂的设备参数相同。

（2）整烫设备。中国国家标准和 ISO 方法详细介绍了所采用的整烫设备的类型和规格要求，其中主要内容包括：质量约为 1.5kg，具有一个 150~200cm² 的平面熨斗；蒸汽压烫机，由一个可固定和一个可移动的两个烫板组成，每个烫板应有一个约 3500cm² 的表面，导入烫板的蒸汽应在约 500kPa 的压力下释放，由烫板施加的压力约为 350kPa；形状和大小适合于试样大小的蒸汽烫台，蒸汽以约 500kPa 的压力释放；形状与服装相同或不同的人体蒸汽烫模，蒸汽以约 500kPa 的压力释放；形状与服装相适合的蒸汽整烫柜，蒸汽以约 500kPa 的压力释放。实际操作过程中，从上述整烫设备中选择一种合适的方式进行整烫。

2.试验溶剂

干洗溶剂和助剂作为干洗主要的两种试验溶剂，在整个洗涤过程中发挥了重要的作用。干洗溶剂起去除污渍的作用，而在助剂的作用下，使洗涤效果更加完善。中国国家标准、中国纺织行业标准、ISO 标准和 AATCC 标准中所规定的试验溶剂见表 2-37。从表中可以看出，这四个标准所使用的干洗溶剂和助剂基本相同。FZ/T 80007.3 给出了两种可供选择的干洗溶剂和助剂。

表 2-37　试验溶剂

溶剂类型	中国国家标准	中国纺织行业标准	ISO 标准	AATCC 标准
干洗溶剂	经蒸馏的四氯乙烯	①经蒸馏的四氯乙烯 ②烃类溶剂[b]	经蒸馏的四氯乙烯	四氯乙烯
干洗助剂	山梨糖醇酐单油酸酯[a]	①去水山梨糖醇月桂酸酯 ②椰油脂肪酸乙二醇酰胺	去水山梨糖醇单油酸酯[a]	去水山梨糖醇单油酸酯

注　a 为避免发泡，应使用经过重新蒸馏的清洁溶剂，不要将蒸馏器装得太满。

　　b 用于干洗的 HCS 为脂族（C_nH_{2n+2}；$n = 10~12$）或异脂和环脂，闪点大于等于 38℃，沸点 150~210℃。

3. 陪洗物

中国国家标准、中国纺织行业标准、ISO 标准和 AATCC 标准陪洗物的规格见表 2-38。中国国家标准和 ISO 标准的陪洗物规格基本相同。中国纺织行业标准在尺寸方面有具体要求,其余规格参数和 AATCC 标准相同。

表 2-38　陪洗织物规格

项目	中国国家标准	中国纺织行业标准	ISO 标准	AATCC 标准
组成	以质量计,约 80% 的陪洗织物为羊毛布片,20% 为棉布片	纯毛,80% 羊毛和 20% 棉或再生纤维素纤维	以质量计,约 80% 的陪洗织物为羊毛布片,20% 为棉布片	80% 羊毛和 20% 棉或黏纤
质量	无规定	无规定	羊毛布片:$(230\pm10)\,g/m^2$ 棉布片:$(180\pm10)\,g/m^2$	无规定
尺寸	正方形$(300\pm30)\,mm$	500 mm×500 mm	正方形$(300\pm30)\,mm$	无规定
层数	每块布片为两层	无规定	每块布片为两层	无规定
缝制要求	沿布边缝合	无规定	沿布边缝合	无规定
其他	白色或浅色的清洁布片	白色或浅色的清洁布片或服装	白色或浅色的清洁布片	白色或浅色的清洁布片或服装

4. 试样准备

对于织物,应在距离布匹两端 1m 以上裁取代表性的试样,剪样尺寸不小于 500mm×500mm。沿四边用涤纶线缝合,防止脱边。服装以整件进行测试。

AATCC 标准明确了对于弹力圆筒形针织物,为防止扭曲,应小心顺着罗纹剪开。调湿和标记测量后,将剪开的边重新缝合,恢复成圆筒形。试验完成后,再沿缝线剪开,在打开的状态下确定标记间的距离。

5. 调湿

试样和陪洗物应在温度 20℃、相对湿度 65% 中规定的纺织品调湿和试验用标准大气中进行调湿。中国国家标准、中国纺织行业标准和 ISO 标准需至少调湿 16h,而 AATCC 标准至少放置 24h。试样从调湿大气中取出后应立即进行试验。

6. 测量与标记

中国标准和 ISO 标准的测量与标记方式相同,分别按照 GB/T 8628 和 ISO 3759 考核尺寸变化率方法的规定进行标记和测量。如果试样是服装,分别对面料和里料的不同部位进行标记和测量。

AATCC 标准要求是将试样自然平放在一个平坦、光滑的平面上,不要用力。试样上应看不到褶皱或折痕。长度和宽度方向各做三对标记,标记相隔至少 250mm。如果样品是服装,可以分别在服装面料和里料的不同部位做标记和测量。

FZ/T 80007.3 方法更加详细地规定了衣片或小样和服装的测量与标记方式。

(1)当试样为衣片或小样时,测量标记经、纬向各为三对,尺寸不小于 200mm×200mm,测量精确至 1mm。

（2）当试样为服装时，并分别对领圈、胸围及衣长进行测量，测量精确至 1mm，测量方法见表 2-39。

表 2-39　测量方法

部位名称		测量方法
领圈		领子摊平横量，立领量上口，其他领量下口（叠门除外）
胸围		扣上纽扣（或合上拉链）前后身摊平，沿袖窿底缝水平横量
衣长	前衣长	由前身左右襟最高点垂直量至底边
	后衣长	有后领中垂直量至底边
腰围		扣好裤钩（纽扣），沿腰宽中间横量（周围计算）
裙长		由腰上沿侧缝摊平垂直量至裙子底边
裤长		由腰上沿侧缝摊平垂直量至裤脚口

7. 测试程序

根据纺织制品的性能选择合适的试验程序。通常，处理越温和，干洗效果越差。试验程序按照不同材料的敏感程度可分为普通材料干洗程序、敏感材料干洗程序和特敏材料干洗程序。不同的方法规定不同的试验程序，表 2-40 是针对这些方法涉及的干洗程序要求。

表 2-40　不同方法的干洗程序要求

市场	标准	程序要求
中国	中国国家标准	普通材料干洗程序、敏感材料干洗程序和特敏材料干洗程序
	中国纺织行业标准	普通材料干洗程序（常规干洗程序）和敏感材料干洗程序（缓和干洗程序）
欧洲	ISO 标准	普通材料干洗程序、敏感材料干洗程序
美国	AATCC 标准	普通材料干洗程序、敏感材料干洗程序

从表 2-40 可以看出，除了中国国家标准方法规定了三种不同敏感程度材料的干洗程序。其余的方法只规定两种干洗程序。中国国家标准和 ISO 标准对这几种材料给出了定义，同时又列举了对应的具体材料种类。普通材料是指能承受常规干洗而不变性的材料。敏感材料是指需要对机械作用，和（或）烘干温度，和（或）加水等因素进行限制的材料，如聚丙烯腈纤维制品、丝绸和绉布。特敏材料是指需要大幅度降低机械作用，大幅度降低烘干温度，和（或）不能加水的材料，如聚氯乙烯（PVC）纤维制品、改性聚丙烯腈纤维制品、花式粗呢、山羊绒制品等。因 ISO 标准中并未有特敏材料的干洗程序，所以对上述提到的特敏材料，如改性聚丙烯腈纤维制品、山羊绒制品都归到敏感材料的干洗程序中。

根据不同材料的敏感程度选择合适的干洗程序，且干洗程序中所需的试验参数见表 2-41 和表 2-42。试验按照如下步骤进行操作。

（1）普通材料的干洗程序。

①根据滚筒容积计算总载荷量。试样重量不得超过载荷的 10%，除非单个试样的重量超过载荷的 10%，ISO 标准规定单个试样的重量超过载荷的 50%。不足的重量使用陪洗物补齐载

荷量。

②将调湿后的载荷加入机器笼内,向机内注入经蒸馏的四氯乙烯和干洗助剂,使每升溶液中含有 1g 干洗助剂。根据笼内乳液容积计算出的浴比为(5.5±0.5)L/kg,AATCC 标准计算得出的浴比为(6.5±0.5)L/kg。整个清洗过程中溶剂温度保持在(30±3)℃。

③配制新乳液,按每千克载荷 10mL 干洗助剂(或去污剂)和 30mL 干洗溶剂,混合两种溶剂,边搅拌边加入 20mL 水。加水量相当于载荷量的 2%。如果不允许溶剂和水在机器外混合,可以将溶剂和水直接加注至干洗机内。应预先采取措施,保证各成分在载荷中均匀分布。在过滤回路关闭的状态下将干洗机接通电源,在滚筒进口关闭后 2min,缓慢地将乳液注入溶剂液面之下、笼和滚筒之间的干洗机内,加注时间为(30±5)s。

④开动机器进行洗涤,试验期间不得使用过滤回路。

⑤排空溶剂,离心脱去载荷内的溶剂。

⑥以相同浴比注入等量的纯净干洗溶剂,冲洗一定时间后排出溶剂,再次脱液。

⑦在机器内烘干载荷,烘干时间应恰当。宜使用溶剂干燥自动控制系统。烘干时的出风口温度和进风口温度需满足表 2-41 的要求。烘干后,对转动中的载荷吹室温空气至一定时间。

⑧立即从干洗机中取出试样,服装单独挂在晾衣架上,织物铺在平台上,在进行整烫前,至少放置 30min。

表 2-41 普通材料的干洗程序

程序		普通材料			
		中国国家标准	中国纺织行业标准	ISO 标准	AATCC 标准
载荷量(kg/m³)		50±2	50±2	50±2	50±2
溶剂温度(℃)		30±3	30±3	30±3	30±3
干洗助剂(g/L)	第一次	1	1	1	1
	第二次	2	2	2	2
加水量(%)		2	2	2	2
干洗周期(min)	洗涤	15	15	15	15
	中间脱液 满速脱液	2 2	2 1	2 1	2 1
	冲洗 最后脱液 满速脱液	5 3 2	5 5 3	5 3 2	5 3 2
烘干温度(℃)	进	80±3	80	80±3	80
	出	60±3	60	60±3	60
烘干除味时间(min)		5	5	5	3~5

(2)敏感材料和特敏材料的干洗程序。试验操作同普通材料的试验步骤,但选用的参数比普通材料的水平低。具体参数见表 2-42。

表 2-42　敏感材料和特敏材料的干洗程序

程序		敏感材料				特敏材料			
		中国国家标准	中国纺织行业标准	ISO标准	AATCC标准	中国国家标准	中国纺织行业标准	ISO标准	AATCC标准
载荷量(kg/m³)		33±2	33±2	33±2	33±2	33±2			
溶剂温度(℃)		30±3	30±3	30±3	30±3	30±3			
干洗助剂(g/L)		1	1	1	1	1			
加水量(%)		0	0	0	0	0			
干洗周期(min)	洗涤	10	10	10	10	5	无要求		
	中间脱液	2	2	2	2	2			
	满速脱液	1	1	1	1	—			
	冲洗	3	5	3	5	3			
	最后脱液	2	5	2	3	2			
	满速脱液	—	1	—	1				
烘干温度(℃)	进	60±3	80	60±3	60	50±3			
	出	50±3	60	50±3	40	40±3			
烘干除味时间(min)		5	5	5	3~5	5			

（3）整烫。试样在进行干洗后,正常情况下,需要进行恢复性整烫。其目的是使织物、服装在使用前再次回复到最初的状态,通常以蒸汽或热压形式进行整烫。FZ/T 81007.3 对整烫没有规定,而中国标准、ISO 标准和 AATCC 标准对整烫都有要求。其中中国标准和 ISO 标准的规定基本一致。从下述方法中选择合适的方法进行整烫。记录扣除了蒸汽开关、计时机构反应延迟的实际喷蒸汽时间。

方法 A：不需要整烫；

方法 B：使用熨斗压烫；

方法 C：使用蒸汽压烫；

方法 D：蒸汽烫台上喷蒸汽；

方法 E：人体蒸汽烫模或柜式整体蒸烫；

方法 F：没有合适的整烫方法,报告尝试的方法、条件及不适合的原因。

说明：方法 C 和方法 D 的喷蒸汽、抽真空时间不同。如对轻薄服装喷蒸汽（2±1）s、抽真空（5±1）s。对厚重服装喷蒸汽（4±1）s、抽真空（8±1）s。方法 C 须从顶部喷蒸汽时才与实际压烫相符。达到良好的整烫效果可能需要将方法 E 与方法 B 或方法 C 联用。

AATCC 简述了整烫的一些内容：在蒸汽压力为 370~490kPa 压烫成衣,或在送汽或送风模架上汽蒸成衣 5~20s,然后用热风烘 5~20s。

试样经过整烫后,然后对其干洗后尺寸稳定性能进行评价。

8. 结果评价

中国国家标准、ISO 标准、中国纺织行业标准和 AATCC 标准的结果评价原理是相同的。在测量部位和结果修约方面略有不同。

（1）中国国家标准和 ISO 标准的结果评级方式基本相同。试样经洗涤和整烫后，重新再调湿，分别按照 GB/T 8628 和 ISO 3759 考核尺寸变化率方法的规定再次测量试样并记录结果，最终按照下式计算尺寸变化率结果。

$$D = \frac{x_t - x_0}{x_0} \times 100\% \tag{2-4}$$

式中：D——尺寸变化率，%；

x_0——试样的初始尺寸，mm；

x_t——试样处理后的尺寸，mm。

（2）FZ/T 80007.3—2006 方法可以考核和评价尺寸变化率和平均尺寸变化率的结果。

①尺寸变化率：分别按下式计算服装的主要尺寸变化率、衣片或小样的长度方向及宽度方向的尺寸变化率。尺寸变化率以百分数表示，计算结果按 GB/T 8170 修约至小数点后一位。计算结果用负号表示尺寸缩短，正号表示尺寸伸长。

$$L = \frac{l_2 - l_1}{l_1} \times 100\% \tag{2-5}$$

式中：L——尺寸变化，%；

l_1——洗涤前尺寸，mm；

l_2——洗涤后尺寸，mm。

②平均尺寸变化率：按下式计算出三个试样的平均尺寸变化率，平均尺寸变化率以百分数表示，计算结果按 GB/T 8170 修约至小数点后一位。

$$\bar{L} = \frac{\sum_{i=1}^{3} L_i}{3} \times 100\% \tag{2-6}$$

式中：$\bar{L}$——平均尺寸变化率；

L_i——单个试样尺寸变化率。

若三个试样的尺寸变化率分别出现缩短或伸长，则在试验报告中分别列出三个试样的尺寸变化率。

（3）AATCC 158—2016 方法。在调湿和试验用标准大气下测量标记间的距离，精确到毫米。测量成衣的整体尺寸，精确到±2mm。计算织物长度和宽度方向的尺寸变化率及成衣主要部位的尺寸变化率。结果取平均值，数值修约到 0.2%。

三、操作和应用中的相关问题

1. 四氯乙烯使用时的注意事项

四氯乙烯使用的缺点主要体现在对人体的呼吸系统、皮肤、黏膜有低毒，超标吸入可造成伤害。对大气环境和水体有污染作用，不能使用超标排放的开启式四氯乙烯干洗机，不可让四氯乙烯渗入土地进入水体循环。蒸馏后的四氯乙烯残渣需要进行专业化处理，不能随意倾倒。四氯乙烯有多种发生酸化的趋向，需密闭、低温和避光保存，不适宜较大量长时间储存。

2. 婴幼儿服装不可干洗

干洗有很多优点，干洗后的成衣一般不会变形与缩水，能有效避免水洗对衣物面料造成的伤害，也不易变色，便于熨烫和保持柔软手感。虽然干洗的方式有很多优点，但也存在危害健康的隐患。现今市场上的洗衣店主要采用四氯乙烯作为干洗剂,在干洗过程中四氯乙烯能有效地除去衣物上的油渍。这种高氯化物作为活性溶剂因具有不易燃、可反复使用的特点而被广泛使用,但研究表明人体长期接触该化学物质会对神经系统、肾脏器官等造成损害,对儿童尤为刺激。虽然大部分四氯乙烯会通过蒸馏被收集但仍有少量被衣物吸附,所以从干洗店拿回家的衣物中不可避免地存在残留现象。婴幼儿的抵抗力较弱,对有害物质的吸收能力却比成人高。所以婴幼儿服装不可干洗。目前涉及婴幼儿纺织产品有三个标准,分别是 GB/T 33271—2016《机织婴幼儿服装》、FZ/T 73025—2013《婴幼儿针织服饰》和 GB/T 33734—2017《机织婴幼儿床上用品》。其中,GB/T 33271—2016 条款 4.1 使用说明要求中规定产品维护方法应采用不可干洗;FZ/T 73025—2013 条款 7.1 中规定婴幼儿服饰应在使用说明上标明不可干洗字样;GB/T 33734—2017 条款 7.1 也规定应在使用说明上注明不可干洗。因此,生产商应规范标签标注要求,以防止因婴幼儿服装不恰当的护理而造成伤害。

四、干洗尺寸变化率技术要求

表 2-43 列举了中国市场常见产品和欧美市场中较有代表性的品牌对其产品的干洗后尺寸变化率的技术要求。从表中可以看出,国内外市场的要求存在两方面的不同。一方面是要求所对应的产品类别不同。我国主要按照服装的类别设定技术要求,且针织类服装主要考核纵向和横向,机织类服装考核其主要的部位;而欧美市场的要求主要按照机织和针织类两大类分别设定技术要求。另一方面技术要求的高低略有差异,尤其是机织服装。例如,衬衫,我国的技术要求允许领子的缩水不低于 2%,胸围不低于 2.5%,衣长不低于 3%,但是对于伸长没有任何要求,也就是衬衫伸长到无限值也是允许的。但是欧洲和美国市场的要求则对缩水和伸长都有限定,比如机织类的要求为±2.5%,即伸长和缩水都不允许超过 2.5%。

表 2-43 不同市场对产品干洗后尺寸变化率技术要求

中国市场		欧洲/美国市场	
产品类别	技术要求	织物结构	技术要求
FZ/T 73020—2012《针织休闲服装》	直向:-6.5%~+2% 横向:-6.5%~+2%	针织服装	±3%
GB/T 26384—2011《针织棉服装》	直向:-2%~+2% 横向:-2%~+2%		±3%
GB/T 2660—2017《衬衫》	领大:≥-2% 胸围:≥-2.5% 衣长:≥-3%	机织服装	±2.5%
GB/T 2664—2017《男西服、大衣》	胸围:-0.8%~+0.8% 衣长:-1%~+1%		±2.5%
FZ/T 81007—2012《单、夹服装》	领大(关门领):≥-2% 胸围:≥-2.5% 衣长:≥-3.5% 腰围:≥-2% 裤长:≥-3.5%		±2.5%

第三节 其他尺寸稳定性

一、概述

服装在制作过程中或者洗涤维护时,通常采用熨烫来获得最佳的外观效果。服装熨烫实际上是一种织物"湿热定形"的过程,以水蒸气为介质,在适当的温度、湿度、压力和时间条件下改变服装织物的结构和表面状态的造型方法。经过熨烫的服装,除了明显的清除褶皱使织物表面光滑的目的外,而且可以将织物塑造成三维状态等特点。熨烫工艺极大地影响着服装的外观,这个关键性工序广泛用于服装制造和洗涤维护中。

服装制造主要由裁剪、缝制、熨烫三个主要过程组成。在完成缝制后,服装通常会经过熨烫,服装熨烫工艺不仅可以消除部分裁剪、缝纫工艺中的缺陷,而且还具有造型、平整、褶裥和黏合四大作用。造型是利用熨烫方法塑造立体形状的过程。服装生产加工是一个从平面裁片到曲面成衣的过程,虽然通过服装结构设计与省位处理方法能够形成一定的立体效果,但仅仅依靠结构设计、省位处理是远远不够的。理想的造型还需借助熨烫工艺,通过改变织物组织密度与纱线形态等结构因素达到塑造立体形状的目的。平整的目的恰好与造型相反,主要目的是通过熨烫消除裁片或成衣褶皱,使衣服平滑笔挺。熨烫工艺的平整作用体现在后背、前胸下侧等面积较大、表面较平的部位,为提高服装的美观性、增加服装的层次感。服装行业尤其是女装生产中常需要局部规律造褶,如细密的百褶、宽大的风琴褶等。褶裥性与抗皱性的要求恰好相反,褶裥要求褶痕越耐久越好,而抗皱则要求不出褶、少出褶,出褶后能很快恢复到无褶状态。褶裥的形式有三种,一是利用熨烫工具使织物纤维弯曲形成褶裥;二是手工持久性褶裥,即使用开口缝线假缝造褶后再进行熨烫,将缝制的折痕压平而形成褶裥;三是利用压褶机造褶。在缝制的过程中,类似于缝制前贴袋四边的折烫处理,也属于褶裥,这种处理是为了降低缝纫难度,提高缝纫速度与质量。从整体看,服装成品属于柔性产品,但并不意味着服装所有部位都需要绵软无力的效果。部分服装(如西装)需要在胸腰等部位加固一层或几层衬里,以增加服装的挺括性。衬里一般由衬布、服装裁片构成,衬布生产过程中将大量胶粉喷涂在基布表面,黏合作业时衬布与裁片叠放在一起并顺序通过高温黏合机,衬布基布表面的胶粉受热融化,部分胶粉进入裁片织物内,在胶粉的黏结作用下衬里与衬布合二为一,从而使服装裁片厚度、硬度增加,与胸腰等部分缝合后可增加服装的挺括感,使柔软的服装柔中有刚、刚柔相济。

服装通常会水洗或者干洗来去除因穿着过程中产生的污渍或油渍。经洗涤后的服装受到机械揉搓作用,使服装的外形发生变化,影响服装的穿着效果。大多数服装经过熨烫能恢复原形,使服装平整、挺括、折线分明,而且还可根据需要重新塑造形状。

为了满足不同服装面料、不同服装款式、不同服装风格的熨烫要求,各种形式、各种功能的熨烫机不断面市,主要包括手持式熨斗、中间烫、成品烫、人像机等。手持式熨斗既可用于服装工业生产,也适用于家庭、干洗店熨烫;中间烫、成品烫及人像机则主要用于服装工业生产。目前,服装行业熨烫作业已从一般加温、加压进入蒸汽熨烫时代。蒸汽熨烫机可稳定喷出高温高压蒸汽,不但可以给成衣加湿,而且可以加热,高温蒸汽均匀地进入服装内部后可使织物纤维变得柔软可塑,然后通过各种服装专用模具压住衣物,使其受热受压后变形,最后利用真空泵抽去水分,使成衣迅速冷却、干燥,服装得以定型。此类蒸汽熨烫设备熨烫效果优于熨斗,既省时省力又造型颇佳。服装小部件熨烫主要还是使用熨斗熨烫。

我国有两个行业标准考核经汽蒸后尺寸稳定性的测定方法,分别是 FZ/T 20021—2012《织物经汽蒸后尺寸变化试验方法》和 FZ/T 20023—2006《毛机织物经汽蒸后尺寸变化率的测定 霍夫曼法》。这两个方法主要针对毛织物产品,且不需经受压力的试验方法。欧洲市场采用方法 ISO 3005:1978《织物经汽蒸后尺寸变化的测定》,此方法测试要求与我国标准 FZ/T 20021—2012 的技术内容一致。

行业标准 FZ/T 60031—2011《服装用衬经蒸汽熨烫后尺寸变化试验方法》,主要是考核服装用衬在一定的压力条件下经蒸汽熨烫后尺寸变化的试验方法。

二、蒸汽尺寸稳定性试验方法介绍

(一)织物经汽蒸后尺寸变化试验方法

织物经汽蒸后尺寸变化的试验方法采用 FZ/T 20021—2012 和 ISO 3005:1978。适用于机织物、针织物及经汽蒸处理尺寸易变化的织物。

1. 试验原理

测定织物在不受压力的情况下,受蒸汽作用后的尺寸变化。该尺寸变化与织物在湿处理中的湿膨胀和毡化收缩变化无关。

2. 试验设备

(1)套筒式汽蒸仪或同类仪器。主要由金属丝支架和蒸汽圆筒组成,如图 2-10 和图 2-11 所示。

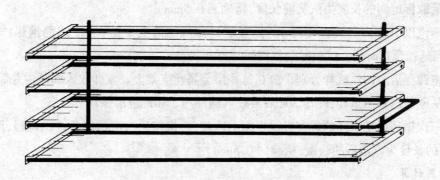

图 2-10 金属丝支架示意图

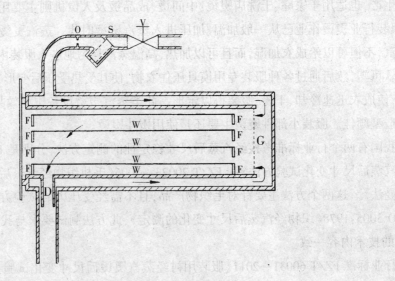

图 2-11 蒸汽圆筒示意图

D—管道　F—不锈钢角　G—铜丝网　O—控制气流装置　S—滤网　V—轮阀　W—冷拉不锈钢管

(2)订书钉或能精确标记基准点的用具。

(3)毫米刻度尺。

3. 试样准备

经向(直向)和纬向(横向)各取 4 条试样。试样尺寸为长 300mm 和宽 50mm,试样上不应有明显疵点。

4. 试验程序

(1)按照相应的纺织品调湿标准 GB/T 6529 或 ISO 139 的规定调湿试样,试样经预调湿 4h后,放置在标准大气中调湿 24h,ISO 需放置于标准大气中 4h 或直至获得平衡。

(2)试样上用订书钉或相应尺寸变化率的标记方法(GB/T 8628 或 ISO 3759)在相距250mm 处两端对称地各作一个标记。

(3)量取标记间的长度为汽蒸前长度,精确到 0.5mm。

(4)蒸汽以 70g/min(允差 20%)的速度通过蒸汽圆筒至少 1min,使圆筒预热。如圆筒过冷,可适当延长预热时间。试验时蒸汽阀保持打开状态。

(5)把调湿后的四块试样分别平放在每一层金属丝支架上。立即放入圆筒内并保持 30s。

(6)从圆筒内移出试样,冷却 30s 后再放入圆筒内。如此进出循环三次。

(7)三次循环后把试样放置在光滑平面上冷却,再次按照汽蒸前的条件预调湿,调湿后,量取标记间的长度为汽蒸后的长度,精确到 0.5mm。

5. 结果计算

(1)每一块试样的汽蒸尺寸变化率按下式计算:

$$Q_S = \frac{L_1 - L_0}{L_0} \times 100\% \tag{2-7}$$

式中:Q_S——汽蒸尺寸变化率,%;

L_0——汽蒸前长度,mm;

L_1——汽蒸后长度,mm。

(2)分别计算经(直)、纬(横)向汽蒸尺寸变化率的平均值,修约至小数点后一位。

(二)毛机织物经汽蒸后尺寸变化率的测定(霍夫曼法)

FZ/T 20023—2006《毛机织物经汽蒸后尺寸变化率的测定 霍夫曼法》规定了纺织品经汽蒸后尺寸变化率的测定方法。适用于精、粗梳毛机织物。

1. 试验原理

纺织品试样在可自由移动的状态下在一个平板汽蒸压烫机上经过汽蒸后,测量其尺寸的变化。

2. 设备与材料

用于做标记的针线和平板汽蒸压烫机(霍夫曼型)。该压烫机应可以从一个平板上喷出蒸汽,平板应置于距试样(10±1)mm的位置,不可直接接触试样,蒸汽应是温度为(158±2)℃的饱和蒸汽。

3. 试样准备

距布边50mm处剪取试样大小600mm×600mm,裁剪时应避开面料上的任何疵点。在试样经纬两个方向上各做三对标记,每对标记之间的距离为500mm,经向或纬向上每相邻两对标记之间的距离为250mm。

说明:不要用记号笔作标记,因有些记号笔的颜料在汽蒸过程中会发生变化,影响后面的测量。

4. 试验程序

(1)将试样在温度不超过50℃、相对湿度为10%~25%条件下进行预调湿2h。然后在试样上用针线做好标记。将预调湿后并做好标记的试样在温度(20±2)℃、相对湿度(65±3)%的标准大气中调湿平衡至少24h。

(2)测量经纬向每对标记之间的距离L_1,精确至0.5mm。

(3)将做好标记的试样不受任何张力地平放在汽蒸压烫机的底板上,放下盖板。

(4)汽蒸试样10s。

(5)再通过底板抽真空10s。

(6)抬起盖板,取出试样轻轻抖动。

(7)翻转试样,重复(2)~(5)步骤4次(即整个过程为5次)。

(8)将汽蒸后试样重新在预调湿大气中预调湿2h。将重新预调湿后的试样放在标准大气中调湿平衡至少24h。

(9)测量经纬向每对标记之间的距离L_2,精确至0.5mm。

5. 结果计算

按下式分别计算经向和纬向的尺寸变化率。计算结果按GB/T 8170修约至一位小数。

$$S = \frac{L_2 - L_1}{L_1} \times 100\% \qquad (2-8)$$

式中：S——汽蒸尺寸变化率，%；

　　　L_1——试样原始尺寸，mm；

　　　L_2——试样汽蒸后尺寸，mm。

说明：计算中所用尺寸均为经向或纬向尺寸的平均值。

三、热压蒸汽尺寸稳定性试验方法介绍

(一)中国试验方法介绍

FZ/T 60031—2011《服装用衬经蒸汽熨烫后尺寸变化试验方法》规定了在服装制作过程中，服装用衬经蒸汽熨烫后尺寸变化的试验方法。适用于各种材质的机织物、针织物和非织造布为基布的各类黏合衬、黑炭衬和树脂衬经蒸汽熨烫后尺寸变化的测定。

1. 试验原理

利用工业用蒸汽熨斗或平板蒸汽压烫机，在规定的温度、压力、时间条件下，通过蒸汽作用，测试服装用衬的尺寸稳定性。

2. 试验设备

(1)工业用蒸汽熨斗：符合 QB/T 1696 要求。

(2)平板蒸汽压烫机：可以从面板上喷出蒸汽，并能施加一个均匀一致的压力，蒸汽应是饱和蒸汽，有蒸汽压力调节装置和空气压力调节装置，蒸汽压力调节范围为 0~1MPa（1MPa = 10.2kg/cm²），准确度为±0.05MPa，空气压力调节范围为 0~1MPa，准确度为±0.02MPa。

(3)合适的标记打印装置：准确度为 0.5mm。

(4)合适的面料。

(5)剪裁刀。

(6)直尺：准确度为 0.5 mm。

(7)秒表。

3. 试样准备

(1)试样准备：试样应从距布边 10cm，距布端 1m 以上剪取。试样上不得有污渍、色渍、油渍、折痕及漏粉、涂层不匀等影响黏合加工的外观疵点存在。

(2)如试样为黏合衬，则按 FZ/T 01076 的规定，与标准面料制成组合试样。

(3)将剪取的试样或制成的组合试样在 GB/T 6529 规定的预调湿大气中预调湿 4h。将预调湿后的试样在 GB/T 6529 规定的标准大气中调湿平衡至少 4h。

(4)用合适的标记打印装置在试样的经纬（纵横）向各打三个 250mm 间距的标记，各组标记应距试样布边 25mm 左右。各组标记间隔为（100±10）mm，如图 2-12 所示。

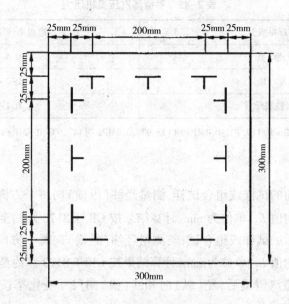

图 2-12 各组标记间隔示意图

4. 试验步骤

(1)方法 A:用工业用蒸汽熨斗熨烫试验方法。将准备好的试样不受任何张力地平放在工作台上,根据试样纤维成分,将蒸汽熨斗设定在所需温度上(表 2-44),调节蒸汽熨斗的饱和蒸汽压力至 0.2MPa。使用蒸汽熨斗,沿试样经(纵)向匀速往复 3 次,整块试样需全部熨烫一遍。将熨烫后的试样在 GB/T 6529 规定的预调湿大气中预调湿 4h。将预调湿后的试样在 GB/T 6529 规定的标准大气中调湿平衡至少 12h。

表 2-44 工业用蒸汽熨斗温度

试样纤维成分	温度(℃)
棉、麻、毛	160
聚酯纤维	140
丝	120
聚酰胺纤维	100

(2)方法 B:用平板蒸汽压烫机试验方法。调节平板蒸汽压烫机的空气压力至(0.6±0.02) MPa,根据试样纤维成分,调节平板蒸汽压烫试验机的饱和蒸汽压力(表 2-45),将准备好的试样不受任何张力地平放在蒸汽压烫机的下压板上,放下盖板,在平板喷出蒸汽状态下,直接压烫试样 10s。抬起盖板,通过底板抽真空 10s。取出试样轻轻抖动。翻转试样,再重复上述步骤 2 次(即整个过程为 3 次)。将蒸汽压烫后的试样在 GB/T 6529 规定的大气中预调湿 4h。将预调湿后的试样在 GB/T 6529 规定的大气中调湿平衡 12h。

表 2-45　平板蒸汽压烫机压力

试样纤维成分	饱和蒸汽压力(MPa)
棉、麻、毛	0.5~0.6
聚酯纤维	0.3~0.4
丝、聚酰胺纤维	0.1~0.2

注　饱和蒸汽压力0.1MPa约119.7℃,0.2MPa约132.9℃,0.3MPa约142.9℃,0.4MPa约151.1℃,0.5MPa约158.1℃,0.6MPa约164.2℃。

5. 结果计算

(1)对每块试验前的试样或组合试样,测量经纬(纵横)向每个方向上三组数据,测量精确至0.5mm,分别取平均值 L_0,单位为mm,计算结果按GB/T 8170修约至小数点后一位。

(2)对每块试验后的试样或组合试样,测量经纬(纵横)向每个方向上三组数据,测量精确至0.5mm,分别取平均值 L_1,单位为mm,计算结果按GB/T 8170修约至小数点后一位。

(3)服装用衬经蒸汽熨烫后,经(纵)向和纬(横)向尺寸变化率按下式计算,计算结果按GB/T 8170修约至小数点后一位。

$$L=\frac{L_1-L_0}{L_0}\times100 \tag{2-9}$$

式中:L——服装用衬经蒸汽熨烫后经(纵)向或纬(横)向的尺寸变化率,%;

L_0——试验前基准标记线之间的平均距离,mm;

L_1——试验后基准标记线之间的平均距离,mm。

(二)美国试验方法介绍

目前,美国常用的关于热压蒸汽尺寸稳定性的测试方法是 ASTM D3780—2014《成年男子和男孩穿的礼服、运动夹克、便装及裤子用机织织物的标准性能规范》。其主要测试原理是将做好标记的试样经数次水洗或干洗后,利用不同的蒸汽压烫方式,在规定的温度、压力和时间条件下,测定试样通过蒸汽作用后的尺寸变化。

ASTM D3780—2014 主要采用平板蒸汽压烫机。按买卖双方之间的协议确定温度、蒸汽、真空和压力等。如果买卖双方没有协议,则使用平板蒸汽压烫机按照如下步骤测试。

在完成水洗干燥后,打开盖板,放置样品在底板上,5s汽蒸。放下盖板,在145~151℃的蒸汽温度下压5s。关闭蒸汽,放下盖板,5s抽真空。关闭蒸汽,抬起盖板,5s抽真空。

第四节　洗涤后外观评定

一、概述

洗涤后外观(包括水洗和干洗)的评定通常是对于制成品的要求,尤其在欧美市场,成品服装的洗后外观必须符合品牌商或买家的要求。一方面,洗后外观的评定是制定合适洗水标签的检测项目之一;另一方面,洗后外观也能比较直接地反映产品经消费者洗涤护理后外观变化的状况。据相关调查信息,服装产品因洗涤产生的质量问题在消费者投诉中占很高的比率,常见的问题有水洗后产品褪色、沾色,针织产品扭曲、附件脱落;干洗后涂层破坏、复合面料起泡、附件掉漆等,虽然其中的部分问题是由于护理不当造成,但大货产品未作洗后外观的质量控制是主要因素。

在试验方法方面,洗后外观有其特殊性,没有专门的试验方法标准。一般,洗涤的过程与水洗或干洗尺寸稳定性试验方法相同。需要注意的是,在选择洗涤条件时,欧美标准通常按照产品上明示的洗水标签信息执行,而中国市场则不同,洗涤温度、程序等大多在产品标准中作出规定,详细要求可参见本章第一节第五部分。

二、洗后外观评定内容

服装、纺织品的洗后外观是一个综合质量指标,包括所有感官能感知的变化,如与色牢度相关的变色、沾色、自身沾色,与形态保持相关的扭曲、变形,与表面状态相关的起毛起球、平整度、布面破损,以及手感等其他感观变化。在作洗后外观评定时,通常应包括以下评判点。

(1)成品扭曲率的测试结果。

(2)用变色样卡评定颜色变化。

(3)面料是否出现明显的起皱、波纹、起球、钢丝、破洞、磨损痕迹、脱毛,填充物是否出现成束、不匀、破洞、缩团等明显外观变化。

(4)黏合、复合、涂层、印花部位面料是否出现起泡、脱落裂开。

(5)里料是否出现外露。

(6)衬布是否出现断裂、起泡、脱胶。

(7)绣花部位面料是否出现明显起皱,贴花部位是否出现脱开,印花部位是否出现明显掉色、霜白、裂开。

(8)布边是否出现松散、卷曲,流苏是否散开、凌乱。

(9)包缝线是否脱落,缝纫线是否开线,绣花线迹是否明显松弛。

(10)纽扣、拉链、铆钉等硬质附件(装饰件除外)是否出现明显变形、变色、生锈、掉漆、脱落等现象,绱拉链是否平服。

(11)以上尚未提及的其他明显影响服装穿着使用外观变化的缺陷。

三、评定相关要求

(一)环境要求

一般采用灯光照明,照度不低于600lx,有条件时也可采用北空光照明,目光和成品中间距离为35cm以上。评定成品变色、平整度、起毛起球时,评定条件应按照相关项目的评级规定的环境(灯箱)要求执行。

(二)参照样要求

洗后外观的评定要求与原样作比较,因此,在洗涤前必须检查用于洗涤测试的试样与用于对照的原样是否完全一致,如不一致,需更换样品。有时,当遇到某些样品附有数量较多(或比较密集)的小装饰时,如亮片、珠子、假钻等,除需要留有对照样之外,还应对测试样品进行拍照留存,评定时,应仔细核对小装饰的脱落情况。

四、洗后外观要求

评定至少需要 2 位检验人员,当判定结果出现不一致时,应有第 3 个人参与评定。以 2 个人的意见作为最终的判定结果。

按照规定评定要求和内容,综合评定成品洗后外观是否可以接受。通常欧美市场的要求分为满意和不满意两种。中国市场常用服装产品标准中外观质量要求见表 2-46。

表 2-46 中国市场常用服装产品标准中外观质量要求

产品标准	技术要求
GB/T 2660—2017《衬衫》	洗涤干燥后,黏合衬部位不允许出现脱胶、起泡;其他部位不允许出现破损、脱落、变形、明显扭曲和严重变色;缝口不允许脱散
GB/T 2662—2017《棉服装》	不允许出现破损、明显变形和变色,复合、喷涂、印花以及绣花面料不能起泡、脱落或严重起皱,表面部位不能有明显水渍,附件不允许脱落和锈蚀,里料不允许外露,填充物不允许出现缩团,不允许严重影响外观及使用性能的其他变化
GB/T 18132—2016《丝绸服装》	成品经洗涤后不可出现破洞、明显扭曲和变形等外观变化,黏合、复合、喷涂、印花以及绣花部位面料不允许起泡和脱落,纽扣、饰品等附件不允许破损和脱落;镶拼产品互相沾色或装饰件、绣花造成的面料色差不低于 4 级
FZ/T 81007—2012《单、夹服装》	黏合部位:不允许脱胶、起泡;其他外观:不允许出现破损、脱落、锈蚀、变形、明显扭曲和变色,缝口不允许脱散
GB/T 22700—2016《水洗整理服装》	变色:≥4 级;扭曲率和外观质量符合 GB/T 21295 规定。其具体要求是:扭曲率≤3%。面料不允许出现破洞,填充物不允许出现缩团等明显外观变化;黏合、复合、涂层、印花部位面料不允许起泡、脱落裂开;绣花部位面料不允许明显起皱,贴花部位不允许脱开等;里料不允许外露。其他:边饰等不可出现凌乱现象;包缝线不可脱落,缝纫线不可开线,绣花线迹不可明显松弛等;纽扣、饰品等附件不允许破损、脱落和锈蚀等
FZ/T 73020—2012《针织休闲服装》	印花部位不允许起泡、脱落,绣花部位缝纫线无严重不平整,贴花部位无脱开,附件无脱落、锈蚀
GB/T 22849—2014《针织 T 恤衫》	印花部位不允许起泡、脱落、开裂,绣花部位缝纫线无严重不平整,贴花部位无脱开,附件无脱落、锈蚀

五、干洗后外观常见问题

(1)带有涂层的面料变硬发脆。许多面料带有合成树脂涂层,其中有一些面料的涂层在四氯乙烯干洗过程中会发生部分成分溶解,使得涂层变硬发脆,造成衣物无法使用。有一些面料的涂层(如聚氨酯涂层)在起初几次的干洗中不会出现变硬发脆现象,但经过一定次数的干洗后,仍然可能出现面料变硬发脆现象。因此,凡是带有涂层的面料尽可能不采用干洗。最好的处理方法是水洗或石油系溶剂干洗。

(2)附件溶解或脱落。由于干洗溶剂溶解范围包括一些如橡胶、树脂等有机物,所以在干洗时有可能把衣物上的纽扣、拉链头、服装标牌、松紧带、小饰物等附件配件溶解。尤其是使用四氯乙烯干洗溶剂时,衣物附件发生溶解的机会较多,如橡胶制品、聚氯乙烯塑料制品以及采用普通油漆涂饰的附件等。附件溶解后大多数还会使面料沾染上颜色。有的附件本身并未发生溶解,但是黏合附件、装饰件的胶黏剂在干洗溶解,造成装饰件脱落。为了尽量使干洗过程中衣物不受到损伤,可以使用网袋,网袋的作用主要有两个,一是控制洗涤强度,适当降低机械力,用以保护衣物不受损伤;二是隔离尖锐、绳索等物件防止钩挂纠缠。为了干洗的洗净度,使用网袋是退而求其次的手段,但是网袋的使用不可过滥。

　　上述问题如果得不到好的解决,一方面严重影响产品的外观质量,在做外观质量判定时产品会不合格;另一方面影响实际使用性能。因此,企业需制定合理的洗涤维护标签,使产品得到最佳的护理;另外,在使用说明中添加相关补充性说明用语,提醒消费者正确护理产品。

第五节　洗涤后扭曲率(度)

一、概述

　　由于织物在织造和染整加工时受力不匀,织物制成的服装在洗涤过程中因潜在应力的释放而导致服装不同部位(通常是横向)发生的扭曲现象。服装发生扭曲影响其美观和穿用性能,所以需要考核洗涤后的扭曲率来评定产品的耐洗涤性能要求。

　　我国对于考核扭曲的方法标准有 GB/T 23319.1—2009《纺织品　洗涤后扭斜的测定　第 1 部分:针织服装纵行扭斜的变化》、GB/T 23319.2—2009《纺织品　洗涤后扭斜的测定　第 2 部分:机织物和针织物》和 GB/T 23319.3—2010《纺织品　洗涤后扭斜的测定　第 3 部分:机织服装和针织服装》。国标的三个方法分别修改采用国际标准 ISO 16322-1:2005《纺织品　洗涤后扭斜的测定　第 1 部分:针织服装纵行扭斜的变化》,ISO 16322-2:2005《纺织品　洗涤后扭斜的测定　第 2 部分:机织物和针织物》和 ISO 16322-3:2005《纺织品　洗涤后扭斜的测定　第 3 部分:机织服装和针织服装》。美国市场针对扭曲的方法有 AATCC 179—2019《织物经家庭洗涤后的扭斜变化》。

　　虽然我国有 GB/T 23319 系列方法对扭斜率测试进行规定,但是在服装成品上并未按照这些方法测试,这主要是因为服装所执行的产品标准中已经对测试扭曲率进行详细的规定。本节中会介绍两个常用的服装产品标准 FZ/T 81006—2017《牛仔服装》和 FZ/T 73020—2012《针织休闲服装》的扭斜率试验方法。

二、中国试验方法介绍

(一)针织服装纵行扭斜变化的测定

　　纵行扭斜是针织织物的线圈纵行绕着筒状针织物中心轴旋转形成的扭曲。GB/T 23319.1—2009 规定了在针织机上成形的纬编平针针织服装洗涤后扭斜变化率的测定方法。通过测量针织服装洗涤前和洗涤后的扭斜角计算扭斜的变化。

1.试验原理

　　在针织服装底边施加一定的张力,使其底边上沿成一直线,分别量取洗涤前后线圈纵行与底边上沿垂直线之间的角度,根据两个测试结果计算出扭斜角的变化。

2. 试验设备

(1)金属直尺,长度不小于200mm,分度值为1mm。

(2)透明塑料量角器,刻度从0到180°,分度值为1°。

(3)两个压块,每个质量为(1±0.01)kg,面积约为20cm²。

(4)脱水机,如家用的旋转式脱水机。

(5)全自动洗衣机,按GB/T 8629规定。

3. 试验程序

(1)试样是由针织服装的主体部分组成。测试前,按照GB/T 6529规定,将试样在标准大气中调湿试样至少4h。

(2)将服装铺在一平整的台面上,测试面朝上。

(3)如有必要,将一压块放在服装底边的一端,拉住底边的另一端,使底边上沿线条成一直线,同时底边上的线圈纵行与该直线成直角,将另一压块放在底边的另一端,使底边保持平直。

(4)在每一个三分之一宽度中间处,将直尺平行于服装主体的线圈纵行放置,选择一排线圈纵行,并在该纵行和底边的交织点,使直尺和线圈纵行成一直线。固定此点并旋转直尺,在距离底边上沿(200±1)mm处通过同一线圈纵行。

(5)固定直尺,将量角器放置在直尺上,其底线与下摆上沿对齐,量取直尺边线和量角器底边之间的角度,洗前测量,洗前线圈纵行扭斜角 $\alpha=90°$(图2-13)。

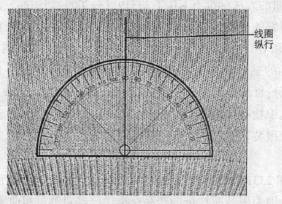

图2-13 洗前测量示意图

(6)分别在针织服装的前片和后片各三处不同的地方进行测量,共得出六次测试结果。

(7)用下面的其中一种方法洗涤成衣,使其完全浸透。

①只可干洗类产品:在冷水中浸泡30min,然后脱水1min。

②手洗类产品:按照GB/T 8629模拟手洗1次。

③ 机洗类产品:按照7A洗涤程序洗涤1次,或者经双方协商,按GB/T 8629选择其他适当的洗涤程序。

(8)在室温环境或温度不超过60℃的烘箱里平摊干燥服装。

(9)干燥后将服装铺在一平整光滑的台面上,除去明显的皱折,然后对服装进行调湿。调湿后,按照洗前测量的方法再次测量洗涤后扭斜角,洗后测量,洗后线圈纵行扭斜角 $\beta=76°$(图2-14)。

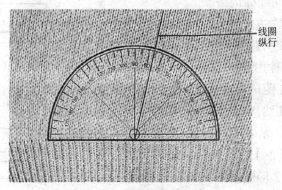

图 2-14　洗后测量示意图

4.结果计算

计算每件服装洗前和洗后各六次扭斜角测试值的算术平均值,修约到整数位。按下式计算出线圈纵行扭斜角的变化率。

$$S = \frac{\alpha - \beta}{\alpha} \times 100\% \qquad (2-10)$$

式中:S——洗后扭斜角的变化率,%;

　　α——洗前线圈纵行扭斜角平均值,用度(°)表示(图 2-13);

　　β——洗后线圈纵行扭斜角平均值,用度(°)表示(图 2-14)。

说明:如果前后片扭斜角差异较大时,分别计算。

(二)机织物和针织物扭斜的测定

GB/T 23319.2—2009 规定了测量机织物和针织物洗涤后扭斜的三种方法,即对角线标记法、倒 T 形标记法和模拟服装标记法。此方法适用于测量织物洗涤后的扭斜,而不是针对测量织物制造时形成的扭斜。

1.试验原理

按照规定程序对试样进行裁剪、准备、标记以及洗涤,以毫米为单位测量其扭斜值,以对标记长度或偏移角度的百分率作为测定结果。

2.试验设备

(1)自动洗衣机,按 GB/T 8629 中规定,洗衣机种类协商确定。

(2)自动烘干机,按 GB/T 8629 中规定,经协商确定。

(3)钢尺,长度至少为 500mm,分度值为 1mm。

(4)调湿架。

(5)缝纫机。

(6)丁字尺,长度至少为 500mm。

(7)标记模板,尺寸为 380mm×380mm、580mm×510mm 和 650mm×380mm。

3.试样标记

在裁剪、缝合及测量织物试样之前,按照 GB/T 6529 规定在试验用标准大气中调湿织物或服装样品至少 4h。然后选择以下的一种方法标记试样。

（1）方法 A——对角线标记法。

①试样准备。在织物的合适位置准备三个试样。沿着织物布边或管状织物折线剪裁三个 380mm×380mm 包含不同经纬（纵横）纱线的单层织物试样。

②对角线标记。在距试样各边 65mm 处标记两条 250mm 平行于长度方向的基准线，两条 250mm 平行于宽度方向的基准线，形成一个正方形。从左下角开始，按顺时针方向标记四个顶角 A、B、C 和 D（图 2-15）。

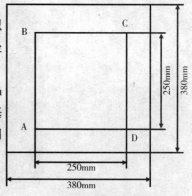

图 2-15　洗涤前对角线标记的织物试样

（2）方法 B——倒 T 形标记法。

①试样准备。裁剪三块 650mm×380mm 的试样，试样的长度方向平行于样品的布边。如果样品是管状针织物，试样的长度方向应平行于样品的折边。这种标记方法尤其适合窄幅织物。

②倒 T 形标记法。平行于宽度方向，距试样底边 75mm 处画一直线 YZ。在 YZ 的中点处标记基准点 A。使用丁字尺在 A 点上方垂直 YZ 且与 A 点相距 500mm 处标记 B 点（图 2-16）。

（3）方法 C——模拟服装标记法。

①试样准备。将织物对折，使其布边重合。在对折的织物上放置一个 580mm×510mm 的模板，其长度方向平行于布边。裁剪三个尺寸为 580mm×510mm 的双层织物试样。

说明：试样的长度方向也许不与织物经向或纵行一致，试样的宽度方向也不一定必须与织物纬向或横列一致。但是，试样长度方向一般与织物布边方向一致。

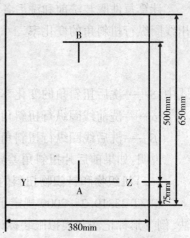

图 2-16　洗涤前倒 T 形标记的织物试样

②模拟服装标记。整理试样，使其正面排列整齐并且各边对齐。沿每条长边和其中任一短边缝制一条线迹，线迹距邻近布边的距离为 12mm。将缝线迹翻向里面，形成一个模拟服装样片的开口袋子或枕套形成的试样。缝合开口边。沿缝合的边缘测量并记录每个试样上 AB 和 CD 的长度（图 2-17）。

4. 洗涤程序

根据 GB/T 8629 选择洗涤程序，与采用该织物制作的服装标签中的维护方法一致。根据有关方的协商确定洗涤循环的次数。洗涤完成后，按照 GB/T 6529 调湿试样。

5. 测量和计算

将试样放在平滑的台面上并去除主要褶皱，选择与洗前一致的试样标记法进行测量和计算。

（1）方法 A——对角线标记法。

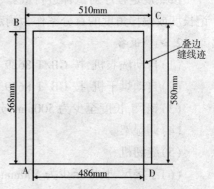

图 2-17　洗涤前模拟服装标记的织物试样

①常规计算。洗涤后,测量并记录 AC 和 BD 的长度,修约至最接近的 1mm(图 2-18,图中扭斜方向仅为举例展示,实际上扭斜可以为任意方向)。然后按照下式计算每个试样的扭斜率 $X(\%)$,修约至最接近的 0.1%。计算并记录测试试样的平均扭斜率(%)。

$$X = 2 \times \frac{AC - BD}{AC + BD} \times 100 \qquad (2-11)$$

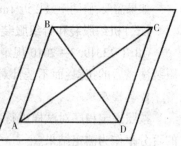

图 2-18 洗涤后对角线标记的织物试样

式中:AC——试样上从 A 点到 C 点的对角线长度,mm;

BD——试样上从 B 点到 D 点的对角线长度,mm。

说明:该公式假设试样洗涤后两条对角线保持垂直不变。实际上,洗涤过程中由于织物收缩,两条对角线不会一直保持垂直。因此,由式(2-11)计算得到的结果只是实际扭斜率的近似值。

②可选性计算。一种可选的计算方法是将 AD 向两端延长(图 2-15)。将丁字尺的一直角边沿 AD 放置,另一直角边分别经 B 点、C 点作垂线,与 AD 的交点分别标记为 A′与 D′(图 2-19,图中扭斜方向仅为举例展示,实际上扭斜可为任意方向)。测量并记录 AA′、DD′、AB 和 CD 的长度,修约至最接近的 1mm。按照下式计算每个试样的扭斜率 $X(\%)$,修约至最接近的 0.1%。计算并记录测试试样的平均扭斜率(%)。

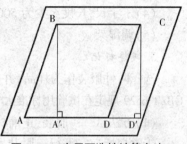

图 2-19 应用可选性计算方法洗涤后对角线标记的织物试样

$$X = \frac{AA' + DD'}{AB + CD} \times 100 \qquad (2-12)$$

如果需要,修约至最接近 1mm 的扭斜距离 AA′或 DD′的平均长度,可以同扭斜率一起给出报告。

(2)方法 B——倒 T 形标记法。试样洗涤后,将丁字尺的一直角边沿 YZ 放置,另一直角边经 B 点作垂线,与 YZ 的交点标记为 A′(图 2-20)。测量并记录 AA′和 AB 的长度,修约至最接近的 1mm。按照下式计算每个试样的扭斜率 $X(\%)$,修约至最接近的 0.1%。计算并记录测试试样的平均扭斜率。

$$X = \frac{AA'}{AB} \times 100 \qquad (2-13)$$

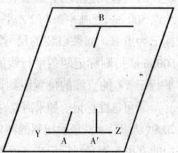

图 2-20 洗涤后倒 T 形标记的织物试样

如果需要,修约至最接近 1mm 的扭斜距离 AA′的平均长度,可以同扭斜率一起给出报告。

(3)方法 C——模拟服装标记法。洗涤后,测量并记录 AA′、DD′、AB 和 CD 的长度,修约至最接近的 1mm(图 2-21,图中扭斜方向仅为举例展示,实际上扭斜可为任意方向)。按照下式计算每个试样的扭斜率 X(%),修约至最接近的 0.1%。计算并记录测试试样的平均扭斜率。

$$X = \frac{AA' + DD'}{AB + CD} \times 100\% \qquad (2-14)$$

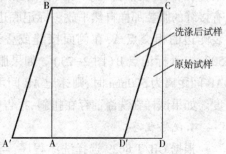

图 2-21 洗涤后模拟服装标记的织物试样

如果需要,修约至最接近 1mm 的扭斜距离 AA′或 DD′的平均长度,可以同扭斜率一起给出报告。

(三)机织服装和针织服装扭斜的测定

GB/T 23319.3—2010 规定了测量机织和针织服装洗涤后扭斜的方法。此方法适用于测量服装洗涤后的扭斜,而不是针对服装制造时形成的扭斜。

1. 试验原理

按照规定程序对试样进行准备、标记以及洗涤,以毫米为单位测量其扭斜值,以对标记长度的百分率作为测定结果。

2. 试验设备

(1)自动洗衣机,按 GB/T 8629 中规定,洗衣机种类协商确定。

(2)自动烘干机,按 GB/T 8629 中规定,经协商确定。

(3)钢尺,长度至少为 500mm,分度值为 1mm。

(4)丁字尺,长度至少为 500mm。

(5)调湿架。

3. 试样标记

选择两件服装作为样品,并在服装样品上标记合适的长度。在标记、测量试样之前,按照 GB/T 6529 规定在试验用标准大气中调湿服装样品至少 4h。然后选择如下的一种方法标记试样。

(1)方法 A——服装,正面标记法。

①常规标记。平行于服装宽度方向距底边 75mm 画一直线 YZ(图 2-22)。如果服装的底边不是直线形,则直线 YZ 应垂直于服装的纵向对称轴。在 YZ 的中点标记基准点 A,将丁字尺的一直角边沿 YZ 放置,另一直角边经 A 点作垂线,在距 A 点 500mm 处画一条与 YZ 平行的直线,平行线与垂线的交点标记为点 B。如果服装的尺寸不足以使两条平行线间距离为 500mm 时,则标记两条平行线间可能得到的最大距离,并保证平行于 YZ 的直线的位置距测试服装的上部边缘至少 75mm。

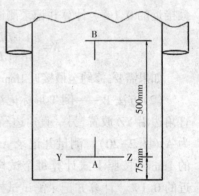

图 2-22　洗涤前服装正面标记示意图

②可选性标记。如果需要,扭斜率可以采用 GB/T 23319.2—2009《纺织品　洗涤后扭斜的测定　第 2 部分:机织物和针织物》中的方法 A 对角线标记法进行测定。

(2)方法 B——服装,侧面标记法。将测试服装平放,使其接缝自然排列。对没有接缝的圆形针织服装像有接缝的服装那样自然平放。标记底边与侧面接缝或服装侧边的相交点 A,在侧面接缝或叠边上与点 A 相距 500mm 处标记点 B(图 2-23)。如果服装尺寸不足以使 AB 间距离为 500mm 时,则标记 AB 间可能得到的最大长度。如果试样在洗涤前存在扭斜,报告中应记录。

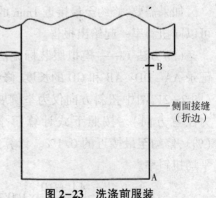

图 2-23　洗涤前服装侧面接缝标记示意图

4. 洗涤程序

根据 GB/T 8629 选择洗涤程序,与服装标签中的维护方法一致。根据有关方的协商,确定洗涤循环的次数。

完成最后一次洗涤循环后,按照 GB/T 6529 在试验用标准大气中调湿试样。一般情况下,将试样自然展开放在平滑的台面上以便进行测量。

5. 结果计算

(1)方法 A——服装,正面标记法。将丁字尺的一直角边沿 YZ 放置,另一直角边经点 B 作垂线,与 YZ 交点标记为 A′(图 2-24,图中扭斜方向仅为举例展示,实际上扭斜可为任意方向)。测量并记录 A′B 与 AA′ 的长度,修约至最接近的 1mm。按照下式计算每个服装的扭斜率 X(%),修约至最接近的 0.1%。计算并记录测试服装的平均扭斜率(%)。

$$X = \frac{AA'}{A'B} \times 100\% \tag{2-15}$$

(2)方法 B——服装,侧面标记法。洗涤后服装侧面接缝或折边与底边的交点标记为 A′。测量并记录 AB 与 AA′ 的长度(图 2-25,图中扭斜方向仅为举例展示,实际上扭斜可为任意方向),修约至最接近的 1mm。按照下式计算每件服装的扭斜率 X(%),修约至最接近的 0.1%。计算并记录测试服装的平均扭斜率(%)。

$$X = \frac{AA'}{AB} \times 100\% \tag{2-16}$$

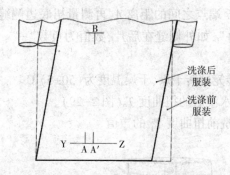

图 2-24　洗涤后服装正面标记示意图

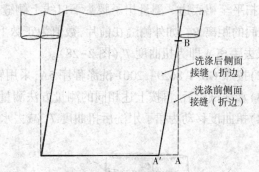

图 2-25　洗涤后服装侧面接缝(折边)标记示意图

(四)牛仔服装扭曲度与扭曲度移动试验方法

FZ/T 81006—2017《牛仔服装》附录 B 中规定了牛仔裤和牛仔裙的扭曲度与扭曲度移动试验方法。

1. 裤子扭曲度与扭曲度移动试验方法

(1)大气条件下,按照 GB/T 6529 的规定对试样进行调湿和试验。

(2)水洗试验前,抓紧裤腰左、右两边,前、后、中要对准重叠,令其自然垂直向下,然后自然平放于桌上,由上裆扫平至裤脚。测量横裆线上外侧缝至端点之间的距离 A,再测量裤脚口外侧缝至端点之间的距离 B(图 2-26)。如外侧缝在前片,数值为正数"+",如外侧缝在后片,数值为负数"-"。距离 B 减去距离 A,即为扭曲度 T_1。

(3)按照 GB/T 8629—2001 洗涤程序 5A,采用转笼翻转干燥,干燥温度为(50±5)℃。

(4)水洗试验后,再按上述相同的测量方法测量水洗后的扭曲度 T_2(图 2-27)。

(5)扭曲度移动为裤子水洗后扭曲度 T_2 减去水洗前扭曲度 T_1 的数值。裤子左、右裤管应分别报告扭曲度移动的测定结果。

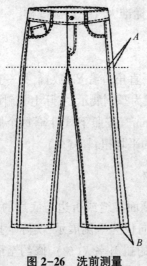

图 2-26 洗前测量

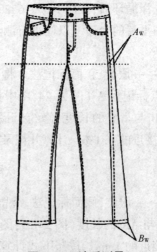

图 2-27 洗后测量

2. 裙子扭曲度与扭曲度移动试验方法

(1)抓紧裙腰左、右两边,前、后、中要对准重叠,令其自然垂直向下,然后自然平放于桌上,由腰缝扫平至裙底边。测量裙子腰头下口线上侧缝至端点之间的距离 A,再测量裙底边侧缝至端点之间的距离 B。如外侧缝在前片,数值为正数"+",如外侧缝在后片,数值为负数"−"。距离 B 减去距离 A 即为扭曲度 T_1(图 2-28)。

(2)按照 GB/T 8629—2001 洗涤程序 5A,采用转笼翻转干燥,干燥温度为(50±5)℃。

(3)水洗试验后,再按上述相同的测量方法测量水洗后的扭曲度 T_2(图 2-29)。

(4)扭曲度移动为裙子水洗后扭曲度 T_2 减去水洗前扭曲度 T_1 的数值。

图 2-28 裙子洗前测量

图 2-29 裙子洗后测量

3. 结果计算

(1)水洗前扭曲度按照下式计算。

$$T_1 = B - A \tag{2-17}$$

式中:T_1——水洗前扭曲度,cm;

B——水洗前裤脚口外侧缝至端点之间的距离或水洗前裙底边侧缝至端点之间的距离,cm;

　　A——水洗前裤子横裆线上外侧缝至端点之间的距离或水洗前裙子腰头下口线上侧缝至
　　　端点之间的距离,cm。

(2)水洗后扭曲度按照下式计算。

$$T_2 = B_W - A_W \tag{2-18}$$

式中:T_2——水洗后扭曲度,cm;

　　B_W——水洗后裤脚口外侧缝至端点之间的距离或水洗后裙底边侧缝至端点之间的距
　　　离,cm;

　　A_W——水洗后裤子横裆线上外侧缝至端点之间的距离或水洗后裙子腰头下口线上侧缝至
　　　端点之间的距离,cm。

(3)扭曲度移动按照下式计算。

$$T = |T_2 - T_1| \tag{2-19}$$

式中:T——扭曲度移动,cm;

　　T_2——水洗后扭曲度,cm;

　　T_1——水洗前扭曲度,cm。

(五)针织休闲服装扭曲率试验方法

FZ/T 73020—2012《针织休闲服装》第5.3.4章节规定了休闲服装扭曲率的试验方法。

(1)按 GB/T 8629—2001 中5A 的规定执行,明示"只可手洗"的产品按 GB/T 8629—2001 中"仿手洗"程序执行。采用悬挂晾干,横机产品平摊晾干。将晾干后的试样放置在(20±2)℃、相对湿度(65±4)% 环境的平面上,停放 4h 后轻轻拍平折痕,再进行测量。

(2)将水洗后的成衣平铺在光滑的台面上,用手轻轻拍平。每件成衣以扭斜程度最大的一边测量,以三件的扭曲率平均值作为计算结果。

(3)上衣扭曲测量部位如图 2-30 所示,裤子扭曲测量部位如图 2-31 所示。

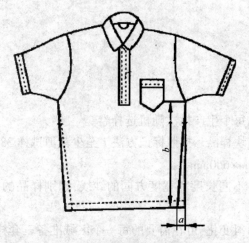

图 2-30　上衣扭曲测量部位示意图
a—侧缝与袖窿交叉处垂直到底边的点与水洗后
侧缝与底边交叉点间的距离
b—侧缝与袖窿交叉处垂直到底边的距离

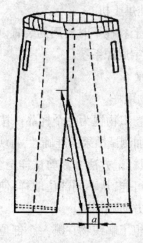

图 2-31　裤子扭曲测量部位示意图
a—内侧缝与裤口边交叉点与水洗后内侧缝与
底边交叉点间的距离
b—裆底点到裤边口的内侧缝距离

(4)扭曲率按下式计算,最终结果按 GB/T 8170 修约精确到一位小数。

$$F = \frac{a}{b} \times 100\% \tag{2-20}$$

式中:F——扭曲率,%;

$\quad$ a——侧缝与袖窿交叉处垂直到底边的点与扭后端点间的距离,cm;

$\quad$ b——侧缝与袖窿交叉处垂直到底边的距离,cm。

三、欧美试验方法介绍

(一)美国标准介绍

AATCC 179—2019《织物经家庭洗涤后的扭斜变化》方法用于测定织物经家庭洗涤后针织物和机织物的扭曲的变化。

1. 试验原理

通过测量试样洗前做好的标记来测定经典型的家庭洗涤程序洗涤后引起的织物扭曲的变化。

2. 仪器和材料

(1)不褪色记号笔。

(2)直角三角尺、L 直角尺或标记模板。

(3)测量直尺或卷尺,刻度为 1mm 或更小的刻度。

(4)调湿或干燥样品的架子、打孔架子或可拉筛网。

(5)标准洗衣机。

(6)AATCC 1993 标准洗涤剂。

(7)天平:量程至少 5kg。

(8)陪洗织物:类型 1 和类型 3,同尺寸变化率,见表 2-23。

(9)标准烘干机。

(10)滴干和挂干时使用的装置。

(11)数字成像系统。

3. 试样准备

(1)织物取样。

①将每卷织物视为一个样品。按照约定从每个生产批次随机选择卷。

②为增加测试结果的准确性,每块样本取三块样品。按照标记方法 1 至少裁剪试样 380mm×380mm,按照标记方法 2 裁剪试样至少在 380mm×660mm。

③如果可能,从不同部位取样,使样品包含不同长度和宽度方向的纱线,识别样品的正面,在样品长度方向做标记。

④如果想了解织物在哪一个部位出现的纬斜变化,可在需要的每一个区域准备三套样品并标记区域,即样品的左边、中间或右边分别备样。

⑤当选用方法 1 或方法 2 标记样品时,可以按 AATCC 124—2018《织物经多次家庭洗涤后的外观平整度》或 AATCC 135—2018《织物经家庭洗涤后的尺寸稳定性》的方法准备样品。提供足够大的试样以满足标记。

（2）服装取样。

①将每件服装视为一个样品。按照约定从每个生产批次随机选择服装。

②为增加测试结果的准确性,测试三件成衣样品或两件成衣的三个部位。使用成衣上最大的区域进行测试。

③当选用方法 1 或方法 2 标记样品时,可以按 AATCC 143—2018《服装及其他纺织制品经多次家庭洗涤后的外观》,AATCC 150—2018《服装经家庭洗涤后的尺寸稳定性》或 AATCC 207《经过家庭洗涤前后服装接缝扭斜》的方法准备样品。

4. 试样标记

标记前,将试样分开平铺在网架或打孔搁架上放置,如果是成衣,需挂在衣架上。按 ASTM D1776 纺织品试验调湿方法对试样进行调湿。在平整、光滑、水平的表面上,无张力下标记试样。

（1）标记方法 1。在 380mm×380mm 测试织物或服装上,平行长度方向和垂直长度方向各做两对 250mm 的标记,任何其他的标记距离,需在报告中注明。延伸和连接标记以至于形成一个正方形。顺时针从左下角标注 A、B、C、D(图 2-32 和图 2-33)。圆形针织物(内衣、汗衫)等最终是管状的针织物,就在管状状态下测试;对于其他最终是裁开的针织物,应该裁开,展开处理。

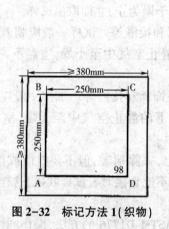

图 2-32　标记方法 1(织物)

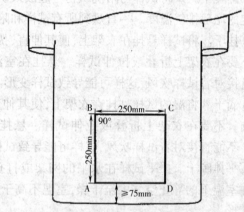

图 2-33　标记方法 1(服装)

（2）标记方法 2。标记一条参考线 YZ(图 2-34,图 2-35),YZ 距离底边(或服装的缝线边)至少 75mm。在 YZ 中间标记 A。在 A 点上放且距离 YZ 线至少 500mm 处画一条平行线,垂直于 YZ 方向中垂线的上方交点作为 B。如果试样的尺寸不够标记 500mm 则距离试样的上边最少 75mm 处做标记。任何其他的标记距离,需要在报告中注明。圆形针织物(内衣、汗衫)等最终是管状的针织织物,就在管状状态下测试;对于其他最终是裁开的针织物,应该裁开,展开处理。

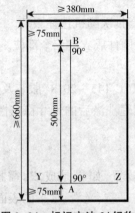

图2-34 标记方法2(织物)

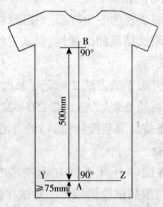

图2-35 标记方法2(服装)

5.洗涤程序

(1)洗涤。同水洗尺寸变化率洗涤程序。

(2)干燥。对于如下所有的干燥方式,允许试样完全干燥后再进行清洗。再重复选择的洗涤和干燥程序2次,共计3次或协议的循环次数。

①翻转干燥。将试样与陪洗织物一起放入烘干机中烘干,根据表2-22设置温度控制来产生选定的循环排气温度。一直烘到所有试样和陪洗物都干燥为止,立即取出试样。

②挂干。将试样悬挂在衣架上,使其伸直、抚平饰面和接缝等。试样一般应朝着穿着的方向。不要在衣架上折叠或拉伸试样。悬挂在室温下的静止空气中至干燥,室温不高于26℃。不能直接对着试样吹风,这样可能导致试样变形。

③滴干。将湿的试样悬挂在衣架上,使其伸直、抚平饰面和接缝等。试样一般应朝着穿着的方向。不要在衣架上折叠或拉伸试样。悬挂在室温下的静止空气中至干燥,室温不高于26℃。不能直接对着试样吹风,这样可能导致试样变形。

④平摊晾干。摊平试样在水平的网架或打孔搁架上,去除褶皱,但不要扭曲或拉伸试样。放置在室温下的静止空气中至干燥,室温不高于26℃。不能直接对着试样吹风,这样可能导致试样变形。

(3)调湿。试样在完成最后一次干燥循环后,按照ASTM D1776的方法,操作同洗前,对试样进行再调湿。

(4)熨烫。测量时,使用测量装置的压力使织物上的折痕变平的现象,不会引起测量误差。如果试样非常皱,而且消费者希望会对此类织物做成的成衣进行熨烫的,在测量前可以对试样进行手工熨烫。根据织物纤维类型选择适当的熨烫温度,参见第一章中AATCC 133《耐热色牢度:热压》中安全熨烫温度指南。在熨烫时使用的压力能够去除样品的褶皱即可。由于个别操作人员在操作手工熨烫程序时的高度可变性(目前没有一个标准的手工熨烫程序可供参考),手工熨烫后尺寸变化结果的重现性非常差。因此,在比较不同的操作者在操作洗涤和手工熨烫后的尺寸变化时应格外注意。熨烫后,按照ASTM D1776的方法对试样进行调湿。样品的放置方式同取样与准备程序中的放置方式。

6.测量和计算

调湿后,将试样无张力状态下放置于洗前标记同一面上。使用与初始标记和测量相同的装置。

(1)标记方法1(可选性计算1)。测量并记录斜线 AC 和 BD 的距离,精确到1mm 或1/8 英寸或1/10 英寸(图2-36)。按照下式计算扭斜百分比精确到0.1%。

$$X = 2 \times \frac{AC-BD}{AC+BD} \times 100 \qquad (2-21)$$

式中:X——扭斜变化百分率。

(2)标记方法1(可选性计算2)。沿宽度方向延长线 AD,从 B 点向下做垂线与 AD 的交点标记为 A'。从 C 点向下做垂线与 AD 的延长线的交点标记为 D'(图2-37)。以适用的尺子测量并记录 AA'、DD'、AB 和 CD 线的长度,精确至1mm 或1/8 英寸或1/10 英寸。按照下式计算扭斜变化率 X,精确到0.1%。

$$X = \frac{AA'+DD'}{AB+CD} \times 100 \qquad (2-22)$$

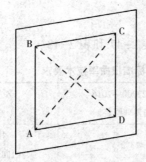

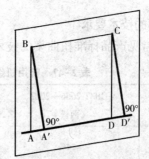

图2-36 洗涤后(可选性计算1)　　图2-37 洗涤后(可选性计算2)

(3)标记方法2(可选性计算3)。从 B 点做一条垂直于 YZ 的直线,与 YZ 的交点定为 A'(图2-38),测量并记录 AA'、AB 的长度,精确至1mm 或1/8 英寸或1/10 英寸。按照下式计算纬斜变化率 X,精确到0.1%。

$$X = \frac{AA'}{AB} \times 100 \qquad (2-23)$$

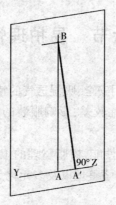

图2-38 洗涤后(可选性计算3)

(二)欧洲标准介绍

ISO 16322-1:2005《纺织品 洗涤后扭斜的测定 第 1 部分:针织服装纵行扭斜的变化》,ISO 16322-2:2005《纺织品 洗涤后扭斜的测定 第 2 部分:机织物和针织物》和 ISO 16322-3:2005《纺织品 洗涤后扭斜的测定 第 3 部分:机织服装和针织服装》是欧洲市场采用的测定扭斜率的三个方法。中国标准的三个方法 GB/T 23319.1—2009、GB/T 23319.2—2009 和 GB/T 23319.3—2010 分别修改采用三个国际标准。中国标准和 ISO 标准在主要技术内容上基本保持一致。

中国标准与其相对应的 ISO 标准在整体的结构设定上基本相同。从标准文本内容来看,除某些说明性、编辑性等方面的修改外,在中国标准中的规范性引用文件部分,用相应的中国国家标准或行业标准替换国际标准。另外,针对一些技术内容作了修改:在 ISO 16322-2:2005 中未对试样数量规定,在相对应的中国标准 GB/T 23319.2—2009 中,补充了三个测试试样的规定。其余的主要技术内容,中国标准与 ISO 标准基本一致。

四、扭曲率的技术要求

中国市场常见产品标准扭曲率的技术要求,见表 2-47 和表 2-48。

表 2-47 常用机织类服装产品标准扭曲率技术要求

产品类别	GB/T 2666—2017 《西裤》	GB/T 22700—2016 《水洗整理服装》	FZ/T 81006—2017 《牛仔服装》
技术要求	≤4%	≤3%	扭曲度≤3cm 扭曲度移动≤2.5cm

表 2-48 常用针织类服装产品标准扭曲率技术要求

产品类别	GB/T 22849—2014 《针织 T 恤衫》	GB/T 22853—2009 《针织运动服》	FZ/T 73020—2012 《针织休闲服装》
技术要求	≤6%	上衣:≤8% 长裤:≤3.5%	上衣: 条格≤6%;素色≤7% 长裤:≤3.5%

第六节 易护理性能

天然纤维织物具有穿着舒适、使用安全、吸湿透气的特点而深受人们青睐,但是其制品在穿着和洗涤过程中容易起皱,外观保型性较差,影响服装的穿着美观和保管,给消费者带来诸多烦恼。

通过树脂整理可提高服装的穿着性能,树脂整理的工艺技术发展经历了防皱防缩整理、免烫(洗可穿)整理、耐久压烫整理、低甲醛整理以及多元化免烫整理等阶段。

一、概述

我国评定易护理性能的方法标准有 GB/T 13769—2009《纺织品 评定织物经洗涤后 外

观平整度的试验方法》、GB/T 13770—2009《纺织品　评定织物经洗涤后　褶裥外观的试验方法》和 GB/T 13771—2009《纺织品　评定织物经洗涤后接缝外观平整度的试验方法》。标准规定了一种评定织物经一次或几次洗涤后其原有外观、接缝和褶裥平整度保持性的试验方法。其缝制技术和由织物特性决定的镶嵌式褶裥不包括在标准的考核范围内。标准主要适用于 GB/T 8629 规定的 B 型家用洗衣机的洗涤程序,也适用于 A 型洗衣机。

中国标准的三个方法分别修改采用国际标准 ISO 7768:2006《纺织品　评定织物经洗涤后　外观平整度的试验方法》、ISO 7770:2006《纺织品　评定织物经洗涤后　接缝外观平整度的试验方法》和 ISO 7769:2006《纺织品　评定织物经洗涤后　褶裥外观的试验方法》。目前,三个国际标准已经更新为 ISO 7768:2009、ISO 7770:2009 和 ISO 7769:2009。新旧标准之间在主要技术内容上基本保持一致。

美国市场对此项目的方法标准有 AATCC 124—2018《织物经多次家庭洗涤后的外观平整度》、AATCC 88B—2018《织物经多次家庭洗涤后的缝线平整度》和 AATCC 88C—2018《织物经多次家庭洗涤后的褶裥保持性》。

另外,我国还有标准 GB/T 19980—2005《纺织品　服装及其他纺织最终产品经家庭洗涤和干燥后外观的评价方法》,该标准是用于评价服装和其他纺织最终产品经过一次或几次家庭洗涤和干燥后,织物外观平整度、接缝平整度和熨烫褶裥保持性等外观的试验方法。该标准适用于具有任意织物结构、可水洗的纺织最终产品。由于评价的是纺织品最终产品,它们已经由生产商供货或者正待穿用,所以该标准不包括缝制和熨烫褶裥的加工技术,加工技术应根据织物性能选用。该标准与上述提到的三个标准的另一个主要不同点在于不适用于干洗程序后的平整度评价。

中国标准的方法修改采用国际标准 ISO 15487:1999《纺织品　服装及其他纺织最终产品经家庭洗涤和干燥后外观的评价方法》。目前,该标准已经更新为 2018 版本。其新旧标准之间在主要技术内容上基本保持一致。

美国市场对此项目的方法标准有 AATCC 143—2018《服装及其他纺织制品经多次家庭洗涤后的外观》。

二、试验基本原理

易护理性能主要是经整理的纺织品或服装,经家庭洗涤和干燥后,不经熨烫,仍能满足日常生活所需要的外观平整度、褶裥保持性、接缝外观和尺寸稳定性的能力。其测试原理是对试样经过一次或几次家庭洗涤和干燥后,在规定的照明条件下,对试样和立体标准样板或标准样照进行目测比较,评定试样的平整度级数。表示平整度的指标通常分为 5 级。5 级最好,1 级最差。

三、试验方法介绍

中国标准和 ISO 标准在主要技术内容上基本一致。而 AATCC 标准与中国标准和 ISO 标准略有不同,主要体现在调湿条件和洗涤程序上。

(一)试验设备
1. 照明设备
在暗室内使用悬挂式照明设备(图 2-39~图 2-41)和其他设备。其中主要包括:两排无挡板或无玻璃的冷白色荧光灯,每排灯管并排放置且长度至少2m;一个无挡板或玻璃的白色搪瓷反射罩;一块漆成灰色的厚胶合观测板,且符合评定沾色用灰色样卡2级;一只500W反射泛光灯及用于保护观测者眼睛的遮光板;一个试样支架。

说明:悬挂式荧光灯或/和泛光灯应为观测板的唯一光源,应关闭室内其他所有的灯。许多观测者的经验说明,靠近观测板的侧墙反射光线可能会影响评级结果。因此,建议将侧墙漆成黑色,或者在观测板的两侧挂上黑色的布帘,以消除反射光线的影响。

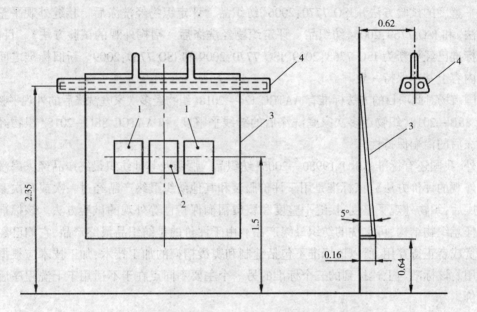

图 2-39　观测织物和褶裥试样的照明设备示意图(单位为 m)
1—外观平整度或褶裥外观立体标准样板　2—试样　3—观测板　4—荧光灯安装示范

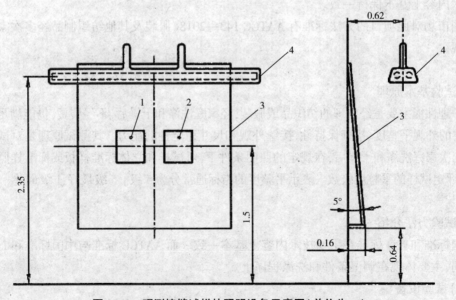

图 2-40　观测接缝试样的照明设备示意图(单位为 m)
1—接缝外观平整度标准样照　2—试样　3—观测板　4—荧光灯安装示范

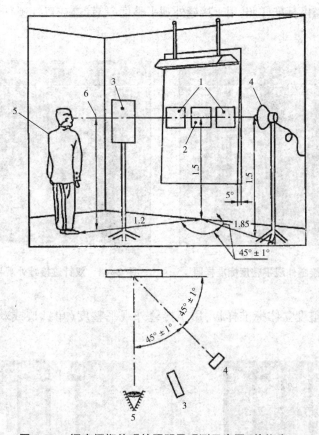

图2-41　评定褶裥外观的照明及观测示意图(单位为m)

1—褶裥外观立体标准样板　2—试样　3—遮光板　4—500W反射泛光灯　5—观测者　6—任意视平线

2. 熨烫装置

带有温度调节的蒸汽熨斗或干熨熨斗,该装置主要用于评定接缝外观平整度和褶裥外观平整度。

(二)评价用标准样照和标准立体样板

(1)外观平整度立体标准样板(图2-42),用于外观平整度的级数评定,一套六个图卡,图卡的级数分别是SA-5、SA-4、SA-3.5、SA-3、SA-2和SA-1。

图2-42　外观平整度立体标准样板

（2）接缝外观平整度标准样照，用于接缝外观平整度（单针迹或双针迹）的级数评定（图2-43和图2-44）。

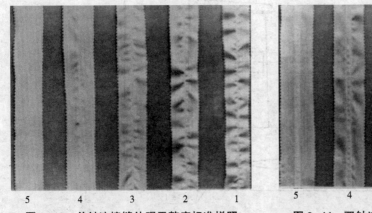

图 2-43 单针迹接缝外观平整度标准样照

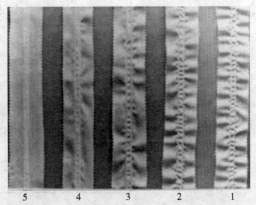

图 2-44 双针迹接缝外观平整度标准样照

（3）接缝外观平整度立体标准样板，用于接缝外观平整度（单针迹或双针迹）的级数评定（图2-45 和图2-46）。

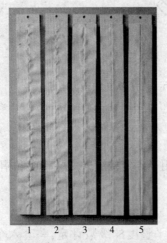

图 2-45 单针迹接缝外观平整度立体标准样板

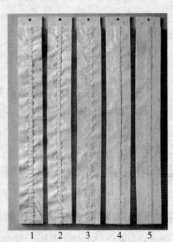

图 2-46 双针迹接缝外观平整度立体标准样板

（4）褶裥外观立体标准样板，用于褶裥外观的级数评定（图2-47）。

图 2-47 褶裥外观立体标准样板

(三)外观平整度评定

1.试样准备

按平行于样品长度的方向裁剪三块试样,每块尺寸为38cm×38cm,并标明其长度方向。试样的边缘剪成锯齿形以防止散边。如果织物起皱,可以在洗涤前适当熨平。

2.试验程序

(1)洗涤。根据有关各方协议,按照水洗尺寸变化率或者干洗尺寸变化率规定的洗涤程序之一处理每块试样。如需要,将选定的程序重复4次,总计循环5次。

中国标准和ISO标准的洗涤程序基本一致,水洗洗涤程序按照GB/T 8629或ISO 6330,干洗洗涤程序按照GB/T 19981或ISO 3175。

而AATCC标准试验方法的机洗按照水洗尺寸变化率的程序进行洗涤。标准中增加了手洗的洗涤方法。具体的洗涤程序如下。

按表2-49选择洗涤温度和漂洗温度。将(20±1)g的AATCC 1993标准洗涤剂加到(8.6±1.9)L规定温度的水中,用手搅动使洗涤剂溶解。放入试样,轻轻挤匀洗涤剂,不要扭或拧试样。浸渍试样2min,轻轻地在洗涤剂中挤压1min。重复浸渍2min,然后挤压1min。从洗涤槽中移走试样,轻轻挤压除去多余的洗涤剂。放置试样在干净的白色毛巾上。清空和冲洗洗涤槽,然后向洗涤槽内加入规定温度的(8.6±1.9)L干净的水。将洗过的试样从毛巾中取出,然后放入清水中轻轻挤压,浸渍2min,轻轻挤压1min。重复浸渍2min,挤压1min。从洗涤槽中移走试样,轻轻挤压以除去多余的水分。使用干净的毛巾,将试样中的水分吸干。最后选择合适的干燥程序进行干燥。在上述提到的挤压步骤中,试样不能扭或拧。如果试样经过最后一次干燥循环外的任何干燥循环后有折痕或褶皱,在试样进行另外的洗涤和干燥循环前,将试样再润湿,用合适的温度熨烫以去除褶皱。在最后一次干燥循环后,不要用熨斗去除试样上的折痕或褶皱。

表2-49 手洗洗涤温度和漂洗温度

温度类型	洗涤温度(℃)	漂洗温度(℃)
非常冷的水	16±3	<18
冷水	27±3	<29
温水	41±3	<29
热水	49±3	<29

(2)调湿。试验洗涤完成后,应在标准大气条件下进行调湿。调湿的条件按照表2-50的要求进行。

表2-50 调湿条件

参数要求	中国标准	ISO标准	AATCC标准
依据标准	GB/T 6529	ISO 139	ASTM D1776
调湿时间	最少4h,最多24h	最少4h,最多24h	按照纤维成分评估调湿时间: 动物纤维(羊毛、山羊绒等)和再生蛋白质纤维:8h 植物纤维(棉、亚麻等):6h 醋酯纤维:4h 在相对湿度为65%时,任何一种纤维的回潮率 小于5%的纺织品:2h

参数要求	中国标准	ISO 标准	AATCC 标准
调湿湿度	65%	65%	(65±5)%
调湿温度	20℃	20℃	(21±2)℃
放置方式	沿长度方向无折叠地垂直悬挂试样,以避免其变形	沿长度方向无折叠地垂直悬挂试样,以避免其变形	将每个试样分别平铺在调湿和干燥用的筛网或打孔搁架上

(3)评级。将试样沿长度方向垂直放置在观测板上(图2-39)。在试样的两侧各放置一块与其外观相似的外观平整度立体标准样板,以便比较评级用。

观测者应站在试样的正前方,离观测板1.2m处。一般认为,观测者在视平线上下1.5m内观察对评级结果无显著影响。确定与试样外观最相似的外观平整度立体标准样板等级,当试样的外观平整度处于标准样板两个整数等级的中间而无半个等级的标准样板时,可用两个整数级之间的中间等级表示(图2-42和表2-51)。

同理,该观测者应独立地评定另外两块试样的级数。其他两名观测者应以同样的方式,独立地对每块经过洗涤的试样评定级数。

SA-5级相当于标准样板SA-5,它表示外观最平整,原有外观平整度保持性最佳。SA-1级相当于标准样板SA-1,表示外观最不平整,原有外观平整度保持性最差。

表2-51 织物平整度等级

等级	外观
SA-5	相当于标准样板 SA-5
4.5	标准样板 SA-4 和 SA-5 的中间
SA-4	相当于标准样板 SA-4
SA-3.5	相当于标准样板 SA-3.5
SA-3	相当于标准样板 SA-3
2.5	标准样板 SA-2 和 SA-3 的中间
SA-2	相当于标准样板 SA-2
1.5	标准样板 SA-1 和 SA-2 的中间
SA-1	相当或差于标准样板 SA-1

3. 结果表示

将三名观测者对一组三块试样评定的九个级数值予以平均,计算结果修约到最接近的半级。

(四)接缝外观平整度评定

1. 试样准备

准备三块试样,每块尺寸为38cm×38cm,试样的边平行于长度方向和宽度方向,并注明其长度方向。试样的边缘剪成锯齿形以防止散边。在每块试样中间采用相同方式缝制一条沿长度方向的接缝。如果织物上有褶皱,可以在洗涤前适当熨平,应小心操作避免影响接缝质量。

如果在洗涤过程中可能产生严重的散边现象,应在离试样边1cm处使用尺寸稳定的缝线松弛地缝制一圈。

2. 试验程序

(1)洗涤。洗涤的方式与评定外观平整度相同。

（2）调湿。试验洗涤完成后，应在标准大气条件下进行调湿。调湿按照表2-52的参数要求和放置方式进行。

表2-52　调湿条件

参数要求	中国标准	ISO标准	AATCC标准
依据标准	GB/T 6529	ISO 139	ASTM D1776
调湿时间	最少4h，最多24h	最少4h，最多24h	按照纤维成分评估调湿时间： 动物纤维（羊毛、山羊绒等）和再生蛋白质纤维：8h 植物纤维（棉、亚麻等）：6h 醋酯纤维：4h 在相对湿度为65%时，任何一种纤维的回潮率小于5%的纺织品：2h
调湿湿度	65%	65%	（65±5）%
调湿温度	20℃	20℃	（21±2）℃
放置方式	夹住试样的两个角或使用全宽夹持器悬挂每块试样，使接缝保持垂直	夹住试样的两个角或使用全宽夹持器悬挂每块试样，使接缝保持垂直	将每个试样分别平铺在调湿和干燥用的筛网或打孔搁架上

（3）评级。将试样沿接缝方向垂直放置在观测板上（图2-40）。在试样的一侧放置与其外观相似的接缝外观平整度标准样照（单针迹或双针迹），或在试样的两侧各放置一块与其外观相似的接缝外观平整度立体标准样板（单针迹或双针迹），以便比较评级用。中国标准和ISO标准可以选择以上两种中任一种方式进行接缝外观平整度的评级。而AATCC标准只规定使用接缝外观平整度标准样照进行评级。

观测者应站在试样的正前方，离观测板1.2m处。一般认为，观测者在视平线上下1.5m内观察对评级结果无显著影响。观测只限于受接缝影响的区域，织物本身的外观不予考虑。确定与试样外观最相似的接缝外观平整度标准样照或立体标准样板的等级，或整数级之间的中间等级（图2-43~图2-46及表2-53）。

同理，该观测者应独立地评定另外两块试样的级数。其他两名观测者应以同样的方式，独立地对每块经过洗涤的试样进行评级。

标准样照或立体标准样板的5级表示接缝外观平整度最佳，标准样照或立体标准样板的1级表示接缝外观平整度最差。

表2-53　接缝外观等级

等级	外观褶裥
5	相当于标准样照或样板5
4.5	标准样照或样板5和4的中间
4	相当于标准样照或样板4
3.5	标准样照或样板4和3的中间
3	相当于标准样照或样板3
2.5	标准样照或样板3和2的中间
2	相当于标准样照或样板2
1.5	标准样照或样板2和1的中间
1	相当于标准样照或样板1

3.结果表示

将三名观测者对一组三块试样评定的九个级数值予以平均,计算结果修约到最接近的半级。

(五)褶裥外观平整度评定

1.试样准备

准备三块试样,每块尺寸为 38cm×38cm,试样边缘平行于长度方向和宽度方向,并注明其长度方向。中间有一条贯穿的褶裥。试样边缘剪成锯齿形以防止散边。如果织物上有褶皱,可以在洗涤前适当熨平,应小心操作避免影响褶裥质量。

2.试验程序

(1)洗涤。洗涤方式与评定外观平整度相同。

(2)调湿。调湿条件与评定外观平整度相同。

(3)评级。将试样沿褶裥方向垂直放置在观测板上(图 2-39)。注意不要使褶裥变形。在试样的两侧各放置一块与其外观相似的褶裥外观立体标准样板,以便比较评级用。左侧放 1级、3级或5级,右侧放2级或4级。

观测者应站在试样的正前方,离观测板 1.2m 处。一般认为,观测者在视平线上下 1.5m 内观察对评级结果无显著影响。在暗室里采用规定的照明设备,将试样与褶裥外观立体标准样板(图 2-47)相比较,确定与试样外观最相似的褶裥外观立体标准样板等级(图 2-47 和表 2-54),或确定整数级之间的中间等级。

同理,该观测者应独立地评定另外两块试样的级数。其他两名观测者应以同样的方式,独立地对每块经过洗涤的试样进行评级。

表 2-54 外观褶裥等级

等级	外观褶裥
5	相当于标准样板 CR-5
4.5	标准样板 CR-4 和 CR-5 的中间
4	相当于标准样板 CR-4
3.5	标准样板 CR-3 和 CR-4 的中间
3	相当于标准样板 CR-3
2.5	标准样板 CR-2 和 CR-3 的中间
2	相当于标准样板 CR-2
1.5	标准样板 CR-1 和 CR-2 的中间
1	相当或低于标准样板 CR-1

3.结果表示

将三名观测者对一组三块试样评定的九个级数值予以平均,计算结果修约到最接近的半级。

(六)成衣平整度评定

成衣平整度评价依据方法标准 GB/T 19980—2005《纺织品　服装及其他纺织最终产品经

家庭洗涤和干燥后外观的评价方法》。其中,试验设备和评级用标准样照或标准立体样板与织物平整度评价的方法标准基本一致,本部分就不再做赘述,主要从试样准备、试验程序和结果表示这三方面做介绍。

1.试样准备

对于纺织最终产品,选择3件进行试验。如果织物起皱,可以在洗涤前适当熨平。

2.试验程序

(1)洗涤。根据有关各方协议,按照水洗尺寸变化率规定的一种程序洗涤和干燥试样。如需要,将选定的程序重复4次,总计循环5次。每次干燥后,如果试样上产生了干衣机折痕,应在下次洗涤前将其润湿,用手抚平或轻烫除去该折痕。最后一次干燥后,不应再去除起皱或折痕。

其中,AATCC标准的手洗洗涤方法,按照外观平整度、接缝外观和褶裥外观平整度的规定进行操作。AATCC标准机洗和手洗中试样挂干和滴干的放置方法不同于尺寸变化率的规定。挂干和滴干的干燥方式是将试样悬挂在衣架上,使其伸直、抚平饰面和接缝等。不要在衣架上折叠或拉伸试样。悬挂在室温下的静止空气中至干燥,室温不高于26℃。不能直接对着试样吹风,这样可能导致试样变形。

(2)调湿。将试样悬挂在衣架上,使其伸直,抚平贴边、饰面和接缝等,调湿条件按照表2-55的规定进行。

表2-55 调湿条件

参数要求	中国标准	ISO标准	AATCC标准
依据标准	GB/T 6529	ISO 139	ASTM D1776
调湿时间	4h	4h	按照纤维成分评估调湿时间: 动物纤维(羊毛、山羊绒等)和再生蛋白质纤维:8h 植物纤维(棉、亚麻等):6h 醋酯纤维:4h 在相对湿度为65%时,任何一种纤维的回潮率小于5%的纺织品:2h
调湿湿度	65%	65%	(65±5)%
调湿温度	20℃	20℃	(21±2)℃
放置方式	将试样悬挂在衣架上,使其伸直、抚平贴边、饰面和接缝等	将试样悬挂在衣架上,使其伸直、抚平贴边、饰面和接缝等	将每个试样分别平铺在调湿和干燥用的筛网或打孔搁架上

(3)评级。评级的方法分别与外观平整度、接缝外观平整度和褶裥外观平整度相同。

(4)纺织最终产品的外观评定。

①确定被试制品的每个待评部位,填入空白评级表(表2-56)。

表 2-56　评级表

编号	检测部位	权重系数	平均级数	得分值
1				
2				
3				
4				
5				
6				
7				
...				

注　得分值=权重系数×平均级数。

②如需指明测试部位对制品总体外观的重要性,应在评级表中填入权重系数。

③ 每个部位的权重系数取值为:

a. 3,对制品总体外观非常重要;

b. 2,对制品总体外观中等重要;

c. 1,对制品总体外观不太重要。

④ 将制品放在观测板上,待评级布面或部位的中心距地板约 1.5m,如图 2-38 所示。将合适的立体标样或标准样照放置在合适的位置,以方便对比评级。

⑤ 如果制品太大,如床单、棉被套、床罩或窗帘,将制品沿纵向折叠成原宽度一半。将其搭在一根圆棒上(折叠成四等份),使织物长边处于垂直方向。圆棒长度应足够容纳制品的半个宽度。将搭有大制品的圆棒系在评级板上,距地板大约 1.8m。以一种便于对比评级的方式放置标样或标准样照。以与标样相同的视平面,对四分之一区块的整个宽度内的区域评级。以相同的方式评定所有四个四分之一区块,报告制品上每个评级部位的平均级数。

3. 结果表示

对于外观平整度、接缝和褶裥外观平整度中的每一个评定项目,将三名观测者对一组三块试样所得到的九个观测值予以平均,报告三个平均值,至最接近的半级。

(1)选项 1,使用加权系数。将评级表(表 2-56)中赋予每个部位的权重系数求和,然后乘以 5,即为该制品所能够达到的最大分数。将每个部位的平均级数乘以各自被赋予的权重系数,并将全部乘积相加,得到该制品的实际分数。以实际分数除以最大分数,再乘以 100,得到每个制品外观平整度、褶裥外观、接缝外观的百分比值。

(2)选项 2,使用评级表中的"平均级数"。计算并报告每个制品的每个评定部位的平均级数。

(七)西服起皱级差评定

1. 测试程序

试样经干洗后,在照度不低于 600lx 的灯光照明条件下,目光和成品中间距离为 35cm 以上,与起皱级差男西服外观起皱样照(图 2-48)进行比较进行评定起皱级数。

评定至少需要两位检验人员,当判定结果出现不一致时,应有第三个人参与评定。以两个人的意见作为最终的判定结果。

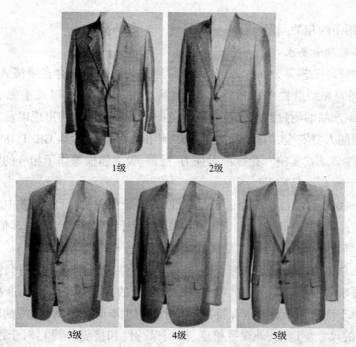

1级　　　　　　　　　2级

3级　　　　　　　4级　　　　　　　5级

图 2-48　男西服外观起皱样照

2. 起皱级差要求

产品标准 GB/T 2664—2017《男西服、大衣》和 GB/T 2665—2017《女西服、大衣》中规定了干洗后起皱级差的要求，干洗后起皱级差允许的最低指标为不小于 3 级。

(八) 衬衫起皱级差评定

1. 测试程序

试样经水洗或干洗后，在照度不低于 600lx 的灯光照明条件下，目光和成品中间距离为 35cm 以上，与衬衫外观缝制起皱五级标准样照(GSB 16-2952—2012)进行比较评定起皱级数。

评定至少需要两位检验人员，当判定结果出现不一致时，应有第三个人参与评定。以两个人的意见作为最终的判定结果。

2. 起皱级差要求

标准 GB/T 2660—2017《衬衫》中规定了水洗和干洗后起皱级差的要求，见表 2-57。

表 2-57　衬衫起皱级差要求

考核部位	洗涤前(级)	洗涤后(级)
领子	≥4.5	>3
口袋	≥4.5	>3
袖头	≥4.5	>3
门襟	≥4.5	>3
摆缝	≥4	>3
底边	≥4	>3

四、操作和应用中的相关问题

1. 免烫纺织品的质量要求

由于整理剂和整理工艺等方面的原因，免烫整理后的纺织品会存在甲醛含量过高，水萃取液 pH 酸性过强、强力和耐磨性等机械性能下降，易泛黄、吸氯脆损以及手感变硬等问题。因此，需加强免烫纺织产品的质量要求管控。随着免烫产品在市场上的出现以及这些问题影响产品的质量和穿着者的人身安全，为此，我国于 2002 年出台了国家标准 GB/T 18863—2002《免烫纺织品》，并于 2003 年正式实施。此标准对强力、泛黄、吸氯脆损等作了相应的限制。旨在指导生产企业规范生产，提高产品质量。

GB/T 18863—2002 为免烫纺织品的产品标准，只检验免烫符合性，标准中未涉及的其他性能按同类非免烫产品的有关标准执行。其质量判定包括纤维素纤维及其与其他纤维的混纺、交织产品（纤维素纤维含量 75% 以上）以及桑蚕丝产品（桑蚕丝含量 70% 以上）。

免烫纺织品从总体上讲需满足洗涤干燥后尺寸稳定性、外观平整度、褶裥保持性和接缝外观等四个方面的要求。但整理和消费的特点决定了免烫的含义对于不同的产品和不同的使用场合存在差别。对于洗涤干燥后要求保持褶裥的产品，如裙子、裤子等，免烫的含义是耐久压烫（包括洗涤干燥后的尺寸稳定性、外观平整度、褶裥保持性和接缝外观）；对于没有褶裥（折痕）或洗涤干燥后不要求保持褶裥的产品，如衬衣和休闲装等，免烫的含义是防缩抗皱（包括洗涤干燥后的尺寸稳定性、外观平整度和接缝外观）。因此，织物只有防缩抗皱产品，没有耐久压烫产品。服装和制品既有防缩抗皱产品，又有耐久压烫产品。

免烫纺织品的技术要求按照材质分为两类，一是纤维素纤维及其混纺交织免烫纺织品，二是桑蚕丝及混纺交织纺织品。表 2-58～表 2-60 中未涉及的其他要求按同类未经免烫整理纺织品的要求执行。

（1）纤维素纤维及其混纺交织免烫纺织品的特定技术要求包括免烫性能、健康卫生要求、物理性能、色差、泛黄和其他等项，分别见表 2-58 和表 2-59。

表 2-58 纤维素纤维及其混纺交织免烫纺织品技术要求

质量指标		标准值	备注
免烫性能	洗涤干燥后外观平整度	≥3.5 级	洗涤干燥 5 次后评定
	洗涤干燥后接缝外观	≥3 级	
	洗涤干燥后褶裥外观	≥3 级	
	水洗尺寸变化率	−3%～3%	服装标准有规定的，按服装标准执行
健康卫生要求	甲醛含量 婴幼儿	≤20mg/kg	—
	接触皮肤	≤75 mg/kg	
	不接触皮肤	≤300 mg/kg	
	水萃取液 pH 装饰类	4～9	
	不接触皮肤		
	接触皮肤	4～7.5	
	婴幼儿	5～7.5	

续表

质量指标		标准值	备注
物理性能	洗涤前断裂强力	详见表2-59	仅对机织物
	洗涤前撕破强力		
	洗涤前顶破强力	详见表2-59	仅对针织物
有色纺织品的色差	件(匹)内	≥4级	—
	件(匹)间	≥3~4级	
本白和漂白织物的泛黄		相对白度≥70%	洗涤前后均应检验且要求相同

注　有色纺织品的件(匹)内色差指织物(正面)的左、中、右、前、后的色差和服装前片左、右和前、后片色差。

表2-59　纤维素纤维及其混纺交织免烫纺织品物理性能要求

类别			断裂强力(N) ≥	撕破强力(N) ≥	顶破强力(N) ≥
男式机织衬衣、睡衣、浴衣、晨衣;女式机织上衣、便服、衬衣、内衣、睡衣、长衬裙等			160	7	—
男式机织夹克衫、运动衫、女式机织套装、运动服、便裤			160	9	—
男式机织套装、便装、便裤			180	11	—
男式机织长短大衣			160	13	—
机织家具装饰织物			230	27	—
男女成人机织职业套服和职业工作服	职业套服	厚重	270	20	—
		中厚	180	16	—
		轻薄	160	11	—
	职业工作服	厚重	320	27	—
		中厚	230	18	—
		轻薄	180	11	—
男式针织套装、衬衣、便装、便裤、夹克衫、运动衫、浴衣、晨衣、睡衣等			—	—	180
女式针织外衣、运动服、内衣、晨衣、睡衣、长衬裙等	单面织物		—	—	140
	双面织物		—	—	180
床单床罩	机织		230	7	—
	针织		—	—	230

注　1.厚重织物平方米干重≥200g/m²,中厚织物150~200g/m²,轻薄织物<150g/m²。
　　2.织物按待制产品的要求执行。

(2)桑蚕丝防缩抗皱纺织品的特定技术要求包括免烫性能、健康卫生要求和物理性能,见表2-60。

表2-60　桑蚕丝及混纺交织防缩抗皱纺织品技术要求

质量指标		标准值
防缩抗皱性能	洗涤干燥后外观平整度	同表2-58
	水洗尺寸变化率	
健康卫生要求	甲醛含量	
	水萃取液 pH	
物理性能	抗滑移性(6mm) ≤50g/m² 及缎类织物	≥40N
	>50g/m²	≥60N

2.成衣测试接缝外观平整度试样尺寸的问题

在测试接缝外观平整度时,目前大部分成衣的产品标准引用的测试方法是 GB/T 13771—2009,而此方法对于测试试样的要求为剪取 38cm×38cm 大小的试样进行测试。所以是裁取标准规定大小的接缝进行测试还是在成衣上测试,这里给到了两种解决方案。第一种如果客户按照产品标准做,且样品是成衣,可以直接做在成衣上,将整件成衣进行洗涤,然后对所有缝进行评级;第二种是如果客户只按照方法标准 GB/T 13771—2009 做测试,建议客户提供接缝样品面料做测试。

五、易护理性能技术要求

目前大部分服装产品标准只考核外观平整度和接缝外观平整度,且考核外观平整度只针对优等品等级的产品质量要求,具体技术要求见表2-61。

表2-61　服装产品标准外观平整度和接缝外观平整度技术要求

产品类别	技术要求	
	外观平整度	接缝外观平整度
FZ/T 81004—2012 《连衣裙、裙套》	优等品:≥3 级	优等品:≥4 级;一等品、合格品:≥3 级
FZ/T 81007—2012 《单、夹服装》	优等品:≥3 级	优等品:≥4 级;一等品、合格品:≥3 级
FZ/T 81008—2011 《夹克衫》	优等品:≥3 级	优等品:≥4 级;一等品、合格品:≥3 级
FZ/T 81015—2016 《婚纱和礼服》	≥3 级	≥3 级
FZ/T 73056—2016 《针织西服》	优等品:≥3 级	优等品:≥4 级;一等品、合格品:≥3 级

参考文献

[1]汪青.成衣染整[M].北京:化学工业出版社,2009.
[2]林杰,田丽.染整技术:第四册[M].北京:中国纺织出版社,2005.
[3]王文博.服装干洗、湿洗技术与设备[M].北京:化学工业出版社,2013.
[4]吴彦君,宋勇林,刘卫东,等.服装行业熨烫技巧与熨烫设备研究[J].天津纺织科技,2018(05):19-22.

第三章　服用物理和功能性能评价及检测

第一节　抗起毛起球性能

在服装的穿着使用过程中，起毛起球是影响服装手感、外观及服用性能的重要因素之一。起毛起球不仅影响服装的美观，降低服装的服用性能和使用寿命，还影响消费者穿着的舒适性，服装抗起毛起球引起服装生产厂、品牌商及消费者越来越多的关注，对其要求也越来越高。

一、织物起毛起球机理

织物的起毛指的是织物表面纤维凸起或纤维伸出形成毛绒所产生的明显表面变化。织物的起球指的是纤维缠结形成凸出于织物表面、致密的且光线不能透过并可产生投影的球。无论是起毛还是起球，都可能发生在水洗、干洗、穿着或使用的每个环节中。织物的起毛起球是一系列相互关联的、综合的过程。

织物在加工、洗涤、穿着和使用过程中通常会受到来自外界的各种力，常见为摩擦力。当外界拉力大于纤维强力或纤维之间的摩擦力或抱合力时，纤维会发生抽拔、位移、断裂，纤维末端会被拉出形成圈环和毛羽，这些表面生成的毛羽会使布面失去光泽，形成明显的外观变化，这个变化就是起毛过程。毛羽在外力作用下会继续发生弯曲和相互缠绕，从而加速毛羽的抽拔，毛羽快速"生长"，当毛羽的长度（一般超过 5mm 以上时）、数量和密度达到一定程度后，一定距离间的毛羽因揉搓摩擦、反复伸长和回缩而纠缠成球，这就是起球过程。最初生成的毛球并不大，也不形成死结，它的一端埋植于织物的纤维中，并连接于布面，如果继续受到摩擦力的作用，小的纤维毛球会继续抽拔、纠缠，形成更大的球粒，进一步影响服装的外观。当织物表面的球粒形成后，织物在使用中继续摩擦，纤维球逐渐紧密，并使连在织物上的纤维受到不同方向的反复拉扯、疲劳以至断裂，纤维球便从织物表面脱落，但此后头端折断的纤维毛羽还会在使用中继续被抽拔伸出并再次形成纤维球。新织物在使用的开始阶段，纤维球数量会逐渐增加，并随着摩擦时间的延长，最先形成的纤维球开始脱落，但这些纤维球总量却在增加，当到达一定时间后，纤维球的脱离数量与新增数量逐渐持平，而后纤维球总量开始逐渐下降。

由于各种纤维性质、纱线捻度、织物结构等各有差异，各类织物起毛起球程度也有所不同。有的织物表面绒球形成后易脱落，就不易成球，而有的不易脱落，经过揉搓互相纠缠，形成大小不一的毛球，布满织物表面，这些毛球会改变织物表面的光泽、平整度、织纹和花纹，严重影响服装的外观、手感和舒适性。

从织物的起毛起球过程中可知，起球的前提是织物表面的毛羽，即先起毛。当织物的毛羽有足够的长度和适当的密度，就形成了起球的基本要素。纤维柔软、耐疲劳、多卷曲、高摩擦系数则有助于球粒的生长与保持,而持续的摩擦过程又会对纤维形成更多、更强的疲劳作用,使纤维在球粒未形成,或正在形成增大的过程中发生断裂或被抽拨出,使球粒不再生长或脱落。织物穿着中可能都存在这一过程,只是有时因球粒太小或球粒从产生到脱落过程太短而起球过程不明显。图 3-1 为起毛起球过程。

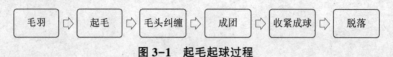

图 3-1　起毛起球过程

二、国内外试验方法与标准

(一)国内外标准情况

目前国内外常用的起毛起球测试方法有圆轨迹法、马丁代尔法、起球箱法、随机翻滚法、毛刷法以及弹性胶垫法,其中圆轨迹法是中国独有的测试方法。不同方法的测试原理见表 3-1。

表 3-1　起毛起球不同方法的测试原理

测试方法	测试原理
圆轨迹法	按规定方法和试验参数,采用聚酰胺纤维刷(尼龙刷)和织物磨料或仅用织物磨料,使试样摩擦起毛起球。然后在规定光照条件下,对起毛起球性能进行视觉描述评定
马丁代尔法	在规定压力下,圆形试样以李莎茹(Lissajous)图形的轨迹与相同织物或羊毛磨料织物进行摩擦。试样能够绕与试样平面垂直的中心轴自由转动。经规定的摩擦阶段后,采用视觉描述方式评定试样的起毛和(或)起球等级
起球箱法	安装在聚氨酯管上的试样,在具有恒定转速、衬有软木的木箱内任意翻转。经过规定的翻转次数后,对起毛和(或)起球性能进行视觉描述评定
随机翻滚法	采用随机翻滚式起球箱使织物在铺有软木衬垫,并填有少量灰色短棉的圆筒状试验仓中随意翻滚摩擦。在规定光源条件下,对起毛起球性能进行视觉描述或与标准样照进行比较评定起毛起球级数
毛刷法	按规定的条件,用尼龙刷来回摩擦织物表面,将纤维自由端刷出,使其在织物表面形成绒毛,再将两个形成绒毛的样品相互摩擦,并作圆周运动,使纤维末端形成球粒。纤维的起球程度由测试样品与标准样照进行比较而评定
弹性膜片法	将试样与弹性膜片安装在仪器的夹具上,加载规定的载荷,以规定的行程及速度对试样进行测试。测试一定次数后检查试样起毛起球情况,和原样或标准样照进行比较,评定织物表面起球情况

(二)圆轨迹法

圆轨迹法是中国市场采用最为广泛的起毛起球试验方法,现行的标准为 GB/T 4802.1—2008《纺织品　织物起毛起球性能的测定　第 1 部分　圆轨迹法》。

1. 设备及材料

(1)圆轨迹起球仪(图 3-2)。试样夹头与磨台做相对垂直运动,其动程均为(40±1)mm;试样夹头与磨台质点相对运动的轨迹为直径为(40±1)mm 的圆,相对运动速度为(60±1)r/min;试样夹环内径为(90±0.5)mm,夹头能对试样施加规定的压力,压力误差为±1%。仪器装有自停开关。

图 3-2　圆轨迹起球仪

（2）磨料。

①尼龙刷。尼龙丝直径0.3mm；尼龙丝的刚性应均匀一致，植丝孔径4.5mm，每孔尼龙丝150根，孔距7mm；刷面要求平齐，刷上装有调节板，可调节尼龙丝的有效高度，从而控制起毛效果。

②织物磨料。2201全毛华达呢，组织为$\frac{2}{2}$右斜纹，线密度为19.6tex×2，捻度为Z625—S700，密度为445（根/10cm）×244（根/10cm），单位面积质量为305g/m²。

③泡沫塑料垫片。单位面积质量约270g/m²，厚度约8mm，试样垫片直径约105mm。

④裁样用具。可裁取直径为（113±0.5）mm的圆形试样。也可用模板、笔、剪刀剪取试样。

2. 试样准备

（1）如需要预处理，可采用协议的方法水洗或干洗样品。并根据评级程序，对预处理前和处理后试样进行评定。

（2）从样品上剪取5个圆形试样，每个试样的直径为（113±0.5）mm。在每个试样上标记织物反面。当织物没有明显的正反面时，两面都要进行测试。另剪取1块评级所需的对比样，尺寸与试样相同。取样时，各试样不应包括相同的经纱和纬纱（纵列和横行）。

（3）在规定的标准大气中对试样进行调湿平衡，一般至少调湿16h，并在同样的大气条件下进行试验。

3. 试验步骤

（1）试验前仪器应保持水平，尼龙刷保持清洁，可用合适的溶剂（如丙酮）清洁刷子。如有凸出的尼龙丝，可用剪刀剪平，如已松动，则可用夹子夹去。

（2）分别将泡沫塑料垫片、试样和织物磨料装在试验夹头和磨台上，试样应正面朝外。

（3）根据织物类型从表3-2中选取试验参数进行试验。

（4）取下试样准备评级，注意不要使试验面受到任何外界的影响。

表3-2　试验参数及适用织物类型示例

参数类别	压力（cN）	起毛次数（次）	起球次数（次）	适用织物类型示例
A	590	150	150	工作服面料、运动服装面料、紧密厚重织物等
B	590	50	50	合成纤维长丝外衣织物等
C	490	30	50	军需服（精梳混纺）面料等
D	490	10	50	化纤混纺、交织织物等
E	780	0	600	精梳毛织物、轻起绒织物、短纤纬编针织物、内衣面料等
F	490	0	50	粗梳毛织物、绒类织物、松结构织物等

注　1. 表中未列的其他织物可以参照表中所列类似织物或按有关各方商定选择参数类别。

　　2. 根据需要或有关各方协商同意，可以适当选择参数类别，但应在报告中说明。

　　3. 考虑到所有类型织物测试或穿着时的起球情况是不可能的，因此，有关各方可以采用取得一致意见的试验参数，并在报告中说明。

4. 设备使用注意事项

（1）参照织物。用来校核起球仪起球程度的织物，每组2~3种织物（由1~2级到4级），定期或在需要时作为对比初始标样以判断仪器（包括尼龙刷和磨料织物）起毛起球效果的变化程度。

（2）仪器的校核。仪器的起球性只能用织物直接校核。以参照织物作为试样进行测试，对照参照织物的级别或初始标样，调节、更换所使用的尼龙刷、磨料织物，使仪器的起毛起球效果符合试验要求。

（3）尼龙刷的调节。

①新尼龙刷应进行一定次数的预磨，用参照织物校核。

②试样起球不均匀，可调节相应部位调节板的高低，予以纠正。起球不足处，可将该部位的调节板升高；起球过度处，可降低该部位调节板的位置。局部调节时，全部调节点都应松开，然后对要调节的部位进行升降，最后固定其他部位各调节点。注意邻近的调节点亦应有一定升降，以保证调节板不变形。每次调节以 1mm 为限。如不能纠正，则再升降 1mm。

③应定期用参照织物对毛刷进行校核，均匀的起球性能变化超过 0.5 级时，各调节点作同样幅度的升降，亦以 1mm 作为每次升降的间距。

④调节板升到刷面平齐仍不能达到要求，则处理或调换新刷。

（4）磨料织物的更换。对磨料织物 2201 华达呢，为避免因被磨损而影响试样的起球程度，应定期校验，新的磨料应进行预磨。若旧磨料华达呢与备用新华达呢所测得同一织物的试样起球级数相差半级以上时，则应更换所用磨料。

（5）泡沫塑料垫料垫片的使用与更换。为了延长泡沫塑料垫片的使用寿命，每次试验完毕后，应取下垫片。发现泡沫塑料垫片老化、破损或变形而影响试验结果时，应立即更换。

（三）马丁代尔法

马丁代尔法在欧美市场较为常用，现行中国标准、ISO 标准和美国标准分别为 GB/T 4802.2—2008《纺织品　织物起毛起球性能的测定　第 2 部分　改型马丁代尔法》、ISO 12945-2∶2000《纺织品　织物起毛起球性能的测定　第 2 部分　改型马丁代尔法》、ASTM D4970—2016《抗起球性的标准试验方法和其他相关纺织面料的表面变化：马丁代尔法》。

1.设备及材料

（1）马丁代尔耐磨试验仪（图 3-3）。试验仪由承载起球台的基盘和传动装置组成。传动装置由两个外轮和一个内轮组成，可使用试样夹具导板按李莎茹图形进行运动。

试样夹具导板在传动装置的驱动下做平面运动，导板的每一点描绘相同的李莎茹图形。李莎茹运动是由变化运动形成的图形。从一个圆到逐渐窄化的椭圆，直到成为一条直线，再由此直线反向渐近为加宽的椭圆直到圆，以对角线重复该运动（图 3-4）。

图 3-3　马丁代尔耐磨试验仪

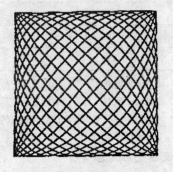

图 3-4　李莎茹图形

试样夹具导板装配有轴承座和低摩擦轴承,带动试样夹具销轴运动。每个试样夹具销轴的最下端插入其对应的试样夹具接套,试样夹具由主体、试样夹具环和可选择的加载块组成。

仪器配有可预置的计数装置,以记录每个外轮的转数。一个旋转为一次摩擦,16次摩擦形成一个完整的李莎茹图形。

(2)驱动和基台装置。

①驱动。试样夹具导板带动试样夹具销轴运动,试样夹具的运动由两个外侧同步传动装置的传动轴和中心传动装置的传动轴产生,相关参数见表3-3。

表3-3 驱动装置参数

驱动装置	GB/T 4802.2和ISO 12945-2	ASTM D4970
外侧传动轴距中心轴距离	(12 ± 0.25) mm	(30.25 ± 0.25) mm
中心传动轴距中心轴距离	(12 ± 0.25) mm	(30.25 ± 0.25) mm
试样夹具导板沿纵向和横向的最大动程	(24 ± 0.5) mm	(60.5 ± 0.5) mm

②计数器。记录起球次数,精确至1次。

③起球台。每一组包括起球台(图3-5)、夹持环(图3-6)以及固定夹持环的夹持装置。

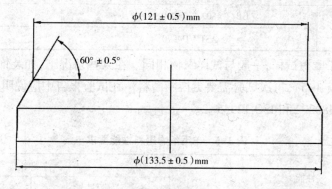

图3-5 起球台

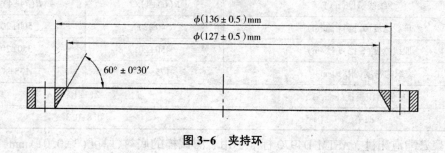

图3-6 夹持环

④试样夹具导板。试样夹具导板是一个平板,其上有约束传动装置的三个导轨。这三个导轨互相配合,保证试样夹具导板进行匀速、平稳和较小振动的运动。

试样夹具销轴插入固定在导板上的轴套内,并对准每个起球台。每个轴套配两个轴承。销轴在轴套内可自由转动但无空隙。

⑤试样夹具。对每一个起球台,试样夹具组件包括以下器件。

a. 直径为 95mm 的试样夹具(GB/T 4802.2 和 ISO 12945-2);

b. 直径为 38mm 的试样夹具(ASTM D4970);

c. 试样夹具环和试样夹具导向轴。

⑥加载块。每一个起球台配备一个不锈钢的盘状加载块,其质量为(260±1)g。GB/T 4802.2 和 ISO 12945-2 的试样夹具组件与加载块的总质量为(415±2)g,ASTM D4970 无须放置加载块,试样夹具组件质量为(198±2)g(名义压力为 3kPa)。

⑦试样安装辅助装置。保证安装在试样夹具内的试样无褶皱所需要的设备。

⑧加压重锤。质量为(2.5±0.5)kg、直径为(120±10)mm 的带手柄的加压重锤,以确保安装在起球台上的试样或磨料没有折叠或不起褶皱。

2. 试验辅助材料

(1)毛毡。安装磨料前装在磨台上的羊毛底衬,符合表 3-4 的要求。

表 3-4 羊毛毡性能要求

性能		要求
单位面积质量(g/m²)		750±50
厚度(mm)	GB/T 4802.2,ISO 12945-2	2.5±0.5
	ASTM D4970	3±0.3

(2)磨料。用于摩擦试样,一般与试样织物相同。在某些情况下,如装饰织物,可采用标准的羊毛织物磨料(表 3-5),每次试验需要更换新磨料。在试验报告中应说明所选的磨料。主要应用标准为 GB/T 4802.2 和 ISO 12945-2。

表 3-5 羊毛织物磨料性能要求

性能	要求	
	经纱	纬纱
纤维平均直径(μm)	27.5±2	29±2
纱线线密度(tex)	R(63±4)/2	R(74±4)/2
单纱捻度(Z 捻)(捻/m)	540±20	500±20
股线捻度(S 捻)(捻/m)	450±20	350±20
织物密度(根/10cm)	175±10	135+8
单位面积质量(g/m²)	215±10	
含油率(%)	0.8±0.3	

(3)聚氨酯泡沫衬。ASTM D4970 标准中用于测试样的底衬,厚度(3±0.01)mm,密度 29~31kg/m³,压痕硬度 170~210N。

3. 试样准备

(1)如需要预处理,可采用双方协议的方法水洗或干洗样品。

(2)取样时,试样之间不应包括相同的经纱和纬纱,尽量远离布边取样。如果样品为服装,从不同的服装部位取样。

试样夹具中的试样 GB/T 4802.2 和 ISO 12945-2 为直径 140_0^{+5} mm 的圆形试样,ASTM D4970 为 38mm 圆形试样,起球台上的试样可以裁剪成直径为 140_0^{+5} mm 的圆形或边长为 (150 ± 2) mm 的方形试样。

在取样和试样准备的整个过程中的拉伸应力尽可能小,以防止织物被不适当拉伸。应避免在起皱或扭曲的地方取样。

(3)试样的数量。GB/T 4802.2 和 ISO 12945-2 标准至少取 3 组试样,每组含 2 块试样,1 块安装在试样夹具中,另一块作为磨料安装在起球台上。如果起球台上选用羊毛织物磨料,则至少需要 3 块试样进行测试。如果试验 3 块以上的试样,应取奇数块试样。另多取 1 块试样用于评级时的比对样。ASTM D4970 标准至少取 4 组试样,每组含 2 块试样,1 块安装在试样夹具中,另一块作为磨料安装在起球台上。

(4)试样的标记。取样前在需评级的每块试样背面的同一点做标记,确保评级时沿同一个纱线方向评定试样。标记应不影响试验的进行。

4.试验步骤

(1)总则。检查马丁代尔耐磨试验仪。在每次试验后检查试验所用辅助材料,并替换沾污或磨损的材料。

(2)试样的安装。对于轻薄的针织物,应特别小心,以保证试样没有明显的伸长。

①试样夹具中试样的安装。从试样夹具上移开试样夹具环和导向轴。将试样安装辅助装置小头朝下放置在平台上。将试样夹具环套在辅助装置上。翻转试样夹具,在试样夹具内部中央放入直径为 (90 ± 1) mm 的毡垫。将直径为 140_0^{+5} mm 的试样,正面朝上放在毡垫上,允许多余的试样从试样夹具边上延伸出来,以保证试样完全覆盖住试样夹具的凹槽部分。ASTM D4970 标准是将直径 38mm 的样品和聚氨酯泡沫衬一起装入试样夹具中。小心地将试样夹具放置在辅助装置的大头端的凹槽处,保证试样夹具与辅助装置紧密贴合在一起,拧紧试样夹具环到试样夹具上,保证试样和毡垫不移动、不变形。重复上述步骤,安装其他的试样。如果需要,在导板上,试样夹具的凹槽上放置加载块。

②起球台上试样的安装。在起球台上放置直径为 140_0^{+5} mm 的一块毛毡,其上放置试样或羊毛织物磨料,试样或羊毛织物磨料的摩擦面向上。

(3)起球测试。测试直到第一个摩擦阶段(表 3-5),ASTM D4970 为 100 次,进行第一次评定,不取出试样,不清除试样表面。评定完成后,将试样夹具按取下的位置重新放置在起球台上,继续进行测试。在每一个摩擦阶段都要进行评估,直到达到表 3-6 的试验终点。ASTM D4970 之后为每隔 100 转进行评定,直至达到 1000 转或根据产品类别或交易双方约定的试验终点。

表 3-6 起球试验分类

类别	纺织品种类	磨料	负荷质量(g)	评定阶段	摩擦次数(次)
1	装饰织物	羊毛织物磨料	415 ± 2	1	500
				2	1000
				3	2000
				4	5000

续表

类别	纺织品种类	磨料	负荷质量(g)	评定阶段	摩擦次数(次)
2ᵃ	机织物（除装饰织物以外）	机织物本身（面/面）或羊毛织物磨料	415±2	1	125
				2	500
				3	1000
				4	2000
				5	5000
				6	7000
3ᵃ	针织物（除装饰织物以外）	针织物本身（面/面）或羊毛织物磨料	155±1	1	125
				2	500
				3	1000
				4	2000
				5	5000
				6	7000

注 试验表明，通过 7000 次的连续摩擦后，试验和穿着之间有较好的相关性。因为 2000 次摩擦后还存在的毛球，经过 7000 次摩擦后，毛球可能已经被磨掉了。

a 对于 2、3 类中的织物，起球摩擦次数不低于 2000 次。在协议的评定阶段观察到的起球级数即使为 4~5 级或以上，也可在 7000 次之前终止试验（达到规定摩擦次数后，无论起球好坏均可终止试验）。

（四）起球箱法

起球箱法是欧洲市场最为常用的起毛起球试验方法，现行的 ISO 标准为 ISO 12945-1：2000《纺织品　织物起毛起球性能的测定　第 1 部分　起球箱法》。中国试验标准修改采用 ISO 标准，现行标准为 GB/T 4802.3—2008《纺织品　织物起毛起球性能的测定　第 3 部分　起球箱法》。

1. 设备及材料

（1）起球试验箱（图 3-7）。立方体箱，未衬软木前内壁每边长 235mm。箱体的所有内表面应衬有厚度 3.2mm 的软木。箱子应绕穿过箱子两对面中心的水平轴转动，转速为（60±2）转/min。箱的一面应是可打开的，用于试样取放。软木衬垫应定期检查，当出现可见的损伤或影响到其摩擦性能的污染时应更换软木衬垫。

（2）聚氨酯载样管。每个起球试验箱需要 4 个聚氨酯载样管，每个管长（140±1）mm，外径（31.5±1）mm，管壁厚度（3.2±0.5）mm，质量为（52.25±1）g。

（3）装样器。将试样安装到载样管上。

（4）PVC 胶带。胶带宽为 19mm。

（5）缝纫机。

图 3-7　起球试验箱

2. 试样准备

（1）预处理。如需要预处理，可采用双方协议的方法水洗或干洗样品。如果进行水洗或干洗,可按评级程序,对预处理前和处理后试样进行评定。

（2）取样。从样品上剪取4个试样,每个试样的尺寸为125mm×125mm。在每个试样上标记织物反面和织物纵向。当织物没有明显的正反面时,两面都要进行测试。另剪取1块尺寸为125mm×125mm的试样作为评级所需的对比样。取样时,试样之间不应包括相同的经纱和纬纱。

（3）试样的数量。取2个试样,如可以辨别,每个试样正面向内折叠,距边12mm缝合,其针迹密度应使接缝均衡,形成试样管,折叠方向与织物的纵向一致。取另2个试样,分别向内折叠,缝合成试样管,折叠方向应与织物的横向方向一致。

（4）试样的安装。将缝合试样管的里面翻出,使织物正面成为试样管的外面。在试样管的两端各剪6mm端口,以去掉缝纫变形。将准备好的试样管装在聚氨酯载样管上,使试样两端距聚氨酯管边缘的距离相等,保证接缝部位尽可能平整。用PVC胶带缠绕每个试样的两端,使试样固定在聚氨酯管上,且聚氨酯管的两端各有6mm裸露。固定试样的每条胶带长度应不超过聚氨酯管周长的1.5倍,如图3-8所示。

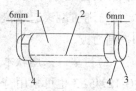

图3-8 聚氨酯载样管上的试样

1—测试样 2—缝合线
3—聚氨酯载样管 4—胶带

（5）试样的调湿。在规定的标准大气下调湿试样至少16h,并在同样的大气条件下进行试验。

3.试验步骤

保证起球箱内干净、无绒毛。把4个安装好的试样放入同一起球箱内,关紧盖子。启动仪器,转动箱子至协议规定的次数。预期所有类型的试样测试或穿着时的起球情况是不可能的。因此,对于特殊结构的织物,有关方有必要对翻转次数取得一致意见。在没有协议或规定的情况下,建议粗纺织物翻转7200r,精纺织物翻转14400r。从起球试验箱中取出试样并拆除缝合线。

4.设备使用注意事项

（1）起球箱。起球箱转速需定期检查,保持转速在(60±2)r/min。新的衬垫在使用前,需要在带有4个空白聚氨酯管的起球箱内转动约200h,直到衬垫上没有软木屑脱落。通常,软木衬垫的摩擦性能不是引起结果变化的主要原因,但是经过长时间使用后,软木衬垫表面逐渐被磨光或受到污染。这些变化能够导致起球降低,在这种情况下,应更换软木衬垫。

（2）载样管。模具压制的聚氨酯管在新的时候都是一样的。经验表明,常规使用情况下,聚氨酯管不会发生显著的变化。重点检查区域是聚氨酯管两端表面的凹凸和粗糙程度。在收到新管时,检查重点区域内的模铸疵点。载样管在使用中一般不会损坏,一旦损坏,应更换载样管。

（3）清洁与保养。在每次试验前,需将箱内的绒毛或碎屑清出,如采用吸尘器或小油漆刷。如果软木衬垫已经被从织物上所含的整理剂等物质污染,需定期清洁。工业甲醇是比较适用的溶剂,用微量的溶剂擦拭软木表面。

（4）校核。宜保留与本试验测试相关的两种校准织物,每种具有起毛起球等级从1~2级到4级的不同水平。这些校准织物被用来测试每一个新安装的起球箱和每一个更换新衬垫的起球箱。为了进行后续的校准,应保留已测过的校准试样。每隔一段时间(如6个月)需重新测试校准织物并与最初测试过的校准样进行比较。通过此种方式发现箱与箱之间或单个箱的任何偏离和误差。需考虑保存的已测校准样表面可能会有轻微变平的可能。

（五）随机翻滚法

随机翻滚法是美国市场最为常用的起毛起球试验方法,现行的中国标准、ISO 标准、美国标准试验方法标准为 GB/T 4802.4—2009《纺织品　织物起毛起球性能的测定　第4部分　随机翻滚法》、ISO 12945-3:2014《纺织品　织物起毛起球性能的测定　第3部分　随机翻滚法》、ASTM D3512—2016《抗起球性的标准试验方法和其他相关纺织面料的表面变化　随机翻滚法》。

1. 设备及材料

（1）随机翻滚起球仪（图 3-9）,包括一个或几个圆柱形起球箱和控制面板。

（2）衬垫。采用软木圆筒衬垫,长 452mm,宽 146mm,厚 1.5mm。ISO 12945-3 也可采用符合标准要求的橡胶垫。

（3）空气压缩装置。每个试验仓的空气压力需要达到 14~21kPa。

（4）胶黏剂。用来封合试样的边缘。

（5）真空除尘器。家用除尘器即可,用来清洁试验后的试验仓。

（6）灰色短棉。用来改善试样的起球性能。

（7）实验室内部标准织物。用来校准新安装的起球箱或软木垫是否被污染的织物。

图3-9　随机翻滚法起球仪

2. 试样准备

（1）如需要预处理,可采用双方协议的方法水洗或干洗样品。

（2）试样。每个样品中各取 3 个试样,尺寸为（105±2）mm×（105±2）mm,和经纬向或直横向成 45°。ISO 12945-3 中也可采用面积为 $100cm^2$ 的圆形试样。在整幅实验室样品中均匀取样或从服装样品上 3 个不同衣片剪取试样,避免每两块试样中含有相同的经纱或纬纱,试样应具有代表性,且避开织物的褶皱、疵点部位。如果没有特别的要求,不要从布边附近剪取样品（距布边的距离不小于幅宽 1/10）。

（3）标记与制样。在每个试样的一角分别标注"1""2"或"3"以作区分。使用黏合剂将试样的边缘封住,宽度不可超过 3mm。将试样悬挂在架子上直到试样边缘完全干燥为止,干燥时间至少为 2h。

3. 试验步骤

（1）同一个样品的试样应在同一试验仓内进行试验。

（2）将取自同一实验室样品中的 3 个试样,与重约为 25mg、长度约为 6mm 的灰色短棉一起放入试验仓内,盖好试验仓盖,并将试验时间设置为 30min。

（3）启动仪器,打开气流阀。

（4）在运行过程中,应经常检查每个试验仓。如果试样缠绕在叶轮上不翻转或卡在试验仓的底部或侧面,关闭空气阀,切断气流,停止试验,并将试样移出。记录试验的意外停机或者其他不正常情况。

（5）当试样被叶轮卡住时,停止测试,移出试样,并使用清洁液或水清洗叶轮片。待叶轮片干燥后,继续试验。

（6）试验结束后取出试样,并用真空除尘器清除残留的棉絮。

（7）重复以上过程测试其余试样，并在每次试验时重新分别放入一份重约25mg的长度约为6mm的灰色短棉。

（8）测试经硅胶处理的试样时，可能会污染软木衬垫从而影响最终的起球结果。实验室处理这类问题时，需要采用实验室内部标准织物在已使用过的衬垫表面(已测试过经硅胶处理的试样)再做一次对比试验。如果软木衬垫被污染，那么此次结果与采用实验室内部标准织物在未被污染的衬垫表面所做的试验结果会不相同，分别记录两次测试的结果，并清洁干净或更换新的软木衬垫对其他试样进行测试。测试含有其他的易变黏材料或者未知整理材料的试样后可能会产生与上述相同的问题，在测试结束后应检测衬垫并做相应的处理。

(六) 毛刷法

毛刷法的试验方法标准为 ASTM D3511—2016《抗起球性的标准试验方法和其他相关纺织面料的表面变化 毛刷法》。

1. 毛刷式起毛起球仪

通常包含旋转平台、尼龙刷、样品夹持器，如图3-10所示。

2. 样品准备

（1）如需要预处理，可采用双方协议的方法水洗或干洗样品。

（2）每个样品各取6个试样，样品的左、中、右各2个，如样品是成衣，从成衣的3个部分别取样，每个样品要包含不同纱线，取样要避免褶皱或扭曲部位。所取样品距离布边的尺寸不小于1/10幅宽。样品处理时避免沾上油脂和水。

图3-10 毛刷式起毛起球仪

（3）试样尺寸为(320±1)mm的正方形，边与经向或纬向平行，或裁剪成(175±2)mm的圆形。在每个样品上标明经向、纬向，并标记号 AL、BL、AC、BC、AR、BR(L、C、R 分别代表织物的左、中、右区域)。

（4）将测试样品在标准环境下进行调湿平衡。

3. 试验步骤

（1）测试在标准环境中进行。

（2）将刷子的平板放置在半径为19mm的旋转平台上，刷毛向上。

（3）将6个样品装在6个支架上，织物的正面暴露在外，并且承受足够的张力以防起皱。将样品支架放在垂直的定位销上，使织物的正面能够与刷子接触。

（4）开动测试仪，摩擦样品4min±10s。

（5）将刷子平板取下，将 BL、BC、BR 样品的支架装在半径为19mm的旋转平台上，使织物面朝上，再将 BL 与 AL、BC 与 AC、BR 与 AR 面对面匹配装在相应的定位销上。运行摩擦2min±10s。将样品取下进行评级。

(七) 弹性膜片法

弹性膜片法仅有美国标准，现行标准为 ASTM D3514—2016《抗起球性的标准试验方法和其他相关纺织面料的表面变化 弹性膜片法》。

1.试验设备

磨损试验机,如图 3-11 所示。

2.样品准备

(1)如需要预处理,可采用双方协议的方法水洗或干洗样品。

(2)试样尺寸为(125±2.5)mm 的正方形,边与经向或纬向平行,或裁剪成直径为(100±2)mm 的圆形。取 3 个样品,每个样品包含不同的纱线,如样品是成衣,从成衣的不同部位分别取样。取样要避免褶皱或扭曲部位。所取样品距离布边的尺寸不小于 1/10 幅宽。

(3)样品在标准环境下至少平衡 4h。

图 3-11 磨损试验机

3.试验步骤

测试在标准环境中进行。测试前,用溶剂清洁基垫和摩擦垫。用橡胶圈紧密安全地将测试样固定在夹持器上。开动机器,在 5N 的压力下,摩擦样品 300 次。取下样品,用一个小试管刷轻轻刷去松散的纤维,进行评级。

三、抗起毛起球性的评定方法

1.评级箱

用白色荧光管或灯泡照明,保证在试样的整个宽度上均匀照明。并且应满足观察者不直视光线。光源的位置与试样的平面应保持 5°~15°(图 3-12)。观察方向与试样平面应保持 90°±10°(图 3-13)。正常矫正视力的眼睛与试样的距离应在 30~50cm。评级箱应放置在暗室中。

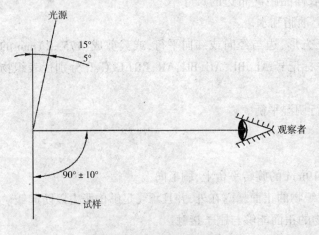

图 3-12 试样评级示意图

图 3-13 通用起球评级箱

2.起毛起球的评定

(1)沿织物经(纵)向将一块已测试和未测试样并排放置在评级箱试样板的中间,如果需要,可采用适当方式固定在适宜的位置,已测试样放置在左边,未测试样放置在右边。如果测试样在起球测试前未经过预处理,则对比样应为未经过预处理的试样;如果测试样在测试前经过预处理,则对比样也应为经过预处理的试样。为防止直视灯光,在评级箱的边缘,从试样的前方直接观察每一块试样进行评级。依据表 3-7 中列出的视觉描述对每一块试样进行评级。如果介于两级之间,记录半级,如 3.5 级或 3~4 级。

表 3-7 视觉描述评级

级数(级)	状态描述
5	无变化
4	表面轻微起毛和(或)轻微起球
3	表面中度起毛和(或)中度起球,不同大小和密度的球覆盖试样的部分表面
2	表面明显起毛和(或)起球,不同大小和密度的球覆盖试样的大部分表面
1	表面严重起毛和(或)起球,不同大小和密度的球覆盖试样的整个表面

(2)由于评定的主观性,建议 2 人对试样进行评定。

(3)在有关方的同意下可采用样照进行对比,以证明最初描述的评定方法。目前 ASTM D3514 和 ASTM D3512 标准规定的标准样照,如图 3-14 和图 3-15 所示。

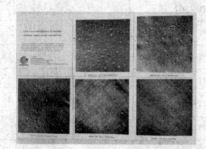

图 3-14 ASTM D3514 起毛起球样照

图 3-15 ASTM D3512 起毛起球样照

(4)采用另一种评级方式,转动试样至一个合适的位置,使观察到的起毛起球较为严重。这种评定可提供极端情况下的数据,如沿试样表面的平面进行观察的情况。

(5)记录表面外观变化的任何其他状况。

3. 结果的出具

记录每一块试样的级数,单个人员的评级结果为其对所有试样评定等级的平均值。样品的试验结果为全部人员评级的平均值,如果平均值不是整数,修约至最近的 0.5 级,并用"~"或"."表示,如 3~4 级或 3.5 级。如单个测试结果与平均值之差超过半级,则应同时报告每一块试样的级数。

四、国内外标准差异比较

1. 国内起毛起球的指标要求

国内常用起毛起球的方法为 GB/T 4802.1 圆轨迹法,GB/T 4802.2 改型马丁代尔法以及 GB/T 4802.3 起球箱法三种。圆轨迹法为最常用的方法,改型马丁代尔法通常在家用纺织品如床单、被套产品标准中采用,起球箱法多用于毛织类产品。国内起毛起球的要求通常在相关产品标准中有明确规定,不同的产品标准要求会有所不同。表 3-8 为国内常用产品标准对起毛起球指标的最低要求。

表 3-8　国内常用产品标准对起毛起球指标的最低要求

产品标准	采用方法	最低指标要求
GB/T 2662—2017《棉服装》	GB/T 4802.1	3 级
GB/T 2664—2017《男西服、大衣》	GB/T 4802.1	精梳绒面、粗梳:3 级 精梳光面:3~4 级
GB/T 31900—2015《机织儿童服装》	GB/T 4802.1	3 级
GB/T 35460—2017《机织弹力裤》	GB/T 4802.1	3~4 级
FZ/T 81004—2012《连衣裙,裙套》	GB/T 4802.1	3 级
FZ/T 81007—2012《单、夹服装》	GB/T 4802.1	3 级
FZ/T 81008—2011《夹克衫》	GB/T 4802.1	3 级
FZ/T 81010—2018《风衣》	GB/T 4802.1	绒面:3 级 光面:3~4 级
GB/T 22849—2014《针织 T 恤衫》	GB/T 4802.1	3 级
GB/T 22853—2019《针织运动服》	GB/T 4802.1	3 级
GB/T 26384—2011《针织棉服装》	GB/T 4802.1	3 级
FZ/T 73020—2012《针织休闲服装》	GB/T 4802.1	2~3 级
FZ/T 73026—2014《针织裙、裙套》	GB/T 4802.1	3 级
FZ/T 73018—2012《毛针织品》	GB/T 4802.3	2~3 级
GB/T 22796—2009《被、被套》	GB/T 4802.2	3 级(一等品)

2. 国外起毛起球的指标要求

国外起毛起球为非法规性要求,具体指标通常由交易双方决定。欧洲常采用 ISO 12945-1 起球箱法,美国常采用 ASTM D3512 随机翻滚法。商业上常规要求为3~4 级。国外起毛起球常规测试时间见表 3-9。

表 3-9　国外起毛起球常规测试时间

测试方法	样品类别	测试时间
ISO 12945-1 起球箱法 (欧洲市场)	含 50%及以上盖羊毛的针织品	2h
	针织摇粒绒产品	2h
	其他针织品	4h
	机织上装类产品	5h
	机织连衣裙及裙类产品	5h
	机织下装类产品	5h 和 10h
ASTM D3512 随机翻滚法 (美国市场)	针织产品	30min
	机织上装类产品	30min
	机织连衣裙及裙类产品	30min
	机织下装类产品	30min 和 60min

五、改善织物起毛起球性能的措施

起毛起球的因素存在于从原料到生产的各个环节乃至日常穿着过程中,改善织物起毛起球性能是一项系统工程,各工序都要采取积极有效的预防措施,才可以最终提高产品的抗起毛起球性能。以下从纺纱原料、纺纱过程、织物结构、后整理、服用条件等方面进行逐一分析。

1. 纺纱原料

就纺纱原料而言,纤维的力学性能以及纤维长度、线密度、卷曲度、截面形状等对织物起球有很大程度的影响。

(1)合理选择纤维力学性能。强度高、弹性好、抗反复弯曲能力高、耐磨能力强的纤维,一旦起毛后,会很快与其周围的毛丛、毛球缠结成球,且受到摩擦时,毛球也不易被磨断、脱落,毛球堆积到织物表面,影响织物外观。而纤维强度低,所形成的毛球经摩擦后,易于从织物表面脱落,织物起球现象不太明显。一般天然纤维织物,除毛织物外,很少产生起球现象;黏胶纤维、莫代尔、莱赛尔等人造纤维织物也很少起球;合成纤维的纯纺或混纺织物起毛起球较为明显,其中以聚酰胺纤维(锦纶)、聚酯纤维织物最为严重,聚乙烯醇缩醛纤维(维纶)、聚丙烯腈纤维(腈纶)织物次之。

(2)合理选择纤维长度。纤维的长短直接影响起毛起球的长度。纤维长,纤维间的抱合力与摩擦阻力就比较大,纤维不易滑出纱线表面,也就不易从纱线中抽出,而短纤维正相反。另外,同样单位长度的纱线表面,长纤维露出纱线表面的端头比短纤维少,单位面积织物表面的纤维端头也少,受到摩擦后,能被抽拨出的纤维端头也少,形成毛球的机会相应就小,所以长丝相对于短纤维来说,是不易起球的。

(3)合理选择纤维的线密度。纤维越细,纤维的柔韧性就越好,受到摩擦时,形成的毛羽易于和周围的毛羽集结成球。纤维越粗,其抗弯刚度越大,织物表面的纤维端头不易纠缠揉搓成球。同样,相同线密度的纱线,单位长度纱线上露出纱线表面的端头,细的纤维要比粗的纤维多,则细纤维比粗纤维更易起球。

(4)合理选择纤维的卷曲度。纤维的卷曲度增加时,纱线间纤维的抱合力好,摩擦阻力大,纤维不易从纱线中滑出和被抽拨出,但一旦起毛后,也会因为抱合力好,容易纠缠成球。天然纤维通常都有一定的卷曲,化学纤维的表面则通常较光滑,卷曲度少,所以天然纤维要比化学纤维的抗起毛起球能力好。

(5)合理选择纤维的截面形状。圆形截面或接近圆形截面的纤维,纤维表面光滑,纤维间抱合力差,纤维端头容易滑向纱线表面,且受到摩擦力时易被抽出纠缠成球。异形截面纤维抗弯刚度大,不易弯曲缠绕,纤维间的相对接触面较大,摩擦力大,不易抽拨和纠缠产生起球。

(6)合理选择纤维原料。选择原料时主要考虑原料中短绒含量,短绒含量的高低对织物起球影响较大。对于易起球品种,要选择纤维长度长、短绒少的原料。对于与化学纤维混纺的产品,选择直径粗的比直经细的抗起球效果更好。当然选择直径粗的化学纤维制成的面料,手感要比直径细的更硬挺一些,在实践中,要平衡好手感与起球的关系。

2. 纺纱过程

纱线的纺纱过程有多道工序,容易使纱线受到摩擦而产生毛羽,具体如下。

(1)合理选择纺纱方法。在传统的纺纱系统中,精梳工艺会除去不合要求的短纤维与杂质,经过精梳工艺的纱线,其纤维排列较为平直,短纤维含量较少,纤维一般较长,单位长度纱线表面露出的纤维端头就少。所以相对于粗梳织物,精梳织物一般不易起毛起球。

（2）合理选择纺纱工艺。把纤维纺成纱线,一般要经过清花、梳棉、并条、粗纱、细纱等主要工序。在整个纺纱过程中,纤维要受到反复的拉伸、梳理,如果上机工艺参数设置不当、设备状态不佳,纤维在加工过程就容易受到损伤而拉断,或纱线条干不匀造成纱线表面纤维端头增加,从而使纱线的毛羽、毛粒增加,降低织物的抗起球起毛性能。

（3）合理选择纱线捻度。纱线捻度越大,纤维间的抱合越紧密,则纤维可移动性降低,纤维不易滑移到纱线表面,纱线毛羽减少,纱线的耐磨性提高,织物的起毛起球程度随之降低。但捻度要控制在一定范围,捻度过大会降低纱线强力并影响织物的手感和风格,因此,不能完全依靠加大纱线捻度来防止织物起毛起球。

（4）合理选择纱线结构。改变纱线结构也可在一定程度上提高纱线的耐磨性。在环锭纺纱新技术中,赛络纺、缆形纺、紧密纺等通过纺纱机理的改变而使纱线获得特殊的结构,这类纱线毛羽少、纤维间抱合紧密,与同工艺下的传统细纱相比,其织物的耐磨性、抗起毛起球性能明显增加。在新型纺纱技术中,喷气涡流纺、喷气纺纱线由纱芯和外包纤维两部分组成。这两类纱线纱芯平直,纤维定向明显,外层为包覆缠绕纤维,紧密的包缠结构抑制了纤维自由端的形成,从而使起毛起球速率降低。另外,线线条干不匀时,粗节处因刚度大,实际受捻程度小,纱线松软,纤维间约束力小,也容易起毛起球。

（5）改善纺纱过程。在纺纱过程中,要从控制短绒量和减少毛羽方面出发,科学合理设置好工艺参数,减少各道产品中的短纤维含量,降低细纱毛羽量和缩短毛羽长度,提高纱线的条干均匀度,减少粗节;也可以采用新型纺纱技术,获得结构紧密的纱线。

3. 织物结构

同一类织物,组织结构紧密的比结构疏松的不容易起毛起球,原因是结构紧密的织物与外界物体摩擦时,毛羽不易生成。而已经存在的毛羽,又由于纤维之间的摩擦阻力较大,而不易滑到织物表面上来,故可减轻起毛起球现象。另外,表面光滑平整的织物也比表面粗糙、凹凸不平的织物不易起球。针织物暴露的纱线表面积大,所以相对于机织物来说易起球。机织物种类中,平纹机织物经纬线交织点数量多且交叉长度短,织物较紧密,纱线间抱合力大,抗起毛起球性能好;其次是斜纹织物;缎纹及提花织物相对较差。所以在织物设计方面,要根据最终产品的风格和服用性能要求,选择适当的织物组织、织物密度等参数。

4. 染整加工及后整理

纱线及或织物经染色及后整理后,抗起球性能将产生较大的影响,这与染料、助剂、染整工艺条件有关。通常绞纱染色的纱线比用散纤维染色或毛条染色的纱线易起球;面料染色比纱线染色所织的织物易起球;织物经过定形,特别是经树脂整理等处理后,其抗起毛起球性将大大增加;短纤纱织物经过烧毛、长丝合纤织物经过热定形都可减轻起毛起球,前者是由于自由纤维端减少,后者是由于纤维刚性增加以及纤维间位置固定所致。服装面料常见的整理方式对起毛起性影响较大的是柔软整理和助剂整理。

（1）采用柔软整理。柔软整理的目的是改善织物的手感和弹性,在柔软整理过程中,由于柔软剂的作用使纤维或纱线间的摩擦减小,纤维之间更易滑移、抽拔,织物的抗起毛起球性能会有一定程度的下降。

（2）采用助剂整理。由于有些产品的风格特殊性,纱线捻度小,紧度低,织物中纤维抱合力差,在这种情况下,可选择抗起球剂,以提高纤维间的抱合力,从而提高抗起球效果。

5.服用条件

（1）合理穿着搭配。穿着易起毛起球的服装时,其内外层搭配的服装越光滑,衣服间的摩擦越小,越不易起球。

（2）选择洗涤方式。洗涤条件和干燥方式不当,会加重织物的起毛起球。如将不可机洗的织物放在洗衣机洗涤,在洗衣机的强力作用下,摩擦加剧,起毛起球增加,如果是低强轻薄织物,机洗还可能对其产生进一步破坏。

（3）注意穿着环境。在一些特殊行业,织物在穿着过程中要经受较大的摩擦,所经受的摩擦越大,其起毛起球现象越严重。另外,由于一些化学纤维吸湿性差,在干燥及持续摩擦过程中易产生静电,静电使其短纤维织物表面毛羽直立,从而为起毛起球创造了条件。服装在使用过程中,要注意内外层服装的搭配,尽量减少摩擦;洗涤及干燥方式尽量按照服装的标签要求进行;对于吸湿性差的化学纤维织物,或者穿着场合较干燥的情况,在纺纱时最好添加导电纤维。

第二节　羽绒服防钻绒性能

羽绒的保暖性被人们认识并应用以来,羽绒服就一直以其轻柔、保暖和舒适的特点,受到广大消费者的喜爱。随着居民生活水平的提高,羽绒服的款式设计日趋多样化,一改传统臃肿、呆板的形象,变得越来越轻薄和时尚,成为冬季时装的主要角色。羽绒服既可作为冬季日常穿着的外套,又可作为户外运动的专用服装。但羽绒服带给人们轻薄、温暖、柔软和舒适的同时,其钻绒问题也给广大消费者带来了烦恼。作为羽绒服重要考核指标,钻绒性也是国内羽绒服装监督抽查中主要不合格项之一。钻绒指的是羽毛、羽绒和绒丝钻出服装面料或里料的现象。羽绒如果从面料钻出,在静电作用下钻出的羽绒会沾在服装表面,尤其是深色面料的羽绒服,表面的白色或灰色羽绒会尤其明显,直接影响整件服装的外观。羽绒如果从里料钻出,羽绒会沾在里面的衣服上,或者钻进内衣,皮肤敏感的人会感觉浑身瘙痒。钻绒严重的服装,消费者在穿脱的时候,钻出来的羽绒易飘浮在空气中,引起敏感人群不适,尤其对于患有鼻炎的人。羽绒服是冬季的主要服装,对服装企业来说,解决羽绒服的钻绒问题,是羽绒服能否踏入高端服装领域的要素之一,因此,羽绒的防钻绒性问题需引起服装企业的高度重视。

一、羽绒服装钻绒机理

羽绒服所填充的羽绒通常由朵绒、绒丝、羽毛等组成。朵绒（图3-16）由一个绒核放射出许多内部结构基本相同的绒丝形成,每根绒丝之间会产生一定的斥力,使其距离保持最大,这使得羽绒具有良好的蓬松度及回弹性。当羽绒被填充到制品内时,靠近面料的羽绒受到内部羽绒的斥力而向外挤压,产生的向外推的力使羽绒贴近面料,当面料存在一些孔隙时,贴近面料的羽毛、羽绒、绒丝就易从孔隙中钻出,形成钻绒。为了防止羽绒钻出,包覆羽绒的胆布或面料通常都采用紧密织物或涂层织物,但面料透气性较差,导致羽绒制品的充绒内腔停滞了大量的静止空气。当羽绒制品受到外界挤压或摩擦时,静止空气从面料的孔隙或缝线的针眼透出,羽毛、羽绒、绒丝则会随空气钻出,形成钻绒现象。另外,羽绒填充物中羽毛(图3-17)的毛管部分比较硬,根端较尖锐,在受到挤压或摩擦时,毛管尖端易刺破面料钻出服装表面,并在服装面料上形成不可恢复的孔洞,在之后的穿用过程中,羽毛、羽绒、绒丝也会继续从这些孔洞中钻出,降低服装的防钻绒性。

图3-16 朵绒

图3-17 羽毛

二、国内外试验方法与标准

(一)试验方法的分类

从测试原理和试验设备的角度来分析,对目前国内外织物防钻绒性能的测试方法进行梳理,这些方法可以分为三类,见表3-10。

表3-10 防钻绒性测试试验方法的分类

方法	测试原理	测试方法
摩擦法	将试样制成具有一定尺寸的试样袋,内装一定质量的羽绒、羽毛填充物。把试样袋安装在仪器上,经过挤压、揉搓和摩擦等作用,通过计数从试样袋内部所钻出的羽毛、羽绒和绒丝根数,必要时对织物的防钻绒性能进行评价	GB/T 14272—2011《羽绒服装》附录E 织物防钻绒性试验方法 摩擦试验法 GB/T 12705.1—2009《纺织品 织物防钻绒性试验方法 第1部分:摩擦法》 EN 12132-1:1998 羽毛和羽绒 织物防钻绒性能的试验方法 第1部分:摩擦法
转箱法	将标准尺寸的装有羽绒的样品袋放在装有硬质橡胶球的试验仪器回转箱内,通过回转箱的定速转动,将橡胶球带入一定高度,冲击箱内的试样,模拟羽绒服在穿着过程中所受到的各种挤压、揉搓、碰撞等作用。通过计数从羽绒服中钻出的羽毛、羽绒和绒丝根数来评价羽绒服的防钻绒性	FZ/T 73053—2015《针织羽绒服装》附录A 羽绒服装防钻绒性试验方法 GB/T 12705.2—2009《纺织品 织物防钻绒性试验方法 第2部分:转箱法》 FTMS 191A 方法 5530—1978 织物防钻绒测试转箱法
冲击法	填充一定量的羽毛和羽绒材料或其混合物的圆柱形枕头试样,在倾斜轨道上滑动时,试样被冲击杆推动至顶部的冲击板,试样被压缩。冲击后,随着冲击杆向后移动复位,圆柱形枕头向后滚动,并恢复其形状。该过程不断重复,直到完成一定次数的冲击。计算钻出或突出织物表面的羽绒和羽毛根数	EN 12132-2:1998 羽毛和羽绒 织物防钻绒性能的试验方法 第2部分:冲击试验

（二）摩擦法

1. 设备和材料

（1）仪器。仪器包括夹具 A 和 B，如图 3-18 所示，测试垫固定其中。夹具 A 固定在底盘上，夹具 B 固定在转轮 C 上，使 B 沿椭圆形路径旋转。两夹具的间距为（44±1）mm。转轮中心与夹具 B 固定点间的距离为（25±0.5）mm。其他尺寸如图 3-18 所示。轮子的转速为 135r/min。仪器配有旋转计数器。

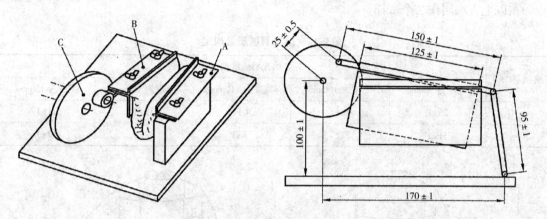

图 3-18　织物防钻绒性试验机（单位为 mm）

A—固定在主夹板的夹具　B—固定在转轮上的夹具　C—转轮

（2）塑料袋。包裹试样袋的塑料袋由厚度为（25±1）μm 低密度聚乙烯构成，表面光滑无褶。长为（240±10）mm，宽为（150±10）mm。

（3）天平。精度为 0.01g，最大称量为 1000g。

（4）镊子。

（5）缝纫线和缝纫针。缝纫线的规格、性能应与面料相适应，缝纫针采用家用 11~13 号。

（6）填充料。采用与被测试织物对应的羽绒制品中的羽绒填充料。若未提供羽绒填充料，则采用表 3-11 规定的含绒量为 70% 的灰鸭绒作为填充料。

表 3-11　填充羽绒规定

品名	含绒量（%）	绒丝含量（%）	长毛片（%）	蓬松度（cm）
灰鸭绒	70±2	≤10	≤0.5	≥15.5

（7）封口用电热枪、胶棒。电热枪加热 2 min 左右，使胶棒熔化，然后加压使胶体从枪口喷出，达到粘封目的。其他能避免缝线处钻绒的粘封方法均可使用。

2. 试样准备

试样可以从羽绒服上直接取样或者采用面料直接制备试样。样品要有代表性，不得含有影响试验结果的各种疵点，要求平整、无褶皱。面料应在距匹端至少 2m 处裁取。

（1）羽绒服上直接取样（适用标准 GB/T 14272—2011《羽绒服装》）。

沿着羽绒服装内胆绗缝的方向取试样：①横向绗缝时，如图 3-19 所示，绗线间距为 90~130mm 较适宜（超出此范围采用面料和羽绒制作试样）。利用内胆本身的缝线为边，以绗距作为试样袋的宽度,长度沿着横向取样,试样袋的规格为(110±20)mm×(210±10)mm。将表3-12规定的填充羽绒装入试样袋中,在距试样袋长度方向170mm处将试样袋未缝合的短边缝合,然后对四周缝纫线迹进行封闭处理(必要时可进行黏合加固处理),以防止羽绒从缝线处钻绒。

②格式绗缝时,如图3-20所示,格子宽为90~130mm,长度不小于170 mm较适宜(超出此范围采用方法B)。仍以绗距作为试样袋的宽,利用内胆本身的缝线为边,长度方向取样为(210±10)mm。试样袋的规格和填充羽绒质量同横向绗缝。缝线防钻绒处理同横向绗缝。

按以上方法制作2个试样。

表3-12 填充羽绒质量规定

含绒量(%)	填充羽绒质量(g)				
	宽度为90mm	宽度为100mm	宽度为110mm	宽度为120mm	宽度为130mm
>70	26±1	28±1	30±1	32±1	34±1
50~70	31±1	33±1	35±1	37±1	39±1

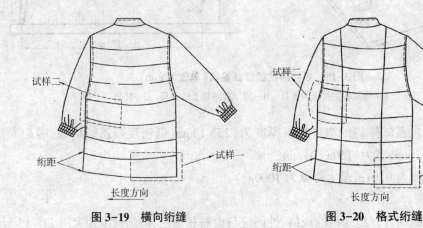

图3-19 横向绗缝　　　　　图3-20 格式绗缝

(2)采用面料和羽绒来制作试样。

①从每份样品上裁取长为(420±10)mm、宽为(140±5)mm的试样,经、纬向各2块。GB/T 14272—2011《羽绒服装》附录E中的方法B要求经、纬向各取1块。

②将裁剪好的试样测试面朝里,沿长边方向对折成210cm×140mm的袋状,用11号家用缝纫针,针密为每3cm12~14针,沿两侧边距边10mm缝合,起针、落针应回针0.5~1cm,且要回在原线上。然后将试样测试面翻出,距对折边20mm处缝一道线,两头仍打回针0.5~1cm。

③按表3-13称取一定质量的填充料装入袋中,将袋口用来去针在距边20mm处缝合,两头仍打回针0.5~1cm。缝制后得到的试样袋有效尺寸约为170mm×120mm。

表3-13 填充羽绒质量规定

含绒量(%)	填充材料质量(g)
>70	30±0.1
30~70	35±0.1
<30	40±0.1

④按图 3-21 所示在试样袋上两短边缝线外侧分别钻两个固定孔。

⑤用粘封液将试样袋缝线处粘封,以防试验过程中羽毛、羽绒和羽丝从缝线处钻出,影响试验结果。EN 12132-1:1998 测试方法不要求对缝线进行封闭处理。

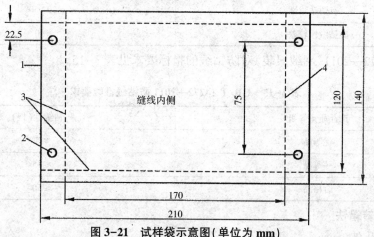

图 3-21　试样袋示意图(单位为 mm)

1—对折边　2—固定孔　3—缝合线　4—袋口缝合边

⑥试样袋洗涤和干燥程序。如需测试和评价样品洗涤后的防钻绒性能,可按要求将试样进行洗涤和干燥。GB/T 12705.1—2009 中要求按 GB/T 8629—2001 中 5A 程序洗涤,F 程序烘干。如果采用其他的洗涤和干燥程序,在试验报告中注明。GB/T 14272—2011《羽绒服装》附录 E 及 EN 12132-1:1998 对样品是否可进行洗涤未提及。

3. 试验步骤

(1)将试验仪器和缝制时残留在待测试样袋外表面的羽毛、羽绒和绒丝等清除干净。

(2)将试样袋放置在按图 3-21 钻有四个固定孔的塑料袋中,然后将塑料袋固定在两个夹具上,使试样袋沿长度方向折叠于两个夹具之间,塑料袋用于收集从试样袋中完全钻出的填充物。每次试样应使用新的塑料袋。

(3)预置计数器转数为 2700 次,按正向启动按钮,驱动轮开始转动。

(4)当满数自停后,将试样袋从塑料袋中拿出来,计数塑料袋里羽毛、羽绒和绒丝的根数,并将试样袋放在合适的光源下,计数钻出试样袋表面大于 2mm 的羽毛、羽绒和绒丝的根数。将以上两次计数的羽毛、羽绒、绒丝根数相加,即为一个试样袋的试验结果。若两次计数的羽毛、羽绒、绒丝根数大于 50 根,则终止计数。

说明:①羽毛、羽绒或绒丝等钻出织物表面即为一根。②用镊子将所计数到的羽毛、羽绒、绒丝逐根夹下,以免重复计数。③羽绒填充料只允许在一次完整试验过程中使用。

(5)重复以上过程,直至测完所有试样袋。

4. 试验结果

当钻绒根数小于 50 根时,试验结果取钻绒根数平均值;以两个试样钻绒根数的算术平均值作为最终结果(修约至整数位)。当钻绒根数超出 50 根时,试验结果中记录"大于 50 根"。

5. 防钻绒性判定及评价

GB/T 12705.1—2009 中提到,如果需要,对试样的防钻绒性能进行评价,评价指标见表 3-14。EN 12132-1:1998 未提到评价指标。

表 3-14 防钻绒性能评价

防钻绒性评价	钻绒根数(根)
具有良好的防钻绒性	<20
具有防钻绒性	20~50
防钻绒性较差	>50

GB/T 14272—2011《羽绒服装》对防钻绒的指标要求见表 3-15。

表 3-15 GB/T 14272—2011 防钻绒性能要求

产品质量等级	防钻绒性(根)
优等品	≤5
一等品	≤15
合格品	≤50

(三) 中国转箱法

1.设备和材料

(1)试验机。试验机由一个能正、反向转动的回转箱及其电器控制部分组成,且具有预置转数、满数自停等功能。回转箱为以透明有机玻璃为材料的内壁光滑的正方体,内部尺寸为450mm×450mm×450mm。回转箱转速为(45±1)r/min。

图 3-22 给出了供参考的试验仪器图,其他具有相同性能的仪器均可使用。

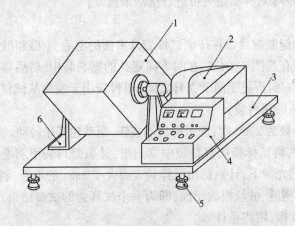

图 3-22 织物防钻绒试验机示意图
1—回转箱 2—传动箱 3—底座 4—电器控制箱 5—调平螺母 6—支撑脚架

(2)硬质橡胶球。邵尔硬度为(45±10)A,质量为(140±5)g,匀质丁腈橡胶球。

(3)黑色毛刷。宽度在 45~65mm。

(4)镊子。

(5)缝纫线和缝纫针。缝纫线的规格、性能应与面料相适应,缝纫针采用家用 11~13 号。

(6)填充料。采用与被测试织物对应的羽绒制品中的羽绒填充料。若未提供羽绒填充料,则采用表 3-16 规定的含绒量为 70%的灰鸭绒作为填充料。

表 3-16　填充羽绒规定

品名	含绒量(%)	绒丝含量(%)	长毛片(%)	蓬松度(cm)
灰鸭绒	70±2	≤10	≤0.5	≥15.5

（7）封口用电热枪、胶棒。电热枪加热 2 min 左右，使胶棒熔化，然后加压使胶体从枪口喷出，达到粘封目的。其他能避免缝线处钻绒的粘封方法均可使用。

2.试样准备

试样可以从羽绒服上直接取样或者采用面料直接制备试样。样品要有代表性，不得有影响试验结果的各种疵点，要求平整、无褶皱。面料应在距匹端至少 2m 处裁取。

（1）羽绒服上直接取样（适用标准 FZ/T 73053—2015《针织羽绒服装》）。

成品羽绒服 1 件，取成衣背部，以底边为下边，居中向上画出 30cm×30cm 的正方形印记。羽绒裤将裤内侧缝打开，在大腿根部取样，画出 30cm×30cm 的正方形。用平缝机，沿着 30cm×30cm 的印记用 11 号家用缝纫针缝合，针迹密度 12~14 针/3cm，起针、落针应回针 0.5~1cm。然后距离缝边向外 0.3~0.5cm 再缝一道线，沿着两道缝线之间小心裁剪，使样品成近似 30cm×30cm 的布袋。将缝线处（原羽绒产品缝线除外）用黏液打胶密封，防止羽线钻出。

（2）采用面料和羽绒来制作试样（适用标准 GB/T 12705.2—2009）。

①试样数量与尺寸：从每份样品上裁取试样 3 块。试样尺寸长为 42cm（经向）×83cm（纬向），试样应在距布边至少 1/10 幅宽以上处剪取。

②将裁剪好的试样测试面朝里，沿经向对折成 42cm×41cm 袋状，用 11 号家用缝纫针，针密为每 3cm 为 12~14 针，沿两侧边距边 0.5cm 缝合，起针、落针应回针 0.5~1cm，且要回在原线上。然后将试样测试面翻出，距边 0.5cm 再缝一道线，两头仍打回针 0.5~1cm。

③将袋口卷进 1cm，在袋中央加上一道与袋口垂直的缝线，使试样分成两个小袋。

④用天平称取调湿后的羽绒（25±0.1）g 两份，分别装入两个小袋中。

⑤将袋口用来去针在距边 0.5cm 处缝合，两头仍打回针 0.5~1cm。缝制后得到的试样袋有效尺寸约为 40cm×40cm。

⑥用粘封液将试样缝线处粘封，以防试验过程中羽毛、羽绒和绒丝从缝线处钻出，影响试验结果。按其他尺寸规格制得的试样袋或羽绒制品可以按本部分测试，但结果没有可比性，不能评价其防钻绒性能。

（3）试样袋洗涤和干燥程序。如需测试和评价样品洗涤后的防钻绒性能，则将样袋按 GB/T 8629—2001 中 5A 程序洗涤，F 程序烘干。如果采用其他的洗涤和干燥程序，在试验报告中注明。

（4）在 GB/T 6529 规定的大气中调湿和试验。

3.试验步骤

（1）将试验仪器回转箱内外的羽毛、羽绒和绒丝等清除干净，擦净硬质橡胶球，置 10 只于回转箱内。

（2）仔细清除干净缝制时残留在待测试样袋外表面的羽毛、羽绒和绒丝，然后将其放入回转箱内，每次一只试样袋。

（3）预置计数器转数为 1000 次（FZ/T 73053—2015《针织羽绒服装》附录 A 为 500 次），按正向启动按钮，回转箱开始转动。

（4）当满数自停后,取出试样袋,仔细检查并计数钻出的羽毛、羽绒和绒丝的根数,然后再检查计数并取出回转箱内及橡胶球上的羽毛、羽绒和绒丝根数。

（5）将试样袋重新放入回转箱内,使计数器复零,按反向启动按钮,回转箱反向转动 1000 次（FZ/T 73053—2015《针织羽绒服装》附录 A 为 500 次）,等满数自停后,重复第（4）步。将两次计数的羽毛、羽绒和绒丝根数相加,即为一只试样袋的试验结果。

说明:①羽毛、羽绒和绒丝等钻出布面即为一根,GB/T 12705.2—2009 不考虑钻出程度。FZ/T 73053—2015 附录 A 要求钻出 2mm 以上为一根。②用镊子将所计数到的羽毛、羽丝和绒丝逐根夹下,以免重复计数。③羽绒填充料只允许在一次完整的试验过程中使用。

（6）重复以上过程,直至测完所有试样袋。

4. 试验结果

（1）FZ/T 73053—2015《针织羽绒服装》附录 A。当钻绒根数小于 50 根时,试验结果取钻绒根数平均值;以两个试样钻绒根数的算术平均值作为最终结果（修约至整数位）。当钻绒根数超出 50 根时,试验结果中记录"大于 50 根"。

（2）GB/T 12705.2—2009。计算 3 只试样袋钻绒根数的算术平均值作为最终结果（精确至整数位）。

5. 防钻绒性判定及评价

GB/T 12705.2—2009 中有提到,如果需要,对试样的防钻绒性能进行评价,评价指标见表 3-17。

表 3-17　防钻绒性评价

防钻绒性评价	钻绒根数（根）
具有良好的防钻绒性	<5
具有防钻绒性	6~15
防钻绒性较差	>15

FZ/T 73053—2015《针织羽绒服装》对防钻绒的指标要求见表 3-18。

表 3-18　FZ/T 73053—2015 防钻绒性要求

产品质量等级	防钻绒性（根）
优等品	≤15
一等品	≤30
合格品	≤50

（四）美国转箱法

1. 设备和材料

（1）试验机。

①橡胶塞。16 个 7 号实心橡胶塞,重(0.45±0.02)kg。

②箱子。内尺寸为 457mm×457mm,内壁光滑。塑料或金属板墙是合适的。箱体由固定在箱体外侧两侧中心的两根轴支撑在轴承上。电动机通过减速驱动连接到一个轴上,以

（48±2）r/min 的测量速度旋转箱体。

（2）填充料。60%水禽羽毛和40%水禽羽绒混合物。

2. 试样准备

测试样品为一块 635mm×330mm 的织物。除非采购文件另有规定，否则每个样品单元应准备3个样品。

试样应折叠成一个约 305mm×330mm 的袋子，并在两侧缝合。袋子要翻出来，两边再缝一次。袋子应在与两条侧缝平行的中间部位再一次进行缝合，形成2个口袋，每个口袋152mm×305mm。

每袋中应放入 19.8g 60%水禽羽毛和40%水禽羽绒的混合物。袋子的开口端应折叠成大约19mm 宽的一圈，并采用双针缝合，以确保良好的防钻绒效果（羽绒、羽毛不会通过缝钻出来）。羽毛和羽绒的混合物应符合 C-F-160-羽毛、水禽毛和羽绒、水禽毛的要求。

3. 试验步骤

（1）试验前，装有羽毛和羽绒混合物的袋子应在符合标准规定的标准大气条件下至少平衡24h，并应在相同的大气条件下进行试验。

（2）测试前，箱子应清除先前试验中的羽毛、羽绒和灰尘。装有羽毛和羽绒混合物的袋子应封口，并将橡皮塞放入箱子中。箱子应以（48±2）r/min 的速度旋转（45±1）min。

（3）在箱子旋转结束时，应将测试样品袋从箱子中取出，并目视检查外表面是否有羽毛和羽绒钻出，对照标准图片进行评价。一次只能测试一个样品（袋）。

（4）然后，应按照方法 FTMS 191A 方法 5556 所述对样品（袋和内含物）进行清洗、干燥，通过轻轻刷洗清除表面碎片，进行平衡处理，然后按照上述步骤，将羽绒袋试样再次放入测试箱，进行测试。在旋转周期结束时，测试样品袋从箱子中取出，并目视检查外表面是否有羽毛和羽绒穿出，对照标准图片进行评价。

（5）试样完成试验后，应丢弃羽毛和羽绒混合物。

4. 试验结果与评价

清洗前后的样品评级参照标准图片给出满意与不满意的评价。以洗前、洗后样品中较低的评价等级为最终的评价等级。

（五）冲击法

1. 设备和材料

（1）冲击装置。试验装置（图3-23）由一个倾斜角为20°的斜面（用作样品枕头的滑动面）和两个垂直的冲击板组成。下板（冲击板S）是可移动的，可以通过偏心驱动器前后移动。在该冲击板上，三个冲击杆彼此间隔95mm，并以120°偏移角度进行安装。冲击杆的长为80mm，直径为15mm，带圆形前边缘（圆柱体）。上部冲击板安装牢固，用作冲击板P。该板只有一个与下部冲击板尺寸相同的冲击杆，位于冲击板中心，与下部活动冲击板的三个冲击杆中心对齐。冲击板的驱动装置的设计应确保冲击移动速度是反向移动速度的两倍（曲柄摇杆机械装置）。冲击频率应为每分钟35次。冲击板的行程设计应确保 S 和 P 的冲击杆之间的距离等于或大于10mm。行程应为（500±5）mm。

（2）天平，天平应精确到 0.1g 以内。

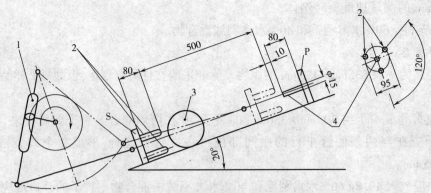

图 3-23　冲击试验装置(单位为 mm)

1—曲柄摇杆(冲击)装置　2—三个可移动的冲击杆　3—样品枕头　4—固定的冲击杆

2.试样准备

至少从织物上取两个试样,每个试样的尺寸为整幅宽×750mm。取一个试样,其较大的一面在经纱方向,另一面在纬纱方向。从这些样品中,应制备两个圆柱形试验枕头试样。

试样表面积为(210×476)mm²,底层直径约为(151.5±1)mm。试样的有效圆柱面为1000cm²(图 3-24~图 3-26)。

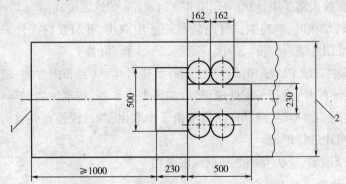

图 3-24　织物取样示意图(单位为 mm)

1—织物布边　2—织物幅宽

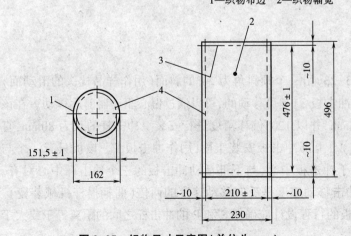

图 3-25　织物尺寸示意图(单位为 mm)

1—两个圆片　2—表面积　3—长缝　4—底缝

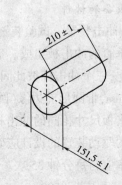

图 3-26　试样尺寸示意图(单位为 mm)

按照表3-19中相应的成分,以规定质量的材料填充试验枕头试样。

表3-19 填充羽绒质量规定

羽绒含量(%)	羽毛含量(%)	填充质量(g)
>70	<30	80±1
30~70	30~70	110±1
<30	>70	130±1

3.试验步骤

不同织物组织结构采用不同的冲击次数测试其防钻绒性能,次数要求如下。

①$\frac{1}{1}$平纹织物:2000次。

②斜纹织物:4000次。

③缎面$\frac{4}{1}$面料:1500次(用于被套)。

每500次测试后,目测计数从样品内钻出、伸出和落下的羽毛、羽绒总根数,从枕头底部和缝线处钻出的根数不计数。

4.试验结果

测试完成后分别计算经纬向钻出的总根数,作为评价织物防钻绒性能的基础。

三、国内外标准差异比较

(一)同种防钻绒方法之间的分析比较

(1)摩擦法。以下从摩擦法测试参数角度,对各测试标准进行比较,见表3-20。其中对GB/T 14272—2011的方法A和方法B进行了细分。

表3-20 防钻绒性测试试验方法的参数对比

标准	GB/T 14272—2011 方法A	GB/T 14272—2011 方法B	GB/T 12705.1—2009	EN 12132-1:1998
试样数量	2个	经纬向各1个	经纬向各2个	经纬向各1个
尺寸(mm)	(110±20)×(210±10)	120×170	170×120	120×170
测试对象	羽绒服	织物(需另外提供)	织物及羽绒制品(参照)	织物
填充物要求	羽绒服装中的羽绒作为填充物	需另外提供羽绒	采用羽绒制品中对应的羽绒填充料;若未提供,采用规定的含绒量70%的灰鸭绒作为填充料	未作规定
填充物填充质量	根据服装自身绗缝线宽度和羽绒服含绒量而定	含绒量>70%:(30±0.1)g 含绒量50%~70%:(35±0.1)g	含绒量>70%:(30±0.1)g 含绒量30%~70%:(35±0.1)g 含绒量<30%:(40±0.1)g	含绒量>70%:(30±0.1)g 含绒量30%~70%:(35±0.1)g 含绒量<30%:(40±0.1)g

标准	GB/T 14272—2011 方法 A	GB/T 14272—2011 方法 B	GB/T 12705.1—2009	EN 12132-1:1998
试验要点	仅适用于缝线宽度为 90~130mm,所有缝线都进行封闭处理,且填充物钻出试样表面 2mm 应计数	缝线宽度不满足方法 A,采用方法 B,试样需要自备,所有缝线都进行封闭处理,且填充物钻出试样表面 2mm 应计数	所有缝线都进行封闭处理,且填充物钻出试样表面 2mm 应计数	缝线未进行封闭处理;填充物钻出试样表面 2mm 应计数,超过 50 即停止计数
试验结果	钻绒根数小于 50 时,取平均值(整数)为最终结果,钻绒根数超出 50 根时,记录大于 50 根	钻绒根数小于 50 时,取平均值(整数)为最终结果,钻绒根数超出 50 根时,记录大于 50 根	钻绒根数小于 50 时,取平均值(整数)为最终结果,钻绒根数超出 50 根时,记录大于 50 根。经纬两个方向分别计算	钻绒根数小于 50 时,取平均值(整数)为最终结果,钻绒根数超出 50 根时,记录超过 50 根

从各标准的制定时间上来说,欧盟的方法标准时间最早,中国标准是参照欧盟标准制定的。相比较于方法标准,GB/T 14272—2011《羽绒服装》作为产品标准,从产品的角度出发,对测试对象进行了一定的尝试,方法 A 是对满足其绗缝宽度要求的羽绒服,测试样品直接在羽绒服上进行取样。

欧盟标准 EN 12132-1:1998 和中国标准 GB/T 12705.1—2009 对填充物含绒量小于 50% 的情况也进行了规定,而 GB/T 14272—2011《羽绒服装》则没有相应的规定,这是因为方法标准是针对所有的羽绒制品,包括羽绒服。而 GB/T 14272—2011 只是针对含绒量不得低于 50% 的羽绒服装。

产品标准 GB/T 14272—2011《羽绒服装》附录 E 和方法 GB/T 12705.1—2009 在细节上的规定更为接近。相较于欧盟标准 EN 12132-1:1998 而言,GB/T 12705.1—2009 在细节上规定的更为详细,主要体现在以下几点。

①试样袋制备:增加了缝制的要求,缝纫线的规格、性能与面料相适应,采用家用 11 号缝纫针。

②试样袋密封:用封液将试样袋缝线处密封,防止羽毛、羽绒从缝线处钻出。

③填充料:采用与被测制品对应的填充料,如无规定,则采用 70% 的灰鸭绒填充。

④增加了试样袋洗涤和干燥方式的规定,可用来测试和评价样品洗涤后的防钻绒性能。

⑤结果评价:增加了对试样的防钻绒评价方式。

(2)转箱法。以下从转箱法的测试参数角度,对各测试标准进行比较,见表 3-21。

表 3-21 防钻绒性测试试验方法的参数对比

标准	FZ/T 73053—2015	GB/T 12705.2—2009	FTMS 191A 方法 5530
试样数量	至少 1 个	3 个	3 个
尺寸(mm)	上衣:背部 300×300 裤子:大腿根部 300×300	400×400(有效尺寸)	305×305(有效尺寸)

续表

标准	FZ/T 73053—2015	GB/T 12705.2—2009	FTMS 191A 方法 5530
测试对象	羽绒服	织物及羽绒制品(参照)	织物,洗前洗后都测
填充物要求	保持样品均匀厚度	采用羽绒制品中对应的羽绒填充料;若未提供,采用规定的含绒量70%的灰鸭绒作为填充料	60%的水禽羽毛,40%的水禽羽绒
填充物填充质量	填充物质量为规定尺寸内包含的填充物	(25±0.1)g 两份,装入两个小袋	19.8g 两份,装入两个小袋
碰撞物质量与数量	140g 的橡胶球 10 只(邵尔硬度:45A)	140g 的橡胶球 10 只(邵尔硬度:45A)	450g 的实心橡胶塞 16 个
测试条件(次)	正转 500,再反转 500	正转 1000,再反转 1000	48r/min×45min
试验要点	除原羽绒产品缝线外,其余缝线打胶密封,且填充物钻出试样表面 2mm 应计数	所有缝线都进行封闭处理,且填充物钻出试样表面就应计数,不考虑程度	双针缝合;试验样品与标准样品作对比,来评定为满意或不满意
试验结果	钻绒根数超出 50 根时,记录大于 50 根	3 只试样袋的平均值(整数)	以洗前、洗后样品中较低的评价等级为最终的评价等级

从各标准的时间上来说,美国的方法标准制定最早,1991 年我国参照美国标准制定了 GB/T 12705—1991《织物防钻绒性试验方法》,并在 2009 年更新为 GB/T 12705.2—2009《纺织品　织物防钻绒性试验方法　第 2 部分:转箱法》。相较于方法标准,FZ/T 73053—2015《针织羽绒服装》作为产品标准,从产品的角度出发,对测试对象进行了一定的尝试,测试样品直接在羽绒服上进行取样。

产品标准 FZ/T 73053—2015《针织羽绒服装》附录 A 和方法标准 GB/T 12705.2—2009 针对样品经洗涤后的防钻绒性是可选的,如样品进行洗涤,会对洗前、洗后样品分别进行评价。而 FTMS 191A 方法 5530 洗前洗后均需要进行防钻绒性测试,并以洗前、洗后样品中较低的评价等级为最终的评价等级,且其洗涤方法与常规的洗涤方法不同,采用的是羊毛织物进行移动洗涤。

产品标准 FZ/T 73053—2015《针织羽绒服装》和方法标准 GB/T 12705.2—2009 在试验结果的出具上也比较接近,均采用钻绒根数来评价;而 FTMS 191A 方法 5530 只有满意和不满意两种评价。

尽管产品标准 FZ/T 73053—2015《针织羽绒服装》附录 A 和方法标准 GB/T 12705.2—2009 在一些细节上的规定更为接近,但整体来说,这三个转箱法是完全不同的方法。它们除了在原理上相近外,在参数的设置上差异很大。

(二)不同防钻绒方法之间的分析比较

这三类测试方法,基本原理都是通过撞击、摩擦及挤压等力学作用,模拟羽绒制品在实际穿着过程中受到外力作用,使羽绒、羽毛等钻出织物表面,通过计数钻出的根数来评价织物的防钻绒性能。由于这三类测试方法具体的测试原理、测试仪器、测试条件差异较大,三种方法的测试结果之间没有可比性。这三大类测试方法之间的简要比较如下。

(1)试样放置位置。由于测试原理不同,摩擦法样品装在塑料袋内,转箱法样品放置于回转箱内,而冲击法样品则是放在倾斜的轨道上。回转箱和塑料袋均为封闭容器,虽然封闭容器有利于试验结束后对钻绒根数的统计,但不利于空气的交换流动,样品受力后,试样的蓬松性由于缺乏足够的空气,在短时间内很难恢复原状,从而对钻绒的试验效果产生影响。相比而言,冲击法的测试样品能够在受力后得到充分恢复,试验效果较前两类有一定改善。

(2)对试样的作用力。摩擦法的作用力是试样两部分之间相互摩擦并挤压产生,样品主要受到的是摩擦力,由于试样放置在塑料袋中,在摩擦过程中也很难恢复到蓬松状态,钻绒效果受到较大影响。转箱法对样品的作用力是通过橡胶球对样品的击打产生,而且样品一直处于连续被击打状态,这样可能导致试样始终无法恢复到蓬松状态,在干瘪状态下羽毛、羽绒从织物中钻出会很困难,试验效果同样会受到较大影响。冲击法是通过冲击杆对样品的挤压作用来模拟实际使用状态,样品受到挤压和撞击作用力,也受到一定的摩擦作用力,在一个测试来回过程中,样品能够较充分恢复到蓬松状态,因此,冲击法的作用力方式较前两类也有一定改进。

(3)钻绒根数统计方式。三类试验方法对钻绒根数的统计方式存在较大差异。

摩擦法三种测试方法的统计方式相似,钻绒根数为塑料袋内钻出的羽毛、羽绒根数与钻出试样袋大于2mm的羽毛、羽绒根数之和,大于2mm的描述在统计方式上比转箱法更为准确。转箱法三种测试方法中,FTMS 191A 方法 5530—1978《织物防钻绒性试验方法 转箱法》中没有涉及钻绒根数的统计,GB/T 12705.2—2009《纺织品 织物防钻绒性试验方法 第2部分:转箱法》中对钻绒根数的统计则较为详细,即钻绒根数为回转箱内钻出的羽毛、羽绒根数与钻出试样袋表面的羽毛、羽绒根数之和,其中钻出试样袋表面的羽毛绒根数不考虑其钻出的长短程度只要钻出布面即为1根,因此,在统计过程中需分清试样袋表面绒毛与钻出羽毛、羽绒的区别。产品标准 FZ/T 73053—2015《针织羽绒服装》附录 A 中,规定钻绒根数为回转箱内钻出的羽毛、羽绒根数与钻出试样袋表面大于2mm的羽毛、羽绒根数之和。冲击法钻绒根数的统计方式为钻出试样袋表面的羽毛、羽绒根数,其中从样品枕头底部和缝线处钻出的根数不计数,对于如何确定"钻出试样袋表面"并没有明确的表述,且由于样品枕头是直接暴露在空气中,从样品枕头钻出的羽毛、羽绒根数则无法统计。

(三)不同测试标准对防钻绒性评价的分析比较

无论采用哪类测试方法,得到一个合适的防钻绒性评价结果是最终目的,但三大类七种测试方法的防钻绒性评价却各不相同。

摩擦法中,EN 12132.1:1998《羽毛和羽绒 织物防钻绒性试验方法 第1部分:摩擦试验》只表述了取平均值(整数)为最终结果,当钻绒根数大于50时停止计数,并没有给出防钻绒性能的结果评价;GB/T 12705.1—2009《纺织品 织物防钻绒性试验方法 第1部分:摩擦法》将防钻绒性评价结果分为三个等级,并给出了具体的参考根数;GB/T 14272—2011《羽绒服装》中对防钻绒性根据不同的产品等级提出了不同的要求。

转箱法中,FTMS 191A 方法 5530—1978《织物防钻绒性试验方法 转箱法》的评价结果是通过与标准中的参考图相对比,得出满意与不满意两种评价,没有给出具体的钻绒根数评价;GB/T 12705.2—2009《纺织品 织物防钻绒性试验方法 第2部分:转箱法》将防钻绒性评价结果也分为了三个等级,并给出了具体的参考根数,但与 GB/T 12705.1—2009 中的参考根数完全不同;产品标准 FZ/T 73053—2015《针织羽绒服装》中对防钻绒性,也是根据不同的产品等级提出了不同的要求。

EN 12132.2:1998《羽毛和羽绒 织物防钻绒性试验方法 第2部分:冲击试验》冲击法中对防钻绒性评价未做相关的描述,测试报告中只显示具体的钻绒根数。

四、改善羽绒服防钻绒性能的措施

提高羽绒服的防钻绒性,需要先了解羽绒服防钻绒性的影响因素。面料结构(如纱支、密度、紧度等)、面料透气性、羽绒填充物品质、羽绒服缝纫条件及缝纫工艺等都会对羽绒服的防钻绒性造成一定的影响。

(1)羽绒服面料结构的影响。羽绒服如要防钻绒,就要求面料有一定的紧密度。紧密度是织物规定面积内经纬纱所覆盖面积(扣除经、纬交织点的重复量)对织物规定面积的百分率。影响面料紧密度的因素通常有纱支、经纬密度、织物组织结构等。研究表明,紧密度和防钻绒性存在 V 形的关系,随着紧密度的增加,面料的凹凸程度增大,面料和羽绒接触的表面积增大,面料更易吸附绒丝。虽然紧密度增大面料孔洞减少,但由于所吸附的更多的绒丝钻出,导致防钻性不升反降。但随着面料紧密度的增加,面料孔洞减少的优势凸现,防钻绒性呈现上升的趋势。但需要注意的是,紧密度过大时,面料手感较硬,同时面料透气性能也会变差,羽绒易滋生细菌,影响羽绒服的使用性能。所以要选择紧密度合适的面料,以达到最佳的防钻绒效果及最佳的羽绒服使用性能。

(2)羽绒服面料透气性的影响。透气性好的羽绒服,羽绒填充物中的羽毛、羽绒和绒丝易随着气体的流动而钻出织物表面。考核透气性的指标通常是透气量,即织物两面在一定相对压强差的条件下,单位面积织物单位时间内透过气体的量。研究表明,透气性与防钻绒呈现负相关性,透气性好的面料,防钻绒性能差;反之,防钻绒性能好。影响织物透气性的因素有织物密度、厚度、组织结构、染整后加工等,所以在面料选择上要加以综合考虑。

(3)羽绒填充物品质的影响。羽绒制品中填充物含绒量高低影响制品最终的钻绒根数。含绒量高、品质好,朵绒较多,毛片少的羽绒,弹性和柔软性都较好,做成的羽绒服受到摩擦或碰撞时,羽绒易恢复,不易钻出。另外,毛片较多的羽绒,因毛片存在较硬的羽梗,受到摩擦或碰撞时,较硬的羽梗也易刺破面料钻出表面。故对于同一织物,填充物含绒量高,品质好的羽绒,防钻绒性越好。

(4)羽绒服装缝纫条件及缝制工艺的影响。在羽绒服的实际使用过程中,羽绒钻出最常见的地方是在有缝线或接缝的地方。这些地方由于缝制过程中,不合适的机针形状及型号、缝纫线种类与粗细,还有不合适的缝制方法的选择等易在织物上留下孔洞或空隙,随着气流的流动,羽绒易钻出织物表面。

(5)羽绒服结构的影响。目前常见的羽绒服结构分为两层、三层和四层结构。两层结构指的是面料+羽绒+里料;三层结构指的是面料+羽绒+胆布+里料;四层结构指的是面料+胆布+羽绒+胆布+里料。同样工艺情况下,层数多的防绒性要好于层数少的,但层数较多时,羽绒服较臃肿,不够轻便。目前轻性羽绒服多采用两层结构。户外羽绒服常采用三层或四层结构。

(6)充绒工艺的影响。不同的充绒工艺区别在于绗线的先后顺序。绗线的作用主要是固定羽绒,防止羽绒堆积,并达到美观的设计效果。先充绒后绗线是在织物中间加入填充物后再缉明线,形成条状或格状;先绗线后充绒是根据花型设计要求先绗好花型再进行充绒。研究证明,先绗线再充绒的工艺面料的防钻绒性要好于先充绒后绗线的面料。主要是因为先绗线后再充绒避免了因绗线工艺造成穿刺面料而引起的钻绒,同时也减少了羽绒造成的损伤及钻绒的可能性。目前,新型的绗线工艺用胶粘代替机针绗缝,可有效解决绗线处的防钻绒现象。

综合来讲,只有合理地选择面料、缝纫工艺、羽绒填充物、填充工艺等才能有效改善羽绒服的防钻绒性,提高羽绒服的品质,减少消费者的投诉。

第三节 透气性能

空气通过织物的性能为织物的透气性。织物在人体与环境之间起着热、湿调节作用,直接影响着人体的舒适感。一般的服装面料都要有一定的透气性,因为人体时刻都在呼吸,只有和外界不断进行气体交换,人体才不会感到闷气和不舒服,而服装面料的透气性恰好为人体皮肤与外界进行气体交换提供了通道。

不同场合使用的服装对其透气性的要求不一样,如夏天用的织物需要有较好的透气性,才有利于人体体热的散发。但冬天的外衣透气性应该较小,以保证衣服具有良好的防风性能,防止热量的散发。

织物的透气性能通常以在规定的试验面积、压降和时间条件下,气流垂直通过试样的速率来表示。随着人们生活水平的提高,对织物的服用舒适性能要求日益提高,因此,作为织物舒适性能重要组成部分的透气性也显得越来越重要,其性能的检测与评价方法也越来越得到重视。

一、国内外试验方法与标准

目前,常用透气性测试方法主要有 ASTM D737—2018《纺织品 织物透气性的试验方法》、ISO 9237:1995《纺织品 织物透气性的测定》以及 GB/T 5453—1997《纺织品 织物透气性的测定》。透气性的测试原理是在规定的压差条件下,测定一定时间内垂直通过试样给定面积的气流流量,计算出透气率。

1. 仪器设备

采用透气性测试仪(图 3-27),仪器主要包括以下组件。

(1)试样圆台。具有试样面积为 $5cm^2$、$6.45cm^2$、$20cm^2$、$38.3cm^2$、$50cm^2$ 或 $100cm^2$ 的圆形通气孔。

(2)夹具。能平整地固定试样,应保证试样边缘不漏气。ASTM D737 要求试样夹持力不低于 $(50\pm5)N$。

(3)橡胶垫圈。用以防止漏气,与夹具吻合。

(4)压力计或压力表。连接于试验箱,能指示试样两侧压降为 50Pa、100Pa、125Pa、200Pa 或 500Pa,精度至少为 2%。

(5)气流平稳吸入装置(风机)。能使具有标准湿度的空气进入试样圆台,并可使透过试样的气流产生 50~500Pa 的压降。

(6)流量计、容量计或测量孔径:能显示气流的流量,单位为 $dm^3/min(L/min)$,精度不超过 $\pm2\%$。

说明:①只要流量计、容量计能满足精度为 $\pm2\%$ 的要求,所测量的气流流量也可用 cm^3/s 或其他适当的单位表示。②使用压差流量计的仪器,核对所测量的透气量与校正板所标定的透气量是否相差在 2% 以内。

图 3-27　透气性测试仪

2. 实验室样品的准备

可根据有关方的协议取样。在没有规定的情况下,从批样的每一匹中剪取长至少为 1m 的整幅织物作为实验室样品,注意应在距布端 3m 以上的部位随机选取,并不能有褶皱或明显疵点。试验样品应在规定的试验室标准大气下进行调湿平衡。

3. 试验条件

GB/T 5453—1997 和 ISO 9237:1995 通常采用试验面积 20cm² 、压降 100Pa 的试验条件,ASTM D737—2018 通常采用试验面积 38.3cm² 、压降 125Pa 的试验条件。如上述压降达不到或不适用,经有关各方面协商后可选用 50Pa、500Pa 或其他压降,测试面积可选用 5cm² 、50cm² 、100cm² 或其他面积。如要对试验结果进行比较,则应采用相同的试验面积和压降。

4. 试验步骤

(1)按下述方法检查校验仪器。

①如仪器经常使用,每星期应检查一次,以保证正常使用;如仪器偶尔使用,或移动、修理以后,在试验前要对其检查。仪器应定期按规程进行校验,周期不超过 12 个月。

②压力表也应做定期检查。

③在给定压降下,用已知透气率的试验孔板进行校验,必须保证校验板放在试样圆台上的位置准确,避免漏气。

④某些特殊仪器的检验方法可依仪器说明书进行,并保证试验精度。

(2)将试样夹持在试样圆台上,测试点应避开布边及褶皱处,夹样时采用足够的张力使试样平整而又不变形,注意不要使织物产生伸长或起皱。为防止边缘漏气,在试样的低压一侧(即试样圆台一侧)应垫上垫圈,垫圈可采用厚度 2.5mm、硬度 65~70IRHD(按 GB/T 6031 测定)的橡胶片。当织物正反两面透气性有差异时,应在报告中注明测试面。

(3)启动吸风机或其他装置使空气通过试样,调节流量,使压降逐渐接近规定值。

(4)从透气性测试仪上读取透气率。

(5)在同样的条件下,在同一样品的不同部位重复测定至少 10 次。如透气率在 95% 置信区间内,也可测试较少的部位,但不低于 4 个部位。

(6)如夹具处漏气,可在试样上覆盖一与试样大小相同的橡胶片的方法测定边缘漏气量,并从读数中减去该值。

5. 结果计算和表示

计算不同部位透气率测定值的平均值,结果可用 mm/s、m/s、cm³/(s · cm⁻²) 或 ft³/(min · ft⁻²) 表示。

二、国内外标准差异比较

在中国、欧洲和美国的三个常用透气性测试方法中，GB/T 5453—1997 等同采用 ISO 9237：1995，ASTM D737—2018 与前两个方法测试方法的测试原理及过程基本相同，个别指标稍有区别，具体见表 3-22。

表 3-22　国内外透气性测试方法差异

主要差异	ASTM D737—2018	GB/T 5453—1997 和 ISO 9237：1995
推荐试验面积	38.3cm²	20cm²
试样夹持张力	不低于(50±5)N	能平整地固定试样，应保证试样边缘不漏气
推荐压降	125Pa	服用织物：100Pa；产业用织物：200Pa
结果出具单位	cm³/(s·cm⁻²) 或 ft³/(min·ft⁻²)	mm/s，m/s

国外对于透气性的指标要求通常是由买家根据产品类别的需要自行规定，中国对于透气性目前没有统一的规定，主要是在某些产品标准中有要求，见表 3-23。

表 3-23　国内产品标准的透气性要求

产品标准	最低指标要求
FZ/T 73022—2012《针织保暖内衣》	≥180mm/s
FZ/T 73046—2013《一体成型文胸》	≥75mm/s
FZ/T 74002—2014《运动文胸》	≥75mm/s
FZ/T 73049—2014《针织口罩》	≥250mm/s
FZ/T 81010—2018《风衣》	≤50mm/s

三、改善纺织品透气性能的措施

通常影响透气性的因素有外部因素和织物本身的内部因素。外部因素通常指的是面料内外部的压力差，而内在因素和织物中的孔隙密不可分。织物中的孔隙主要由三部分组成，纤维内部的孔隙、纤维间的孔隙和纱线间的孔隙，这些孔隙对透气性影响较大的是纱线间的孔隙，其次是纤维间的孔隙，主要原因在于这两者基本上都是贯通性的孔洞，而纤维内部孔洞多为非贯通性，其中的空气流动性差。面料上孔洞的横截面积、深度（即织物厚度）和单位面积内孔隙的个数是影响织物透气性能的三个重要因素。对这三个因素产生影响的主要是纤维材料本身、织物组织结构、后整理加工和水洗次数。

（1）纤维材料本身的影响。对组织结构和厚度相似的棉、麻、羊毛、聚酰胺纤维、聚酯纤维5种纤维织物来说，棉、麻、羊毛等天然纤维的透气性优于聚酰胺纤维和聚酯纤维等合成纤维织物。这主要在于天然纤维截面形态不规则，纵向具有扭曲性（如棉纤维截面呈腰子形，纵向扭曲）、纤维细度不匀，在纺成纱线时，纤维间易有孔隙，而合成纤维如聚酰胺纤维、聚酯纤维表面光滑,纱线间的纤维易贴合,空隙较少,所以透气性能较差。

(2)织物组织结构的影响。一般来说,不同组织结构的织物,其透气性大小顺序为透孔织物>缎纹织物>斜纹织物>平纹织物。这是因为平纹织物的经纬线交织次数多,纱线间孔隙较小,透气性也较小;透孔织物纱线间孔隙较大,透气性也较大,由于织物组织结构与密度的变化,引起浮长增加时,织物的透气率也增加。织物的经纬纱细度不变,经密和纬密增加,织物的透气性下降;织物密度不变,而经纬纱细度减少,织物透气性增加。一定范围内,纱线的捻度增加,纱线单位体积质量增加,纱线直径和织物紧密度降低,织物的透气性提高。

(3)后整理加工的影响。织物染色之后一般要经过后整理,而不同的后整理加工对织物的透气性也有影响。比如,织物经液氨整理后,纤维变细,中空腔管和孔隙变小,织物透气性下降;经三防整理的织物,因为将整理剂涂覆在织物表面,并与纤维发生化学反应,在纱线表面交联成膜,在阻止水、油进入纤维内部或纤维之间的同时,也降低了空气的透过量。另外,织物经砂洗、磨毛等整理后,表面绒毛增加,也使其透气性降低。

(4)水洗次数的影响。水洗次数对织物透气性的影响与织物的缩水率直接相关。织物在加工过程中,纱线受到多次拉伸,造成应力集中。织物在水的作用下,内应力得到松弛,纤维、纱线的缓弹性变形回复,使织物的尺寸、密度和紧度发生变化,造成织物透气性降低。一般,织物在5次洗涤过程中的缩水率变化最明显,而后趋于平缓,所以透气性会在5次洗涤处有一个转折点。随着洗涤次数的增加,纤维逐渐被磨损,结构变得疏松,纱线间孔隙增大,透气性逐渐增大。

第四节　防水、防油、防污性能

"三防"产品通常指的是防水、防油、防污性能。"三防"纺织品用途很广,如高端的外衣、风衣、夹克衫、休闲装、垂钓服、冲锋衣、滑雪服等;各种防护服,如油田工作服、矿井工作服、消防服、特种军服等。

在工作、生活、运动中经常遇到雨雪等有水环境,人们最开始对于纺织品的防水性能要求来自于避雨的需要,使水不能浸透和穿过织物,但后来为了方便,对于普通的风衣、外衣也要求有一定的防水性能,以避免水渗透到服装内部,影响穿着的舒适性,尤其是对日益增多的户外服装。防水性能通常指的是织物抵抗被水润湿和渗透的性能,织物抵抗被水润湿的性能有时也叫拒水性。织物防水性能的表征指标有沾水等级、抗静水压等级、水渗透量等。

服装作为人体与外界物质交流的中间介质,在使用过程中难免会沾染到固态或液态油污。这些油污主要吸附在纤维或纱线之间、纤维表面凹凸不平的凹陷处以及面料的缝隙和细毛孔中。油污如果不能很容易地被清理下来,长期堆积在服装上,在一定的温度和湿度下,会成为微生物滋生的温床,威胁到人们的身体健康。通常人们理想中的服装,应具有的特点是在使用过程中不会被油污所湿润造成污渍,也不会因为静电吸附使尘埃或微粒堆积在纤维或织物表面,同时织物一旦沾污后,在正常的洗涤过程中,容易被清洗干净,且不易吸附洗涤液中的污物而变灰(从织物上洗下来的污物,通过洗涤液转移到其他部分),这就要求服装具有防油(或拒油)性和防污性能。防油性能指的是织物抵抗吸收油脂类液体的特性;防污性能指的是材料抵抗沾污的性能,即材料具有不易沾附污物,或即使沾污也易去除的性能,以耐沾污性和易去污性来表征。耐沾污性指的是材料与液态或固态污物接触后,不易沾附污物的性能。易去污性指的是被沾污材料在规定的洗涤或擦拭等清洁条件下,污物容易被去除的性能。

一、织物防水、防油、易去污、防污机理

(一)织物防水性能机理分析及增强措施

织物防水性简单来说就是合理利用织物转移水蒸气及液态水的过程。水分子透过织物首先需要先到达织物表面,将织物表面润湿,之后通过纤维对水分子吸收,织物中毛细管的作用以及织物中的孔隙穿透或渗透到织物另一面。其中织物中的孔隙是水分子能穿过织物的主要原因,尤其是织物中纱线与纱线间的孔洞多是贯通性的孔洞,其取向垂直于织物平面,最有利于水分的通过。水分子对于织物表面的润湿性能却是水分子穿透或渗透织物的前提条件。

所以要使织物具有防水性能,就需要减少水分子对织物润湿,以及减少或缩小水分子通过织物的渠道。

(1)减少水分子对织物的润湿,即提高面料的拒水性,这就是常说的拒水整理。拒水整理通常是采用整理剂改变织物的表面性能,使纤维表面的亲水性转为疏水性,纤维的表面能降低,水落到织物表面时,因水的凝聚力比水与织物的附着力大,水受表面张力作用,在织物表面不能迅速铺展而润湿织物,仍保持水滴状态,织物倾斜时,水滴可滚落。

(2)采用紧密织物,即加大织物的经纬密度。最早的防水透湿织物是文泰尔织物(Ventile),是由纯棉低支纱织成的平纹织物,当织物干燥时,经纬纱线间的间隙相对较大,约10μm;当水淋湿织物时,棉纱膨胀,使纱线中纤维间的孔隙和交织点处的孔隙缩小,纤维间内部微孔直径可从10μm减至3~4μm,以致需要极高的压力才能使水渗透,从而使面料具有一定的防水性能。随着由合成纤维细旦、超细旦高收缩长丝生产的超高密织物(如桃皮绒织物)的出现,再结合超级拒水整理技术,这类产品的防水透湿性和穿着舒适性又有了很大的提高。

(3)涂层整理法,这是目前防水性能采用最多的一种方法。涂层整理分为两种,一种是防水但不透气的整理,它是在织物表面均匀的涂覆一层透水、不溶于水的涂层,从而将织物的孔隙堵塞及覆盖掉,阻止水分通过织物。这种整理在阻挡水分的同时,也阻挡了水蒸气及气体的透过,且手感较硬,不适用于服装类产品,但适用于雨衣、雨伞布、雨棚布、浴帘、特种服装、浸水作业服等。另外一种涂层整理是即能够防水也能透湿的整理,如微孔膜防水透湿整理。通常情况下,水蒸气分子直径为0.0004μm,而各种雨雾的直径为雾20μm、轻雾200μm、毛毛雨9400μm、小雨900μm、中雨2000μm、大雨3000~4000μm、暴雨6000~10000μm。所以只要使涂层布的微孔直径控制在0.2~20μm的范围,就可以保证雨雾无法通过,但水蒸气可以通过,从而达到即防水又透湿的目的。随着工艺的发展,又开发出了亲水性涂层薄膜,利用纤维分子中的亲水性集团,使织物防水透湿性能得到进一步提高。目前微孔膜防水透湿整理采用的涂层主要是聚氨酯材料。

(二)织物防油性能机理分析及增强措施

织物防油的主要目的是避免纺织品沾上油污,减少油污对织物润湿,以达到织物拒油的目的,其基本原理就是降低纺织表面的表面能。当液体滴于均匀光滑的固体表面并达到平衡时,在固—液—气三相交界处形成一定的角度,称为接触角 θ,如图 3-28 所示。接触角是固体(Solid)表面与液体(Liquid)间

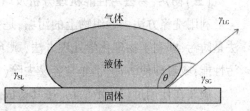

图 3-28 在固—液—气三相交界

面张力(γ_{SL})、固体(Solid)表面与空气(Gas)间界面张力(γ_{SG})、液体(Liquid)与固体(Solid)间界面张力(γ_{LG})共同作用的结果。通常用它来表示液体对固体的湿润性能。三种界面张力之间的关系符合杨氏方程所示。

$$\gamma_{SG} = \gamma_{SL} + \gamma_{LG}\cos\theta$$

$$\cos\theta = (\gamma_{SG} - \gamma_{SL})/\gamma_{LG}$$

由上式可知,对于同一种液体,其 γ_{LG} 通常保持不变,γ_{SG} 越小,$\cos\theta$ 越小,则接触角 θ 越大,固体表面的疏水性就越好。习惯上将 θ=90° 定义为固定表面能否被湿润的标准。当 θ>90° 时,固体表面为不润湿;当 θ<90° 时,固体表面被液体润湿;当 θ=0 时,液体完全铺展于固体表面,称为完全润湿;当 θ=180° 时,理论上液体仅与固体表面发生点接触,称为完全不润湿。在自然界中,θ=0 和 180° 的情况都不存在。

常见的纤维表面能见表 3-24。

表 3-24 常见纤维及液体的 γ_C 及 γ

纤维或固体的表面张力 γ_C(mN/m)		液体的表面张力 γ(mN/m)	
纤维素纤维	200	水	72
聚酰胺纤维	46	雨滴	53
聚酯纤维	43	红葡萄酒	45
聚氯乙烯纤维(氯纶)	37	牛乳	43
石蜡类拒水整理品	29	花生油	40
有机硅类拒水整理品	26	石蜡油	33
聚四氯乙烯纤维	18	橄榄油	32
含氟类拒水整理品	10	重油	29

由表 3-24 可知,如需要拒常见油类,纤维的表面张力至少需要小于 32mN/m,表 3-24 中有机硅类拒水整理品和含氟类拒水整理品,都可以有效达到拒油污的目的。目前多采用含氟防护整理剂对面料进行整理。含氟共聚物有较低的表面能,在织物表面上达到一定的施加量,保证纤维表面有一薄层覆盖包裹,工艺上一般是采用轧—烘—焙工艺。

(三)防污、易去污性能机理分析及增强措施

利用洗涤方法去除织物上的污垢,是一种有效常用的方法,但属于消极去污。积极去污方法是防污,即利于物理化学处理方法,赋予织物一定的抗污性,使污垢不易黏附在织物上,即防污性能;或者即使沾污,也非常容易去除(易去污性能)。

服装在使用过程中的沾污,按其造成的原因可归纳见表 3-25。

表 3-25 服装使用过程中的沾污

沾污的来源	沾污的种类	作用力	服装类别
静电效应	干微粒、尘埃等	静电吸附	外衣、工作服
接触	固体污:皮肤屑; 油性污:动植物油脂; 水性污:污水	范德华力 油黏力 表面张力 摩擦力	外衣、内衣
洗涤时	固体污及油性污的污胶粒		

通过电子扫描显微镜观察,服装上的油污主要吸附在:纤维之间、纱线之间、纤维表面凹凸不平的凹陷处、在缝隙和毛细孔中以及少量颗粒状污黏附在纤维表面的光滑部分。纺织品沾上的污垢,一般是由液体污和颗粒污组合而成的。而饮料、菜汤、唇膏和脏机油等液体污常常作为颗粒污的载体和胶结剂,如液体污易于洗去的话,则清洗就较易进行。纺织品被污染的程度与其组织结构、密度、表面平滑度以及纱线捻度有关。例如,稀疏织物易保留较多的颗粒;紧密织物虽沾污量相对少些,但若被污染则较难去除;表面光滑的织物相对来说不易被沾污,且易于去除。另外,不同纤维成分产生的静电吸附作用也有所不同,如化纤类纺织品静电作用相对较大,很容易吸附粉尘。而液体污沾污织物,首先要液体污润湿纤维,所以就需要关注织物的表面能。

基于上述纺织品被污染的原因,目前多采用以下方法来提高纺织品的防污性能。

①抑制静电发生。可对纺织品采用防静电整理,减少静电对微粒、尘埃的吸附。

②填充纤维间隙。通过填料技术,使填料充满纤维间隙,消除衣物表面的凹凸不平,可有效防止污物进入纤维表面的间隙,提高织物的耐沾污性。此种整理,由于污物未完全渗入纤维内部,即使面料被沾污后,也易于去除。

③降低纤维表面自由能。液态污沾污织物,从力学的角度来看,液态污首先要润湿纤维,和防油的机理一样,有效地降低纤维表面张力,使其表面张力小于液态污的表面张力,液态污就不易润湿织物,从而达到防污的目的。

④采用具有亲水性基团的易去污理剂。纺织品沾上污垢,可视为发生固体吸附现象,在洗涤时,将污垢从织物上去除,可认为是污垢的解吸过程。易去污机理与水及净洗剂向油污—纤维界面的扩散有关。易去污整理剂可促进水向织物及纤维束内部和油污—纤维界面内扩散。当油污—纤维界面被水化后,可使油污和纤维分离。当纤维表面用易去污整理剂涂层后,水可通过易去污整理剂的亲水成分促使水分子进入油污和纤维之间(图 3-29),使大块油污面产生缩聚,成为大小不一的油珠,油珠继而成卷离状脱离织物。

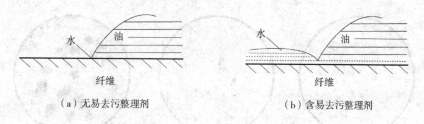

| （a）无易去污整理剂 | （b）含易去污整理剂 |

图 3-29　纤维、水和油界面示意图

二、防水性能试验方法与标准

（一）沾水法

沾水法是纺织织物防水性能常用检测方法之一，通常用沾水等级来表征。目前，常用的中国、欧美沾水法的检测标准有 GB/T 4745—2012《纺织品　防水性能的检测和评价　沾水法》、ISO 4920:2012《纺织品　耐表面湿润性能的测定　沾水法》和 AATCC 22—2017《纺织品　防水性能　沾水法》等。其测试原理是将试样安装在环形夹持器上，保持夹持器与水平成45°，试样中心位置距喷嘴下方保持一定的距离。用一定量的蒸馏水或去离子水喷淋试样。喷淋后，通过试样外观与沾水现象描述及图片的比较，确定织物的沾水等级，并以此评价织物的防水性能。

沾水等级是对试样正面的湿润程度按照表 3-26 沾水现象描述或参考图 3-30 评定每个试样的沾水等级。对于深色织物，主要依据文字描述进行评级。GB/T 4745 和 ISO 4920 标准通常用沾水等级表述，AATCC 22 通常用润湿面积表述，三个标准的等级关系见表 3-27。

表 3-26　沾水等级与沾水现象描述

沾水等级	沾水现象描述
0 级	整个试样表面完全润湿
1 级	受淋表面完全润湿
1~2 级	试样表面超出喷淋点处润湿，润湿面积超出受淋表面一半
2 级	试样表面超出喷淋点处润湿，润湿面积约为受淋表面一半
2~3 级	试样表面超出喷淋点处润湿，润湿面积少于受淋表面一半
3 级	试样表面喷淋点处润湿
3~4 级	试样表面等于或少于半数的喷淋点处润湿
4 级	试样表面有零星的喷淋点处润湿
4~5 级	试样表面没有润湿，有少量水珠
5 级	试样表面没有水珠或润湿

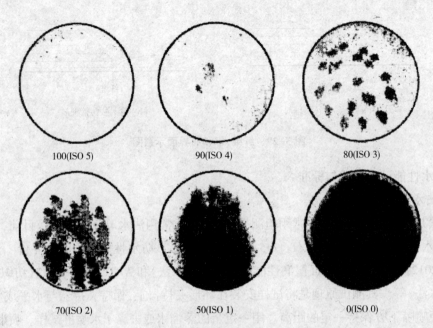

图 3-30 基于 AATCC 图片的 ISO 沾水等级图

表 3-27 中国、ISO、AATCC 标准等级关系比较

GB/T 4745	ISO 4920	AATCC 22	现象描述
0 级	0 级	0	整个试样表面完全润湿
1 级	1 级	50	受淋表面完全润湿
2 级	2 级	70	试样表面超出喷淋点处湿润,湿润面积约为受淋表面一半
3 级	3 级	80	试样表面喷淋处湿润
4 级	4 级	90	试样表面有零星的喷淋点处湿润
5 级	5 级	100	试样表面没有水珠或润湿

在 GB/T 4745—2012 中提到,如果需要,可对样品进行防水性能评价。评价时,计算所有试样沾水等级的平均值,修约至最接近的整数级或半级,按照表3-28 评价样品的防水性能。计算试样沾水等级平均值时,半级以数值 0.5 计算。

表 3-28 防水性能评价

沾水等级	防水性能评价
0 级	不具有抗沾湿性能
1 级	
1~2 级	抗沾湿性能差
2 级	
2~3 级	抗沾湿性能较差

沾水等级	防水性能评价
3级	具有抗沾湿性能
3~4级	具有较好的抗沾湿性能
4级	具有很好的抗沾湿性能
4~5级	具有优异的抗沾湿性能
5级	

(二)静水压法

静水压法也是纺织织物防水性能常用检测方法之一,通常用抗静水压等级来表征。常用的中国、欧美静水压法的检测标准有 GB/T 4744—2013《纺织品　防水性能的检测和评价　静水压法》、ISO 811:2018《纺织品　耐水渗透性　静水压试验》和 AATCC 127—2018《纺织品　防水性能　静水压试验》等。其原理是以织物承受的静水压来表示水透过织物所遇到的阻力。在标准大气条件下,试样的一面承受持续上升的水压,直到另一面出现三处渗水点为止,记录第三处渗水点出现的压力值,并以此评价试样的防水性能。

抗静水压测试结果以 kPa(cmH2O)表示每个试样的静水压值及其平均值 P。对于同一样品的不同类型试样(如有接缝试样和无接缝试样)分别计算其静水压平均值。在中国标准 GB/T 4744—2013 中提到,如果需要,按照表 3-29 给出样品的抗静水压等级或防水性能评价。对于同一样品的不同类型试样,分别给出静水压等级或防水性能评价。

表 3-29　抗静水压等级和防水性能评价

抗静水压等级	静水压值 P(kPa)	防水性能评价
0级	P<4	抗静水压性能差
1级	4≤P<13	具有抗静水压性能
2级	13≤P<20	
3级	20≤P<35	具有较好的抗静水压性能
4级	35≤P<50	具有优异的抗静水压性能
5级	50≤P	

注　不同水压上升速率测得的静水压值不同,上述的防水性能评价是基于水压上升速率 6.0kPa/min 得出。

(三)水平喷射淋雨试验

水平喷射淋雨试验是通过测定纺织织物抵抗一定冲击强度喷淋水渗透性来预测其抗雨水的性能。常用的中国、欧美静水压法的检测标准有 GB/T 23321—2009《纺织品　防水性　水平喷射淋雨试验》、ISO 22958:2005《纺织品　防水性能　水平喷射淋雨试验》和 AATCC 35—2018《纺织品　防水性能　淋雨试验》等。其原理是将背面附有吸水纸(质量已知)的试样在规定条件下用水喷淋规定时间,然后重新称量吸水纸的质量,通过吸水纸质量的增加来测定试验过程中渗过试样的水的质量。

三、防油性能试验方法与标准

防油性能的测试原理是将选取的不同表面张力的一系列碳氢化合物标准试液滴加在试样

表面,然后观察润湿、芯吸和接触角的情况。拒油等级以没有润湿试样的最高试样的最高试液编号表示。通常拒油等级越高,试样抵抗油类材料,尤其是抗液态油类物质沾附性能越好。国内外主要测试标准有 GB/T 19977—2014《纺织品 拒油性 抗碳氢化合物试验》、ISO 14419：2010《纺织品 拒油性 抗碳氢化合物试验》、AATCC 118—2013《拒油性 抗碳氢化合物测试》,三个标准基本测试过程及测试原理一致。

1.设备和材料

(1)试剂。拒油性所用试剂应是分析纯,最长保质期 3 年。标准试液应在(20 ± 2)℃下使用和储存。标准试液按表 3-30 准备和编号。试验的纯度影响试液的表面张力,因此只能使用分析纯试液。

表 3-30 标准试液

组成	试液编号	密度(kg/L)	25℃时表面张力(N/m)
白矿物油	1	0.84~0.87	0.0315
白矿物油：正十六烷=65：35(体积分数)	2	0.82	0.0296
正十六烷	3	0.77	0.0273
正十四烷	4	0.76	0.0264
正十二烷	5	0.75	0.0247
正癸烷	6	0.73	0.0235
正辛烷	7	0.70	0.0214
正庚烷	8	0.69	0.0198

(2)滴瓶。为便于操作,可将试液移到滴瓶中,每个滴瓶都标有相应的试验编号。典型的配套设备为 60mL 配有磨口吸管和氯丁橡胶吸头的滴瓶。橡胶吸头使用前应该在正庚烷中浸泡几小时,然后在干净的正庚烷中清洗,去除可溶物质。按表 3-30 中的试液编号顺序放置试液,以便于试验。

(3)白色吸液垫。具有一定厚度和吸液能力的片状物,如滤纸、黏纤非织造布等。

(4)试验手套。不透液体、不含硅的普通用途手套。

(5)工作台。表面平整光滑、不含硅的台面。

2.试样准备

需要约 20cm×20cm 的试样三块。所取试样应有代表性,包含织物上不同的组织结构或不同的颜色,并满足试验的需要。试验前,试样应在规定的标准大气中调湿至少 4h。

3.试验步骤

(1)试验应在规定的标准大气中进行。如果试样从调湿室中移走,应在 30min 内完成试验。把一块试样正面朝上平放在白色吸液垫上,置于工作台上。当评定稀松组织或薄的试样时,试样至少要放置两层,否则试液可能浸湿白色吸液垫的表面,而不是实际的试验试样,在结果评定时会产生混淆。

(2)在滴加试液之前,戴上干净的试验手套抚平绒毛,使绒毛尽可能地顺贴在试样上。

（3）从编号1的试液开始，在代表试样物理和染色性能的5个部位，分别小心地滴加一小滴（直径约5mm或体积约0.05mL），滴液之间间隔大约4.0cm。在滴液时，吸管口应保持距试样表面约0.6cm的高度，不要碰到试样。以约45°角观察液滴（30±2）s，按图3-31评定每个液滴，并立即检查试样的反面有没有润湿。

（4）如果没有出现任何渗透、润湿或芯吸，则在液滴附近不影响前一个试验的地方滴加高一个编号的试液，再观察（30±2）s。按图3-31评定每个液滴，并立即检查试样的反面有没有润湿。

（5）继续上面的操作，直到有一种试液在（30±2）s内使试样发生润湿或芯吸现象。每块试样上最多滴加6种试液。

（6）取第二块试样重复以上的操作。有可能需要第三块试样做试验。

4. 评定

（1）液滴分类和描述。液滴分为4类（图3-31）：

A类——液滴清晰，具有大接触角的完好弧形。

B类——圆形液滴在试样上部分发暗。

C类——芯吸明显，接触角变小或完全润湿。

D类——完全润湿，表现为液滴和试样的交界变深（发灰、发暗），液滴消失。

试样润湿通常表现为试样和液滴界面发暗、出现芯吸或液滴接触角变小。对黑色或深色织物，可根据液滴闪光的消失确定为润湿。

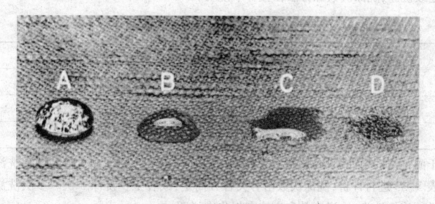

图3-31 液滴类型示例

（2）试样对某级试液是否"有效"的评定。

无效：5个液滴中的3个（或3个以上）液滴为C类和（或）D类。

有效：5个液滴中的3个（或3个以上）液滴为A类。

可疑的有效：5个液滴中的3个（或3个以上）液滴为B类，或为B类和A类。

（3）单个试样拒油等级的确定。试样的拒油等级是在（30±2）s期间未湿润试样的最高编号试液的数值，即以"无效"试液的前一级的"有效"试液的编号表示。当试样为"可疑的有效"时，以该试液的编号减去0.5表示试样的拒油等级。当用白矿物油（编号1）试液，试样为"无效"时，试样的拒油等级为"0"级。

5. 结果和评价

(1)结果的表示。拒油等级应由两个独立的试样测定。如果两个试样的等级相同,则报告该值。当两个等级不同时,应做第三个试样。如果第三个试样的等级与前面两个测定中的一个相同,则报出第三个试样的等级。当第三个测定值与前两个测定中的任何一个都不同时,取三块试样的中位数。例如,如果前两个等级为 3 和 4,第三个测定值为 4.5,测报出中位数 4 作为拒油等级。结果差异表示试样可能不均匀或者有沾污问题。

(2)拒油性能的评价。在 GB/T 19977—2014 标准的资料性附录 B 中,列出了对试样拒油性能的评价方法。

①根据拒油等级按照表 3-31 对织物的拒油性能进行评价。

表 3-31　织物拒油性能评价

拒油等级	原试样
≥6 级	具有优异的拒油性能
≥5 级	具有较好的拒油性能
≥4 级	具有拒油性能

②对于耐水性拒油织物,按照 GB/T 8629—2001 中 5A 程序对样品进行洗涤,自然晾干后再按表 3-32 进行评价,洗涤次数由有关各方商定,或者至少洗涤 5 次。多次洗涤时,可将时间累加进行连续洗涤,洗涤次数和方法在报告中说明。

表 3-32　织物水洗后拒油性能评价

拒油等级	水洗后试样
≥5 级	具有优异的拒油性能
≥4 级	具有较好的拒油性能
≥3 级	具有拒油性能

③对于耐干洗性拒油织物,按照 GB/T 19981.2 或 GB/T 19981.3 对样品进行洗涤,自然晾干后再按表 3-33 进行评价,洗涤次数由有关各方商定,或者至少洗涤 5 次。多次洗涤时,可将时间累加进行连续洗涤,洗涤次数和方法在报告中说明。

表 3-33　织物干洗后拒油性能评价

拒油等级	干洗后试样
≥5 级	具有优异的拒油性能
≥4 级	具有较好的拒油性能
≥3 级	具有拒油性能

四、易去污性能试验方法与标准

易去污性能试验方法通常采用洗涤法和擦拭法。根据产品种类和用途,可选择一种或两种方法。使用不同的沾污物和方法所得的试验结果不具有可比性。易去污性能试验方法原理是在纺织试样表面施加一定量的污物,试样静置一段时间或干燥后,按规定条件对沾污试样进行清洁。通过变色用灰色样卡比较清洁后试样沾污部位与未沾污部位的色差,来评定试样的易去污性。目前国内外测试标准有 FZ/T 01118—2012《纺织品　防污性能的检测和评价　易去污性》和 AATCC 130—2018《易去污　油污释放法》。

1. 设备和材料

(1)洗涤法。

①沾污物,根据需要选用下列污物之一。

a. 花生油(非工业污染物):符合 GB 1534—2017 的一级压榨成品油。

b. 炭黑油污物(工业污染物):将符合 GB 3778—2011 规格为 N660 的炭黑与符合 GB 11121—2006 规格为 10W-40 的机油,按质量比 1∶1000 混合,搅拌确保炭黑充分地分散在机油中。污液宜即配即用,如果密封放置一段时间,需重新搅拌后使用。

c. 也可根据双方协议使用其他沾污物,需在试验报告中说明。

②吸液滤纸,中速定性。

③滴管。

④塑料薄膜,尺寸应确保覆盖试样的沾污部位。

⑤轻质平板,直径(60±1)mm,质量不超过 0.01kg 的圆形平板(如树脂板)。

⑥重锤(或砝码),质量为(2±0.01)kg。

⑦洗衣机,符合 GB/T 8629—2017 中规定的 A 型洗衣机。

⑧搅拌器,能够确保机油和炭黑充分混合。

⑨ECE 标准洗涤剂,符合 GB/T 8629—2017。

⑩评定变色用灰色样卡,符合 GB/T 250。

(2)擦拭法。

①沾污物,符合 GB 18186—2000 的高盐稀态发酵酱油(老抽)。

②吸液滤纸,中速定性。

③滴管。

④玻璃棒。

⑤棉标准贴衬,符合 GB/T 7568.2 的规定,尺寸约 200mm×200mm。

⑥评定变色用灰色样卡,符合 GB/T 250。

2. 试样准备

从每个样品中取有代表性的试样,洗涤法取两块试样,每块试样尺寸为 300mm×300mm;擦拭法取一块试样,尺寸能满足试验要求。

如果考核易去污性的耐久性,需对试样进行水洗处理后再进行试验。水洗处理程序推荐采用与维护标签相适宜的洗涤程序;或采用 GB/T 8629—2017 中 6A 程序,洗涤次数根据双方协商确定。试样应在标准规定的标准大气中调湿。

3. 试验步骤

(1)洗涤法。

①将吸液滤纸水平放置在试验台上,取两块试样,分别置于吸液滤纸上,在每块试样的三个部位上,分别滴下约0.2mL(4滴)污液,各部位间距至少为100mm。试验台面的材料不具有吸液性。

②在污液处覆盖上塑料薄膜,将平板置于薄膜上,再压上重锤,(60±5)s后,移去重锤、平板和薄膜,将试样继续放置(20±2)min。选一处沾污部位,用变色用灰色样卡评定其与未沾污部位的色差,记录为初始色差。

③按GB/T 8629—2017中规定的6A程序,对两块试样进行洗涤,ECE标准洗涤剂的加入量为(20±2)g。洗涤完成后平摊晾干,应确保试样表面平整无褶皱。

④用变色用灰色样卡分别评定每块洗涤后试样未沾污部位与三处沾污部位的色差。

(2)擦拭法。

①将试样平整地放置在吸液滤纸上,用滴管滴下约0.05mL(1滴)的污液于试样中心。

②用玻璃棒将液滴均匀涂在直径约10mm的圆形区内,对于自行扩散开的液滴,则无需涂开。

③将试样平摊晾干。用变色用灰色样卡评定沾污部位与未沾污部位的色差,记录为初始色差。

④用水将棉标准贴衬浸湿,使其带液率为(85±3)%。

⑤使用棉标准贴衬朝同一个方向用力擦拭被沾污部位,棉标准贴衬每擦一次需换到另一个干净部位继续擦拭,共擦拭30次。

⑥用变色用灰色样卡评定未沾污部位与擦拭后试样圆形沾污区的色差。

4. 结果和评价

(1)结果表示。

洗涤法:同一试样中如果有2处或3处色差级数相同,则以该级数作为试样的级数;如果3处色差级数均不相同,则以中间值作为该试样的级数。取两个试样中较低级数作为样品的试验结果。

擦拭法:以试样未沾污部位与擦拭后试样圆形沾污区的色差作为样品的试验结果。如果擦拭过程中沾污物随水分在织物上发生了扩散,扩散后污渍面积超过擦拭前沾污面积的一倍,直接评定为1级。由于擦拭造成评级区域周围被沾污或试样出现褪色等现象,应在试验报告中加以说明。

(2)易去污性评价。如果需要,根据选择的试验方法,对样品的易去污性进行评价。

当初始色差等于或低于3级时,试验结果的色差级数为3~4级及以上,则认为该样品具有易去污性。当初始色差等于或高于3~4级时,试验结果的色差级数高于初始色差0.5级及以上,则认为该样品具有易去污性。

说明:各有关方另有协议的按协议规定进行评价。

5. 国内外易去污性测试差异对比

AATCC 130—2018的测试方法只规定了洗涤法,其测试过程和FZ/T 01118—2012中的洗涤法基本相同,但也有一些差异,主要差异见表3-34。

表 3-34　AATCC 130 和 FZ/T 01118 主要差异

主要差异	AATCC 130—2018 洗涤法	FZ/T 01118—2012 洗涤法
沾污物	玉米油	花生油或炭黑油污液
沾污部位覆盖膜	玻璃纸 76mm×76mm	塑料薄膜,尺寸应确保覆盖试样的沾污部位
压板尺寸	无	直径为(60±1)mm 圆形平板
压锤重量	(2.268±0.045)kg 圆柱体,直径 6.4cm	(2±0.01)kg 形状无要求
样品尺寸	380mm×380mm	300mm×300mm
污物数量	两块样品,每块样品中心处滴 0.2mL 污物	两块样品,每块样品三个不同部位分别滴 0.2mL 污物
处理时间	加压(60±5)s,移去重物后静置(20±5)min	加压(60±5)s,移去重物后静置(20±5)min。
洗涤程序	AATCC 130 标准规定程序,烘干方法	GB/T 8629—2001 6A 程序,平摊晾干
结果评定	对照 AATCC 130 沾污评级样照(图 3-31)给出沾污级别,精确到 0.5 级	用 GB/T 250 评定变色用灰色样,分别评定每块洗涤后试样未沾污部位与 3 处沾污部位的色差
结果表示	两个测试人员对两个测试样分别评定沾污级别,以四个结果的平均值作为最终结果,精确至 0.1	同一试样中如果有 2 处或 3 处色差级数相同,则以该级数作为试样的级数;如果 3 处色差级数均不相同,则以中间值作为该试样的级数。取两个试样中较低级数作为样品的试验结果

五、防污性能试验方法与标准

防污性能试验方法目前只有中国的试验方法 GB/T 30159.1—2013《纺织品　防污性能的检测和评价　第 1 部分:耐沾污性》,该标准规定了两种测定纺织品耐沾污性能的试验方法,即液态沾污法和固态沾污法,并给出了耐沾污性的评价指标。该标准适用于各类纺织织物及其制品。根据产品种类和用途,可选择一种或两种方法。使用不同的污物和方法所得试验结果不具有可比性。该标准不适用于膜结构用涂层织物。试样与固态污物的颜色相近时,不宜采用固态沾污法评价。

GB/T 30159.1—2013《纺织品　防污性能的检测和评价　第 1 部分:耐沾污性》的测试原理主要是在纺织试样表面施加一定的液态或固态污物,根据污物对试样的沾附程度来评价试样的耐沾污性。液态沾污法是将规定的液态污物滴加在水平放置的试样表面,观察液滴在试样表面的润湿、芯吸和接触角的情况,评定试样耐液态污物的沾污程度。固态沾污法是将试样固定在装有规定的固态污物的试验筒内,翻转试验筒使试样与污物充分接触,通过变色用灰色样卡比较试样沾污部位与未沾污部位的色差,评定试样耐固态污物的程度。也可根据双方协商确定使用其他污物,在试验报告中说明。

1.设备和材料

(1)液态沾污法。

①液态污物,符合 GB 1534—2017 的一级压榨成品油或符合 GB 18186—2000 的高盐稀态

发酵酱油(老抽)。

②滴瓶,配有磨口滴管。

③吸液滤纸,中速定性。

(2)固态沾污法。

①固态污物。由粉尘和高色素炭黑按质量比75:25混合均匀备用。粉尘配比为72% 二氧化硅(SiO_2),14% 三氧化二铝(Al_2O_3),5% 氧化铁(Fe_2O_3)和9%氧化钙(CaO)。高色素炭黑符合 GB/T 7044—2013,规格为 C111。

②翻转箱。每边长为(235±5)mm 的正方体箱,箱子应绕穿过箱子两对面中心的水平轴转动,转速为(60±2)r/min。箱子的一面可打开,用于试样取放。也可使用 GB/T 4802.3—2008 规定的起球试验箱。

③试验筒。由筒身、筒盖和试样固定片三部分组成,总质量约为350g,具体如下。

a. 筒身(图 3-32)与筒盖。均由耐撞击的硬质材料制成(如铝材),其中筒身内径为(90±0.5)mm,高度为(100±0.5)mm,厚度(3±0.5)mm;筒壁有均匀分布的三个长方孔,每个孔的内弧长为(50±0.5)mm,高度为(80±0.5)mm;筒盖能够与筒身紧密扣合。

b. 试样固定片。由弹性橡胶制成,长度与筒身外径周长相同,宽度为(93±0.5)mm,上面有三个厚度为(3±0.5)mm 的长方体凸起部位。包合筒身时,凸起部位与筒身的长方孔紧密吻合,且与筒身内表面在同一圆周面上。

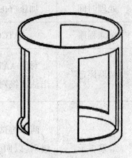

④防护袋。由三层符合 GB/T 8629—2017 中规定的 A 型聚酯纤维陪洗布制成,尺寸以恰好装入试验筒为宜,袋口可通过绳带扎紧,以防止试验筒在翻动过程中,对其内壁造成污染和损伤。

图 3-32 筒身示意图

⑤家用吹风机。

⑥胶带。

⑦评定变色用灰色样卡,符合 GB/T 250。

2. 试样准备

从每个样品中取有代表性的试样,确保其表面无沾污、无褶皱。液态沾污法取两块试样,尺寸能满足试验要求即可;固态沾污法取两块试样,每块试样尺寸约为 300mm×120mm。

如果考核样品防污性能的耐洗涤性,应采用 GB/T 8629—2017 中 6A 程序对样品进行洗涤,洗涤次数为 10 次,或根据双方协商确定,但应在试验报告中说明。多次洗涤时,可将时间累加进行连续洗涤。试样应在 GB/T 6529 规定的标准大气中调湿。

3. 试验步骤

(1)液态沾污法。

①试验在 GB/T 6529 规定的标准大气下进行。

②将两层滤纸置于光滑的水平面上,再将试样下面朝上平整地放置在滤纸上。

③根据需要选择一种或两种污液。在试样的三个部位上,用滴管分别在每个部位滴下约 0.05mL(1 滴)污液,各液滴间距至少为 50mm。滴液时,滴管口距试样表面约 6mm。

④试样静置(30±2)s 后,以约 45°角观察每个液滴,按要求进行评级。

⑤按以上步骤对另一块试样进行测试。

（2）固态沾污法。

①将试样测试面朝上平整地放置在试样固定片上,使其覆盖三个凸起部位,用试样固定片包合筒身,使试样固定在试验筒上,再用胶带将试样固定片的两端封合。

②向试验筒底部加入(40±2)mg 的固态污物,盖好筒盖,将试验筒装入防护袋内,扎紧袋口。

③将装有试验筒的防护袋放入翻转箱中,使筒身的轴向平行于翻转箱的水平轴,关闭箱盖。

④启动翻转箱,转动 200 次后停止,取出试样。

⑤用吹风机吹去附在试样表面上的污物,按要求进行评级。

⑥按以上步骤对另一块试样进行测试。

⑦试验结束后,将试验筒清洗干净。

4. 结果和评价

（1）液态沾污法的结果。观察液态污物在试样表面的状态,依据表 3-35 中给出的级数对每处液滴进行评级,如果介于两级之间,记录半级,如 3~4 级。同一试样中如果有 2 处或 3 处级数相同,则以该级数作为该试样的级数;如果 3 处级数均不相同,则以中间值作为该试样的级数。取两个试样中较低级数作为样品的试验结果。

表 3-35　沾污等级

沾污等级	沾污状态描述
5 级	液滴清晰,具有大接触角的完好弧形,液滴与试样接触表面没有润湿
4 级	液滴与试样接触表面部分或全部发暗,约四分之三液滴量保留在试样表面
3 级	液滴与试样接触表面部分或全部发暗,约二分之一液滴量保留在试样表面
2 级	液滴与试样接触表面部分或全部发暗,约四分之一液滴量保留在试样表面
1 级	液滴消失在试样表面,全部润湿

（2）固态沾污法的结果。用变色用灰色样卡评定试样沾污区中央部位与未沾污部位的色差,如果有少数沾污深斑,则不计入评级范围。对每块试样进行评级,如果有 2 处或 3 处沾污区的级数相同,则该级数为该试样的级数;如果 3 处沾污区级数均不相同,则取中间值作为该试样的级数。取两个试样中较低级数作为样品的试验结果。

（3）耐沾污性的评价。如果需要,根据选择的试验方法,对样品的耐沾污性进行评价。

①用液态沾污法的试验结果为 3~4 级及以上时,则认为该样品具有耐液态物沾污性。

②用固态沾污法的试验结果的色差级数为 3~4 级及以上时,则认为该样品具有耐固态物沾污性。

参考文献

[1]兰红艳.织物起毛起球的影响因素与预防[D].上海:上海市毛麻纺织科学技术研究所,2010.

[2]何晓娟,郭敏.影响织物起毛起球的主要原因分析[D].江苏宿迁:宿迁纤维检验所,2014.

[3]范雪荣.纺织品染整工艺学[M].北京:中国纺织出版社,2006.

[4]姚穆.纺织材料学[M].北京:中国纺织出版社,2018.

[5]马顺彬,张炜栋,陆艳.织物性能检测[M].上海:东华大学出版社,2018.

[6]刘春娜.羽绒服钻绒的影响因素及测试方法研究[D].上海:上海毛麻科技,2016.

[7]王风,胡力主.羽绒服装钻绒性影响及测试方法[D].河南:河南科技,2012.

[8]叶谋锦,冯岚清,陈文娥,等.羽绒服装防钻绒工艺研究[D].上海:上海纺织科技,2016.

[9]曾双穗.羽绒制品防钻绒性测试标准比较与分析[J].中国纤检,2018(06):104-106.

[10]姜怀.功能纺织品开发与应用[M].北京:化学工业出版社,2012.

[11]刘让同,李亮,焦云,等.织物结构与性能[M].武汉:武汉大学出版社 2012.

[12]刘国联.服装新材料[M].北京:中国纺织出版社,2005.

[13]商成杰.功能纺织品[M].北京:中国纺织出版社,2017.

[14]朱平.功能纤维及功能纺织品[M].北京:中国纺织出版社,2016.

[15]田俊,杨文芳,牛家嵘.纺织品功能整理[M].北京:中国纺织出版社 2015.10.

[16]纺织工业标准化研究所.功能性纺织品检测与评价方法的研究[M].北京:中国质检出版社/中国标准出版社,2014.

第四章　国内外童装绳带安全性要求

第一节　童装的机械安全性概述

一、童装机械安全性的重要性

随着世界人口的增多,童装业正处在高速发展的时期。儿童服装花色多、款式变化快、面料材质多样,成人化设计已成趋势。但儿童毕竟不同于成人,通常不具备或不完全具备自我保护能力,也缺乏辨别潜在危险的能力,当遇到危险时,儿童更是缺乏自救能力。儿童的安全涉及衣、食、住、行的方方面面,近些年来,儿童食品安全已得到高度关注,但对儿童的服装安全性,还缺乏足够的认知。

近几年来国内外服装被召回的比例一直居高不下,被召回的服装中80%以上是童装,我国是儿童服装生产和出口的大国,也因此一直是被召回童装的重灾区。召回原因主要集中在儿童服装上的绳带、小部件和化学安全性方面,其中童装的绳带问题占了主要部分。从一些童装造成的危害案例中可以看出,儿童服装绳带、小部件的危害远大于其化学安全性。

二、机械危害分类

服装对儿童可能产生的机械危害性有以下几种。

(1)局部缺血性伤害。在儿童足部或手部,松散、未修剪的绳线会包覆手指或脚趾,阻碍血液循环,产生局部缺血性伤害,这种危害短时间内不易察觉,且多发生于自救能力最差的婴幼儿。另外,婴幼儿服装袖口、裤口的松紧带太紧或太硬都会阻碍手部或足部的血液循环。

(2)拉链引起的夹持事故。带有拉链的男裤易造成儿童生殖器被拉链齿夹住。虽然减少拉链的使用可消险危险,但不是长久、实用的方法。

(3)尖锐物体的伤害。包含尖锐物体的服装会对儿童产生刺伤、划伤或更严重的伤害。纽扣、拉链或装饰物上的尖锐边缘,穿着或后整理过程中部件磨损产生的尖锐边缘都会对穿着者造成伤害。服装生产、包装过程中使用的针、钉或其他尖锐物体,如果残留在服装中,也会刺伤儿童,如图4-1所示。

图4-1　尖锐边缘和尖锐尖端产生的割伤和刺伤

(4)可拆卸部件伤害。纽扣是服装意外事故和消费者投诉的最主要原因,其次是四合扣部件。当四合扣与服装分离时,其尖爪暴露在外,给穿着者带来伤害。纽扣、套环、花边、小蝴蝶结、珠子、亮片等许多部件如不牢固,与服装分离后,可能会给儿童带来危害,特别是三岁及以下的婴幼儿。儿童可能会把这些脱落的服装部件放入嘴里或鼻子里,被吸入气管,造成硬塞窒息危险。学龄前儿童,特别是 12 个月以下的婴儿,在吮吸、吞咽蝴蝶结或缎带等部件时,造成吸入性呕吐或其他严重疾病,如图 4-2 所示。

图 4-2　可拆卸脱落部件造成的伤害

（5）勒伤、勾住和缠绊。绳带末端的坚硬部件,如套环、金属套管、绒球等立体装饰物,易被卡住,增加了缠绊的危险,尤其是青少年服装,如图 4-3 所示。

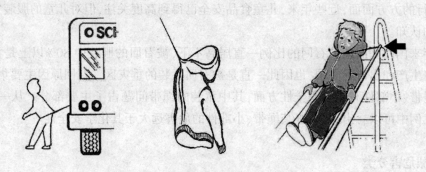

图 4-3　绳带造成的勒伤、勾住和缠绊

（6）视力、听力受限。风帽和某些带有头套的服装会影响儿童视力或听力,增加儿童发生事故的风险,特别是操场事故、交通事故。另外,风帽材料不透气有可能导致窒息,尤其是婴幼儿带有风帽的睡衣。

（7）绊倒和摔倒。大多数绊倒和摔倒是因为服装不合体,可能是服装选择不当或号型尺寸不正确。绳索或腰带太长,学步儿童只穿袜子或连脚式服装也会导致绊倒和摔倒。

第二节　童装的机械安全性试验方法与标准

一、锐利尖端、锐利边缘试验方法与标准

童装上各种可触及的塑料配件、金属扣件、拉链等附件,由于材料切割或修整不齐而造成加工品质不良或非正常使用后遭到破坏而形成锋利的毛刺或边缘,称为锐利尖端和锐利边缘。服装上锐利尖端和锐利边缘在使用过程中易给儿童带来刺伤或割伤的风险,无论是生产加工或日

常使用中都需要引起足够的重视。

中国强制性标准 GB 31701—2015《婴幼儿及儿童纺织产品安全技术规范》中对于锐利尖端和锐利边缘给出了明确规定,要求在婴幼儿及儿童纺织产品所用附件中不能存在可触及的锐利尖端和锐利边缘。

美国法规中涉及儿童服装锐利尖端和锐利边缘的要求,并没有直接的标准规定,主要是参考玩具及其他儿童用品的安全标准。联邦危险品法案 15 U.S.CODE 1261 第 2 节(S)条款规定了物品机械危险性的通用要求,其中要求物品上的点或边经正常使用或合理的可预见的滥用测试后不得存在机械伤害。联邦法规危险品管理和实施规定 CPSC 16 CFR 是美国政府发布的一部联邦法律,对制造商具有强制执行效用,如果产品不符合该联邦法律的规定,将受到有关产品召回、伤害赔偿、司法责任等处罚。CPSC 16 CFR 中的 1500.48 及 1500.49 部分是锐利尖端和锐利边缘的测试方法。

欧洲市场对于儿童服装锐利尖端和锐利边缘的要求出现在 PD CEN/TR 16792:2014《儿童服装安全　儿童服装的设计和生产建议、机械安全》标准中,要求儿童服装中不得出现锐利尖端和锐利边缘,但该标准并没有针对此要求给出具体的测试方法,不过该标准在参考标准中有列明 EN 71-1:2014《玩具安全　第 1 部分:机械物理性能》,所以欧洲市场对于锐利尖端和锐利边缘的测试通常参考 EN 71-1:2014 中的方法。

尽管各国对于锐利尖端和锐利边缘有不同的测试方法,但所采用的锐利尖端和锐利边缘的测试仪器、测试流程基本一样。

(一)锐利尖端和锐利边缘测试标准

目前中国、欧盟和美国关于锐利尖端和锐利边缘测试标准汇总见表 4-1。

表 4-1　锐利尖端和锐利边缘测试标准汇总

项目	测试方法
锐利尖端	GB/T 31702—2015《纺织制品附件锐利性试验方法》 EN 71-1:2014《玩具安全　第 1 部分:机械物理性能》第 8.12 条 CPSC 16 CFR 第 1500.48 部分 ASTM F963—2017《标准消费者安全规范:玩具安全》第 4.7 条
锐利边缘	GB/T 31702—2015《纺织制品附件锐利性试验方法》 EN 71-1:2014《玩具安全　第 1 部分:机械物理性能》第 8.11 条 CPSC 16 CFR 第 1500.49 部分 ASTM F963—2017《标准消费者安全规范:玩具安全》第 4.9 条

(二)锐利尖端测试

1.测试原理

锐利尖端测试仪放在可触及尖端上,检测在一定的负荷下被测试尖端是否能插入锐利尖端测试仪上规定的深度。

2.锐利尖端测试仪

锐利尖端测试仪能对测试尖端施加 $4.5^{0}_{0.2}$ N 的负荷,包括测量装置和感应装置,图 4-4 给出了一种测试仪示意图。

（1）测量装置。具有矩形测试槽,开口尺寸为(1.15±0.02)mm×(1.02±0.02)mm。

（2）感应装置。感应头距测量盖外表面(0.38±0.02)mm。当锐利尖端插入测试口,使感应头压缩弹簧并移动(0.12±0.02)mm时,指示灯应亮。

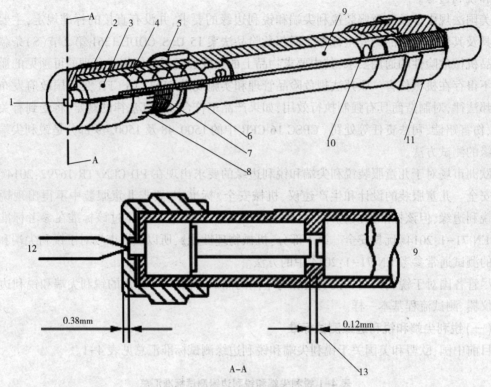

图4-4 锐利尖端测试仪示意图

1—测量槽 2—测量盖 3—感应头 4—负载弹簧 5—锁定环 6—圆筒 7—校正参考标记 8—毫米刻度
9—R03干电池 10—电接触弹簧 11—指示灯装置接合器螺帽 12—尖端测试 13—足够锐利的尖端插入测
试口并且压缩感应头0.12mm时,此间隙闭合,电路形成通路,指示灯亮——尖端判定为锐利尖端

3. 锐利尖端测试过程

（1）固定被测试的部件,使尖端在测试过程中不会产生移动。在大多数情况下,不需直接固定尖端,如果需要,可在距离被测试尖端不小于6mm处加以固定。

（2）如果为测试某尖端应移除或拆卸产品的某些部分,而被测试的尖端刚度而因此受到影响,可将尖端支起,使其刚性大致相当于完好的产品上该尖端的刚性。

（3）以被测试尖端刚性最强的方向将其插入测量槽,并施加$4.5_{-0.2}^{0}$N的外力以便在不使尖端擦过圆边或通过测量槽外伸的情况下尽量压紧弹簧。如果被测试的尖端插入测量槽0.5mm或以上,并使指示灯闪亮,同时该尖端在受到$4.5_{-0.2}^{0}$N外力后,仍保持其原状,则认为该尖端是锐利尖端。

(三) 锐利边缘测试

1. 测试原理

将自粘测试带按要求贴在芯轴上,在一定的负荷下使芯轴沿被测试的可触及边缘旋转360°,检查测试带被切割的长度。

2. 锐利边缘测试仪

测试装置应包括以下部分,图4-5给出了一种装置示意图。

(1)钢制芯轴。芯轴的测试表面不能有划痕、凹痕或毛刺,其表面粗糙度按 GB/T 3505 测量时不应大于 0.40μm,按 GB/T 230.1 测试时,其表面洛氏硬度不应小于 40HRC,芯轴直径应为 (9.53 ± 0.12)mm。

(2)转动芯轴和施力的装置。动力装置应使芯轴在其 360° 旋转行程中的 75% 部分以 (23 ± 4)mm/s 的恒定切线速度转动,芯轴启动和停止应平稳。无论是便携式、非便携式或以任何适当方式设计的装置应能垂直于芯轴的轴心线,向芯轴施加 $6_{-0.5}^{0}$N 的力。

(3)测试带。为聚四氟乙烯(PTFE)压敏胶黏带,聚四氟乙烯薄膜厚度应为 0.066 ~ 0.090mm,黏合剂应为压敏型硅酮聚合物,厚度约为 0.08mm,测试带的宽度不应小于 6mm。在测试中,测试带的温度应保持在 (20 ± 5)℃。

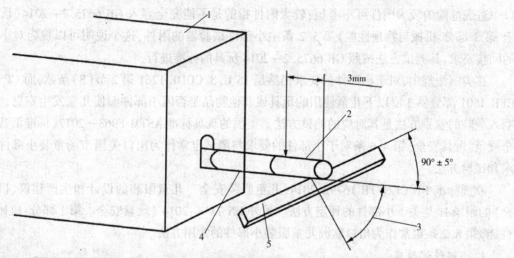

图4-5　锐利边缘测试仪示意图
1—测试装置　2—单层 PTFE 测试带　3—改变角度寻找最不利位置　4—芯轴　5—待测试的边缘

3. 锐利边缘测试过程

(1)固定部件,使向芯轴施力时,被测试的可触及边缘不应产生弯曲或移动,且确保支架离被测试边缘至少 15mm。

(2)如果为测试某一边缘应移除或拆卸产品的某些部分,而被测试边缘的刚度会因此而受到影响,可将边缘支起,使其刚性大致相当于完好的产品上该边缘的刚性。

(3)在芯轴上缠绕一层测试带,为测试提供充分的面积。缠绕测试带的芯轴放置的位置应使其轴线与试样平直边缘的边线成 90°±5° 角,或与弯曲边缘的检查点的切线成 90°±5° 角,同时当芯轴旋转一周时,应使测试带与边缘最锐利部分接触(即最不利的情况)。

(4)向芯轴施加 $6_{-0.5}^{0}$N 的力,施力点与测试带边缘相距 3mm,并使其绕芯轴的轴线靠测试边缘旋转 360°,芯轴旋转过程中要保证芯轴与边缘之间无相对运动。如果上述程序会引起制品的测试边缘弯曲,则可向芯轴施加一个刚好不会使边缘弯曲的最大的力。

(5)将测试带从芯轴上取下,同时不应使测试带割缝扩大或划痕发展为割裂。测量测试带被切割长度,包括任何间断切割长度。测量测试中与边缘接触的测试带长度。精确到 1mm。

(6)计算试验过程中被切割的测试带长度百分比。如果测试带有 50%被完全割裂,则该边缘被认为是锐利边缘。在 16 CFR 1500.49 锐利边缘测试中,若测试带割裂长度达到 1/2 英寸(13mm)以上即认为是锐利边缘。

二、小部件试验方法与标准

儿童服装小部件指的是附着在儿童服装上起连接、装饰、说明作用的小零件,例如,起连接作用的纽扣、拉链、黏合扣、套扣等;起装饰作用的毛绒球、流苏、蝴蝶结、珠子、亮片等;起说明作用的标签、标牌等。服装上的小部件对儿童可能产生的危害主要有刺伤、划伤、吞咽窒息等。

中国对于儿童服装上是否存在小部件没有专门的测试方法及要求,但在由 GB 31701 标准起草人编写的团体标准 T/CNTAC 1—2018《GB 31701 婴幼儿及儿童纺织产品安全技术规范实施指南》中,对于小部件的拉力测试补充说明中有提到:在儿童服装外部,但不会被婴幼儿放入口中造成危险的较大附件可不考核;较大附件指的是不能完全容入 GB 6675.2—2014《玩具安全 第 2 部分 机械与物理性能》第 5.2 条中小部件试验器的附件,这个说明可以视为对小部件的间接要求,其测试方法按照 GB 6675.2—2014 玩具的标准进行。

在美国法规中,对于小部件的要求仍然是 15 U.S. CODE 1261 第 2 节(S)条款,而 CPSC 16 CFR 1501 部分供 3 岁以下儿童使用的玩具或其他物品是否因小部件而使儿童发生窒息、吸出、咽入危险的鉴别方法是其对应的测试方法。美国的玩具标准 ASTM F963—2017《标准消费者安全规范:玩具安全》第 4.6 条对于小部件的要求与测试也常作为出口美国市场童装小部件的要求和试验方法。

欧洲标准 PD CEN/TR 16792:2014《儿童服装安全 儿童服装的设计和生产建议、机械安全》的附录 H 是关于小部件的评定方法。另外 EN 71-1:2014《玩具安全 第 1 部分:机械物理性能》第 8.2 条也常作为出口欧洲儿童服装小部件的常用方法。

1. 小部件试验器

中国、欧洲和美国虽然对儿童服装小部件测试的标准不同,但所使用的小部件试验器均相同,是一个内有斜截面的正圆筒,尺寸如图 4-6 所示。

2. 小部件试验过程及判定

在无外界压力的情况下,以任一方向将小部件放入小部件试验器中。如果该部件能以任何方向完全放入,则被认为是小部件。如果需要,经可预见的合理滥用测试后脱落的部件,也需要进行小部件的判定。

三、附件抗拉强力试验方法与标准

儿童服装上的附件如纽扣、套环、花边、珠子等如果抗拉扯强力不足,就易于脱落,儿童如把这些脱落的附件放入嘴里、鼻子、耳朵,可发生呕吐、窒息危险。儿童服装上附件的抗拉强力多与服装的工艺缝制质量以及

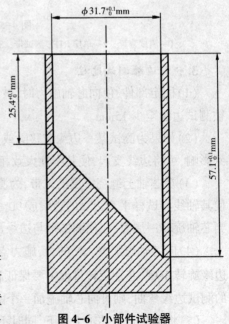

图 4-6 小部件试验器

附件本身的质量有关。

1. 附件抗拉强力的试验方法

中国、欧盟和美国对于儿童服装附件抗拉强力常见的测试方法汇总见表4-2。

表4-2 附件抗拉强力常见测试方法汇总

市场	常见测试方法
中国	GB 31701—2015《婴幼儿及儿童纺织产品安全技术规范》附录A 附件抗拉强力试验方法 GB/T 22704—2008《提高机械安全性的儿童服装设计和生产实施规范》附录B 服装部件脱落强度的测试方法
欧洲	PD CEN/TR 16792:2014《儿童服装安全 儿童服装的设计和生产建议、机械安全》附录B 服装部件脱落强度的测试方法 EN 71-1:2014《玩具安全 第1部分:机械物理性能》第8.4条
美国	CPSC 16 CFR 1500.51~53部分 拉力测试 ASTM F963—2017《标准消费者安全规范:玩具安全》第8.9条

2. 测试原理

用上夹钳和下夹钳分别夹持住附件和主体,拉伸至定负荷下作用一定的时间,评定附件是否从主体上脱落或松动,或夹具以设定速度移动,直至部件脱落,记录脱落强力和脱落方式。

3. 拉力测试仪

(1)拉力测试仪应能不断测试并记录脱落条件,其夹持分离率为(100±10)mm/min,上下夹具之间的距离可设定在1~75mm,误差为±0.5mm。

(2)带有沟槽平板的实验箱主要用于测试纽扣、工字扣、绒球、珠子等服装部件。不同部件所使用的实验箱如图4-7所示。实验箱沟槽平板的大小应满足不同部件的测试需求。沟槽平板如图4-8所示,厚度为(1.65±0.15)mm,沟槽宽度 W 不损坏部件的附着方式。

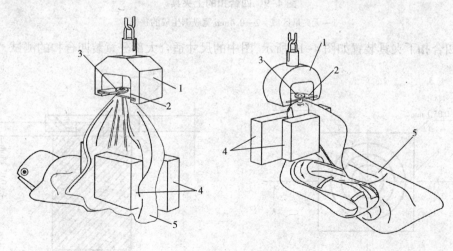

图4-7 试验箱

1—试验箱 2—沟槽平板 3—测试中的纽扣或工字扣 4—平面夹具 5—服装面料

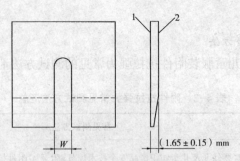

图 4-8　试验箱的平板

1—平板上表面　2—平板下表面

（3）四合扣上夹具包含至少三个夹爪并且至少能握持四合扣外边缘的 70%，夹爪应分布均匀。在不变形、不损坏部件的情况下，夹具稳固地夹紧部件外边缘，上夹具正视图、俯视图如图 4-9 所示，若凸出部分的外边缘无法夹住，可采取替代办法夹住中心柱。

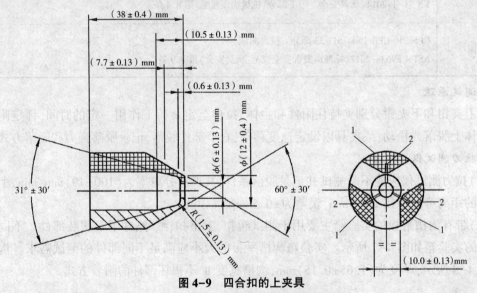

图 4-9　四合扣的上夹具

1—无夹爪区域　2—0.4mm 宽纵锯生成的狭槽

（4）四合扣下夹具装置如图 4-10 所示，图中的尺寸适合大部分童装四合扣的测试。

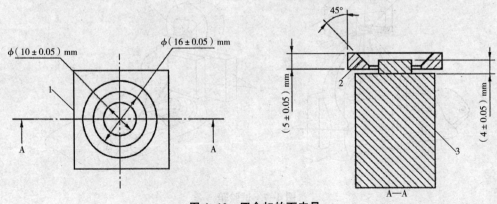

图 4-10　四合扣的下夹具

1—夹环　2—下夹具斜面（方便上夹具握持四合扣）　3—中心柱

（5）亮片上夹具用于测试大于 3mm 的热融闪光片,如图 4-11 所示,能够张开并夹住亮片下边缘。

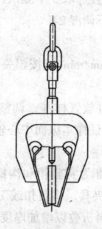

图 4-11 亮片上夹具

（6）亮片下夹具用于测试大于 3mm 的热融闪光片,由中心柱和夹环构成,如图 4-12 所示。

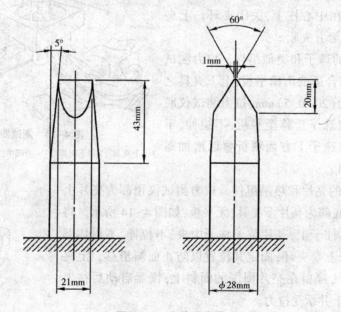

图 4-12 亮片下夹具

（7）在四合扣、亮片、拉链以外的部件测试中,下夹具一般为平面夹具,前夹持面为(25±1)mm×(25±1)mm、后夹持面不小于(25±1)mm×(50±1)mm。

（8）楔形夹具用于测试面料类装饰物,如蝴蝶结、标签的上夹具。

（9）带钩夹具用于测试拉链头上的装饰物。

（10）起屏蔽作用的平板可用于测试拉链头上的装饰物。

4. 测试样本的准备

在服装或服装部件上取具有代表性的样品,产品生产阶段的测试可从大货生产线直接取样。按照部件种类、尺寸、组合的不同,各选取 5 个测试样本。产品数量不够时,可减少样本数,所有测试样本测试前应置于标准环境下调湿 24h。

5. 测试步骤

(1)设置夹持分离率为(100±10)mm/min,或按相关标准规定。

(2)启动拉力测试仪和放置样本。

①按以下步骤,启动拉力测试仪,并放置样本。调整夹具位置,保持上下夹具中心轴、拉力方向均一致。放置样本于夹具中央,保证样本纵向中心轴垂直经过上下夹具中心线。放置样本时应确保无任何损坏或滑移。

②纽扣和工字扣。拉力测试仪顶部为实验箱和沟槽平板,上下夹具之间的距离可设定为(20±0.5)mm,拉力测试仪底部为平面夹具。将纽扣或工字扣滑移至平板,不拉伸、不损坏缝纫线或轴钉。可将纽扣或工字扣下方面料折叠以增加厚度,并夹持在下夹具上。

③四合扣。拉力测试仪顶部为四合扣上夹具,拉力测试仪底部为四合扣下夹具,无平板,如图 4-13 所示。上夹具移开,将服装放置在下夹具上,四合扣放置在中心柱上,关闭夹环。上夹具移至四合扣下边缘并夹紧。

④大于 3mm 的珠子和类似组件。拉力测试仪顶部为实验箱和合适的沟槽平板,上下夹具之间的距离可设定为(20±0.5)mm,拉力测试仪底部为平面夹具。将珠子滑移至平板,不拉伸、不损坏缝纫线。可将珠子下方面料折叠以增加厚度,并夹在下夹具上。

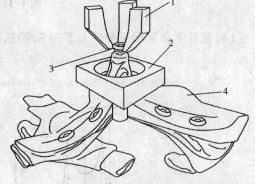

图 4-13　测试四合扣
1—上夹具　2—下夹具　3—测试中的四合扣　4—服装面料

⑤ 大于 3mm 的亮片和热融组件。拉力测试仪顶部为亮片上夹具,拉力测试仪底部为亮片下夹具,无平板,如图 4-14 所示。将服装放置在下夹具柱子上,亮片位于柱子中央,不拉伸、不损坏部件附着方式。柱子上套夹环,固定其位置以防止面料滑移。上夹具降低至亮片以下,停留在亮片周围的面料上,仪器启动后往上提,亮片夹在夹具上并承受拉力。

⑥面料类装饰物

拉力测试仪顶部为楔形夹具或平面夹具,上下夹具之间的距离可设定在 10~20mm,拉力测试仪底部为平面夹具。上夹具夹住装饰物。对于蝴蝶结,下夹具夹住其所有自由端或尾端。将装饰物下方面料折叠以增加厚度,并夹在下夹具上。不施加预张力。

⑦绒球和流苏

拉力测试仪顶部为实验箱和合适的沟槽平板,上下夹具之间的距离可设定为(20±0.5)mm,拉力测试仪底部为平面夹具。将绒

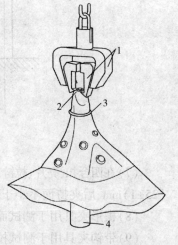

图 4-14　亮片测试仪器
1—上夹具　2—测试中的亮片
3—夹环　4—柱子

球和流苏滑移至平板,不拉伸、不损坏缝纫线。将绒球和流苏下方面料折叠以增加厚度,并夹在下夹具上。

⑧ 拉链头上装饰物

拉力测试仪顶部为楔形夹具或带钩夹具,上下夹具之间的距离取决于拉链长度和装饰物长度,拉力测试仪底部为起屏蔽作用的平板,如图 4-15 所示。将带有装饰物的拉链头穿过平板上的孔,运用上夹具固定装饰物。不施加预张力。

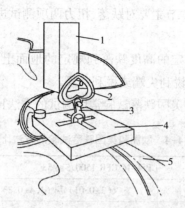

图 4-15 拉链头上装饰物测试仪器
1—带钩夹具 2—装饰物 3—拉链头 4—起屏蔽作用的平板 5—服装面料

(3)拉力测试仪的操作。开启拉力测试仪,以一定的速度移动上夹具拉动部件直至脱离服装或破损,记录每个样本的最大拉力,以 N 为单位,精确到 0.1N。

或将部件拉伸到表 4-3 中规定的负荷力值,停留 10s,观察附件是否从主体上脱落、破损或织物断裂、撕裂等。

表 4-3 不同方法标准规定的负荷力值

测试方法			规定的负荷力值
GB 31701	附件尺寸	> 6mm	70N
		3~6mm	50N
CPSC 16 CFR 1500.51~53	儿童年龄	≤18 个月	(10±0.5)磅[(4.55±0.23)kg]
		18~36 个月	(15±0.5)磅[(6.8±0.23)kg]
		36~96 个月	
EN 71-1	附件尺寸	≤6mm	(50±2)N
		>6mm	(90±2)N

四、可预见的合理滥用试验

可预见的合理滥用是相对于正常使用来说的,指的是在非供应商推荐的条件下,或不按供应商推荐的用途来使用产品,但又有可能发生的情况,这是与儿童的正常行为共同作用而产生的,或仅由儿童的正常行为产生,如故意拆卸、跌落、撕扯、啃咬、挤压服装上的附件等行为。这些不正常的行为有可能导致儿童服装上附件脱落,或者形成锐利尖端或锐利边缘,造成儿童误食或割伤、刺伤儿童,形成安全隐患。在中国市场上,可预见的合理滥用测试目前仅在玩具上有相关要求,而对于童装却无相关考核,这点滞后于欧洲和美国市场。欧洲和美国童装经可预见的合理滥用测试后,需再继续考核是否形成锐利尖端或锐利边缘或脱落形成小部件,即合理滥用测试后也需要符合相关法规的要求。

可预见的合理滥用测试通常包括跌落、弯曲、扭力、拉抻、冲击测试等,可预见的合理滥用测试检测方法主要是欧洲的 EN 71-1:2014《玩具安全　第 1 部分:机械物理性能》和美国的 CPSC 16 CFR 第 1500.51~53 部分。本节主要对跌落、扭力两项测试进行阐述。

1. 跌落试验

(1)测试过程。将试样从一定的高度跌落到规定的地面上,并跌落一定的次数,观察附件是否脱落形成小部件,是否形成锐利尖端或税利边缘。

(2)测试方法对比。欧洲和美国跌落试验常用测试的方法比较见表 4-4。

表 4-4　欧洲和美国跌落试验的方法比较

主要内容		CPSC 16 CFR 1500.51~53	EN 71-1
对测试物件的质量要求	≤18 个月	<(3±0.01)磅[(1.4±0.23)kg]	无明确指明
	18~36 个月	<(4±0.01)磅[(1.4±0.23)kg]	
	36~96 个月	<(10±0.01)磅[(4.6±0.23)kg]	
跌落时的撞击介质		1/8 英寸(0.3cm)IV 型乙烯石棉砖片和其下面厚度至少为 2.5 英寸(6.4cm)的混凝土。撞击面积至少 3 平方英尺(0.3m²)	4mm 厚的钢板,表面有 2mm 厚的涂层,表面硬度为邵尔硬度 75±5
跌落高度	≤18 个月	4.5 英尺±0.5 英寸(1.37m)	(850±50)mm
	18~36 个月	3 英尺±0.5 英寸(0.92m)	
	36~96 个月	3 英尺±0.5 英寸(0.92m)	
跌落次数	≤18 个月	10 次	5 次
	18~36 个月	4 次	
	36~96 个月	4 次	

2. 扭力测试

(1)测试过程。在 5s 内将儿童服装上的附件顺时针方向扭曲到要求的扭力或 180°,保持 10s,然后移去扭力,测试部件回到松弛状态,然后再逆时针方向重复操作。观察附件是否脱落形成小部件,或是否形成锐利尖端或税利边缘。

(2)测试的方法对比。欧洲和美国常用测试的方法比较见表 4-5。

表 4-5 欧洲和美国常用测试的方法比较

主要内容		CPSC 16 CFR 1500.51~53	EN 71-1
扭力	≤18 个月	(2±0.2)英寸·磅(2.3kg·cm)	0.34 N·m
	18~36 个月	(3±0.2)英寸·磅(3.46kg·cm)	
	36~96 个月	(4±0.2)英寸·磅(4.6kg·cm)	

第三节　国内外童装绳带安全性要求

儿童服装常常由于功能或装饰的需要配有一些绳带,这些绳带又会由于被设计得过长或位置不当而对儿童形成安全隐患。儿童服装绳带的安全性已引起各国的重视。目前在欧洲市场上衡量儿童服装上的抽绳和绳带安全性的标准是欧盟标准 EN 14682:2014《童装绳索和拉带安全要求》,该标准从 2004 年的第一版到 2007 年的第二版,再到 2014 年的第三版,经历了 10 年时间。EN 14682 每次更新后,其安全性要求的内容都有很大变动,2014 年版的内容更全面、更清晰,措辞更严谨,可执行性更强,当然也更复杂。在美国市场上,绳带的标准不如欧盟标准详细,主要是 ASTM F1816—2018,但该标准仅对儿童上身外衣拉带做出了安全要求,对于其他童装产品没有相关规定。

中国是童装的生产大国,绳带问题一直是我国童装被召回的主要原因。为了提高童装的产品质量及国际竞争力,2008 年 12 月 31 号中国首次发布了针对儿童绳带要求的两个标准,GB/T 22702—2008《儿童上衣拉带安全规格》和 GB/T 22705—2008《童装绳索和拉带安全要求》。这两个标准结合中国的实际情况,分别修改采用了 ASTM F1816—2004 和 EN 14682:2007。这两个标准虽是推荐性标准,但首次为我国童装绳带安全提出了具体的指标要求,得到了整个童装行业的重视。2015 年 5 月 26 日,我国发布了强制性标准 GB 31701—2015《婴幼儿及儿童纺织产品安全技术规范》,其中将绳带问题正式纳入了强制要求。GB 31701—2015 已结束了 2 年的过渡期,从2018 年 6 月 1 号正式实施,在中国销售的所有婴幼儿及儿童纺织产品必须符合该标准的所有要求。GB 31701—2015 在童装设计与生产,减少童装安全隐患方面,起到了指引和规范作用。

各国绳带标准有相似之处但又互有差别,了解这些标准的要求,生产出符合要求的童装,是童装品牌与生产企业的责任和义务。

一、国家强制性标准绳带安全性要求

GB 31701 适用于在我国境内销售的婴幼儿及儿童纺织产品,但不包括布艺毛绒类玩具、布艺工艺品、一次性使用的卫生用品、箱包、背提包、伞、地毯、专业运动服等。GB 31701 标准是在我国强制性标准 GB 18401—2010《国家纺织产品基本安全技术规范》的基础上补充了织物的要求,增加了填充物和附件的要求,规范了儿童服装上使用金属针和耐久性标签的其他要求。其中附件要求中的绳带要求更是结合了现有国际上对于童装的绳带要求并结合了中国的实际情况,对于中国的童装绳带安全生产具有很好的指导意义。

1. 绳带适用范围

GB 31701—2015 第 4.3 条是针对婴幼儿及儿童服装的绳带要求,对于非服装类的产品,如帽子、手套、围嘴、围裙、围巾、睡袋、抱被、床上用品以及不固定在服装上与服装配套销售的领带、领结、皮带、吊裤带等不做要求。绳带所带来的安全隐患,多存在于日常穿着和监护不到的时候,所以对于特定场合或特定时间穿着的舞台演出服、专业运动服、戏剧服、节庆服装等不考核;服装外面的绳带安全隐患远大于在服装内部的绳带,所以固定在服装内部,穿着时不会外露的绳带不考核;另外,对于服装上完全可脱卸的、环绕腰部且不窄于 30mm 的织物腰带以及起到吊裤带作用、宽度不窄于 30mm、可从下装上脱卸下来的织物条带(织物条带上无纽扣,其在下装上使用时无外露的自由端)也不在考核范围。

2.绳带的定义

绳带是以各种纺织或非纺织材料制成的、带有或不带有装饰物的绳索、拉带、带袢等。该标准中的绳带是一个总称。绳带的风险性在于其具有一定的长宽比,易于被其他物品夹持发生拖曳、窒息的风险。一般具有一定长度,且长宽之比较大的被认为是绳带,通常绳带从服装上伸出的长度与固定在服装上的长度之比建议大于 2∶1,但此建议仅供参考,对于是否为绳带的判定仍应按其风险性来评估。绳带按作用可分为装饰性绳带和功能性绳带(用于调节服装开口尺寸或用于系紧服装本身);按形状可分为有自由端的绳带和无自由端的绳圈(两端均在服装上固定),其中绳圈可以平贴在服装上也可以突出在服装上。长度较短(长度不超过 40mm)的纤维或纱线流苏因其强度较差也不易被夹持住,不足以构成潜在风险,不作为绳带。拉链上的普通拉片不作为绳带,但拉链拉片上附有一定长度的其他饰物(如带袢)时视为绳带,绳带长度包括拉片的长度,这种拉片简称为"特殊拉片"。

3.儿童年龄段划分

考虑到儿童越年幼,对于安全性的防范意识及遇到危害时的自救能力就越差,因此,对于幼童的绳带要求需要更严格。GB 31701—2015 绳带的要求以 7 岁为界线分为 7 岁以下(身高130cm 及以下)的幼童和 7 岁及以上的大童和青少年,其中女童身高为 130cm 以上155cm 及以下,男童身高为 130cm 以上160cm 及以下。此身高的划分和我国的号型标准 GB/T 1335.3—2009《服装号型 儿童》中的身高划分保持一致。

4.身体部位的划分

不同身体部位的绳带的潜在风险性不一样。GB 31701—2015 将身体部位划分为不同的区域,针对特定区域提出不同的绳带要求。区域划分为 A 区(头部和颈部区域)、B 区(胸部和腰部区域)、C 区(臀部以下区域)和 D 区(除手臂以外的背部区域),如图 4-16 所示。

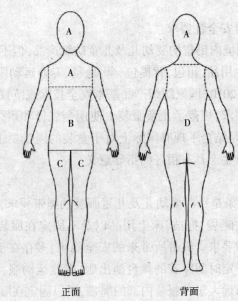

正面　　背面
图 4-16　人体区域划分

5.技术要求

GB 31701—2015 关于儿童服装绳带的主要技术要求见表4-6。

表4-6 儿童服装绳带的主要技术要求

部位	幼童	大童及青少年
头颈部区域 （A区）	头部和颈部不应有任何绳带	头部和颈部调整服装尺寸的绳带不应有自由端,其他绳带不应有长度超过75mm的自由端。 头部和颈部:当服装平摊至最大尺寸时不应有突出的绳圈,当服装平摊至合适的穿着尺寸时突出的绳圈周长不应超过150mm;除肩带和颈带外,其他绳带不应使用弹性绳带
	肩带应是固定的、连续且无自由端的。肩带上的装饰性绳带不应有长度超过75mm的自由端或周长超过75mm的绳圈	—
胸腰部区域 （B区）	固着在腰部的绳带,从固着点伸出的长度不应超过360mm,且不应超出服装底边	固着在腰部的绳带,从固着点伸出的长度不应超过360mm
臀部以下区域 （C区）	长至臀围线以下的服装,底边处的绳带不应超出服装下边缘。长至脚踝处的服装,底边处的绳带应完全置于服装内	
背部区域（D区）	除腰带外,背部不应有绳带伸出或系着	
手臂区域	短袖袖子平摊至最大尺寸时,袖口处绳带的伸出长度不应超过75mm	短袖袖子平摊至最大尺寸时,袖口处绳带的伸出长度不应超过140mm
	长袖袖口处的绳带扣紧时应完全置于服装内	
通用要求	除特定区域外,服装平摊至最大尺寸时,伸出的绳带长度不应超过140mm	
	两端固定且突出的绳圈的周长不应超过75mm;平贴在服装上的绳圈(如串带)其两固定端的长度不应超过75mm	
	绳带的自由末端不允许打结或使用立体装饰物	

(1)头颈部区域(A区)。幼童的头颈部要求非常严格,不能有任何的绳带,包括调整尺寸的功能性绳带和装饰性绳带。头颈部具有一定长宽比的装饰物(如连帽衣帽子上的耳朵、触角)可根据形状和长宽比判断是否属于绳带,如属于则不允许。对于颈部的蝴蝶结等装饰物,如果自由端长度、绳圈周长或平贴绳圈长度不超过40mm,其风险性较小,可不作为绳带。圈很小的纽扣扣袢(扣上时基本被纽扣覆盖)是允许的。特殊拉片不属于颈部绳带(本身固定在头颈部的除外)。

大童和青少年的头部和颈部可以有绳带,但应符合一定的条件。头颈部的绳带可以分为调整服装尺寸的功能性绳带和装饰性绳带。对于功能性绳带,首先不能有自由端,其次当服装平摊至最大尺寸时不应有突出的绳圈,当服装平摊至合适的穿着尺寸时突出的绳圈周长不应超过150mm(图4-17)。对于装饰性绳带,分为有自由端绳带和绳圈,自由端长度或绳圈周长均不能超过75mm。

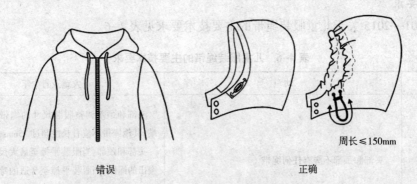

图 4-17 头部绳带示意图

颈带是指露肩或露背上装(如连衣裙或比基尼泳装等)中,把服装固定住、绕后颈一周的功能性绳带(图 4-18)。对于幼童,不能有颈带。对于大童和青少年,允许使用颈带,但颈带不能有自由端,应是连续的。

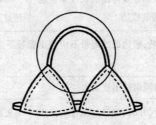

图 4-18 颈带示意图

肩带是指跨过肩部、连接服装上部前后片、与身体紧密贴合的功能性绳带。对于幼童,肩带应是连续的、两端牢固地固定在服装上,并且无自由端(图 4-19)。用于调整肩带长度的调节带袢应无自由端,并在穿着时与身体平贴。如果肩带的一端采用纽扣的固定方式需加强风险评估,采取一定的方式(如纽扣不在背带上、无外露自由端,且纽扣不会轻易从扣袢内滑脱出来等)能保证安全性的情况下,认为是符合要求的。肩带上允许有装饰性绳带和绳圈,但装饰性绳带自由端长度或绳圈周长均不能超过 75mm(图 4-20)。

图 4-19 幼童两端固定的肩带示意图

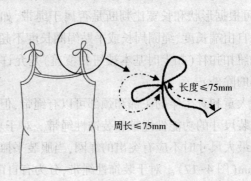

图 4-20 幼童肩带上装饰性绳带示意图

对于大童和青少年的肩带没有提出特殊要求,可按照通用要求考核。如果肩带为连续的,采用纽扣等方式固定在服装上是允许的。肩带上允许有装饰性绳带和绳圈,但装饰性绳带自由端长度不能超过140mm,绳圈周长不能超过75mm。

肩带外侧服装上的绳带参照肩带上的装饰性绳带要求考核。

除了肩带和颈带外,其他类型的绳带不允许使用弹性较高的材料,以免拉伸后回弹到儿童脸部造成伤害。

(2)胸腰部区域(B区)。腰部绳带通常分为三种,穿过绳道的拉带、系紧服装的系带和装饰性的绳带。其中拉带和系带是用于调节服装胸腰部尺寸的功能性绳带,需要符合表4-6中胸腰部的绳带要求,而装饰性的绳带需要符合表4-6的通用要求。

对于功能性的拉带或系带,其固着点是指固定在服装上的点。对于腰部拉带(通常在后部中间有固着点),以服装上伸出的绳道孔作为固着点,对于系带,与服装的连接点作为固着点(图4-21)。

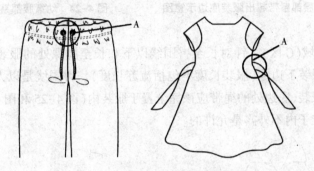

图4-21 腰部绳带的固着点(A为固着点)

考虑到服装安全风险性存在于穿着时,所以测量束腰类服装腰部绳道内的功能性拉带长度时,应以服装平摊至合适的穿着尺寸时(也可以在服装自然状态下量取,从严要求),绳带顺直从固着点伸出的长度为绳带长度,此时长度不应超过360mm,但应同时考虑拉带过长造成的安全风险,当服装平摊至最大尺寸时的绳带长度应符合通用要求,此时长度不应超过140mm,测定时也需将绳带顺直后再测量从固着点伸出的长度,如图4-22所示。

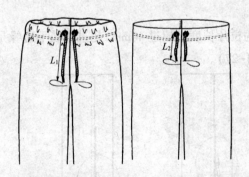

图4-22 穿过绳道的功能性拉带测量示意图
L_1—合适的穿着尺寸时,≤360mm　L_2—平摊至最大尺寸时,≤140mm

对于腰部的系带,如打结腰带,从固着点量取其长度不超过360mm,但需要注意,对于长度小于 3cm 的系带,需要保证在使用时不能在背部伸出或露着。

无论是拉带还是系带,幼童都不能超过服装底边,如图 4-23 和图 4-24 所示。

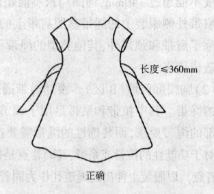

长度≤360mm

图 4-23　幼童腰部系带超出服装底边示意图　　　图 4-24　幼童腰部系带量取示意图

(3)臀部以下区域(C 区)。针对长至臀围线以下和长至脚踝处的服装,不分年龄段,底边处的绳带不应超出服装下边缘(服装长度不包括流苏长度)。臀围线是以人体的臀围线为基准的。长至脚踝处的服装,底边处的绳带应该完全置于服装内(图 4-25 和图 4-26)。长裤脚踏带在服装穿着时位于鞋子内不外露是允许的。

错误

错误

图 4-25　长至臀围线以下服装绳带示意图　　　图 4-26　长至脚踝处服装绳带示意图

特殊拉片(包括带祥的拉片长度不超过 40mm)超过服装下边缘是允许的,但不允许超出长至脚踝处的服装底边(图 4-27)。

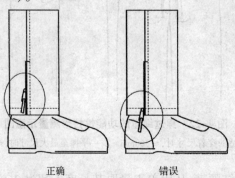

正确　　　　　　　错误

图 4-27　脚踝处的特殊拉片示意图

（4）背部区域（D区）。所有年龄段的婴幼儿和儿童服装背部除腰带外均不应有绳带伸出或系着。腰带是指服装上环绕腰部宽度不窄于30mm的功能性绳带。在服装背部只允许有腰带伸出或者系着，不允许有其他绳带伸出或者系着（图4-28）。但平贴在服装上、达到通用要求的绳圈以及很小的扣袢（扣上时基本被纽扣覆盖）、隐形拉链等是允许的。

（5）手臂区域。一般将袖长在肘部以上的袖子叫短袖。幼童与大童和青少年要求的差异在于袖口处绳带的伸出长度。短袖平摊至最大尺寸时，袖口处绳带的伸出长度幼童不应超过75mm，而大童和青少年不应超过140mm。图4-29所示为短袖袖口处绳带的示意图。幼童以下：长度≤75mm；大童和青少年：长度≤140mm。

图4-28　背部有伸出或系着的绳带示意图

图4-29　短袖袖口处的绳带示意图

所有年龄段的儿童服装长袖袖口处的绳带扣紧时应完全置于服装内。需要注意的是，在判定是否符合要求时，是在正常穿着的扣紧状态下看绳带是否完全置于服装内，服装内应理解为服装范围内，而不仅仅指的是服装内部。长袖袖口上的绳带长度应符合通用要求，如图4-30~图4-32所示。

图4-30　长袖袖口处绳带错误示意图

图4-31　长袖袖口处绳带扣紧时示意图

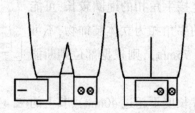

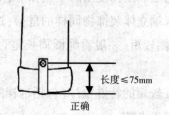

长度≤75mm

正确

图4-32　长袖袖口处可调节搭袢的示意图

（6）通用要求。除了服装规定区域的要求外,对于服装上的其他绳带,不分年龄段,当服装平摊至最大尺寸时,有自由端的绳带,从服装固着点伸出的绳带长度不超过 140mm,对于两端固定且突出的绳圈的周长以及平贴在服装上的绳圈(如串带)两固定端的长度都不应超过 75mm,如图 4-33 所示。需要注意的是:对于穿在腰部绳道里但未固着的拉带,通常因无固着点需要整根量取而无法满足该项要求。

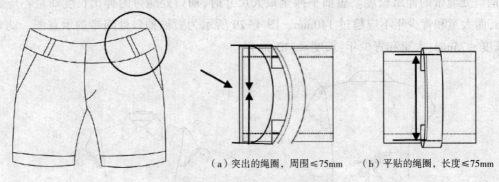

（a）突出的绳圈，周围≤75mm　　（b）平贴的绳圈，长度≤75mm

图 4-33　腰部串带示意图

由服装面料本身裁剪为镂空而形成的条带,如果条带宽度小于 30mm,则作为平贴的绳圈考核(图 4-34)。

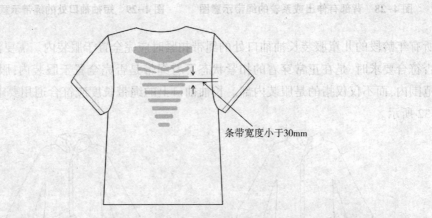

条带宽度小于30mm

图 4-34　面料本身形成的装饰性条带

各类绳带的自由末端均不允许打结或使用立体装饰物,以免增加被夹持的危险,如图 4-35 所示。

对于作为服装纽扣使用的牛角扣等,如果连接牛角扣的绳圈较长,可能存在与自由末端立体装饰物同样的危险,这样的牛角扣为立体装饰物,不可使用;如果绳圈较短(一般看绳圈周长是否小于 75mm),则根据部位判断能否使用。

对于长度较短的特殊拉片(包括带袢的拉片长度不超过 40mm),其上的立体装饰物可不考核。

错误

图 4-35　有立体装饰物的绳带示意图

二、国家推荐性标准绳带安全性要求

在 GB 31701—2015 正式出台之前,我国在 2008 年 12 月 31 日正式发布了 GB/T 22702—2008《儿童上衣拉带安全规格》与 GB/T 22705—2008《童装绳索和拉带安全要求》两个推荐性绳带标准。这个标准都是针对 14 岁以下儿童服装上的绳带安全要求,但 GB/T 22702—2008 主要规定了儿童上衣拉带的安全规格,其目的在于减少儿童上衣拉带造成的勒伤和车辆拖曳危险。GB/T 22705—2008 是对所有儿童服装上使用的绳索和拉带的安全要求。这两个标准的出台为我国进一步将绳带纳入强制要求打下了基础。强制性标准 GB 31701 中提到的拉带、带襻、可调节搭襻等功能性绳带和装饰性绳带术语均可参考这两个标准。GB/T 22702 和 GB/T 22705 中对于幼童、大童和青少年年龄的划分以及不同部位的划分与 GB 31701 一致。这两个标准虽为推荐性标准,但已被国内很多的童装产品标准所引用,所以在国内销售的童装上的绳带也需要符合两个标准的要求。

(一)绳带术语和定义

不同于 GB 31701 中对于绳带比较笼统的定义,GB/T 22702 与 GB/T 22705 均对绳带的不同形式、功能给出了明确的定义,见表 4-7。

表 4-7　绳带的类别和定义

类别	定义
拉带	穿过绳道、绳线环、孔眼或类似部件,带有或不带有装饰物(如套环、绒球、羽毛或念珠等),以各种纺织或非纺织材料制成的绳索、链条、系带、绳带或绳线,用于调整服装开口部位或部件穿着时的尺寸松紧度,或用于系紧服装本身
功能性绳索	带有或不带有装饰物(如套环、绒球、羽毛或念珠等)、以各种纺织或非纺织材料制成、固定长度的绳索、链条、系带、绳带或绳线,用于调整服装开口部位或部件穿着时的尺寸松紧度,或用于系紧服装本身
装饰性绳索	非功能性绳索,带有或不带有装饰物(如套环、绒球、羽毛或念珠等)、以各种纺织或非纺织材料制成、固定长度的绳索、链条、系带、绳带或绳线,并非用于调整服装开口或部件穿着时的尺寸松紧度,或用于系紧服装本身
弹性绳索	一种用橡胶、橡皮筋、弹性聚合物或类似材料的纱线制成的绳索,具有高度弹性、完全或几乎完全回复性
三角背心颈部系绳	露肩和露背上装(如连衣裙、女衬衫或比基尼泳装)中,把服装固定住,绕后颈一周的功能性绳索
打结腰带或装饰腰带	环绕腰部的拉带、绳索、不窄于 3cm 的织物
套环	连在拉带末端的,以木质、塑料或其他复合材料做成的配件,用于装饰或防止拉带从绳道中抽出
襻带	弯曲的绳索或窄条,长度固定或可调整,两端固定在服装上
拉链头	附于拉链滑块上便于操作的拉链组件
拉链滑锁	由拉链滑块和拉链头组合的可移动组件,通过分离或咬合拉链齿来打开或关闭拉链
可调节搭襻	不窄于 20mm 的小布条,用于调整服装开口大小

（二）GB/T 22702—2008《儿童上衣拉带安全规格》要求内容

（1）幼童上衣的风帽和颈部不允许使用拉带。大童和青少年风帽和颈部的拉带要求当服装放平摊开至最大宽度时，不应有突出的带袢，当服装扣紧至合身尺寸时，风帽和颈部的带袢周长不超过 15cm，如图 4-36 所示。

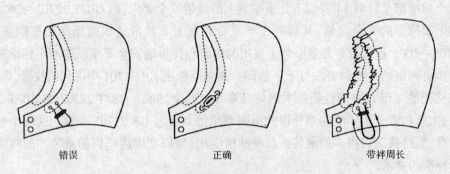

错误　　　　　　　　正确　　　　　　　带袢周长

图 4-36　大童和青少年风帽和颈部的拉带

（2）腰部和下摆处的拉带规格，当服装放平摊至最大宽度时，拉带露出绳道的长度每处每根均不应超过 7.5cm。

（3）对于上述未提到的其他所有部位拉带规格，当服装放平摊至最大宽度时，拉带露出绳道的长度每处每根均不应超过 14cm。

（三）GB/T 22705—2008《童装绳索和拉带安全要求》要求内容

1. 豁免范围

以下产品类别不适用于 GB/T 22705—2008 标准要求。

①儿童使用及护理用品中，如围兜、尿片或奶嘴拉手。

②鞋子、靴子和类似的脚部穿着物。

③手套、帽子和围巾。

④衬衣或 T 恤上的领带。

⑤腰带和护腕。

⑥宗教服装和节庆服装。

⑦只在特定时期和监护下才穿着的专业运动服和运动时穿的服装，如橄榄球短裤、西服、戏服和舞衣，但不包括经常白天穿着和晚上穿着的服装。

⑧演出时穿着的戏服。

⑨围裙。

2. 要求内容

（1）总则。

①拉带、功能性绳索和腰带的末端不允许打结或使用立体装饰物，防止其磨损散开，宜采用热封、套结、重叠或折叠的方法。

②套环只能用于无自由端的拉带和装饰性绳索，如图 4-37 所示。

③在两出口点中间处应固定拉带，可运用套结等方法，如图 4-38 所示。

④长至脚踝的服装上拉链头不应超过服装底边，如图 4-39 所示。

⑤儿童服装上使用的拉带规格要求应按 GB/T 22702—2008 的规定执行。

图 4-37　套环使用示意图

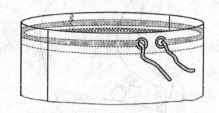

图 4-38　拉带固定方式示意图

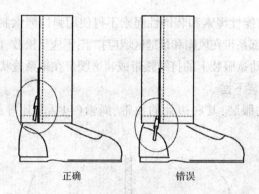

正确　　　　错误

图 4-39　长至脚踝的服装上拉链头示意图

（2）幼童服装的风帽和颈部。

①幼童服装的风帽和颈部不得设计、生产或使用拉带和绳索。

②儿童三角背心的颈部系带在风帽和颈部区域应扣牢,不应呈松散、自由状态,如图 4-40 所示。

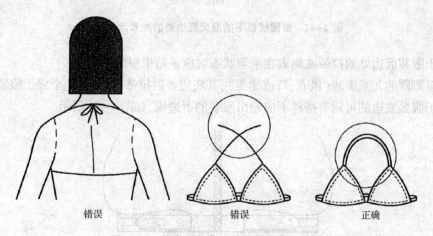

错误　　　　错误　　　　正确

图 4-40　儿童三角背心的颈部系带示意图

（3）大童和青少年服装的风帽和颈部。

①拉带不允许有自由端。当服装放平摊开至最大宽度时,不应有突出的带袢,如图4-41所示。

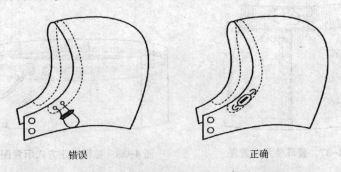

错误　　　　　　　　　　　　　　　正确

图4-41　大童和青少年服装的风帽和颈部的拉带示意图

②位于服装外面的功能性绳索和装饰性绳索不得使用弹性绳索制作。

③儿童三角背心的颈部系带在风帽和颈部区域应扣牢,不应呈松散、自由状态,如图4-40所示。

（4）儿童服装腰部。幼童服装上的打结腰带或装饰腰带在未系着状态时不应超过服装底边。

（5）臀围线以下的服装下摆。

①长至臀围线以下的服装,其底边处的拉带、绳索（包括套环等部件）不应超过服装下边缘,如图4-42所示。

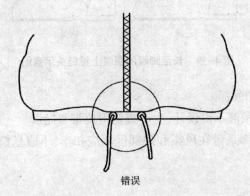

错误

图4-42　臀围线以下的服装底边处的绳索示意图

②位于服装低边处的拉带或绳索在系着状态时应平贴于服装。

③长至脚踝的儿童服装（风衣、裤或裙等）,其底边处的拉带、绳索应完全置于服装内。

④位于服装底边的可调节搭袢不应超出服装的下边缘,如图4-43所示。

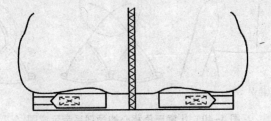

图4-43　位于服装底边的可调节搭袢示意图

（6）儿童服装背部。

①拉带、绳索不允许从儿童服装背部伸出或系着，如图4-44所示。

②允许使用打结腰带和装饰腰带。

错误

图4-44 儿童服装背部绳索错误示意图

（7）儿童服装袖子。

①在肘关节以下长袖上的拉带、绳索，袖口扣紧时应完全置于服装内，如图4-45所示。

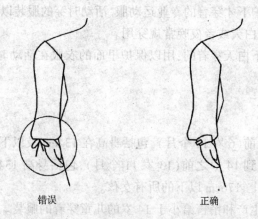

错误　　　　　　　正确

图4-45 儿童服装长袖上的绳索示意图

②在肘关节以上短袖上的拉带、绳索，袖口扣紧时，应固定且平贴。

③在袖子上的可调节搭袢，不应超出袖子底边，如图4-46所示。

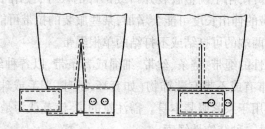

图4-46 儿童服装袖子上的可调节搭袢示意图

三、欧美童装绳带安全性要求

(一) EN 14682:2014《童装绳索和拉带安全要求》

1. 适用范围

本标准规定了 14 岁以下儿童服装上使用的绳索和拉带的安全要求。包括化妆游戏服装和滑雪服装。

标准不可能涵盖服装在使用过程中所有潜在的危险。反之,某些款式设计的服装上所识别的特定的伤害可能对于某些年龄段人群并不存在风险。建议任何服装执行单独的风险评估,以确保在穿着中不会发生危险。EN 14682 标准不适用于以下情况。

①儿童使用的护理用品,如围兜、尿布或奶嘴拉手。

②鞋子、靴子和类似的脚部穿着物。

③手套、帽子和围巾。

④搭配衬衫使用的领带。

⑤腰带、打结腰带除外。

⑥吊带。

⑦宗教服装,在国家或地区的民间或宗教仪式等节日的特定时间内并在监护之下穿着的节庆服装。

⑧只在特定时间和监护下才穿着的专业运动服、活动时穿的服装以及用于戏剧表演的戏剧服装,除非此类服装可以在白天或者夜晚常规穿用。

⑨有限时间内在监护下白天穿着的,用以保护里面的衣服在活动时不会弄脏的围裙,如在绘画、烹饪或者进食的时候。

⑩包类。

2. 术语和定义

幼童:从出生到 7 岁之前(6 岁 11 个月),包括身高在 134cm 及以下的所有儿童。

大童和青少年:从 7 岁到 14 岁之前(13 岁 11 个月),包括身高 134cm 以上、182cm 以下的所有男孩和身高 134cm 以上、176cm 以下的所有女孩。

儿童服装:所有设计、生产和销售给小于 14 岁的儿童穿着的服装。

功能性绳索:以各种纺织或非纺织材料包括弹性材料制成的绳带、链条、丝带、细绳或者条带,用于调整服装开口或部件的尺寸,或用于系紧服装本身。

拉带:以各种纺织或非纺织材料包括弹性材料制成的绳带、链条、丝带、细绳或者条带,穿过绳道、绳圈、孔眼或类似部件,用于调整服装开口或部件的尺寸,或用于系紧服装本身。需注意的是:当服装系紧时,绳带的伸出长度可能会增加,某些服装的拉带可能是带有调节装置的一个环状物,而并非都是具有两端的可打结或不打结的单根绳带。

装饰性绳索:非功能性的绳带、链条、丝带、细绳或者条带,以各种纺织或非纺织材料(包括弹性材料)制成,自由端带有或不带有装饰物(如套环、绒球、羽毛或珠子等),并非用于调整服装开口或部件的尺寸,或用于系紧服装本身。需注意的是:流苏认为是一系列装饰性绳索,固定蝴蝶结的自由端也认为是一种装饰性绳索。

弹性绳索:一种用橡胶、橡皮筋、弹性聚合物或类似材料的纱线制成的绳索,具有高弹性、完全或几乎完全的回复性。

肩带:以各种纺织或非纺织材料包括弹性材料制成的绳带、链条、丝带、细绳或条带,连接服装上部的前后片,贴身跨过肩部。

颈带:以各种纺织或非纺织材料包括弹性材料制成的绳带、链条、丝带、细绳或条带,环绕后颈部固定住露肩和露背服装(如连衣裙、衬衫、比基尼)。

腰带(不包括打结腰带):带有扣合件(如带扣)的任何材料的绳带,穿着时围绕着胸部或腰部区域,用于支撑衣服或装饰用。

打结腰带或装饰腰带:系结于服装胸部或腰部的具有装饰性或功能性的不窄于3cm的任何材料制成的绳带。打结腰带或装饰腰带可以不完全环绕身体一周。如果宽度小于3cm,可被认为是绳索或拉带。

吊带、吊裤带:双边肩带,通常有弹性,用于连接裤子、裙子或类似下装的前片和后片,向上支撑起服装。吊带可以是可拆卸的也可以是永久固着的。

脚踏带:纺织材料或非纺织材料条带,固着在裤子底端的两侧,紧贴穿过穿着者的脚底或鞋底。

套环:以木质、塑料、金属或其他复合材料做成的配件,固着在拉带、功能性绳索或装饰性绳索上。

绳圈:织物绳索或窄条,长度固定或可调整,两端固定在服装上。

拉链拉片:附于拉链滑块上便于操作的拉链组件。

拉链滑锁:通常由拉链滑块和拉链拉片组合的可移动组件,通过分离或咬合拉链齿来打开或关闭拉链。滑锁可以包含一个自锁装置。某些拉链滑锁上装有可翻转的拉片或双拉片,便于从正面和反面都可以开合拉链。

可调节搭襻:纺织或非纺织材料制成的不窄于2cm的条带,用于调整服装开口大小或用于装饰,如用于裤脚或袖口。

放平摊开至最大宽度:服装或服装部位拉伸至它的最大尺寸以去除褶裥或弹性效果,使织物达到无变形或拉伸的自然状态,且不破坏服装的结构或缝纫线迹。

自然松弛状态:在服装放平摊开时,测量处于自然状态(既不拉伸也不收缩)的服装部位(如腰头)的尺寸。

立体装饰物:附着在绳索上比绳索自身厚和(或)宽的装饰性物品。薄的材料不比绳索自身厚,不认为是立体装饰物,比如塑料套管(鞋带末端)。

头部、颈部和上胸部区域:整个头部、颈部和喉咙、从肩膀到腋窝(叶腋)以上不包括手臂的前胸部(见图4-16的A区)。

胸腰部:两腋窝前点水平线至会阴点水平位置之间的区域(见图4-16的B区)。

臀围线以下区域:会阴点水平位置以下的区域(见图4-16的C区)。

背部:人体躯干和腿的后部,不包括头部和颈部(见图4-16的D区)。

短袖:袖长在肘部或以上的。

长袖:袖长在肘部以下的。

3. 要求

(1)通则。本标准的要求适用于服装的内部和外部。特殊风格服装中,穿着时完全置于服装内部的一些产品特征,因对穿着者不产生危害,可能通过风险评估被接受。

①拉带、功能性绳索。打结腰带或装饰腰带的自由端不允许打结或使用立体装饰物,并要防止其磨损散开,如通过热封或固结缝迹。不造成缠绊危险的前提下可采用重叠或折叠头端的方法。沿整个自由端长度方向都不允许有结头或立体装饰物。

②套环只能用于无自由端的拉带和装饰性绳索,如图4-47和图4-48所示。

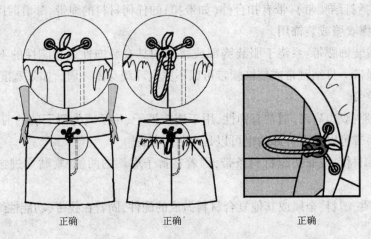

正确　　　　　　正确　　　　　　正确

图 4-47　固定在服装无自由端拉带上的套环示意图

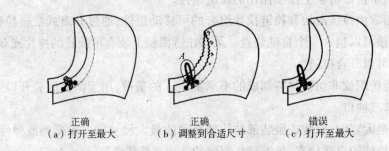

正确　　　　　　　　正确　　　　　　　　错误
（a）打开至最大　　　（b）调整到合适尺寸　　（c）打开至最大

图 4-48　大童和青少年服装风帽上拉带示意图（A 为线圈周长）

③允许使用的拉带应至少在两出口点中间处固定在服装上,可运用套结的固定方法,如图4-49所示。

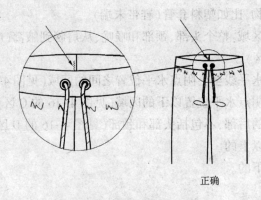

正确

图 4-49　拉带上套结示意图

④服装上固定的突出的绳圈,如扣环或蝴蝶结上的结环,周长不超过7.5cm。服装上平贴的绳圈,如腰带的带袢,两固定点间的距离不超过7.5cm,如图4-50所示。在服装内部的功能性吊袢及其他绳圈,当风险评估显示它们对穿着者无危险时可允许。

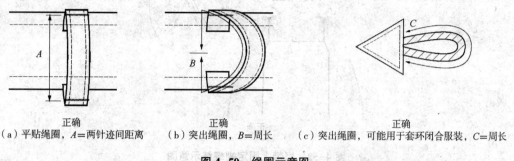

（a）平贴绳圈,A=两针迹间距离　　（b）突出绳圈,B=周长　　（c）突出绳圈,可能用于套环闭合服装,C=周长

图4-50　绳圈示意图

⑤拉链拉片,包括任何装饰物,从拉链拉头量起其长度不超过7.5cm。

⑥长至脚踝的服装上,带有或不带有装饰物的拉链拉片,不应超出服装底边(图4-51)。

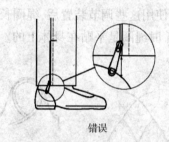

错误

图4-51　长至脚踝的服装底边处不可接受的拉链拉片示意图

(2)幼童服装的头部、颈部和上胸部区域(见图4-16的A区)。

①幼童服装的头部、颈部和上胸部区域不得设计、生产或使用拉带或功能性绳索。

②装饰性的绳索不允许用于风帽或后颈部。

③颈部和上胸部的其他部位,装饰性绳索的自由端不超过7.5cm,且没有结头、套环或立体装饰物,不应位于可横过喉部打结的位置。装饰性绳索不能由弹性绳索制成。弹性绳索的危险在于它们可能会弹回,从而对脸或颈部造成伤害。弹性肩带和颈带紧贴人体不会造成这类风险。

④允许使用长度不超过7.5cm的可调节搭袢,但其自由端上不允许有纽扣、套环、带扣,以免造成套绊危险。

⑤在正常穿着时,肩带应无自由端伸出于服装外面。肩带可以永久地固定在服装前后片,或者通过纽扣、按钮等固定在服装上来调节长度,但自由端须置于服装内部。使用夹子或其他扣合件来连接两根带子组成肩带也是可以的,但穿着时不应有自由端产生。当使用圆环或日字扣等来调节肩带长度时,穿着时带有绳圈的肩带应平贴在身体上。使用这些调节装置后,绳圈长度是可变的。不适用于本标准中关于平贴绳圈的要求,因为当穿着时绳圈是平贴在身体上的。肩带上的装饰性绳带的自由端长度不应超过7.5cm,绳圈的周长不应超过7.5cm(图4-52)。

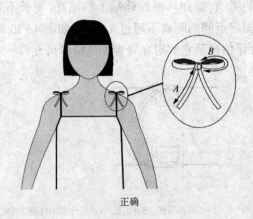

正确

图 4-52 肩带上固定蝴蝶结示意图
A—装饰性绳索长度 *B*—突出绳圈周长

颈带在颈部和喉部区域应无自由端(图 4-53)。也可使用夹子或其他扣合件来连接两根带子组成颈带,但穿着时不应有自由端产生。当使用圆环或日字扣等来调节颈带长度时,穿着时带有绳圈的颈带应平贴在身体上。使用这些调节装置后,绳圈长度是可变的。不适用于本标准中关于平贴绳圈的要求,因为当穿着时绳圈是平贴在身体上的。

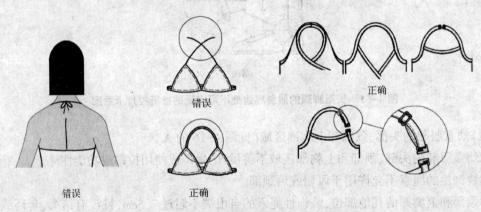

错误

错误   正确

正确

图 4-53 三角背心的颈部系带示意图

(3)大童和青少年服装的头部、颈部和上胸部区域(见图 4-16 的 A 区)。

①拉带应无自由端。当服装平摊至最大尺寸时拉带不应有突出的绳圈。当服装平摊至合适的穿着尺寸时突出的绳圈周长不应超过 15cm。当套环用于调整无自由端的拉带尺寸时,套环应固定在服装上。

②功能性绳索长度不应超过 7.5cm,且不得采用弹性绳索。弹性绳索的危险在于它们可能会弹回,从而对脸或颈部造成伤害。弹性肩带和颈带紧贴人体不会造成这类风险。

③装饰性绳索包括其附件或立体装饰物的长度不应超过 7.5cm。装饰性绳索不得采用弹性绳索。弹性绳索的危险在于它们可能会弹回,从而对脸或颈部造成伤害,尤其是当有套环的时候。

④允许使用长度不超过 7.5cm 的可调节搭袢,其自由端上不含有纽扣、套环、带扣,以免造

成套绊危险。

⑤肩带从系着点量取,允许有不超过 14cm 的自由端或周长不超过 7.5cm 的绳圈(图 4-52)。当使用圆环或日字扣等来调节肩带长度时,穿着时带有绳圈的肩带应平贴在身体上。使用这些调节装置后,绳圈长度是可变的。不适用于本标准关于平贴绳圈的要求,因为当穿着时绳圈是平贴在身体上的。

⑥颈带在颈部和喉部区域应无自由端。也可使用夹子或其他扣合件来连接两根带子组成颈带,但穿着时不应有自由端产生。当使用圆环或日字扣等来调节颈带长度时,穿着时带有绳圈的肩带应平贴在身体上。使用这些调节装置后,绳圈长度是可变的。不适用于本标准关于平贴绳圈的要求,因为当穿着时绳圈是平贴在身体上的。

(4)胸腰部。

①无肩带、吊带或袖子,穿着在腰部以下的服装(如裤子、短裤、裙子、内裤、比基尼式泳裤)应满足以下要求。

a.服装在自然状态下,拉带的每根自由端不超过 20cm(图 4-54)。

b.当服装平摊至最大尺寸时,无自由端的拉带上应无突出的绳圈。当套环用于调整无自由端拉带的尺寸时,套环应该固定在服装上。

c.功能性绳索长度不超过 20cm。

d.装饰性绳索包括所有装饰物长度不超过 14cm。

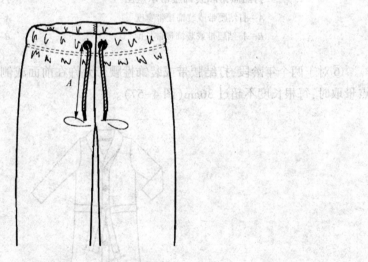

图 4-54 腰部拉带示意图

A—拉带长度(服装在松弛的自然状态下)

②除上条以外的服装,如衬衫、外套、连衣裙、工装裤应满足以下要求。

a.当服装平摊至最大尺寸时,拉带的每根自由端不超过 14cm。

b.当服装平摊至最大尺寸时,无自由端的拉带上应无突出的绳圈。当套环用于调整无自由端拉带的尺寸时,套环应该固定在服装上。

c.功能性绳索长度不超过 14cm。

d.装饰性绳索包括所有装饰物长度不超过 14cm。

③所有服装,腰部可调节的搭袢不超过14cm。

④对于幼童服装,打结腰带或装饰性腰带允许在背部系着。在未系着状态,从系着点量取时,每根长度不超过36cm,且不超过服装底边。

⑤对于大童和青少年服装,打结腰带或装饰性腰带允许在背部系着。在未系着状态,从系着点量取时,每根长度不超过36cm(图4-55和图4-56)。

图4-55　服装正面允许使用的
打结腰带和装饰腰带示意图
A—打结腰带或装饰腰带宽度
B—打结腰带或装饰腰带长度

图4-56　服装背部允许使用的
打结腰带和装饰腰带示意图
A—打结腰带或装饰腰带宽度
B—打结腰带或装饰腰带长度

⑥对于两个年龄段,打结腰带或装饰性腰带允许在前面或侧面系着,在未系着状态,从系着点量取时,每根长度不超过36cm(图4-57)。

图4-57　服装正面允许使用的打结腰带示意图
A—腰带宽度　B—从系着点量取的腰带长度

(5)臀围线以下的服装下摆(见图4-16的C区)。

当不明确服装底边是否超出臀围线以下时,也需要符合本条要求。

①拉带、功能性绳索或装饰性绳索(包括套环)不允许超过服装底边(图4-58)。

错误

图 4-58　臀围线以下的服装下摆不可接受的绳索示意图

②服装底边处的拉带、功能性或装饰性绳索在服装系着状态时,应平贴在服装上。

③长及脚踝处的服装,如长裤、裙、风衣,其底边处的拉带、功能性或装饰性绳索应完全置于服装内。裤子底边处的脚踏带是允许的。

④可调节性搭袢长度不超过 14cm,且不超过服装底边,其自由端上无纽扣、套环、带扣,以免造成套绊危险。

(6)背部(见图 4-16 的 D 区)。

①儿童服装背部不应有拉带或功能性绳索伸出或系着(图 4-59)。

②装饰性绳索长度不超过 7.5cm,且无打结、套环或立体装饰物。

③可调节性搭袢长度不超过 7.5cm,且不超过服装底边,其自由端上无纽扣、套环、带扣,以免造成套绊危险。

④打结腰带或装饰性腰带是允许的。

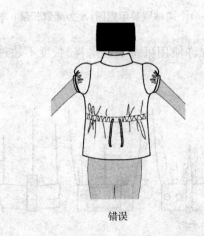

错误

图 4-59　服装背部不可接受的拉带示意图

(7)袖子。

①长袖袖口处的拉带、功能性或装饰性绳索扣紧时应完全置于服装内(图 4-60)。

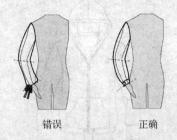

图 4-60　长袖服装示意图

②长袖肘部以下的拉带、功能性或装饰性绳索不超过底边,且自由端长度不超过 7.5cm。

③幼童肘部以上的短袖允许有拉带、功能性或装饰性绳索,当袖子平摊至最大尺寸时,其突出长度不超过 7.5cm(图 4-61)。

④大童和青少年肘部以上的短袖允许有拉带、功能性或装饰性绳索,当袖子平摊至最大尺寸时,其突出长度不超过 14cm(图 4-61)。

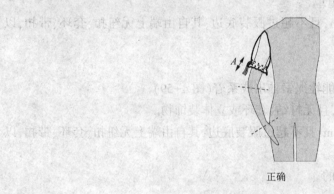

图 4-61　短袖服装示意图(*A* 为绳索长度)

⑤对于两个年龄段,袖子上允许使用可调节性搭袢,长度不超过 10cm,且未系着时不超过底边(图 4-62)。

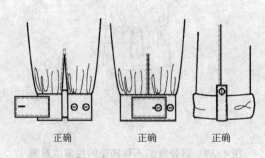

图 4-62　可调节搭袢示意图

(8)服装其他部位。上述未提及的服装上的其他部位,当服装平摊至最大尺寸时,拉带、功能性或装饰性绳索的突出长度不超过 14cm。

4. 测量方法

(1)有自由端的绳索长度测量如图4-63所示。所有绳索或绳圈均应在松弛状态下测量。

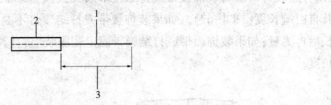

图4-63 有自由端的绳索长度测量

1—伸直的、有一自由端的绳索 2—服装 3—绳索长度

(2)无自由端的绳索长度测量如图4-64所示。

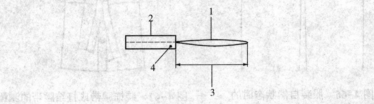

图4-64 无自由端的绳索长度测量

1—无自由端的绳索 2—服装 3—绳圈长度(绳圈周长为其平摊长度的2倍) 4—在服装上的固定端

(3)服装平摊至其最大长度。在服装自然状态下,将绳道内的拉带拉至平直状态。将服装或服装部位拉伸至它的最大尺寸以去除可能的褶裥或弹性效果,织物无变形且不破坏服装的结构或缝合,如图4-65所示,维持这种拉伸状态,将服装平放至桌面上,不拉伸拉带,顺直抽绳,测量其从出口处到自由端的长度。对于弹性服装,推荐测量由两个操作者完成,其中一个操作者维持服装的最大宽度,另一个操作者进行测量。

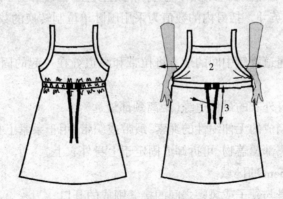

图4-65 服装平摊至最大长度时的绳索测量

1—顺直的绳索 2—把弹性服装打开至最大宽度并平放 3—测量绳索长度

(4)服装的自然状态。不调节服装尺寸,将绳道内的拉带拉至平直状态。将服装及服装部件(如腰带)以自然状态(无任何拉伸或收缩)平放在桌面上。不拉伸拉带,顺直并测量从出口

到自由端的长度,如图 4-66 所示。

　　(5)装饰腰带或打结腰带的测量。将装饰腰带或打结腰带在服装上放置好并平放在桌子上,闭合服装开口。将装饰腰带或打结腰带放置成预打结状态。顺直装饰腰带或打结腰带,测量其自由端长度(图 4-67)。如果装饰腰带或打结腰带不是固定在服装上,将其自由端调节成等长后再测量;如果装饰腰带或打结腰带固定在服装上,且其自由端不等长,测量其最长的自由端长度。

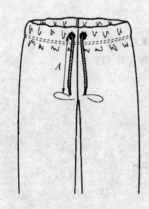

图 4-66　服装自然状态时的
绳索测量(A 为自由端长度)

图 4-67　装饰腰带或打结腰带的测量
A—宽度≥3cm　B—从系着点伸出的长度

(二)ASTM F1816—2018《儿童上身外衣拉带安全要求》

1. 范围

　　该标准的目的在于减少由于儿童上身外衣拉带造成的勒伤和车辆拖曳危险。本标准涵盖的服装类型包括男童和女童的服装,如夹克衫、运动衫,其通常穿在其他服装外面。

　　该标准涵盖规格尺寸为 2T 到 12 的儿童服装颈部、风帽的拉带规格以及规格尺寸为 2T 到 16 的儿童服装腰部和下摆部的拉带规格。上身外衣上完全可回缩的拉带除外。

　　该标准的单位采用英寸。括号内的数值为采用国际单位制转换的数值,仅供参考。

2. 术语和定义

　　套结:通常是指在绳道背后中间的地方将拉带和绳道缝在一起的固结线迹,以防止拉带从绳道中拉出。

　　上身外衣下摆:上身外衣的最低边缘(距离颈部最远)。

　　拉带:以各种材料制成的无伸缩性的绳索、缎带或织带,用于系紧上身外衣的部位。

　　风帽:宽松柔软的头部覆盖物,可拆卸或固定于上身外衣上。

　　颈部:领口上下 2.5cm 的区域。

　　领口:上身外衣大身与领子或风帽之间的接缝围成的开口。

　　套环:以木头、塑料、金属或其他复合材料做成,附着在拉带的松弛端起装饰作用或保护拉带从绳道内拉出。

　　上身外衣:通常穿在其他衣服外面的服装,如夹克衫、运动衫。

　　腰部:位于胸部与臀部之间躯干的收身部位。

3. 要求

（1）在规格尺寸 2T 到 12 的儿童上身外衣风帽和颈部，不允许使用拉带。

（2）规格尺寸 2T 到 16 的儿童上身外衣腰部和下摆处的拉带，应符合以下要求。

①当服装放平摊至最大宽度时，露出绳道的拉带长度不应超过 75mm。

②拉带自由端无套环、结头或其他附件。

③如拉带为连续的绳带，需与绳道加固缝合一起。

四、国内外标准差异比较

目前国内外关于绳带标准常用的是 EN 14682：2014、ASTM F1816—2018、GB 31701—2015，GB/T 22705—2008 以及 GB/T 22702—2008，其中影响最大的是 EN 14682、GB 31701 和 ASTM F1816。GB 31701 和 GB/T 22705 的基本内容参考了 EN 14682，而 GB/T 22702 参考了 ASTM F1816，但三个中国标准同时又结合了国内的实际情况。国内外绳带标准之间有相似之处，但也有不同。以下将针对这些标准的主要不同进行比较和分析。

（一）EN 14682：2014、GB/T 22705—2008 和 GB 31701—2015 的比较与分析

1. 豁免产品或条件差异

EN 14682、GB/T 22705 以及 GB 31701 中的绳带要求均是针对服装产品，所以对于非服装类的产品，如围嘴、围兜、围裙、尿布、鞋类、袜子、手套、帽子、围巾、抱被、睡袋、床上用品、包类产品、领带、领结、皮带、吊裤带等均不做要求；另外，绳带引起的安全问题多是日常穿着中或在非监控条件下发生的，所以对于非日常穿着或特定监护下使用的服装，如专业运动服装、宗教服装、节庆服装、戏剧服装、舞台演出服装等也不在考核范围。但对于腰带、服装内部的绳带、吊裤带等绳带，三个标准却有不同的要求，具体见表 4-8。

表 4-8　豁免产品或条件差异对比表

豁免分类	EN 14682：2014	GB/T 22705—2008	GB 31701—2015
腰带豁免条件	带有扣合件（如带扣）的任何材料的功能性或装饰性腰带可豁免。但具有装饰性或功能性的不窄于 3cm 的任何材料制成的装饰腰带或打结腰带除外；缝制在服装上的带有扣合件腰带建议做风险评估	有规定腰带除外，但未对腰带给出明确的定义。对于环绕腰部不窄于 3cm 的织物做成的装饰腰带或打结腰带除外	服装上完全可脱卸的、环绕腰部且不窄于 3cm 的织物腰带除外
吊带豁免条件	用于连接裤子、裙子或类似下装的前片和后片，向上支撑起服装的吊带或吊裤带除外	无特别说明	起到吊裤带作用、宽度不窄于 3cm，可从下装上脱卸下来的织物条带，且织物条带上无纽扣，其在下装上使用时无外露的自由端的可除外
服装内部绳带豁免条件	需要进行风险评估	无特别说明	固定在服装内部，穿着时不会外露的绳带除外

2. 儿童年龄段的划分

儿童身高的划分均结合对应的国家儿童的身体发育情况,EN 14682、GB/T 22705 和 GB 31701 虽然均是针对 14 岁以下的儿童服装,但欧洲儿童的身高普遍高于国内的儿童身高,所以在身高划分上有明显的不同,具体见表 4-9。

表 4-9　儿童年龄段划分对比表

年龄划分		EN 14682:2014	GB/T 22705—2008	GB 31701—2015
儿童年龄		<14 岁	≤14 岁	≤14 岁
幼童	年龄	<7 岁	<7 岁	<7 岁
	身高	≤134cm	≤130cm	≤130cm
大童和青少年	年龄	7 岁≤年龄<14 岁	7 岁≤年龄≤14 岁	7 岁≤年龄≤14 岁
	身高	男孩:134cm≤身高<182cm 女孩:134cm≤身高<176cm	男孩:130cm<身高≤160cm 女孩:130cm<身高≤155cm	男孩:130cm<身高≤160cm 女孩:130cm<身高≤155cm

3. 部位的要求差异

从以往的案例来看,服装不同部位的绳索与拉带其潜在的安全风险性是不同的,所以 EN 14682、GB/T 22705 和 GB 31701 均对服装的不同部位进行划分,分为头颈部(包括上胸部)、胸腰部、臀围线以下区域和背部四个区域。然后对于各个区域给予不同的要求。

(1)通用要求。

①立体装饰物。EN 14682 和 GB/T 22705 对于装饰性绳索的自由末端允许使用立体装饰物,但 GB 31701 对于所有绳索的自由末端都不允许使用立体装饰物,所以 GB 31701 要明显严于 EN 14682 和 GB/T 22705,具体见表 4-10。

表 4-10　立体装饰物对比表

类别	EN 14682:2014	GB/T 22705—2008	GB 31701—2015
立体装饰物	拉带、功能性绳索、装饰腰带或打结腰带的自由端不允许打结或使用立体装饰物,并要防止其磨损散开,如通过热封或固结缝迹。不造成缠绊危险的前提下可采用重叠或折叠头端的方法。沿整个自由端长度方向都不允许有结头或立体装饰物	拉带、功能性绳索和腰带的末端不允许打结或使用立体装饰物,防止其磨损散开,宜采用热封、套结、重叠或折叠的方法	绳带的自由末端不允许打结或使用立体装饰物

②套环。EN 14682 和 GB/T 22705 均有明确规定,套环只能用于无自由端的拉带和装饰性绳索。GB 31701 虽未有明确规定,但套环却不能用有自由端的拉带上,否则会形成立体装饰物,所以本质上三者要求是一致的,具体见表 4-11。

表 4-11　套环对比表

类别	EN 14682:2014	GB/T 22705—2008	GB 31701—2015
套环	只能用于无自由端的拉带和装饰性绳索	只能用于无自由端的拉带和装饰性绳索	无特别说明

③拉带。EN 14682 和 GB/T 22705 均要求在两出口的中间处固定拉带,GB 31701 虽未有明确规定,但如果没有固定点,绳带将很容易从绳道内抽出,造成一边过长,从而超出标准要求,所

以 GB 31701 也间接要求拉带需要固定,具体见表 4-12。

表 4-12 拉带对比表

类别	EN 14682:2014	GB/T 22705—2008	GB 31701—2015
拉带	应至少在两出口点中间处固定在服装上,可运用套结的固定方法	在两出口点中间处应固定拉带,可运用套结等固定方法	无特别说明

④绳圈。EN 14682 和 GB 31701 对于绳圈的要求基本一致,但 GB/T 22705 对于绳圈的长度却未有明确的规定,具体见表 4-13。

表 4-13 绳圈对比表

类别	EN 14682:2014	GB/T 22705—2008	GB 31701—2015
绳圈	服装上固定的突出的绳圈,如扣环或蝴蝶结上的结环,周长不超过 7.5cm。平贴在服装上的绳圈(如腰带的带袢)其两固定端的长度不应超过 7.5cm	无特别说明	两端固定且突出的绳圈的周长不应超过 7.5cm;平贴在服装上的绳圈(如串带)其两固定端的长度不应超过 7.5cm

⑤拉链。拉链的拉片通常有两种,一种是普通拉片,另外一种是具有一定装饰物的"特殊拉片"。EN 14682 对于所有拉链的拉片长度及在长至脚踝的服装底处拉链的拉片均有特殊要求。GB/T 22705 对于长至脚踝的服装底处的拉片要求和 EN 14682 保持一致,但对于拉片长度却无特殊规定。GB 31701 对于拉链上的普通拉片不作为绳带考核,对于特殊拉片将按照绳带考核,其长度需要符合不同部位的相关要求,测量方法和 EN 14682 一样,从拉链拉头量起。所以按照 GB 31701 规定,若拉链在长至脚踝的服装底边处,普通拉片可以超出服装底边,但"特殊拉片"却不能超出服装底边,具体见表 4-14。

表 4-14 拉链对比表

类别	EN 14682:2014	GB/T 22705—2008	GB 31701—2015
拉链	拉链拉片,包括任何装饰物,从拉链拉头量起,其长度不超过 7.5cm	无特别说明	无特别说明
	长至脚踝的服装,带有或不带有装饰物的拉链拉片,不应超出服装底边	长至脚踝的服装,拉链头不应超过服装底边	长至脚踝的服装,底边处的绳带应该完全置于服装内

(2)幼童服装的头部、颈部和上胸部区域。幼童头颈部和肩部的绳带是所有区域里风险最大的,因此,规定也最为详细。EN 14682 对此区域的绳带要求较为全面,并同时兼顾到实际生产的需求,而 GB/T 22705 和 GB 31701 的规定则较为严格,尤其是 GB 31701 要求头部和颈部不允许有任何绳带,该标准最为苛刻。

EN 14682 和 GB/T 22705 对于颈部表达不同,但要求基本一致,而 GB 31701 将颈带直接归类于绳带,对于幼童不允许使用。

对于肩带,EN 14682 有详细的说明,GB 31701 却没有充分考虑实际情况,不过在由 GB 31701 标准起草人编写的团体标准 T/CNTAC 1—2018《GB 31701 婴幼儿及儿童纺织产品安全技术规范实施指南》中,对于肩带的连续性结合了实际需求,给出了进一步说明,肩带如采用调节带袢,且保证无自由端,并在穿着时与身体平贴时是允许的。如果肩带的一端采用纽扣的固定方式需加强风险评估,采取一定的方式(如纽扣不在背带上、无外露自由端且纽扣不会轻易从扣袢内滑脱出来)、能保证安全性的情况下也是可以的,不过这和 EN 14682 仍有一定的差别,所以工厂在设计时应特别注意两个标准的不同要求。另外,对于肩带上的装饰性绳带,EN 14682 和 GB 31701 要求一致,GB/T 22705 对于肩带却没有明确的规定,具体见表4-15。

表4-15 幼童服装的头部、颈部和上胸部区域对比表

类别	EN 14682:2014	GB/T 22705—2008	GB 31701—2015
头部、颈部和上胸部区域绳带	幼童服装的头部、颈部和上胸部区域不得设计、生产或使用拉带或功能性绳索	幼童服装的风帽和颈部不得设计、生产或使用拉带和绳索	头部和颈部不应有任何绳带
	装饰性的绳索不允许用于风帽或后颈部		
	颈部和上胸部的其他部位,装饰性绳索的自由端不超过7.5cm,且没有结头、套环或立体装饰物,不应位于可横过喉部打结的位置		
	装饰性绳索不能由弹性绳索制成		
	允许使用长度不超过7.5cm的可调节搭袢,但其自由端上不允许有纽扣、套环、带扣,以免造成套绊危险		
颈带	使用夹子或其他扣合件来连接两根带子组成颈带也是可以的,但穿着时不应有自由端产生。当使用圆环或日字扣等来调节颈带长度时,穿着时带有绳圈的肩带应平贴在身体上	儿童三角背心的颈部系带在风帽和颈部区域应扣牢,不应呈松散、自由状态	—
肩带	在正常穿着时,肩带应无自由端伸出服装外面。肩带可以永久地固定在服装前后片,或者通过纽扣、按钮等固定在服装上来调节长度,但自由端须置于服装内部。使用夹子或其他扣合件来连接两根带子组成肩带也是可以的,但穿着时不应有自由端产生。当使用圆环或日字扣等来调节肩带长度时,穿着时带有绳圈的肩带应平贴在身体上	无特别说明	肩带应固定、连续且无自由端。肩带上的装饰性绳带不应有长度超过7.5cm的自由端或周长超过7.5cm的绳圈
	肩带上的装饰性绳带的自由端长度不应超过7.5cm,绳圈的周长不应超过7.5cm		

(3)大童和青少年服装的头部、颈部和上胸部区域。对于拉带,通常属于功能性,EN 14682、GB/T 22705 和 GB 31701 要求一致,均是无自由端,当服装平摊至最大尺寸时拉带不应有突出的绳圈,当服装平摊至合适的穿着尺寸时突出的绳圈周长不应超过15cm。

对于功能性绳索和功能性可调节搭袢,通常有自由端,EN 14682 要求长度不应超过7.5cm,GB 31701 中二者皆属于调节服装尺寸的绳带,不能有自由端,即不可使用。GB/T 22705对于二者的长度无具体要求。三个标准对于功能性绳索均要求不能使用弹性绳带。

对于装饰性绳索和装饰性搭袢,EN 14682 和 GB 31701 均要求其自由端长度不超过7.5cm,GB/T 22705 对其长度无具体要求。三个标准对于装饰性绳索也均要求不能使用弹性绳带。

对于颈带,EN 14682 和 GB/T 22705 要求基本一致,GB 31701 对颈带无特别说明,但颈带如

有自由端将成为功能性绳带,不符合 GB 31701 的要求,所以呈连续、扣牢而非松散、自由状态的颈带在 GB 31701 中才被允许。

对于大童和青少年服装的肩带,EN 14682 有明确要求,GB 31701 无特别说明,需符合通用要求。肩带自身从系着点产生的绳带、绳圈以及肩带上的装饰性绳带、绳圈,允许有不超过 14cm 的自由端或周长不超过 7.5cm 的绳圈。GB/T 22705 无特别说明,具体见表 4-16。

表 4-16　大童和青少年服装的头部、颈部和上胸部区域

类别	EN 14682:2014	GB/T 22705—2008	GB 31701—2015
拉带	拉带应无自由端。当服装平摊至最大尺寸时拉带不应有突出的绳圈。当服装平摊至合适的穿着尺寸时突出的绳圈周长不应超过 15cm;当套环用于调整无自由端的拉带尺寸时,套环应固定在服装上	拉带应无自由端。当服装平摊至最大宽度时,不应有突出的带祥。符合 GB/T 22702—2008 的要求:当服装扣紧至合身尺寸时,带祥周长不超过 15cm	头部和颈部调整服装尺寸的绳带不应有自由端,其他绳带不应有长度超过 7.5cm 的自由端。头部和颈部:当服装平摊至最大尺寸时不应有突出的绳圈;当服装平摊至合适的穿着尺寸时突出的绳圈周长不应超过 15cm;除肩带和颈带外,其他绳带不应使用弹性绳带
功能性绳索	功能性绳索长度不应超过 7.5cm,且不得采用弹性绳索	位于服装外面的功能性绳索不得使用弹性绳索制作	
装饰性绳索	装饰性绳索包括其附件或立体装饰物的长度不应超过 7.5cm。装饰性绳索不得采用弹性绳带	位于服装外面的装饰性绳索不得使用弹性绳索制作	
可调节搭祥	允许使用长度不超过 7.5cm 的可调节搭祥,其自由端上不含有纽扣、套环、带扣,以免造成套绊危险	无特别说明	
颈带	颈带在颈部和喉部区域应无自由端;也可使用夹子或其他扣合件来连接两根带子组成颈带,但穿着时不应有自由端产生。当使用圆环或日字扣等来调节颈带长度时,穿着时带有绳圈的颈带应平贴在身体上	儿童三角背心的颈部系带在风帽和颈部区域应扣牢,不应呈松散、自由状态	
肩带	肩带从系着点量取,允许有不超过 14cm 的自由端或周长不超过 7.5cm 的绳圈。当使用圆环或日字扣等来调节肩带长度时,穿着时带有绳圈的肩带应平贴在身体上	无特别说明	无特别说明

（4）胸腰部。对于胸腰部的绳索和拉带,EN 14682 分别对不同服装类别上的拉带、功能性绳索、装饰性绳索、可调节带祥、装饰腰带或打结腰带有详细规定,全面而系统。GB/T 22705 要求幼童服装上的装饰腰带或打结腰带在未系着状态时不应超过服装底边,要求简单。不过需要注意的是 GB/T 22705 对于上衣的拉带规格要求符合 GB/T 22702—2008《儿童上衣拉带安全规格》,该标准要求对于上衣腰部和下摆处的拉带,平摊开至最大宽度时,拉带露出绳道的长度每处每根均不应超过 7.5cm。GB 31701 的规定却非常笼统,其要求相似于 EN 14682 中的装饰腰

带或打结腰带。

　　在由 GB 31701 标准起草人编写的团体标准 T/CNTAC 1—2018《GB 31701 婴幼儿及儿童纺织产品安全技术规范实施指南》中,对于 GB 31701 的胸腰部给予了进一步的解读。对于束腰类服装腰部绳道内的功能性绳带(通常为拉带)的长度,以服装平摊至合适的穿着尺寸时,绳带顺直从固着点伸出的长度为绳带长度,此时长度不应超过 36cm,同时当服装平摊至最大尺寸时的绳带长度,需符合通用要求,即长度不应超过 14cm。只是对于服装平摊至合适的穿着尺寸无具体说明,在实际操作上难以理解和掌握。

　　对于胸腰部的装饰性绳索,GB 31701 需符合通用要求,不应超过 14cm,同 EN 14682 保持一致。但对于功能性的可调节带袢,GB 31701 认为其属于功能性,从固着点伸出的长度应不超过 36cm,对于装饰性的带袢,需符合通用要求,不应超过 14cm,这点相对 EN 14682 来说过于宽松。

　　对于装饰腰带或打结腰带,EN 14682 和 GB 31701 要求一致。具体见表 4-17。

表 4-17　胸腰部对比表

类别	EN 14682:2014		GB/T 22705—2008	GB 31701—2015
服装类别	无肩带、吊带或袖子,穿着在腰部以下的服装(如裤子、短裤、裙子、内裤、比基尼式泳裤)	其他服装(如衬衫、外套、连衣裙、工装裤)	符合 GB/T 22702—2008 的要求:对于上衣腰部和下摆处的拉带,平摊至最大宽度时,拉带露出绳道的长度每处每根均不应超过 7.5cm	固着在腰部的绳带,从固着点伸出的长度不应超过 36cm。幼童不应超出服装底边
拉带	服装在自然状态下,拉带的每根自由端不超过 20cm	当服装平摊至最大尺寸时,拉带的每根自由端不超过 14cm		
	当服装平摊至最大尺寸时,无自由端的拉带上应无突出的绳圈。当套环用于调整无自由端拉带的尺寸时,套环应该固定在服装上	当服装平摊至最大尺寸时,无自由端的拉带上应无突出的绳圈。当套环用于调整无自由端拉带的尺寸时,套环应该固定在服装上		
功能性绳索	功能性绳带长度不超过 20cm	功能性绳带长度不超过 14cm	无特别说明	
装饰性绳索	装饰性绳带包括所有装饰物长度不超过 14cm		无特别说明	
可调节搭袢	所有服装,腰部可调节的搭袢不超过 14cm		无特别说明	
装饰腰带或打结腰带	允许在背部、前面或侧面系着。在未系着状态,从系着点量取时,每根长度不超过 36cm。幼童不能超过服装底边		幼童服装上的装饰腰带或打结腰带在未系着状态时不应超过服装底边	

　　(5)臀围线以下的服装下摆。对于臀围线以下的服装下摆的绳带要求,EN 14682、GB/T 22705 和 GB 31701 的要求基本一致,EN 14682 还要求服装底边处的拉带、功能性或装饰性绳索在服装系着状态时,应平贴在服装上。这样可以避免钩挂于有安全隐患的设备上造成危险,具体见表 4-18。

表 4-18 臀围线以下的服装下摆对比表

类别	EN 14682:2014	GB/T 22705—2008	GB 31701—2015
拉带和绳索	拉带、功能性绳索或装饰性绳索(包括套环)不允许超过服装底边	长至臀围线以下的服装,其底边处的拉带、绳索(包括套环等部件)不应超过服装下边缘	长至臀围线以下的服装,底边处的绳带不应超出服装下边缘。长至脚踝的服装,底边处的绳带应该完全置于服装内
	服装底边处的拉带、功能性或装饰性绳索在服装系着状态时,应平贴在服装上	位于服装底边处的拉带或绳索在系着状态时应平贴于服装	
	长至脚踝的服装,如长裤、裙、风衣,其底边处的拉带、功能性或装饰性绳索应完全置于服装内。裤子底边处的脚踏带是允许的	长至脚踝的儿童服装(风衣、裤或裙等),其底边处的拉带、绳索应完全置于服装内	
可调节搭袢	可调节性搭袢长度不超过 14cm,且不超过服装底边,其自由端上无纽扣、套环、带扣,以免造成套绊危险	位于服装底边的可调节搭袢,不应超出服装的下边缘	

(6)背部。EN 14682 对于背部的绳带要求比 GB/T 22705 和 GB 31701 要求相对来说宽松合理。背部可以使用装饰性绳索和可调节性搭袢,但长度不能超过 7.5cm。三个标准对于装饰腰带或打结腰带的要求一致,都允许在背部使用。在团体标准 T/CNTAC 1—2018《GB 31701 婴幼儿及儿童纺织产品安全技术规范实施指南》中,对此条有适当放宽,在背部平贴在服装上,允许使用长度小于 7.5cm 的绳圈,具体见表 4-19。

表 4-19 背部对比表

类别	EN 14682:2014	GB/T 22705—2008	GB 31701—2015
拉带或功能性绳带	儿童服装背部不应有拉带或功能性绳带伸出或系着	拉带、绳索不允许从童装背部伸出或系着	除腰带外,背部不应有绳带伸出或系着
装饰性绳索	装饰性绳索长度不超过 7.5cm,且无打结、套环或立体装饰物		
可调节搭袢	可调节性搭袢长度不超过 7.5cm,且不超过服装底边,其自由端上无纽扣、套环、带扣,以免造成套绊危险		
装饰腰带或打结腰带	装饰腰带或打结腰带是允许的	允许使用装饰腰带和打结腰带	

(7)袖子。对于长袖,EN 14682、GB/T 22705 和 GB 31701 三个标准均要求完全置于服装内。对于长袖,EN 14682 对自由端长度要求不超过 7.5cm,GB 31701 的自由端要求符合通用要求不超过 14cm。对于短袖,EN 14682 和 GB 31701 要求基本一致,而 GB/T 22705 仅根据 GB/T 22702 对于袖子(包括长袖和短袖)上的拉带有规定。对于可调节搭袢的长度,EN 14682 要求长度不超过

10cm,GB/T 22705 无长度要求,GB 31701 可调节搭袢按绳带处理,应符合对应的长袖与短袖的要求,具体见表4-20。

表 4-20　袖子对比表

类别	EN 14682:2014	GB/T 22705—2008	GB 31701—2015
长袖	长袖袖口处的拉带、功能性或装饰性绳索扣紧时应完全置于服装内。 长袖肘部以下的拉带、功能性或装饰性绳索不超过底边,且自由端长度不超过 7.5cm	在肘关节以下长袖上的拉带、绳索,袖口扣紧时应完全置于服装内。 符合 GB/T 22702—2008 的要求:袖子上拉带当服装平摊至最大宽度时,露出绳道的长度每处每根均不应超过 14cm	长袖袖口处的绳带扣紧时应完全置于服装内
短袖	肘部以上的短袖允许有拉带、功能性或装饰性绳索。当袖子平摊至最大尺寸时,其突出长度不超过 7.5cm(幼童)或 14cm(大童或青少年)	在肘关节以上的短袖上的拉带、绳索,袖口扣紧时,应固定且平贴。 符合 GB/T 22702—2008 的要求:袖子上拉带当服装平摊至最大宽度时,露出绳道的长度每处每根均不应超过 14cm	短袖袖子平摊至最大尺寸时,袖口处绳带的伸出长度不应超过 7.5 cm 或 14cm(大童或青少年)
可调节搭袢	袖子上允许使用可调节性搭袢,长度不超过 10cm,且未系着时不超过底边	在袖子上的可调节搭袢,不应超出袖子底边	无特别说明

(8)服装其他部位。此条对于 EN 14682 和 GB 31701 来说,均可作为通用要求,其要求一致,对于未提及的服装上其他部位,伸出的长度均不应超过14cm,具体见表4-21。

表 4-21　服装其他部位对比表

类别	EN 14682:2014	GB/T 22705—2008	GB 31701—2015
未提及的服装上其他部位	当服装平摊至最大尺寸时,拉带、功能性或装饰性绳索的突出长度不超过 14cm	无特别说明	服装平摊至最大尺寸时,伸出的绳带长度不应超过 14cm

(二)ASTM F1816—2018 和 GB/T 22702—2008 的差异比较与分析

GB/T 22702—2008 基本参考了 ASTM F1816—2004 的要求。从适用范围来看,ASTM F1816 主要是对上身外衣的要求,而 GB/T 22702 主要是对所有上衣的要求,相对来说 GB/T 22702 范围更广些。GB/T 22702 以年龄来划分,分为从出生到 7 岁的幼童和 7 岁到 14 岁的大童和青少年;而 ASTM F1816 以规格来划分,考核规格尺寸为 2T 到 12 的儿童服装颈部和风帽的拉带规格,以及规格尺寸为 2T 到 16 的儿童服装腰部和下摆部的拉带规格。两个标准对比具体见表4-22。

表 4-22 ASTM F1816 和 GB/T 22702 的差异对比表

类别	ASTM F1816—2018		GB/T 22702—2008	
	规格尺寸 2T 到 12	规格尺寸 12 到 16	幼童(从出生到 7 岁的儿童)	大童和青少年(从 7 岁到 14 岁的儿童)
豁免	上身外衣上完全可回缩的拉带除外		—	
风帽和颈部	不允许使用拉带	无特别说明	不允许使用拉带	当服装平摊至最大宽度时,风帽和颈部不应有突出的带袢。当服装扣紧至合身尺寸时,风帽和颈部的带袢周长不超过 15cm
腰部和下摆处的拉带	当服装平摊至最大宽度时,露出绳道的拉带长度不应超过 3 英寸(7.5cm)		当服装平摊至最大宽度时,拉带露出绳道的长度每处每根均不应超过 7.5cm	
	拉带自由端无套环、结头或其他附件		无特别说明	
	如拉带为连续的绳带,需与绳道加固缝合一起		无特别说明	
其他部位	无特别说明		当服装平摊至最大宽度时,拉带露出绳道的长度每处每根均不应超过 14cm	

第四节 儿童服装安全性设计和生产实施规范

要避免儿童服装的安全隐患,最直接的就是从根源抓起。儿童服装从材料选择、童装设计,再到整个生产过程,各环节都关注儿童服装的安全性,就可以达到有效的规避效果。2008 年 12 月我国发布了 GB/T 22704—2008《提高机械安全性的儿童服装设计和生产实施规范》,该标准修改采用英国标准 BS 7907:1997《提高机械安全性的儿童服装设计和生产实施规范》,为儿童服装的安全设计与生产提供了系统的建议。该标准虽然为推荐性标准,但其内容全面而详尽,对于儿童服装的安全性设计及生产实施具有系统的指导意义。另外,中国的产品标准是服装质量控制不可分割的一部分,同样也指导着儿童服装的安全生产。国内近年来对于童装已有系列产品标准出台,如 GB/T 33271—2016《机织婴幼儿服装》、GB/T 31900—2015《机织儿童服装》、FZ/T 73025—2013《婴幼儿针织服饰》和 FZ/T 73045—2013《针织儿童服装》,在这些产品标准中,对于儿童服装的安全性也提出相关要求。而中国在 2018 年 6 月 1 号正式实施的 GB 31701—2015《婴幼儿及儿童纺织产品安全技术规范》标准,更是将童装的安全上升到了强制性标准的高度,成为第一个专门针对童装安全性的强制标准。

以下将结合各标准的具体要求以及实际经验,从材料和部件、设计、生产控制三方面对于儿童服装的安全性设计和生产实施进行阐述。

一、材料和部件要求

1. 材料和部件的采购

服装材料和部件应从质量有保证的生产商处采购,并符合相关材料标准的要求。服装应按各国的规定正确选择护理标签。按照护理标签重复后整理后,部件不破损或破裂。评价服装安全性时需考虑后整理类别和频率,所有性能测试都应经过至少5次合适的后整理。

2. 面料

作为服装的组成部分,服装面料不应对穿着者产生机械性危险和危害。例如,一些有孔眼的开口面料(如花边面料、网眼面料)或带有很长浮线的面料会将儿童的手指和脚趾缠住,导致局部缺血性危害,所以制作儿童服装时,应尽量避免使用这类面料;男童游泳裤如果采用网眼面料作为里料,有可能会出现生殖器被网眼夹持的情况,从而导致儿童局部缺血性危害;用于支撑缝合部件(如纽扣)的面料应在低负荷下不被撕破,宜在部件缝合处使用加固材料,以免面料强力不足,部件脱落,被儿童吸入口鼻中,造成堵塞危险。

3. 填充材料

用于衬里和絮料的填充材料不得含有硬或尖的物体。儿童服装中常用的填充材料主要有纤维填料(如聚酯纤维、羊毛、蚕丝等)、羽绒或泡沫填充物。在选择填充材料时,应选择经过清洁处理的材料,以避免儿童皮肤过敏。另外,要避免选择颗粒状的填充物,以免填充材料从服装中漏出,进入儿童口鼻中,造成堵塞危险。

4. 缝纫线

童装制作中不应使用单丝缝纫线,避免导致儿童局部缺血性或皮肤磨损性危害。在低负荷下,缝合部件的缝纫线不应被拉断。

5. 纽扣、拉链及其他附件

(1)单装中采用的纽扣、拉链及其他附件应表面光洁、无毛刺、无缺损、无残疵、无可触及锐利尖端和锐利边缘。附件的外观不应与食物相似,尤其是三岁及三岁以下的婴幼儿服装,以避免由于婴幼儿对附件的啃啮造成纽扣脱落误入气管,造成堵塞哽咽风险。三岁及以下的的婴幼儿服装,附件的最大尺寸应大于3mm。值得注意的是,童装上提供的备用纽扣也不应对儿童造成任何机械危害性。

(2)童装中的纽扣,应进行强度测试。两个或两个以下刚硬部分构成的纽扣,容易引发组件分离或脱离服装的危险,不应用于三岁及三岁以下的童装。

(3)三岁及三岁以下童装不应使用绒球和流苏。传统的绒球和流苏是将长的纱线剪断而成,其纤维和纱线容易被抽出来,如果被小孩吞食,会造成堵塞哽咽风险。

(4)花边、图案和标签不能只用胶粘剂粘贴在服装上,应保证经多次服装后整理后不脱落。

(5)一些面料材质的装饰部件(如标签、徽章等),当其用热封或激光封口后,不允许有尖锐边缘。橡胶、软塑料材质的装饰部件(包括标签、徽章等),在缝制时容易出现洞眼,导致此部件的某些部分容易掉下来。另外,橡胶、软塑料材质可能会被热的洗涤剂降解。

(6)拉链的采购应遵循相关拉链标准的要求。拉链的拉头不可脱卸,采用塑料拉链可减轻夹住事故的伤害程度。14岁以下(国际标准通常规定为三岁以下)的小孩应尽量避免使用金属拉链。当使用的拉链有可能接触到皮肤时,应优先选用塑料拉链。使用的塑料拉链其上下止口也应为塑料材质,而不应采用金属爪。拉链的上下止口和拉链齿不应带有芒刺或尖锐边缘。

(7)绣花或手工缝制装饰物不允许有闪光片和颗粒状珠子。

6. 松紧带

松紧带的使用应避免给服装穿着者带来伤害。所选用的松紧带应具备足够的强力,使其可以握持服装上相应的部位。另外,松紧带必须具有良好的伸长性,避免对穿着者造成局部缺血性危害。所选松紧带的长度应该同服装上织入松紧带部位的尺寸相匹配,避免过紧或过松。

7. 印花

三岁及三岁以下的婴幼儿服装,印花部位不允许含有可脱落粉末和颗粒。

8. 标签

缝在衣服上的标签,尽量选择非热割的标签。对于三岁及以下的婴幼儿服装的标签要缝在与皮肤不直接触的地方。

二、设计要求

设计与生产部门之间应进行信息交流,保证每个部门了解细节并向其他部门提供足够的信息,合作完成具有机械安全性的服装。信息交流包括可能发生的所有危险的评估结果。设计时不仅要考虑产品的所有号型、各年龄阶段儿童的能力,还要考虑服装在各种情况下的机械性危害,包括失足、滑倒、摔倒、哽塞、呕吐、缠绊、裂伤、血液循环受阻、窒息伤亡、勒死等。应考虑每一种危险,并采取相应措施降低危险发生的可能性。

1. 设计前准备

设计师必须事先向采购部门和生产部门提供有关材料、部件的要求,可以用文字、图片、样板或样衣的形式,包括但不限于以下内容。

(1)关于服装、设计意图、目标消费者年龄的描述。

(2)关于附在服装上所有纽扣或四合扣的位置和描述。

(3)关于附在服装上所有拉链的功能和描述。

(4)关于附在服装上所有粘扣带的位置和描述。

(5)关于嵌入服装上所有填充材料和泡沫的位置和描述。

(6)关于服装上所有松紧带的位置和描述。

(7)关于附在服装上所有绒球、蝴蝶结或花边的位置和描述。

(8)关于附在服装上所有绳索和缎带的位置和描述。

(9)关于附在服装上风帽的描述。

(10)风险评估的描述。

2. 绳索、缎带、蝴蝶结和领带

设计服装的绳索、拉带时,应符合出口国相关标准的规定与要求。

三岁及三岁以下童装上的蝴蝶结应固定以防止被误食,且蝴蝶结尾端不超过 5cm。缎带、蝴蝶结的末端应充分固定以保证不松开。可运用恰当的工艺技术,包括套结、热封或在绳索上使用塑料管套。在绳索末端使用塑料管套应能承受至少 100N 的拉力或出口国对于儿童服装上抗拉强力的要求。没有封口的缎带、蝴蝶结的末端容易脱散,大量的散纤维从末端抽出,如果被儿童吃进嘴里,将会导致呕吐、呼吸道堵塞或其他严重的病变。没有封口的缎带、蝴蝶结对于12 个月以下的婴儿存在的风险性最大。

五岁以下儿童服装应避免使用与成年人领带类似的领带。儿童领带应设计为易脱卸,防止缠绕,可在领圈上使用粘扣带或夹子。

3. 絮料或泡沫

带有絮料或泡沫的服装,其填充材料不得被儿童获取,保证安全可靠。服装生产过程中应确保包覆填充材料的缝线牢固,防止穿着时缝线断开或脱开。

4. 连脚服装

室内穿着的连脚服装应增加防滑性,如在服装脚底面料上黏合摩擦面,以避免儿童滑倒造成伤害。连脚服装(通常也叫爬爬服)是设计给学步儿童穿的,脚部一般不会再穿鞋子。如果连脚服装的脚底面料摩擦力小的话,容易使穿着者滑倒、摔跤。可以在脚底部位黏合一些防滑热熔胶(PVC 材质)。

5. 风帽

三岁及三岁以下儿童的睡衣不要带有风帽。如有需要,为童装设计风帽和头套时,应将影响儿童视力或听力的危害降到最低。设计师应对勾住、夹住危险进行风险评估。凡是发生问题的地方,应采取措施降低危害。

英国标准 BS 7907 中明确规定 12 个月以下婴儿设计的睡衣不允许有风帽。因为婴儿的热量 85% 是通过头部释放的,风帽的存在会阻碍其散热途径,导致婴儿过热。设计给 12 个月以下婴儿穿的其他服装,不允许带有由不透气材料制成的风帽,避免造成婴儿窒息的危害。另外,给大童穿的服装,在设计风帽时应特别注意,因为大童更有可能在没有成人监督的情况下自由活动。

6. 服装号型

应根据出口国要求选择合适的人体测量数据,设计合理的服装号型,以提醒消费者正确购买,减少因服装过大或过小带来的危害。

7. 带松紧带的袖口

袖口松紧带过紧或过硬会阻碍手或脚的血液循环,特别是在婴儿服中需要注意。生产说明书中应包括伸缩性和弹性测试在内的面料使用记录、关键试验记录等。

三、生产控制要求

1. 概述

生产商应记录生产过程、步骤,详细记录与产品安全有关的所有环节,保证能随时查询。

2. 松紧带

生产说明书和松紧带缝合工序中应写明松紧带松弛状态的尺寸,以防止在缝制过程中导致缝制过紧,造成局部血流不畅。

3. 尖锐物体

服装生产过程中的针、钉或其他尖锐物与穿着者接触会造成严重伤害。生产商应尽量避免尖锐物的使用。

4. 缝纫针

缝纫针同其他尖锐物体一样,也会给穿着者带来危害。但是,生产过程中又不可能避免缝纫针的使用。所以,生产商应该制订一套针控程序,以确保生产的服装不受针或断针的污染。

5. 金属污染控测

使用服装金属扫描仪使服装免受金属污染,但不完全替代针控和其他程序。每天进行金属控测装置的校准,应保证设备的灵敏度。带有金属成分的部件在附入服装之前应进行金属探测。缝针探测器和兼容仪器应在生产完成后使用。金属探测不通过的服装必须隔离起来仔细检查。金属污染消除后,此服装需再一次通过金属探测程序。

6. 服装分类

应明确区分已检验、未检验或被退回的服装。退回的服装应做好明确标记,不与完好的服装混淆。由于安全问题被退回的服装只能在完全修正后出售。

7. 纽扣

链式线迹和手缝线迹的工序应得到有效控制,固定在服装上的纽扣应较牢固。链式线迹固定在服装上的纽扣易脱落,因此,不适用于三岁及三岁以下的童装。在标准 BS 7907 中,手缝线迹不推荐用于三岁及三岁以下的童装上。

8. 四合扣

四合扣通常分为五爪四合扣(五爪扣)和四合扣(柱状)。针织面料结构松散,柱状四合扣容易被拉下来,所以针织服装应尽量避免使用柱状四合扣,而选用五爪四合扣替代。建议厚重且结构紧密的面料才使用柱状四合扣。针织面料如果要使用柱状四合扣,则应考虑在安装部位垫一层机织的加固材料。应选择同面料厚度相匹配的四合扣,并且保证一件衣服上只使用一种四合扣。不能将四合扣安装在接缝或厚度不均匀的位置,以免导致四合扣在服装上附着不牢固。

9. 缝纫工艺

需要加强缝纫工艺的监控,以免由于缝纫工艺不当造成机械安全隐患。

10. 外部部件

制作完成后进行服装检测,不允许与服装无关的组件隐藏在服装内。连脚服装应翻出,保证检测的全面性。

11. 检验和测试人员

检验和测试人员应根据说明书、工作明细表及相关标准,有效完成服装安全性检查工作。服装制作过程中、制作完成后均应进行安全性检测。

参考文献

[1]牛增元,叶湖水.纺织品安全评价及检测技术[M].北京:化学工业出版社,2015.

第五章　纺织品标签要求

第一节　纺织品标签基本要求

一、概述

标签是产品使用说明的表达形式之一,它的主要作用是向消费者传达如何正确、安全使用产品以及与之相关的产品功能、基本功能、特性的信息,以此来指导消费者选购和使用商品。对纺织服装产品来说,标签信息中的纤维成分和含量不仅与产品的基本性能相关,也能体现产品的价值。例如,山羊毛和山羊绒仅一字之差,但两者的价值却差异很大;标签信息中的维护方法能指导消费者正确护理产品,如果将应干洗的服装放入家用洗衣机中洗涤,该服装很可能就被洗坏。因此,标签与消费者的利益有着直接的关系,正确、规范的产品标签,既能维护消费者的利益,同时也可保护生产商或经销商自身的利益。

因此,一个合格的产品,不仅需要满足内在的理化性能要求,其产品的标签也需要符合相关规定。我国有国家标准 GB/T 5296.4—2012《消费品使用说明 第 4 部分:纺织品和服装》,此标准规定了纺织品和服装标签的基本原则、标注内容和要求。除了 GB/T 5296.4—2012 标准中规定的内容,在产品标准中也会规定一些特别要求,如号型规格、警示语句等信息。在欧美市场,对纺织产品的标签也有不同要求,尤其是成分标签和洗涤维护标签。本章节中主要介绍中国市场的标签要求以及欧美市场的成分标签和洗涤维护标签要求。

二、国家标准 BG/T 5296.4 标签要求

(一)标注内容

根据 GB/T 5296.4—2012《消费品使用说明 第 4 部分:纺织品和服装》标准要求,标签标注的内容主要包括以下几方面。

(1)制造者的名称和地址。纺织品和服装应标明承担法律责任的制造者依法登记注册的名称和地址。对于进口纺织品和服装,应标明该产品的原产地(国家或地区),以及代理商或进口商或经销商在中国大陆依法登记注册的名称和地址。

(2)产品名称。产品应标明名称,且表明产品的真实属性;国家标准、行业标准对产品名称有术语及定义的,宜采用国家标准、行业标准规定的名称;国家标准、行业标准对产品名称没有术语及定义的,应使用不会引起消费者误解或混淆的名称。例如,服装有男西服、夹克衫、衬衣、连衣裙、牛仔裙、羽绒服等国家标准或行业标准,产品名称可以参照这些标准。另外,GB/T 15557—2008《服装术语》标准第三节中提供了 50 多个服装名词,也可以参照此标准中的名词标注产品名称。

（3）产品号型或规格。产品号型或规格是为消费者在选择和购买产品时提供依据和便利。不同的纺织品有不同的号型或规格。

a. 纱线应至少标明产品的一种主要规格，如线密度、长度或重量等。

b. 织物应至少标明产品的一种主要规格，如单位面积质量、密度或幅宽等。

c. 床上用品、围巾、毛巾、窗帘等制品应标明产品的主要规格，如长度、宽度、重量等。

d. 服装类产品宜按 GB/T 1335 或 GB/T 6411 表示服装号型的方式标明产品的适穿范围。

e. 袜子应标明袜号或适穿范围，连裤袜应标明所适穿的人体身高和臀围的范围。

f. 帽类产品应标明帽口的围度尺寸或尺寸范围。

g. 手套应标明适用的手掌长度和宽度。

h. 其他纺织品应根据产品的特征标明其号型或规格。

以上的纺织品号型或规格的标识要求，介绍了简单的标识原则和基本要求。关于服装号型标识的具体要求，国家标准 GB/T 1335 和 GB/T 6411 提供了详细的内容介绍；另外，在一些配饰类产品标准中，如袜子、手套和围巾等标准对号型规格也有详细的要求。关于产品号型和规格，具体介绍请参见本章第四节尺寸标签部分的内容。

（4）纤维成分及含量。纤维成分及含量是反映产品面料质地优劣的重要标志，它体现出产品的质感、舒适性和透气性，是消费者选购服装的关键因素，也是决定服装价值的重要因素之一。正确标注纤维成分及含量对保护消费者的正当利益、维护生产者的合法权益以及提供正当的竞争促销手段有着重要的意义。如果商品实测纤维含量与标注纤维含量不相符，会对消费者产生误导，影响消费。

为了规范和统一市场上纤维成分标识问题，同时也使标签生产者和制造者有标准可依，于1998 年 6 月我国发布首个关于纤维成分标识的标准 FZ/T 01053—1998《纺织品 纤维含量的标识》，之后又更新为 2007 版本。2013 年 11 月 12 日，国家质量监督检验检疫总局和国家标准化管理委员会发布国家标准 GB/T 29862—2013《纺织品 纤维含量的标识》并于 2014 年 5 月 1日实施，该标准的章条框架及技术内容均是在 FZ/T 01053—2007《纺织品 纤维含量的标识》的基础上，结合产品及检测工作的实际，经修订、升级的国家标准。

（5）维护方法。纺织产品应按 GB/T 8685—2008《纺织品 维护标签规范 符号法》规定的图形符号表述维护方法，可增加对图形符号相对应的说明性文字。当图形符号满足不了需要时，可用文字予以说明。维护方法对纺织产品的性能影响很大，如果洗涤不当，将导致产品外观变形，严重者不能使用。正确的标注将避免消费者操作不当造成的产品损坏。

（6）执行的产品标准。产品标准通常是推荐性标准（标准编号以 GB/T 或 FZ/T 等开头）。根据产品的种类、特性等可选择适用的国家、行业、地方或企业标准。当某个产品标准或其他相关标准被选用并标注于产品标签上，那么该标准通常被称为执行标准。产品的质量应符合执行的产品标准的要求。

（7）安全类别。GB 18401 和 GB 31701 标准规定了对纺织产品和服装不同的安全类别要求，即 A 类、B 类和 C 类安全类别。按照标准中的规定，婴幼儿纺织产品应符合 A 类要求；直接接触皮肤的纺织产品至少应符合 B 类要求；非直接接触皮肤的纺织产品至少应符合 C 类要求。GB 31701 是针对婴幼儿及儿童纺织产品的国家强制性标准要求，GB 18401 是针对所有的纺织产品的国家强制性标准要求。所以，在标识安全类别上，还是有区分的。婴幼儿纺织产品应在标签上标明 GB 31701 标准的编号及"婴幼儿用品"。儿童纺织产品应在标签上标明 GB 31701 标准的编号及符合的安全技术要求类别,例如,GB 31701 A 类、GB 31701 B 类和 GB 31701 C 类。对于成人的纺织和服装产品,安全类别标识如:GB 18401 B 类 或 GB 18401 C 类(也可以只标识 B 类或者 C 类)。需要注意的是,安全类别是对最终产品所要求的标注,所以产品按件标注一种类别。标注的安全类别是指一件产品上的织物、填充物、附件、使用说明和包装等都应达到的要求。如果其中某个部分没有达到该安全类别,则不能标注该安全类别。

(8)使用和储存注意事项。因使用不当可能造成产品损坏的产品宜标明使用注意事项;有储藏要求的产品宜说明储藏方法。在各类纤维织物服装中,化学纤维服装不易招虫蛀,天然纤维服装易招虫蛀。例如,丝、毛织物纤维是由蛋白质构成的,营养更为丰富,所以丝、毛织物服装更易招虫蛀。服装上的一些有机污垢也能为蛀虫增加营养,会使虫蛀更为严重。因此,在较长时间收藏时,要在衣箱或衣柜中放入防蛀剂,以确保服装的安全性。

以上的标签内容是基于 GB/T 5296.4—2012 标准中所规定的要求,但是此标准并未提到关于产品质量等级和合格证是否需要标识,从市场调研的结果来看,大多数的品牌都会将质量等级和合格证体现在标签上,这主要是依据《中华人民共和国产品质量法》中第二十七条关于产品或其包装上的标识要求,此法规中的第一条和第三条明确提到合格证和质量等级需要标识在产品或其包装上的要求。通常,产品标准中规定了产品的技术要求以及不同质量等级,如优等品、一等品和合格品等,根据产品所能达到的技术要求从而确定所需要标识的质量等级。检验合格证明有多种形式,合格证、检验印章、检验工号等。采用何种形式可以由企业自行选择。

(二)标签形式

纺织产品标签主要包括以下形式:直接印刷或织造在产品上;固定在产品上的耐久性标签;悬挂在产品上的标签;悬挂、粘贴或固定在产品包装上的标签;直接印刷在产品包装上;随同产品提供的资料等。对于服装产品来说,应用较多的是吊牌和缝制在产品上的耐久性标签。当纺织产品标签上标识的内容同时出现在多种形式上时,应保证其内容的一致性。

上述提到的标签内容中,号型或规格、纤维成分及含量和维护方法这三项内容应采用耐久性标签,其余的内容宜采用耐久性标签以外的形式。这里的耐久性标签的概念是指永久附着在产品上,并能在产品的使用过程中保持清晰易读的标签。如果采用耐久性标签对产品的使用有影响,如袜子、手套等产品,可不采用耐久性标签。如果是团体定制且为非个人维护的产品,可不采用耐久性标签。例如,酒店用的床上用品,一般是酒店定制而酒店自己维护,可不采用耐久性标签。如果产品被包装、陈列或卷折,消费者不易发现产品耐久性标签上的信息,则还应采取其他形式标注该信息。例如,盒装的领带产品,在销售时,消费者很难看到耐久性标签上的信息,此时可以将耐久性标签上的信息在产品包装上或吊牌上体现,以便于消费者看到信息从而判断是否需要购买。

(三)其他要求

除了上述提到的要求外,标签的安放位置、字体和材质也是很重要的内容。标签应附着在产品上或包装上的明显部位或适当部位。同时,应按单件产品或销售单元为单位提供完整的标签。

耐久性标签应在产品的使用寿命内永久性地附在产品上,且位置要适宜。服装的纤维成分及含量和维护方法耐久性标签,上装一般可缝在左摆缝中下部,下装可缝在腰头里子下沿或左边裙侧缝、裤侧缝上。床上用品、毛巾、围巾等制品的耐久性标签可缝在产品的左角处。特殊工艺的产品上耐久性标签的安放位置,可根据需要设置。耐久性标签应由适宜的材料制作,在产品使用寿命期内保持清晰易读。

标签上的文字应清晰、醒目,图形符号应直观、规范。所用文字应为国家规定的规范汉字。可同时使用相应的汉语拼音、少数民族文字或外文,但汉语拼音和外文的字体大小应不大于相应的汉字。

三、产品标准中的其他要求

除了 GB/T 5296.4—2012 规定的一些标准要求之外,在产品标准中还规定一些特殊的标识要求,针对目前常用的一些产品标准,做了如下的梳理。

(1)FZ/T 81006—2017《牛仔服装》:在标签上应注明原色产品或水洗产品。有特殊磨损、洗烂工艺等情况应在标签(使用说明)中注明。

说明:原色产品是成品或所用面料只经退浆、防缩整理以及未经洗涤方式加工整理的牛仔服装。水洗产品是成品或所用面料经石洗、酶洗、漂洗等洗涤方式或经不同组合洗涤方式加工整理的牛仔服装。

(2)FZ/T 73025—2013《婴幼儿针织服饰》:婴幼儿服饰应在标签上标明"婴幼儿用品"和"不可干洗"字样。

(3)FZ/T 73053—2015《针织羽绒服装》和 GB/T 14272—2011《羽绒服装》:标签上应标注羽绒的名称、含绒量(或绒子含量)和充绒量。

(4)GB/T 33271—2016《婴幼儿针织服饰》:产品维护方法采用不可干洗。

(5)GB/T 32614—2016《户外运动服装 冲锋衣》:标准中明确了对于面料功能性要求分不同等级去考核。Ⅰ级的要求比Ⅱ级的要求更严格。对于划分Ⅰ级、Ⅱ级的功能性指标,应在标签上进行标注Ⅰ级或Ⅱ级,如不标注,视为Ⅰ级产品。这一点需要引起生产商和销售商的注意。

(6)对于婴幼儿用产品,因特殊的群体,安全性方面需要特别关注,所以产品使用过程中存在的可预见安全隐患需要标识安全警示语。例如,GB/T 35270—2017《婴幼儿背带(袋)》和GB/T 35448—2017《婴幼儿学步带》就对此有要求。

①GB/T 35270—2017《婴幼儿背带(袋)》:在每件背带(袋)产品、包装、标签或使用说明书上应标注类似以下内容的提示:

警告:婴幼儿体重不在背带(袋)明示的承重范围内,请不要使用此背带(袋);

警告:体型小的婴儿可能从背带(袋)腿部开口处滑落,请按使用说明使用本产品;

警告:背带(袋)穿着者的平衡可能受到婴幼儿和穿着者移动的不利影响;

警告:背带(袋)穿着者在弯腰或倾斜时要小心,以免影响婴幼儿的安全;

警告:背带(袋)不适合穿着者在进行体育活动的情况下使用;

警告:背带(袋)不适用于头部尚没有直立支撑力的婴幼儿,或体重超出背带(袋)最大承受力的婴幼儿使用;

警告:任何情况下不要让婴幼儿单独待在背带(袋)中。

②GB/T 35448—2017《婴幼儿学步带》:在产品标识上应注明"GB 31701 婴幼儿用品"和"不可干洗"字样。为防止婴幼儿受到意外的伤害和误用,每件学步带产品应标注类似以下内

容的安全警示说明：

"注意！本产品必须在有成人的监护和辅助下才能使用！"

"注意！本产品不适合不能坐立的婴幼儿使用！"

"注意！本产品在使用过程中切勿使用多余的条带以免缠绕住婴幼儿而引起意外！"

"注意！本产品不适用于体重超出本产品最大承受力的婴幼儿使用！"

第二节　纤维成分标签要求

一、中国市场要求

GB/T 29862—2013《纺织品　纤维含量的标识》规定了纺织产品纤维含量的标签要求、标注原则、表示方法、允差以及标识符合性的判定，并给出了纺织纤维含量的标识示例。此标准对于规范标签市场，提高产品品质，有重要的指导意义。

(一)基本要求

(1)每件产品应附着纤维含量标签，标明产品中所含各组分纤维的名称及其含量。

(2)每件制成品应附着纤维含量的耐久性标签。

(3)对采用耐久性标签影响产品的使用或不适宜附着耐久性标签的产品(如面料、绒线、手套和袜子等)，可以采用吊牌等其他形式的标签。

(4)整盒或整袋出售且不适宜采用耐久性标签的产品，当每件产品的纤维成分相同时，可以销售单元为单位提供纤维含量标签。

(5)当被包装的产品销售时，如果不能清楚地看到纺织产品(符号 d 的产品除外)上的纤维含量信息，则还需在包装上或产品说明上标明产品的纤维含量。

(6)含有两个及以上且纤维含量不同的制品组成的成套产品，或纤维含量相同但每个制品作为单独产品销售的成套产品，则每个制品上应有各自独立的纤维含量标签。

(7)纤维含量相同的成套产品，并且成套交付给最终消费者时，可将纤维含量的信息仅标注在产品中的一个制品上。

(8)如果不是用于交付给最终消费者的产品，其纤维含量标签的内容可采用商业文件替代。

(9)耐久性纤维含量标签的材料应对人体无刺激；应附着在产品合适的位置，并保证标签上的信息不被遮盖或隐藏。

(10)纤维含量标签上的字迹应清晰、醒目，文字应使用国家规定的规范汉字，也可同时使用相应的汉语拼音、少数民族文字或外文，但应以中文标识为准。

(11)纤维含量可与使用说明的其他内容标注在同一标签上。当一件纺织产品上有不同形式的纤维含量标签时，应保持其标注内容的一致性。

(二)纤维含量允差

(1)产品或产品的某一部分完全由一种纤维组成时，用"100%""纯"或"全"表示纤维含量，纤维含量允差为0。

说明：由于山羊绒纤维的形体变异，山羊绒会出现"疑似羊毛"的现象。山羊绒含量达

95%及以上、疑似羊毛≤5%的产品标注为"100%山羊绒""纯山羊绒"或"全山羊绒";山羊绒混纺产品中疑似羊毛不超过山羊绒标称值的5%;羊毛产品中可含有山羊绒。

（2）产品或产品的某一部分中含有能够判断为是装饰线或特性纤维（如弹力纤维、金属纤维等），且其总含量≤5%（纯毛粗纺产品≤7%）时，可使用"100%""纯"或"全"表示纤维含量，并说明"××纤维除外"，标明的纤维含量允差为0。例如，"纯羊毛（弹力纤维除外）""100%棉（装饰线除外）"。

（3）产品或产品的某一部分含有两种及以上的纤维时，除了本标准许可不标注的纤维外，在标签上标明每种纤维含量允差为5%（例如，标签含量：40%棉，40%涤纶，20%锦纶；允许含量：35%～45%棉，35～45%涤纶，15%～25%锦纶），填充物的纤维含量允差为10%。

（4）当标签上的某种纤维含量≤10%时，纤维含量允差为3%；当某种纤维含量≤3%时，实际含量不得为0。当标签上的某种填充物的纤维含量≤20%时，纤维含量允差为5%；当某种填充物纤维含量≤5%时，实际含量不得为0。

（5）当产品中某种纤维含量或两种及以上纤维总量≤0.5%时，可不计入总量。如果适用，可标为"含微量××"，或"含微量其他纤维"。例如，"100%棉（含微量其他纤维）""80%羊毛（含微量兔毛）20%锦纶"。

（三）标签标注原则和内容

（1）仅有一种纤维组分的产品，在纤维名称的前面或后面加"100%"，或在纤维名称的前面加"纯"或"全"表示，如棉100%、纯棉和全棉。

（2）含量≤5%的纤维，可列出该纤维的具体名称，也可用"其他纤维"来表示；当产品中有两种及以上含量各≤5%的纤维且其总量≤15%时，可集中标为"其他纤维"。例如，"60%棉36%涤纶4%黏纤"可标为"60%棉36%涤纶4%其他纤维"；"90%棉5%涤纶3%黏纤2%氨纶"可标为"90%棉10%其他纤维"。

（3）纤维含量以该纤维的量占产品或产品某部分的纤维总量的百分率表示，宜标注至整数位。

（4）纤维含量应采用净干质量结合公定回潮率计算的公定质量百分率表示。

说明：采用显微镜方法的纤维含量以方法标准的结果表示；未知公定回潮率的纤维参照同类纤维的公定回潮率或标准回潮率。如果采用净干质量百分率表示纤维含量，需明示为净干含量。

（5）在纤维名称的后面可以添加如实描述纤维形态特点的术语，如涤纶（七孔）、棉（丝光）。

（6）纤维名称应使用规范名称，天然纤维名称采用GB/T 11951中规定的名称，化学纤维名称采用GB/T 4146.1中规定的名称，羽绒、羽毛名称采用GB/T 17685中规定的名称。化学纤维有简称的宜采用简称。其中表5-1～表5-3列举了常用的纤维规范名称。

表5-1 常用动物纤维名称列举

中文属名	同义词	英文属名	英文属名可加词缀
桑蚕丝	—	SILK	—
柞蚕丝	—	TASAR	silk
绵羊毛	羊毛	WOOL	—
羊驼毛	—	ALPACA	wool or hair
安哥拉兔毛	—	ANGORA	wool or hair

续表

中文属名	同义词	英文属名	英文属名可加词缀
山羊绒	—	CASHMERE	wool or hair
骆驼毛、骆驼绒	—	CAMEL	wool or hair
原驼毛	—	GUANACO	wool or hair
美洲驼毛	—	LLAMA	wool or hair
马海毛	—	MOHAIR	wool or hair
骆马毛	—	VICUNA	wool or hair
牦牛毛、牦牛绒	—	YAK	wool or hair
牛毛	—	COW	hair
山羊毛	—	GOAT	hair
兔毛	—	RABBIT	hair
野兔毛	—	HARE	hair

表 5-2　常用植物纤维和矿物纤维名称列举

中文属名	同义词	英文属名	英文属名可加词缀
棉	—	COTTON	—
木棉	攀枝花	KAPOK	—
竹纤维	—	BAMBOO	—
菠萝叶纤维	—	PINEAPPLE LEAF	—
石棉	—	ASBESTOS	—
椰壳纤维	—	COIR	—
大麻	汉麻、火麻	HEMP	—
黄麻	黄麻及同类纤维	JUTE	—
亚麻	—	FLAX	—
苎麻	—	RAMIE	—
芦荟麻	—	ALOE	—
剑麻	西沙尔麻	SISAL	—

表 5-3　常用化学纤维名称列举

中文属名	英文属名	备注
铜氨纤维	cupro	
莱赛尔纤维(莱赛尔)	lyocell	宜用简称"莱赛尔"
莫代尔纤维(莫代尔)	modal	宜用简称"莫代尔"
黏胶纤维(黏纤)	viscose or rayon	宜用简称"黏纤"
醋酯纤维(醋纤)	acetate	宜用简称"醋纤"

中文属名	英文属名	备注
三醋酯纤维	triacetate	
聚丙烯腈纤维（腈纶）	acrylic	宜用简称"腈纶"
芳香族聚酰胺纤维（芳纶）	aramid	宜用简称"芳纶"
含氯纤维（氯纶）	chlorofibre	宜用简称"氯纶"
聚氨酯弹性纤维（氨纶）	elastane or spandex	宜用简称"氨纶"
二烯类弹性纤维	elastodiene	
含氟纤维（氟纶）	fluorofibre	宜用简称"氟纶"
聚酰胺纤维（锦纶、尼龙）	polyamide or nylon	宜用简称"锦纶"或"尼龙"
聚酯纤维	polyester	聚对苯二甲酸乙二酯（涤纶）：PET 聚对苯二甲酸丙二酯：PTT 聚对苯二甲酸丁二酯：PBT
聚乙烯纤维（乙纶）	polyethylene	宜用简称"乙纶"
聚酰亚胺纤维	polyimide	
聚丙烯纤维（丙纶）	polypropylene	宜用简称"丙纶"
聚乙烯醇纤维（维纶）	vinylal	宜用简称"维纶"
碳纤维	carbon fibre	
金属纤维	metal fibre	金属镀膜纤维：metallized fibre
聚乳酸纤维	polylactide	
聚烯烃弹性纤维	elastolefin or lastol	
陶瓷纤维	ceramic fibre	
甲壳素纤维	chitin	
聚苯硫醚纤维	polyphenylene sulfide	

二、欧盟市场要求

欧盟法规 1007/2011/EC 是将原纤维成分标签指令（2008/121/EC）和原纤维成分指令（96/73/EC、73/44/EC）二者的条文合并为一条新的法规，并于 2012 年 5 月 8 日生效，原有的纤维成分标签指令和纤维成分指令随之被废除。欧盟法规适用的产品范围如下。

（1）含纺织纤维 80%以上的产品。

（2）遮盖物含有 80%以上纺织品成分的家具、雨伞和遮阳伞。

（3）纺织品成分至少占最上层或覆盖物 80%以上：多层地毯的上层、床垫遮盖物、露营用品的覆盖物。

（4）包含在其他产品中，成为产品不可分割部分的纺织品，并且成分已被标明。该法规不适用于承包给作坊或独立公司进行生产的，不适用于个体经营的裁缝店应顾客需求定制的纺织产品。

（一）基本要求

（1）纺织品因生产或商业用途而投放市场，需贴上标签或标志；当产品不是出售给最终的消费者时，或者当它们根据订单向国家或其他的一些公共法律下的法人或相等的实体交付时，标签可以用随附的商业文件代替或补充。

（2）应标识纺织纤维含量的名称、描述和具体细节，且需采用清楚、易读和统一的印刷方式来标识。

（3）标签、销售合同、票据和发票中禁止使用缩写。

（4）商标或者机构名称可标注在纤维标注之前或之后，但商标或机构名称本身、其词根或其形容词，都不能与产品名称混淆。

（5）当纺织品是在成员国领土内销售给最终消费者，应在标签和标志中使用其本国语言。其中，对于以筒管、卷轴、束、球或任何其他少量形式存在的缝纫、缝补和刺绣线，仅是在包装物或铭牌上的集中标签，才选择采用本国语言。如果不超过 1g 的缝纫、缝补和刺绣线有集中标签，标签可用欧盟共同体内的任何一种语言。

（二）纤维含量允差

纺织纤维产品含两种及以上的纤维，在标签上标明的纤维含量允差不超过 3%。如"40%棉 60%涤纶"，则此标签中两种纤维含量的允许范围为"棉 37%~43%，涤纶 57%~63%"。

当纺织品不是因为常规工艺的原因而是因为技术的原因，需要加入一定量的其他纤维时，指令对其他纤维的允许量进行了规定。一般纺织品允许有 2%的其他纤维；粗梳纺织品允许有 5%的其他纤维。

（三）标注基本原则和内容

此法规中规定了不同种类纤维的标签要求，如装饰物、抗静电纤维、紧身衣物品、棉亚麻交织物、烂花纺织品、刺绣纺织品和地毯等。本部分只简单介绍基本的标识原则和表示方法。

（1）仅含一种纤维的纺织品，才能使用"全""纯"或"100%"字样进行标注。

（2）"fleece wool"和"virgin wool"的标注。当羊毛产品中的纤维在加工之前没有被加入到其他产品中，且除了在产品加工过程之外没有经过任何纺制或毡化工艺，在处理和使用过程中没有被损坏时，该羊毛产品才可以描述为"fleece wool"和"virgin wool"或采用其他成员国语言相同的意思进行表达。

对于混纺产品，当其中的羊毛满足本条要求，即羊毛的含量不少于 25%，且羊毛仅与其中一种纤维进行混纺时，才可以用上述名称。

羊毛制品制造过程中混入的其他纤维杂质应该保持在 0.3%以内，包括经梳理的羊毛。

（3）"其他纤维"的标注。混纺纺织品中没有一种纤维的含量达到 85%时，应至少标明其中两种主要纤维的名称和含量，之后按顺序写上其他纤维的名称。但是，当各种纤维含量均小于10%时，就用"其他纤维"统一标明，或者给出每种纤维的百分率。例如，"60%黏纤 33%锦纶 3%棉 4%莱赛尔"，也可以标注为"60%黏纤 33%锦纶 7%其他纤维"。

（4）纤维 85%含量原则。当纺织品是由两种或者两种以上的纤维组成，其中的一种纤维含量不低于总量的 85%，该纺织品可以有三种标识方法：在此纤维名称后面注明其百分率，或者标上"最少 85%"，或者标明产品各成分的含量，如"90%涤纶 10%棉"，也可标注为"90%涤纶"或"最少 85%涤纶"。

三、美国市场要求

美国联邦贸易委员会(FTC)对纺织产品的标签要求制定了相关的技术法规和实施条例。法规要求在美国销售的绝大多数纺织产品的标签上均要标注纤维名称和含量、原产地以及制造商名称等。FTC对纤维的通用名称有专门的规定,同时也承认国际标准化组织(ISO)规定的纤维通用名称及纤维的定义。这些法规由FTC负责强制实施,任何违反规定者,均要受到相应的处罚。

美国市场的纺织成分标签涉及的相关法规主要有15 U. S. C. §70《纺织纤维制品标识法案》、16 CFR 303《纺织纤维制品标识法规及实施条例》、15 U. S. C. §68《羊毛制品标签法令》及16 CFR 300《羊毛制品标签法令下的实施条例》。

16 CFR 303明确规定,此条例适用于所有纤维、纱线及织物、服装制品、手帕、围巾、床上用品、窗帘、帷帐、餐巾和桌布、地毯、毛巾、洗碟布、熨烫板罩及垫、雨伞和遮阳伞、絮垫、连同标题面积超过13.9dm^{2}的旗帜、靠垫、家具罩、毛毯或肩巾、睡袋、椅套和床套。对于这些产品,不适用于16 CFR 300中规定的产品、鞋子、帽子、腰带、吊带、臂章、永久性打结领带、吊袜带、卫生带、尿布衬里、缝纫和手工艺线、用于工艺品目的活套夹、艺术家的画布、鞋带、最终消费自己生产的产品、涂层面料和纺织纤维涂层织物制成的产品、用于结构作用而不是温暖作用的衬片或衬垫或填充物、二手家用纺织品、一次性使用的非织造布、地毯底布、军事采购产品、印第安人手工产品。

16 CFR 300规定,条例适用于每一件含有羊毛或复用羊毛的产品或者产品的一部分。15 U. S. C. §68第§68j部分规定:法案不适用于地毯、小块地毯、垫子、室内装潢和用于装运家具而应用的衬布等。

(一)基本要求

(1)标签须贴于每件纺织产品,需要时以合适的方式粘贴在包装上。这种标签应当醒目,标注纤维名称和质量分数的字体应大小一致,并在包装、运输、销售给最终消费者的整个过程中牢固、耐久,标签不得脱落、模糊、残缺不全、无法利用或不显眼等。

(2)对于有领子的产品,标签一般贴在领子中间部位,或肩膀接缝与颈内中心的一个位置。原产国必须始终出现在标签的正面,其他信息可以在标签正面或背面,但须容易看到。

(3)标签设计、插图不得拥挤混杂,印刷或图形不得模糊等。

(4)文字、创造文字、符号、纤维名称轻微变异拼写,发音类似的名称或暗示的名称或因为传统原因与动物有一定联系的名称不得出现在产品标签上以暗示某种纤维的存在。

(5)所有信息要求使用英文,若要使用其他语言,应和英文同时标注,禁止使用缩写,用标志和星号对纤维成分进行描述。

(6)正确和真实的纤维描述可以与通用名称连用,如100% Cross Linked Rayon(100%交联黏纤),100% Combed Cotton(100%精梳纯棉),100% Nylon 66(100%尼龙66)等。

(7)纤维商标可以在标签上使用,并与纤维通用名称结合使用。但所用字体必须大小、清晰度均匀一致,如80% Cotton 20% Lycra ©Spandex(80%棉20%莱卡©氨纶)。如通用名称或商标用于纤维标签,完整的纤维质量分数应出现在通用名称前面。

(8)当生产或加工的纺织纤维产品实质上已经完成预期的工作,应视为已出售或交付,或被最终的消者使用,即不得以生产或者处理轻微以及微不足道的细节尚未完成为借口而不标注产品标签。

(二)纤维含量允差

当纺织产品完全由一种纤维组成(装饰部分除外),不允许有任何纤维允差。如纤维含量为100%尼龙,则不允许含有其他任何纤维。纺织纤维产品含两种及以上的纤维,除了许可的装饰纤维材料不标识外,在标签上标明的纤维含量允差不超过3%。如"40%棉60%涤纶",则此标签中两种纤维含量的允许范围为"棉37%~43%,涤纶57%~63%"。

(三)标注基本原则和内容

不同种类的纤维成分以及在产品上不同的功用都会有不同的标注方法,如装饰物、家用纺织品的缝纫线和装饰部分、含衬布、衬里、夹层和填充物的保暖性产品、含有背衬的纺织品、纺织产品的某些部位有起加固作用的添加纤维、复合纤维、成套产品等,在法规以及实施条例中都有明确的规定。本部分只简单介绍基本的标识原则和表示方法。

(1)纤维属名。根据法规规定,天然纤维和化学纤维都应该标识其属名。在标识化学纤维时,按照16 CFR 303.7和国际标准ISO 2076:2013中列出的纤维名称及相关定义。

(2)纺织品中纤维含量为5%及以上的纤维应使用通用名称,如Cotton(棉)、Silk(丝)、Linen(亚麻)、Nylon(尼龙)等。

(3)含有毛皮动物的毛发或纤维含量占5%及以上时,则可用动物的名称连同Fiber(纤维)、Hair(毛发)或Blend(混纺)等词来表示,如80% Rabbit Hair 20% Nylon(80%兔毛20%尼龙)。"毛皮纤维"指来自不同于绵羊、羔羊、安哥拉山羊、开司米山羊、骆驼、羊驼、骆马和美洲驼等动物的毛皮纤维,如50% Nylon 30% Mink Hair 20% Fur Fiber(50%尼龙30%貂毛20%毛皮纤维)。

(4)若纺织品中Wool(羊毛)或Recycled Wool(复用羊毛)的纤维含量占总量的5%及以上时,按法规规定应该标明羊毛或复用羊毛。

(5)若羊毛制品中含有马海毛(安哥拉山羊)或山羊绒(开司米山羊)或特种纤维(骆驼、羊驼、美洲驼以及其他驼马等动物毛发纤维),可用此特种纤维的名称来标注,若纤维是复用的,则在此名称前表明复用,如50% Mohair 50% Wool(50%马海毛50%羊毛)、60% Cotton 40% Recycled Cashmere(60%棉40%再生羊绒)。羊绒、马海毛、骆驼毛、羊驼毛、美洲驼毛、驼马毛与羊毛混纺,必须准确标注各自的纤维含量,如90% Wool 10% Cashmere(90%羊毛10%羊绒)。

(6)超细羊毛的标识。对于羊毛的细度,可采用"SUPER S"表示纯羊毛制成的纺织品,支数取决于所用羊毛的平均纤维直径"SUPER S"也可以用于羊毛与动物纤维及与桑蚕丝混纺的纺织品、赋予织物弹性的弹性纤维产品、含有纤维含量不大于5%的具有装饰效果的非毛纱线的产品。对于其他羊毛混纺产品,如果羊毛含量大于45%,可以采用"S"标注,但不能采用"SUPER S"。

(7)"All(全)"或"100%"。若纺织纤维产品或组成部分完全由一种纤维组成时,可以使用All(全)或"100%"进行标注,如100% Cotton(100%棉),All Cotton(全棉)。如果装饰纤维含量≤5%,可使用"装饰部分除外"或类似意义的词语,装饰纤维的含量可以不标出,例如,All Wool, Exclusive of Ornamentation(全羊毛,装饰部分除外)。

(8)"完全未用"或"全新"。当纺织产品或产品的某一部分不完全是由新的或未用过的纤维组成时,则不应该使用术语Virgin(完全未用)或New(全新),无论以何种方式织造、针织、毡、编织,或以其他方式制造或使用的产品。

(9)当纤维含量低于5%时,可不用通用名称,可用 Other Fiber(其他纤维)来表示。当产品中有一种以上的此类纤维时,则共同用 Other Fibers(其他纤维)来表示。如 96% Polyester 4% Cotton(96%涤纶 4%棉),也可以标注为 96% Polyester 4%Other Fiber(96%涤纶 4%其他纤维);92% Polyester 4% Cotton 4% Rayon(92%涤纶 4%棉 4%黏胶),也可以标注为 92% Polyester 8% Other Fibers(92%涤纶 8%其他纤维)。对于具有明确功能的重要纤维,如弹力纤维和功能性纤维,则可以标注出来,如 96% Acetate 4% Spandex(96%醋酯纤维 4%氨纶)。

第三节　洗涤维护标签要求

洗涤维护标签,即洗唛,在国际上一般称为 Care Labelling。维护标签通常应是附着在产品上的耐久性标签,且在产品的使用寿命期内保持清晰易读。为消费者和服装护理人员提供最佳的清洁方法和洗涤程序指导,可以确保纺织产品和服装在反复清洁后依然能保持良好的外观和穿着性。

对于生产商、进口商和零售商来说,品牌的价值有赖于每件产品持久性的品质。不同的维护方法对产品的后期性能影响很大,对于不同风格、不同特性的织物和制品,在使用、维护处理上就必须有所区别。如果洗涤、熨烫等方法不当,将可能对制品造成不可回复的破坏。正确的标注将避免由于消费者操作不当造成的产品损坏,同时也维护生产商或销售商的利益。各个国家和地区也都有相关的洗涤维护标签的要求,旨在帮助和指导消费者或者洗涤者正确护理产品。本节主要介绍我国洗涤维护标签的要求以及其他国家或地区关于洗涤维护标签的基本要求和它们之间的差异。

一、中国市场要求

(一)概述

我国于 2008 年发布的 GB/T 8685—2008《纺织品　使用符号的维护标签规范》,至今已经实施多年,该标准修改采用旧的欧盟标准 ISO 3758:2005《纺织品　使用符号的维护方法标签规范》。此标准旨在建立纺织产品标签上使用的符号体系,提供了不会对制品造成不可回复损伤的最剧烈的维护程序的信息;规定了这些符号在维护标签中的使用方法。

GB/T 8685—2008 主要介绍包括水洗、漂白、干燥和熨烫的家庭维护方法,也包括干洗和湿洗的专业纺织品维护方法,但不包括工业洗涤。

(二)五种符号及其所代表的意义

不同的洗涤符号代表不同的意义,所以需要正确理解每个符号代表的意义,才能确保产品得到正确的护理。

(1)水洗。水洗是指在容器中用水洗涤纺织产品的程序。水洗包括以下所有或部分操作的相关组合。

①浸渍、预洗、常规水洗(通常要加热、施加机械作用,添加洗涤剂或其他制品)和冲洗。

②脱水,即在上述操作过程中或完成时进行的甩干或拧干。

以上这些操作可以用机器也可以用手工进行。

用洗涤槽表示水洗程序,不带"℃"的数字(30、40、50、60、70 或 95)与洗涤符号一起使用表示洗涤的摄氏温度。整个符号代表手洗或机洗的家庭洗涤程序,用于表达允许的最高的洗涤温度和最剧烈的洗涤条件,水洗符号见表5-4。

表5-4 水洗符号

符号	水洗程序	符号	水洗程序
[95]	最高洗涤温度95℃ 常规程序	[40]	最高洗涤温度40℃ 缓和程序
[70]	最高洗涤温度70℃ 常规程序	[40]	最高洗涤温度40℃ 非常缓和程序
[60]	最高洗涤温度60℃ 常规程序	[30]	最高洗涤温度30℃ 常规程序
[60]	最高洗涤温度60℃ 缓和程序	[30]	最高洗涤温度30℃ 缓和程序
[50]	最高洗涤温度50℃ 常规程序	[30]	最高洗涤温度30℃ 非常缓和程序
[50]	最高洗涤温度50℃ 缓和程序	[手洗]	手洗 最高洗涤温度40℃
[40]	最高洗涤温度40℃ 常规程序	[×]	不可水洗

(2)漂白。漂白是指为了提高去污力和提高白度,在水洗之前、洗涤过程中或水洗之后,在溶剂水中要求使用含氯或含氧(非氯)的氧化剂的程序。漂白剂通常有两种,一种是氯漂剂,即在溶液中释放出次氯酸根离子的试剂,如次氯酸钠;另一种是氧漂或非氯漂白剂,即在溶液中释放出过氧化物的试剂。

三角形代表漂白程序,在三角形符号上叠加的叉号"×"表示不允许进行的处理程序。漂白符号见表5-5。

表5-5 漂白符号

符号	漂白程序
△	允许任何漂白剂
▲	仅允许氧漂或非氯漂
✕	不可漂白

(3)干燥。干燥是指去除水洗后的纺织产品中残留水分的程序,用符号正方形表示干燥程序。干燥程序主要包括自然干燥和翻转干燥。

①自然干燥:以去除水洗后纺织产品上的残留水分为目的,采用在阴凉处或不在阴凉处进

行悬挂晾干、悬挂滴干、平摊晾干或平摊滴干的处理程序。这四种自然干燥方式的定义分别如下。

a. 悬挂晾干：将水洗和脱水后的纺织产品竖直方向悬挂在绳（杆）上或衣架上去除残留水分的程序。

b. 悬挂滴干：将水洗后但不脱水的纺织产品竖直方向悬挂在绳（杆）上或衣架上去除（残留）水分的程序。

c. 平摊晾干：将水洗和脱水后的纺织产品铺在平面上去除残留水分的程序。

d. 平摊滴干：将水洗后但不脱水的纺织产品铺在平面上去除残留水分的程序。

在正方形内添加竖线表示悬挂自然干燥程序，横线表示平摊自然干燥程序，左上角再添加一条斜线表示在阴凉处自然干燥程序，自然干燥符号见表5-6。

表 5-6　自然干燥符号

符号	自然干燥程序	符号	自然干燥程序
⊥	悬挂晾干	⊿	在阴凉处悬挂晾干
⊪	悬挂滴干	⫴	在阴凉处悬挂滴干
—	平摊晾干	⊿	在阴凉处平摊晾干
＝	平摊滴干	⊿	在阴凉处平摊滴干

②翻转干燥：以去除水洗和脱水后的纺织产品上的残留水分为目的，借助旋转滚筒中的热空气对其进行的处理程序。

用正方形里的圆来表示水洗后翻转干燥程序，在符号里添加一个或两个圆点表示该程序所允许的最高温度，翻转干燥符号见表5-7。

表 5-7　翻转干燥符号

符号	翻转干燥程序
⊙	可使用翻转干燥 常规温度，排气口最高温度80℃
⊙	可使用翻转干燥 较低温度，排气口最高温度60℃
⊠	不可翻转干燥

（4）熨烫。熨烫是指为恢复纺织产品的形态和外观，借助于适当工具对其进行的加热加压或蒸汽的处理程序。

熨斗代表家庭熨烫程序，可带蒸汽或不带蒸汽，在符号里添加一、二或三个圆点分别表示熨斗底板的最高温度，熨烫符号见表5-8。

表5-8 熨烫符号

符号	熨烫程序	符号	熨烫程序
	熨斗底板最高温度200℃		熨斗底板最高温度110℃ 蒸汽熨烫可能造成不可回复的损伤
	熨斗底板最高温度150℃		不可熨烫

（5）专业纺织品维护。专业纺织品维护是指不包括工业洗涤的专业干洗和专业湿洗。专业干洗采用专用干洗的有机溶剂,由专业人员对纺织产品进行清洁的过程。专业湿洗采用专用技术（清洁、冲洗和脱水）、洗涤剂和为降低副作用的添加剂,由专业人员在水中清洁纺织产品的程序。

圆圈代表由专业人员对纺织产品（不包括真皮和毛皮）的专业干洗和湿洗程序。表5-9提供了不同维护程序的信息。专业湿洗符号供选择使用。

表5-9 纺织品专业维护程序符号

符号	维护程序	符号	维护程序
	使用四氯乙烯和符号 F 代表的所有溶剂的专业干洗 常规干洗		不可干洗
	使用四氯乙烯和符号 F 代表的所有溶剂的专业干洗 缓和干洗		专业湿洗 常规湿洗
	使用碳氢化合物溶剂（蒸馏温度在150~210℃ ,闪点为38~70℃）的专业干洗 常规干洗		专业湿洗 缓和湿洗
	使用碳氢化合物溶剂（蒸馏温度在150~210℃ ,闪点为38~70℃）的专业干洗 缓和干洗		专业湿洗 非常缓和湿洗

（三）符号的应用和用法

（1）符号的应用。以上内容规定的符号应尽可能地直接标注在制品上或标签上。在不适当的情况下,也可仅在包装上标明维护说明。应使用适当的材料制作标签,该材料能承受标签上标明的维护处理程序。标签和符号应足够大,以使符号易于辨认,并在制品的整个寿命期内保持易于辨认。标签应永久地固定在纺织产品上,且符号不被掩藏,使消费者可以很容易地发现和辨认。

（2）符号的用法。符号应按水洗、漂白、干燥、熨烫和专业维护的顺序排列。应使用足够的和适当的符号,以维护制品而不造成不可回复的损伤。符号所代表的处理程序适用于整件纺织产品,有特殊说明的除外。

（四）补充说明用语

补充说明用语是可以与维护符号同时使用的附加维护说明,是非常必要的信息。采用补充说明用语提供的方法维护纺织产品,使得在制品整新过程中不会受到损伤。

当某项常规的维护程序是消费者或专业清洗人员有可能使用的,但该程序又会对产品造成损伤时,补充说明术语可能是必需的。标签上宜尽可能少地使用补充说明用语。表 5-10 中给出了补充说明用语的示例。如果在洗涤维护中产品所需要的补充用语不能在标准示例找到,生产商或销售商可以根据产品的不同特性,附加适合产品特性的洗涤护理说明用语。

表 5-10 补充说明用语示例

水洗前去除	垫布熨烫
分开水洗	不使用荧光增白剂
与相似颜色的制品一同水洗	使用水洗网
使用前水洗	不可蒸汽熨烫
反面水洗	仅蒸汽熨烫
不可甩干或绞拧	不可浸泡
仅潮湿擦拭	建议蒸汽熨烫
干燥后尽快(从设备中)取出	干燥时远离直接热源
不要添加织物调节剂	潮湿时整形
仅反面熨烫	整形后平摊干燥
不可熨烫装饰品	手洗,最高温度 30℃

(五)洗涤维护标签的文字和语言应用

洗涤维护标签除了图形符号外,文字的应用通常有两种情况:第一种是对图形符号的解释,即给出图形符号,进一步用文字解释符号所代表的意义;第二种是为了产品在洗涤过程中不会受到损伤所附加的补充说明用语。而这些文字所使用的语言在标准 GB/T 8685—2008 中虽未有要求,但是根据 GB/T 5296.4—2012 标准要求,标签上的文字应清晰、醒目,图形符号应直观、规范。所用文字应为国家规定的规范汉字。可同时使用相应的汉语拼音、少数民族文字或外文,但汉语拼音和外文的字体大小应不大于相应的汉字。

二、各国或地区洗涤维护标签相关法规和标准要求

欧盟、美国、澳大利亚和日本等国家或地区制定了有关纺织品和服装的洗涤维护标签要求,以法规或标准的形式呈现。不同市场的维护标签要求也不同。本部分的内容主要围绕这几个市场介绍洗涤维护标签。

(一)欧盟

国际标准化组织发布了洗涤及维护标签标准 ISO 3758:2012,标准中使用的护理图标是参照国际纺织品洗涤及护理标签协会(GINETEX)护理标签体系制定的,已注册为国际商标。随着标准的不断更新,目前已经发展到第三版 ISO 3758—2012《纺织品 维护标签规范 符号法》。此标准中使用的主要洗涤和维护标签包括五个图标,按照先后顺序排列为:水洗、漂白、干燥、熨烫和专业纺织品维护。

(1)水洗。符号见表 5-11。

表 5-11 水洗符号

符号	水洗程序	符号	水洗程序
95	最高洗涤温度 95℃ 常规程序	40	最高洗涤温度 40℃ 缓和程序
70	最高洗涤温度 70℃ 常规程序	40	最高洗涤温度 40℃ 非常缓和程序
60	最高洗涤温度 60℃ 常规程序	30	最高洗涤温度 30℃ 常规程序
60	最高洗涤温度 60℃ 缓和程序	30	最高洗涤温度 30℃ 缓和程序
50	最高洗涤温度 50℃ 常规程序	30	最高洗涤温度 30℃ 非常缓和程序
50	最高洗涤温度 50℃ 缓和程序		手洗 最高洗涤温度 40℃
40	最高洗涤温度 40℃ 常规程序		不可水洗

（2）漂白。漂白符号见表 5-12。

表 5-12 漂白符号

符号	漂白程序
△	允许任何漂白剂
◬	仅允许氧漂或非氯漂
⊠	不可漂白

（3）干燥。干燥符号见表 5-13 和表 5-14。

表 5-13 自然干燥符号

符号	自然干燥程序	符号	自然干燥程序
▯	悬挂晾干	◹	在阴凉处悬挂晾干
▯▯	悬挂滴干	◹	在阴凉处悬挂滴干
▭	平摊晾干	◿	在阴凉处平摊晾干
▤	平摊滴干	◿	在阴凉处平摊滴干

表 5-14　翻转干燥符号

符号	翻转干燥程序
⊡	可使用翻转干燥 常规温度，排气口最高温度 80℃
⊙	可使用翻转干燥 较低温度，排气口最高温度 60℃
⊠	不可翻转干燥

（4）熨烫。熨烫符号见表 5-15。

表 5-15　熨烫符号

符号	熨烫程序	符号	熨烫程序
🔥(•••)	熨斗底板最高温度 200℃	🔥(•)	熨斗底板最高温度 110℃，无蒸汽 蒸汽熨烫可能造成不可回复的损伤
🔥(••)	熨斗底板最高温度 150℃	⊠	不可熨烫

（5）纺织品专业维护。纺织品专业维护符号见表 5-16。

表 5-16　纺织品专业维护程序符号

符号	维护程序	符号	维护程序
Ⓟ	使用四氯乙烯和符号 F 代表的所有溶剂的专业干洗 常规干洗	Ⓦ	专业湿洗 常规湿洗
Ⓟ̲	使用四氯乙烯和符号 F 代表的所有溶剂的专业干洗 缓和干洗	Ⓦ̲	专业湿洗 缓和湿洗
Ⓕ	使用碳氢化合物溶剂（蒸馏温度在 150~210℃，闪点为 38~70℃）的专业干洗 常规干洗	Ⓦ̳	专业湿洗 非常缓和湿洗
Ⓕ̲	使用碳氢化合物溶剂（蒸馏温度在 150~210℃，闪点为 38~70℃）的专业干洗 缓和干洗	⊠W	不可专业湿洗
⊠	不可干洗	—	—

(二)美国

美国对纺织品的维护标签有法规和标准的要求。由联邦贸易委员会(FTC)负责实施的法规 16 CFR 423《纺织品服装和面料的维护标签》适用于在美国销售的纺织品服装和面料的制造商和进口商,同时也包括管理或控制相关产品的制造或进口的组织和个人。此法规要求纺织品服装和面料的制造商和进口商在销售产品时,通过使用此法规中描述的维护标签和其他方法的使用来提供常规的维护说明,并要求在维护标签中标注洗涤、漂白、干燥、熨烫、干洗方式及警示语句。

由美国材料和试验协会(ASTM)制定的 ASTM D5489《纺织品维护说明的符号指南》标准,其中 ASTM D5489—1996c 版本中的符号被法规 16 CFR 423 引用。目前该标准最新版本是 ASTM D5489—2018,此标准提供了统一综合的符号体系来表示纺织品的护理说明,以一种简单、节省空间和易于理解的、不依赖语言的图形来传达,以此来减少对语言的依赖。

综上所述,按照 16 CFR 423 法规的要求,标签上的维护信息可以通过三种方式表达:第一种方式是术语,即只要能清楚准确地描述常规护理程序及符合此法规的要求,任何合适的术语均可用于维护标签或维护说明上,见表 5-17~表 5-23;第二种方式是符号,只要满足此法规的要求,任何适当的符号可以代替术语用于维护标签或维护说明上,标准 ASTM D5489 提供了相关符合要求的符号,见表 5-24;第三种方式是术语加符号的组合,适当的符号加适当术语,只要符合此法规的要求,则该组合可以用在维护标签或维护说明上。

表 5-17　机洗术语

英文	中文翻译
Washing, machine methods:	水洗、机洗方法:
a. Machine wash	a. 机洗
b. Hot	b. 高温
c. Warm	c. 中温
d. Cold	d. 低温
e. Do not have commercially laundered	e. 不可商业洗涤
f. Small load	f. 少洗衣量
g. Delicate cycle or gentle cycle	g. 柔和程序或缓和程序
h. Durable press cycle or permanent press cycle	h. 永久定型或耐久定型程序
i. Separately	i. 分开水洗
j. With like colors	j. 与颜色相近的制品一同水洗
k. Wash inside out	k. 反面水洗
l. Warm rinse	l. 温水清洗
m. Cold rinse	m. 冷水清洗
n. Rinse thoroughly	n. 彻底清洗
o. No spin or do not spin	o. 不可甩干
p. No wring or do not wring	p. 不可绞拧

表 5-18 手洗术语

英文	中文翻译
Washing, hand methods：	水洗、手洗方法：
a. Hand wash	a. 手洗
b. Warm	b. 中温
c. Cold	c. 低温
d. Separately	d. 分开水洗
e. With like colors	e. 与颜色相近的制品一同水洗
f. No wring or twist	f. 不可绞拧
g. Rinse thoroughly	g. 彻底清洗
h. Damp wipe only	h. 仅潮湿擦拭

表 5-19 干燥术语

英文	中文翻译
Drying, all methods：	干燥，所有方法：
a. Tumble dry	a. 翻转干燥
b. Medium	b. 常规温度
c. Low	c. 较低温度
d. Durable press or permanent press	d. 耐久压烫
e. No heat	e. 不可加热
f. Remove promptly	f. 干燥后尽快取出
g. Drip dry	g. 滴干
h. Line dry	h. 悬挂晾干
i. Line dry in shade	i. 在阴凉处晾干
j. Line dry away from heat	j. 晾干时远离热源
k. Dry flat	k. 平摊晾干
l. Block to dry	l. 干燥时整形
m. Smooth by hand	m. 潮湿时用手整平

表 5-20 熨烫术语

英文	中文翻译
a. Iron	a. 熨斗
b. Warm iron	b. 中温
c. Cool iron	c. 低温
d. Do not iron	d. 不可熨烫
e. Iron wrong side only	e. 仅反面熨烫
f. No steam or do not steam	f. 不可蒸汽熨烫
g. Steam only	g. 仅用蒸汽熨烫
h. Steam press or steam iron	h. 蒸汽熨烫
i. Iron damp	i. 潮湿熨烫
j. Use press cloth	j. 垫布熨烫

表 5-21 漂白术语

英文	中文翻译
a. Bleach when needed	a. 需要时漂白
b. No bleach or do not bleach	b. 不可漂白或禁止漂白
c. Only non-chlorine bleach, when needed	c. 需要时漂白,仅可用非氯漂

表 5-22 水洗或干洗术语

英文	中文翻译
Wash or dryclean, any normal method	水洗或干洗,任何常规方法

表 5-23 干洗术语

英文	中文翻译
Drycleaning, all procedures:	干洗,所有程序:
a. Dryclean	a. 干洗
b. Professionally dryclean	b. 专业干洗
c. Petroleum, fluorocarbon, or perchlorethylene	c. 石油、碳氟化合物、四氯乙烯
d. Short cycle	d. 低漂洗次数
e. Minimum extraction	e. 最少抽取时间
f. Reduced moisture or low moisture	f. 减少水分或低水分
g. No tumble or do not tumble	g. 不可翻转或禁止翻转
h. Tumble warm	h. 中温翻转
i. Tumble cool	i. 低温翻转
j. Cabinet dry warm	j. 中温转笼内干燥
k. Cabinet dry cool	k. 低温转笼内干燥
l. Steam only	l. 仅用汽蒸
m. No steam or do not steam	m. 不可汽蒸或禁止汽蒸

表 5-24　ASTM 维护符号指南

洗涤	机洗						洗涤警告标志
	常规　　耐久压烫　　缓和　　手洗						不可水洗
	水温						不可漂白
	最高温度　（200F）（160F）（140F）（120F）（105F）（65~85F）						不可干燥（和不可水洗一起用）
	℃　　　95　　　70　　　60　　　50　　　40　　　30						不可熨烫
	符号 • ••• •••• ••• ••• •• •						

漂白	需要时漂白			附加说明（用符号或文字）
	允许任何漂白剂　　　　只允许非氯漂或氧漂			不可拧干

干燥方式	翻转干燥			不可烘干
	常规　　　　耐久压烫　　　缓和			阴干（和挂干、滴干或平干一起使用）
	悬挂晾干　　滴干　　平摊干燥			
	烘干温度			
	任何温度　高温　中温　低温　不加热或空气			

熨烫	需要时熨烫 干熨烫或蒸汽熨烫 温度设定			不可蒸汽熨烫（和熨烫一起使用）
	高温　　　中温　　　低温			

专业维护	干洗		不可干洗	湿洗	不可湿洗
	常规程序　　缓和程序			常规程序	
	任何干洗剂			缓和程序	
	温和的石油溶剂或只用硅酮溶剂			非常缓和程序	

(三)澳大利亚

澳大利亚《贸易惯例法案1974》规定,制造商和进口商必须在纺织品和服装上附有耐久性标签,标注维护方法等其他信息。《公平贸易(产品信息条例)2005》规定纺织品的维护标签须符合澳大利亚/新西兰标准 AS/NZS 1957:1998《纺织品 维护标签》。耐久性标签上的文字应采用英语,并清晰易读。

维护标签的内容只有干洗采用符号表示,洗涤、漂白、干燥和熨烫是采用文字的形式表示。具体的内容由以下几方面组成。

(1)洗涤温度包括冷水(cold wash)、温水(warm wash,最高洗涤温度40℃)、热水(hot wash,最高洗涤温度60℃)、很热温度水(very hot wash,最高洗涤温度70℃)及沸水(boil,最高洗涤温度95℃)。

(2)滚搅方式包括手洗、短时间机洗、温和机洗及机洗。

(3)干燥的方式:烘干(低温、中温和高温),悬挂晾干、滴干、平摊晾干、避热晾干、在阴凉处平摊晾干、迅速晾干。

(4)漂白。

(5)熨烫包括不可熨烫、低温、中温、高温熨烫及蒸汽熨烫。

(6)干洗方法用表5-25中干洗图形符号表示。

表5-25 干洗符号

干洗符号	解释说明
Ⓐ	任何常规干洗剂进行干洗
Ⓟ	四氯乙烯和符号F代表的所有溶剂的常规干洗
Ⓟ̲	四氯乙烯和符号F代表的所有溶剂的干洗,但在清洗或干燥过程中对水量、机械作用或温度有严格控制
Ⓕ	使用三氟三氯乙烷或石油溶剂进行的常规干洗(蒸馏温度在150~210℃,闪点为38~60℃)
Ⓕ̲	使用三氟三氯乙烷或石油溶剂进行干洗,但在清洗或干燥过程中对水量、机械作用或温度有严格控制
⊗	不可干洗

其中,洗涤温度和滚搅方式的说明可以结合在一起使用,如温水手洗、热水机洗。干洗符号与可干洗、只可干洗、建议干洗等表述结合使用。

(四)日本

日本的《家用产品质量标签法》对纺织品服装的标识内容进行了强制性的要求。由日本标准协会发布的纺织品洗涤护理标准 JIS L 0001:2014 已经于2016年12月1日起正式实施。该标准取代原有的 JIS L 0217:1995,并且在标准 ISO 3758:2012 的基础上编写。它的建立是为了适应纺织品生产和销售全球化的要求,也是为了纺织品护理过程中家用洗涤的实际应用,以及干洗和湿洗在专业的纺织品护理中的应用。标准中对洗涤、漂白、干燥、熨烫和专业护理的五大符号体系整合成与国际标准符号一致,为产品可以适应全球化流通创造了便利条件。

该标准将洗涤符号分为五种,分别为水洗、漂白、干燥、熨烫和专业维护,其中专业维护分为专业干洗和专业湿洗,在消费者购买纺织品时为其提供详细的有关护理方面的信息。洗涤符号应按水洗、漂白、干燥、熨烫和专业维护的顺序排列。这五种维护标签图形符号见表5-26~表5-31。

(1)水洗。水洗符号见表5-26。

表5-26 水洗符号

符号	水洗程序	符号	水洗程序
95	最高洗涤温度95℃ 常规程序	40	最高洗涤温度40℃ 缓和程序
70	最高洗涤温度70℃ 常规程序	40	最高洗涤温度40℃ 非常缓和程序
60	最高洗涤温度60℃ 常规程序	30	最高洗涤温度30℃ 常规程序
60	最高洗涤温度60℃ 缓和程序	30	最高洗涤温度30℃ 缓和程序
50	最高洗涤温度50℃ 常规程序	30	最高洗涤温度30℃ 非常缓和程序
50	最高洗涤温度50℃ 缓和程序		手洗 最高洗涤温度40℃
40	最高洗涤温度40℃ 常规程序		不可水洗

(2)漂白。漂白符号见表5-27。

表5-27 漂白符号

符号	漂白程序
△	允许任何漂白剂
△△	仅允许氧漂或非氯漂
△ (叉)	不可漂白

（3）干燥。自然干燥符号和翻转干燥符号分别见表 5-28 和表 5-29。

表 5-28　自然干燥符号

符号	自然干燥程序	符号	自然干燥程序
	悬挂晾干		在阴凉处悬挂晾干
	悬挂滴干		在阴凉处悬挂滴干
	平摊晾干		在阴凉处平摊晾干
	平摊滴干		在阴凉处平摊滴干

表 5-29　翻转干燥符号

符号	翻转干燥程序
	可使用翻转干燥 常规温度,排气口最高温度 80℃
	可使用翻转干燥 较低温度,排气口最高温度 60℃
	不可翻转干燥

（4）熨烫。熨烫符号见表 5-30。

表 5-30　熨烫符号

符号	熨烫程序	符号	熨烫程序
	熨斗底板最高温度 200℃		熨斗底板最高温度 110℃,无蒸汽 蒸汽熨烫可能造成不可回复的损伤
	熨斗底板最高温度 150℃		不可熨烫

（5）纺织品专业维护。纺织品专业维护符号见表5-31。

表5-31 纺织品专业维护程序符号

符号	维护程序	符号	维护程序
Ⓟ	使用四氯乙烯和符号F代表的所有溶剂的专业干洗 常规干洗	Ⓦ	专业湿洗 常规湿洗
Ⓟ̲	使用四氯乙烯和符号F代表的所有溶剂的专业干洗 缓和干洗	Ⓦ̲	专业湿洗 缓和湿洗
Ⓕ	使用碳氢化合物溶剂（蒸馏温度在150~210℃，闪点为38~70℃）的专业干洗 常规干洗	Ⓦ̲̲	专业湿洗 非常缓和湿洗
Ⓕ̲	使用碳氢化合物溶剂（蒸馏温度在150~210℃，闪点为38~70℃）的专业干洗 缓和干洗	⊠W	不可专业湿洗
⊗	不可干洗	—	—

三、国内外法规及标准差异比较

由于不同国家或地区的语言差异和生活习惯差异从而对洗涤维护标签的要求也不同。而以下内容将从不同方面来分析各个国家之间关于洗涤维护标签的差异。同时规避由于不同国家或地区的不同要求带来的技术贸易壁垒。

（一）法律效力的差异

中国的维护标签标准是国家推荐性标准，属于非强制性要求。欧盟ISO的维护标签也是自愿性要求。美国、日本和澳大利亚都有相关法规对标签进行强制性要求，通过标准的形式来对标签要求进行落实。

（二）图形符号与文字要求的差异

维护标签从表达形式来说，分为三类，符号标签、文字标签和符号加文字标签。澳大利亚标准中维护说明基本上使用文字，只有干洗用符号表示。在美国的技术法规和标准中，维护说明可由文字或图形符号组成。而欧盟、日本和中国首先采用图形符号。

这些国家或地区的法规或者标准都要求维护标签内容的顺序应按水洗、漂白、干燥、熨烫、纺织品专业维护排列，同时应使用足够的和适当的符号或文字，以达到护理制品而不造成不可回复的损伤的目的。维护标签要求是一个耐久性标签，以某种方式附着，不会与产品分离，在使用过程中，保持清晰。

（三）洗涤维护标签体系的差异

维护标签体系一般由水洗、漂白、干燥、熨烫和纺织品专业维护（干洗和湿洗）组成。各个程序之间有不同,具体如下。

(1)水洗。水洗包括手洗和机洗的家庭洗涤程序,用于表达允许的最高洗涤温度和洗涤条件。欧盟、日本和中国手洗符号及其含义基本是一致的。美国的手洗符号与其他国家有差异,手符号为黑色实心,温度30℃或40℃可标注在符号里面。澳大利亚没有特定的符号,为文字描述"手洗(hand wash)"。国内外手洗符号见表5-32。

表5-32 手洗符号

市场	中国	欧盟	美国	澳大利亚	日本
标准	GB/T 8685	ISO 3758	ASTM D5489	AS/NZS 1957	JIS L0001
符号	🧺	🧺	🧺	—	🧺
含义	最高洗涤温度40℃	最高洗涤温度40℃	水洗温度标注在符号上,为30℃或40℃	—	最高洗涤温度40℃

欧盟、美国、日本和中国机洗洗涤温度均有30℃、40℃、50℃、60℃、70℃、95℃,洗涤强度包括常规、缓和、非常缓和程序。其中欧盟、日本和中国机洗符号是一致的,而美国的机洗符号与其他三个国家有差异,用圆点和数字表示洗涤温度。澳大利亚没有机洗符号,用文字描述。

不可洗涤符号基本一致,美国的符号波浪形和不允许的"×"在洗涤槽的角度与其他三个国家或地区略有差异。澳大利亚用文字描述,即不可水洗(do not wash)。国内外不可水洗符号见表5-33。

表5-33 不可水洗符号

市场	中国	欧盟	美国	澳大利亚	日本
符号含义	GB/T 8685	ISO 3758	ASTM D5489	AS/NZS 1957	JIS L0001
不可水洗	⊠	⊠	⊠	—	⊠

(2)漂白。常用的化学漂白剂通常分为两类:氯漂白剂及氧漂白剂。欧盟、美国、日本和中国允许任何漂白剂和只允许氧漂或非氯漂的符号是一致的。不可漂白符号,欧盟和日本是一致的,中国的不允许的"×"在三角形中的角度与欧盟和日本不同。澳大利亚文字描述,包括只可非氯漂(only non-chlorine bleach when needed)、不可漂白(do not bleach)、不可氯漂(do not use chlorine bleaches)等。国内外不可漂白符号见表5-34。

表5-34 不可漂白符号

市场	中国	欧盟	美国	澳大利亚	日本
符号含义	GB/T 8685	ISO 3758	ASTM D5489	AS/NZS 1957	JIS L0001
不可漂白	⊿	⊿	◣	—	⊿

(3)干燥。干燥方式有翻转干燥和自然干燥。从各国习惯来看,美国人一般不在外晾晒,干衣机是家庭常用标准洗衣设备,还有许多自动式投币洗衣店也配备干衣机。欧洲的干衣机没

有美国普及,通常在阴雨天使用。在中国、日本等亚洲国家,通常是自然干燥。

翻转干燥:欧盟、日本和中国干燥符号分为常规温度80℃和较低温度60℃,符号是一致的;不允许翻转干燥,中国的不允许的"×"在正方形中的角度与欧盟和日本不同。而美国的干燥符号分为低温、中温、高温、任意温度和不加热/空气干燥。干燥程序还分为常规程序、耐久压烫和缓和程序。美国的干燥符号温度和程序的细分体现了美国的维护符号可以向消费者提供更全面的信息,可能达到不同的产品对应的最佳(如适当、节能、环保等)干燥程序。澳大利亚对于干燥的文字描述,有不可晾干(do not line dry)、不可机器烘干(do not tumble dry)、低温烘干(may be tumble dried-cold)、中温烘干(may be tumble dried-warm)、高温烘干(may be tumble dried-hot)等。

自然干燥:欧盟、日本和中国的自然干燥符号基本一致。美国与其他市场的完全不同。美国的 ASTM D5489 中有一个附加不可绞拧的符号" ",而欧盟、日本和中国符号体系中不包括"不可绞拧",因为"晾干"和"滴干"已经包含了相关信息:"悬挂晾干"表示"可以使用洗衣机甩干、手拧,不能使用翻转干燥","悬挂滴干"表示"不可使用洗衣机甩干,不可手拧,不能使用翻转干燥"。另外,美国标准中增加了不可干燥的符号,而其他市场中没有此符号的要求。美国标准中的其他符号,悬挂晾干、滴干、在阴凉处干燥与欧盟、日本和中国不同。

(4)熨烫。各国家对熨烫方法的分类基本一致,只是所用符号的画法略有差异。美国的 ASTM D5489 中有一个不可蒸汽熨烫的" "的符号,而欧盟、日本和中国符号体系中不包括此符号。澳大利亚关于熨烫描述,有低温熨烫(cool iron)、中温熨烫(warm iron)、高温熨烫(hot iron)、不可熨烫(do not iron)、蒸汽熨烫(steam iron)、不可蒸汽熨烫(do not steam iron)等。

(5)纺织品专业维护。专业维护程序包括专业干洗和专业湿洗程序,符号代表由专业人员对纺织产品(不包括真皮和毛皮)的专业维护。欧盟和日本的专业维护符号基本相同。而我国与欧盟和日本的差异在于没有"不可专业湿洗"符号。美国的不可专业湿洗符号" "具有较难印刷与复制的特点,欧盟和日本更改为" "。澳大利亚标准 AS/NZS 1957 中不包括和湿洗有关的所有符号。另外,只有澳大利亚标准中有" "符号,其余市场都没有。

第四节　尺寸标签要求

尺寸标签是产品的重要信息之一,是消费者用于选购产品的依据。尤其对于服装产品来说,准确的尺寸标签信息可以指导消费者选择适合自己穿着的服装。我国有一系列专门针对尺寸标签的国家标准,分别是 GB/T 1335.1—2008《服装号型 男子》,GB/T 1335.2—2008《服装号型 女子》、GB/T 1335.3—2009《服装号型 儿童》和 GB/T 6411—2008《服装号型 女子》。这些标准通过选出人体最具有代表性的部位,按照正常人体的规律和使用需要,设定一系列可以用于标识尺寸的数值。标准自实施以来对规范和指导服装生产和销售起到了良好的作用。但随着社会的发展,人民生活水平提高,我国人口的社会结构、年龄结构以及消费者的身高、体重、体态都在不断发生变化,已经实施近十年的标准也逐渐暴露出了弊端。这主要体现在现有的标准无法满足很多服装实际尺寸的要求,例如,一些生产者生产比较宽松肥大的服装,主要适用于较肥胖的人群,这类服装明显的特点是适合正常的人体身高,而体型却偏大的人群,即胸围和腰围值偏大,对应到服装号型标准的要求中,无法找到相匹配的号型。这就给服装生产者带来了极大的困扰,不利于生产加工。如果非得要匹配标准中规定的数据,就无法反应产品的真实情况,从而无法满足广大消费者对服装适体性的要求。其中主要的原因是服装号型数据库是基于二十年前人体数据调查的基础上采集而建立的,这些数值一直沿用至今,显然不是很合适。修订标准需要重新采集人体数据,这无疑也是这项工作目前所面临的最大困难。

另外,对于帽子、手套、围巾等纺织服饰类产品,虽没有专门尺寸标签标准,但是在相关的产品标准中会有规定。

尺寸在实际应用的时候需要注意名称的写法,特别需要区分号型和规格的名称。防止尺寸标识时会出错误。号型是指产品所适穿的人体部位,体现的是人体部位的测量结果,例如,服装适穿于人体的身高、胸围或腰围,手套适戴于人体的手长和掌围。规格是指产品各部位的尺寸参数,是直接测量产品得到的尺寸数据。比如,毛巾的长和宽,服装的衣长、裤长、袖长等重要部位的尺寸参数。

一、男子、女子和儿童服装号型

GB/T 1335 系列标准主要包括 GB/T 1335.1—2008《服装号型 男子》、GB/T 1335.2—2008《服装号型 女子》和 GB/T 1335.3—2009《服装号型 儿童》,分别针对不同的适用人群,即男子、女子和儿童的服装号型标准要求。本部分的内容主要从号型定义、号型标志、号型系列的设置以及应用等方面做介绍。

(一)号型定义

(1)号。人体的身高,以厘米为单位表示,是设计和选购服装长短的依据。例如:160、165,分别表示人体的身高为 160cm、165cm。

(2)型。人体的上体胸围或下体腰围,以厘米为单位表示,是设计和选购服装肥瘦的依据。例如:84,表示人体的胸围为 84cm;68,则表示人体的腰围为 68cm。

(3)体型。以人体的胸围与腰围的差数为依据来划分的人体体型。体型划分为四类,用代号表示,分类代号分别为 Y、A、B、C。具体的差数值见表 5-35。体型的应用主要是针对成年的男子和女子,儿童因没有像成人一样完全生长发育好,所以并未对体型有要求。

表5-35 体型分类代号与对应的男、女子差数

体型分类代号	胸围与腰围的差数(cm)	
	男子	女子
Y	17~22	19~24
A	12~16	14~18
B	7~11	9~13
C	2~6	4~8

为了方便理解和准确测量尺寸,参考标准 GB/T 16160—2017《服装用人体测量的尺寸定义与方法》中给出的身高、胸围以及腰围的定义和尺寸测量方法,其定义如下(图5-1)。

①身高:被测者直立,赤足,两脚并拢,头部面向正前方,用人体测高仪测量自头顶至地面

(脚跟)的垂直距离。

②胸围:被测者直立,双臂自然下垂,肩部放松,正常呼吸,用软尺经肩胛骨、腋窝和乳头测量的最大水平围长。

③腰围:被测者直立,两脚并拢,正常呼吸,腹部放松,胯骨上端与肋骨下缘之间腰际线的水平围长。

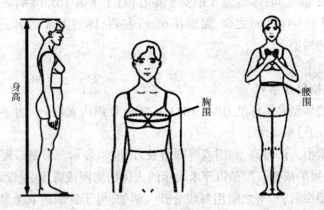

图5-1 身高、胸围和腰围测量示意图

(二)号型标志

对于成人的服装号型,通常由人体身高、胸围或腰围,再加体型组成,以厘米表示。号即身高,型即胸围或腰围。号与型之间用斜线分开,后接体型分类代号。上、下装分别标明号型。例如:上装170/88A,其中,170代表号(身高),88代表型(胸围),A代表体型分类;下装170/74A,其中,170代表号(身高),74代表型(腰围),A代表体型分类。

对于儿童的服装号型,通常由人体身高、胸围或腰围组成,以厘米表示。号与型之间用斜线分开,后接体型分类代号。上、下装分别标明号型。例如:上装150/68,其中,150代表号(身高),68代表型(胸围);下装150/60,其中,150代表号(身高),60代表型(腰围)。

(三)号型系列的设置

(1)男子、女子服装号型。根据人体胸围与腰围尺寸的落差将人体划分为Y、A、B、C四种体型,并确定了以身高、胸围和腰围作为制订号型的基本部位。号型系列以各体型中间体为中心,向两边依次递增或递减组成。身高以5cm分档组成系列,胸围以4cm分档组成系列,腰围以4cm、2cm分档组成系列。对于A体型的男子和女子,一个身高和胸围搭配了三个数值的腰围。对于Y、B和C体型的男子和女子,一个身高和胸围搭配了两个数值的腰围。

(2)儿童服装号型。儿童服装号型是以不同的身高范围来划分不同的号型系列。对身高在52~130cm的儿童不分性别。身高在52~80cm的婴儿,身高以7cm分档,胸围以4cm分档,腰围以3cm分档分别组成上、下装号型系列;身高在80~130cm的儿童,身高以10cm分档,胸围以4cm分档,腰围以3cm分档分别组成上、下装号型系列。对于身高在135cm及以上的儿童,考虑到有些女童开始生长发育,且号型系列的设置要区别于男童,所以分别设置了不同的号型系列。身高在135~155cm的女童和135~160cm的男童,身高以5cm分档,胸围以4cm分档,腰围以3cm分档组成不同的男、女及上、下装的号型系列。女童的胸围的变化范围从56cm起,一直到76cm;腰围的变化从49cm起,一直到64cm。而男童胸围的变化范围从60cm起,一直到80cm;腰围的变化从54cm起,一直到69cm。

(四)号型系列的应用

尺寸标签上标明的号型,表示该服装适用于身高、胸围或者腰围与此号和型相近的人。例如,女子上装160/80A,表示该服装适用于身高在160cm左右,即158~162cm之间,胸围在80cm左右,即78~82cm之间,体型为A的女子穿着;对于下装165/68A,表示该服装适用于身高在165cm左右,即163~167cm之间,腰围在68cm左右,体型为A的男子穿着。儿童服装号型的理解同成人服装号型。

二、针织内衣规格尺寸系列

针织内衣产品的号型参照标准GB/T 6411—2008《针织内衣规格尺寸系列》,此标准中规定了男子、女子和儿童的号型要求。

针织内衣的号型由人体身高、胸围或臀围组成,以厘米表示。号是以厘米表示的人体的总高度,是设计内衣长短的依据。型是以厘米表示的人体的胸围或臀围,是设计内衣肥瘦的依据。在标识时,号在前,型在后,号型之间用斜线分开。例如,男子针织内衣上装:170/95,其中,170代表号(身高),95代表型(胸围)。

关于标准中对于号型系列的设置,男子以总体高170cm、围度95cm;女子以总体高160cm、围度90cm为中心两边依次递增或递减组成。号型均以5cm分档组成系列。儿童总体高在160cm及以下,号以50cm为起点;型以45cm为起点依次递增组成系列。

图5-2 臀围测量示意图

与GB/T 1335成人号型系列标准不同的是,针织内衣因为产品自身的特点,基本穿于贴近人体皮肤的部位,从而并不强调人体体型,在标识设定时,也不需要考虑体型的要求。另外,对于下装,标识的是臀围,而不是腰围。这一点也是基于针织内衣产品的特点决定的。

为了方便理解和准确测量尺寸,参考标准GB/T 16160—2017《服装用人体测量的尺寸定义与方法》,臀围的测量方法是被测者直立,两脚并拢,正常呼吸,腹部放松,在臀部最丰满处测量的水平围长(图5-2)。

三、羊毛和羊绒针织类服装

(1)羊毛针织服装。FZ/T 73005—2012《低含毛混纺及纺毛针织品》和FZ/T 73018—2012《毛针织品》标准适用于仿毛、低含毛或者全羊毛针织品。根据产品的特点,尺寸标签要求如下。

a. 普通毛针织成衣标注主要规格,以厘米表示。上衣标注胸围,裤子标注裤长,裙子标注臀围。也可按GB/T 1335.1~GB/T 1335.3标注成衣号型。

b. 紧身或时装款毛针织成衣标注适穿范围,以厘米表示。例如,上衣标注95~105cm,表示适穿范围为95~105cm。也可按GB/T 1335.1~GB/T 1335.3标注成衣适穿号型。

(2)羊绒针织服装。FZ/T 73009—2009《羊绒针织品》标准适用于纯羊绒针织品和含羊绒30%及以上的羊绒混纺针织品。根据产品的特点,尺寸标签要求如下。

a. 普通羊绒针织成衣以厘米表示主要规格尺寸。上衣标注胸围,裤子标注裤长,裙子标注臀围。也可按 GB/T 1335.1~GB/T 1335.3 标注成衣号型。

b. 紧身或时装款羊绒针织成衣标注适穿范围。例如,上衣标注 95~105,表示适穿范围为 95~105cm。

四、服饰类产品

服饰类产品主要是指帽子、围巾、手套等纺织产品。这类产品因各自不同的特性决定了需要用不同的方式来表示尺寸,标注的要求根据产品所执行的产品标准确定。

（1）帽子。日常生活中常见的帽子主要有针织帽和机织帽,对于这两个产品,都有相应的行业标准,分别是 FZ/T 73002—2016 和 FZ/T 82002—2016。标准中明确要求了帽子的规格代号标示方法按 FZ/T 80010—2016《服装人体头围测量方法与帽子尺寸代号》的规定,主要是以人体头围的净尺寸作为帽子的规格代号,以厘米为单位。针对不同帽子的特性,通常有以下两种表示方式。

①单一尺寸的帽子:以人体头围净尺寸作为帽子尺寸代号,如 56。

②可调节或具有弹性的帽子,用适用规格代号的范围标示,如 48~50。

这里的规格设置以 1cm 为跳档数,在 34~64cm 之间跳档。具体可参照表 5-36 的要求。

表 5-36　规格代号　　　　　　　　　　　　　　　　　　　单位:cm

34	35	36	37	38	39	40	41	42	43	44
45	46	47	48	49	50	51	52	53	54	55
56	57	58	59	60	61	62	63	64	—	—

关于头围的测量方法,测量工具选择分度值为 1mm 的软卷尺,水平测量两耳上方的头部最大围长。在测量时,头发包含在内,适度地拉紧软卷尺(但要保证头部不受软卷尺压迫),测量值精确至 1cm（图 5-3）。

（2）围巾和披肩。行业中关于围巾、披肩的标准很多,大致做了如下的梳理:FZ/T 24011—2019《羊绒机织围巾、披肩》、FZ/T 43014—2018《丝绸围巾、披肩》、FZ/T 81012—2016《围巾、披肩》、FZ/T 73005—2012《低含毛混纺及纺毛针织品》、FZ/T 73018—2012《毛针织品》、FZ/T 73009—2009《羊绒针织品》和 FZ/T 73042—2011《针织围巾、披

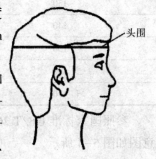

图 5-3　头围测量示意图

肩》。这些标准中对于规格的要求都比较一致,以厘米为单位标注其有效外形的几何尺寸,不包括装饰穗的长度。长方形围巾和披肩可以标注长和宽;三角形围巾和披肩可以标注底边长和宽;羊绒三角形围巾也可标注三边长。例如,长方形围巾:110cm×50cm;三角形围巾:高 50cm,底边 110cm;或者 190cm×110cm×110cm。

（3）手套。纺织行业中关于手套的标准主要有 FZ/T 73047—2013《针织民用手套》和 FZ/T 74004—2016《滑雪手套》。尺寸由号和型组成,号表示手的长度,型表示手的宽度,以毫米为单位,并注明男子、女子或儿童。例如,男子手长 160mm,手宽 80mm,号型标识为 160/80 男。对于针织民用手套是含有弹性的,可表示为适戴的手长和手宽。例如,160~170/80~85 男。关于手套号型的设置,号以 10mm 分档,型以 5mm 分档,依次递增或递减。标准中给出了具体号与型的对应数值,见表 5-37~表 5-39。

表5-37 男式手套号型

号（mm）	型（mm）					
160	70	75	80	—	—	—
170	70	75	80	85	90	—
180	70	75	80	85	90	—
190	70	75	80	85	90	95
200	—	75	80	85	90	95
210	—	—	80	85	90	95

表5-38 女式手套号型

号（mm）	型（mm）				
150	65	70	75	—	—
160	65	70	75	80	—
170	65	70	75	80	85
180	65	70	75	80	85
190	—	70	75	80	85

表5-39 儿童手套号型

号（mm）	型（mm）				
130	55	60	—	—	—
140	55	60	65	—	—
150	—	60	65	70	—
160	—	60	65	70	75
170	—	60	65	70	75	80

参照国家标准 GB/T 26159—2010《中国未成年人手部尺寸分型》手长和手宽的测量部位示意图如图5-4所示。

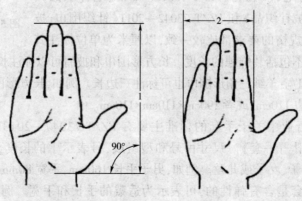

图5-4 手长和手宽测量示意图

1—手长 2—手宽

（4）袜子。袜子适用的产品标准为 FZ/T 73001—2016《袜子》。规格的标注按照不同的袜子款式以及是否含有弹力纤维有以下几种形式。

①无弹有跟袜以厘米为单位标注袜号，如 23、24 等。

②弹力有跟袜以厘米为单位标注袜号，如 23~24、22~24 等。

③弹力无跟袜（短筒、中筒、长筒袜），以厘米为单位，标注人体适穿的身高范围或袜号，如 155~175、145~155 或 23~24、22~24。

④连裤袜以厘米为单位标注人体适穿的身高范围和臀围范围，如 155~175/75~105、145~155/70~90。

其中，无弹有跟袜和弹力有跟袜需要按照表 5-40 和表 5-41 中给出的袜底长所对应的袜号去标识。对于弹力有跟袜，相同的袜底长对应了两个不同的袜号选择，可以根据袜子的弹性纤维大小来选择合适的袜号。

表 5-40　无弹有跟袜规格尺寸

袜号（cm）	底长（cm）	袜号（cm）	底长（cm）
12	12	22	22
13	13	23	23
14	14	24	24
15	15	25	25
16	16	26	26
17	17	27	27
18	18	28	28
19	19	29	29
20	20	30	30
21	21	—	—

表 5-41　弹力有跟袜规格尺寸

袜号（cm）	建议底长（cm）	袜号（cm）	建议底长（cm）
13~14	13	12~14	9
15~16	15	14~16	11
17~18	17	16~18	13
19~20	19	18~20	15
21~22	21	20~22	17
23~24	23	22~24	19
25~26	25	24~26	21
27~28	27	26~28	23
29~30	29	28~30	25

（5）泳装。泳装按照不同的织物组织结构可分为针织泳装和机织泳装，分别对应的产品标准是 FZ/T 73013—2017《针织泳装》和 FZ/T 81021—2014《机织泳装》。泳装按款式分为连体式泳装、分体式泳装和泳裤三种类型。因为款式不同，所以对于规格的标识要求也不同。

①针织类泳装。

连体式泳装：以厘米为单位标注适穿的净身高及净胸围。

分体式泳装:以厘米为单位标注适穿的净身高及净胸围或臀围。其中,分体式含罩杯的泳装上衣按 FZ/T 73012—2017《文胸》规定。

泳裤:以厘米为单位标注适穿的净身高及臀围。

②机织类泳装。

连体式泳装:以厘米为单位标注适穿的净身高、净胸围或净腰围,如 170/95。

分体式泳装:以厘米为单位标注适穿的净身高、净胸围或净腰围。其中,分体式含罩杯的泳装上衣按 FZ/T 81020—2014《机织文胸》规定。

泳裤:以厘米为单位标注适穿的净身高、净腰围,如 180/100。

这两个标准对于规格的要求稍有差异。差异主要是对于下装,针织泳装要求标识臀围,而机织泳装要求标识腰围。

(6)文胸。文胸的产品标准有 FZ/T 81020—2014《机织文胸》,FZ/T 73012—2017《文胸》和 FZ/T 74002—2014《运动文胸》。综合这三个产品标准的要求,规格标注是以罩杯代码表示型,以下胸围厘米数表示号。这里的罩杯代码表示相适宜的人体上胸围与下胸围之差,具体差值见表 5-42 和表 5-43。下胸围以 75cm 为基准数,以 5cm 分档向大或小依次递增或递减划分不同的号。例如,A75 表示 A 型罩杯,下胸围 75cm。

表 5-42 FZ/T 81020—2014《机织文胸》罩杯代码

罩杯代码	AA	A	B	C	D	E	F	G	H	I
上下胸围之差	7.5	10.0	12.5	15.0	17.5	20.0	22.5	25.0	27.5	30.0

表 5-43 FZ/T 73012—2017《文胸》和 FZ/T 74002—2014《运动文胸》罩杯代码

罩杯代码	AA	A	B	C	D	E	F	G
上下胸围之差	7.5	10.0	12.5	15.0	17.5	20.0	22.5	25.0

上胸围的测量方法是人体在穿戴合体的单层无衬垫无支撑物胸罩使乳房呈自然耸挺状态时,经过乳房最丰满处水平围量一周的最大尺寸。下胸围的测量方法是经过人体乳房下乳根水平围量一周的尺寸。测量示意图如图 5-5 所示。

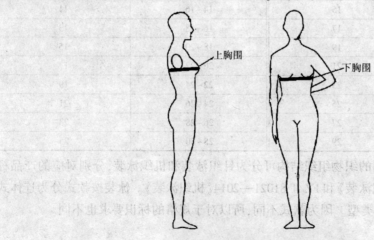

图 5-5 上胸围和下胸围测量示意图

（7）领带。领带选用的标准是 GB/T 23314—2009《领带》，规格标注为全长×大头宽，单位为厘米，如 150cm×10cm。

五、家用纺织品

常见家用纺织品主要包括被、被套、床单、枕垫等产品。这些产品的规格标注根据所执行的产品标准的规定。表 5-44 是常用家纺产品规格标注的具体要求。

表 5-44　家用纺织品规格标注要求

标准编号	标准名称	规格要求
GB/T 22796—2009	被、被套	规格尺寸、填充物质量
GB/T 22797—2009	床单	规格尺寸
GB/T 22843—2009	枕、垫类产品	规格尺寸
GB/T 24252—2009	蚕丝被	成品长、宽尺寸、填充物公定回潮率质量
FZ/T 43018—2017	蚕丝绒毯	长度、宽度、单条质量
FZ/T 44004—2018	丝绸床上用品	丝绸被套：主要规格（宽×长），单位为厘米 其他产品根据用户需要设计制订
FZ/T 61001—2006	纯毛、毛混纺毛毯	尺寸、条重
FZ/T 61002—2006	化纤仿毛毛毯	尺寸、条重
FZ/T 61004—2017	拉舍尔毛毯	产品长度（cm）、宽度（cm）、单条重量（g/条）
FZ/T 61005—2015	线毯	长度、宽度
FZ/T 61008—2015	摇粒绒毯	长度（cm）、宽度（cm）、单条重量（g）
FZ/T 61009—2015	纤维素纤维绒毯	长度（cm）、宽度（cm）、单条质量（g/条）
FZ/T 62028—2015	针织床单	主要规格尺寸（宽度×长度），单位为厘米
FZ/T 62031—2015	针织被套	主要规格尺寸（宽度×长度），单位为厘米
GB/T 22864—2009	毛巾	规格尺寸
FZ/T 62017—2009	毛巾浴衣	浴衣、浴裙号型按 GB/T 1335 所有部分规定选用，可不涉及体型分类代码； 浴帽规格按 FZ/T 80010 规定选用（即人体头围的净尺寸，以厘米为单位）或自行设计

从表 5-44 可以看出，我国家纺产品的规格标注主要存在两个问题。第一是很多标准对规格标注的要求并不明确，如 GB/T 22797—2009 只规定了规格尺寸，没有明确标识的几何尺寸是长宽还是其他尺寸，建议生产商或经销商按照产品的特征标注几何尺寸，并且在标签上明示；第二是有些产品标准没有明确规格尺寸的单位，如 GB/T 22843—2009，但是在标准的外观质量要求里会对规格尺寸偏差进行考核，其中在计算时提到产品规格尺寸明示值的单位为毫米，所以建议生产商或经销商可以按照标准里考核的规格尺寸偏差来确定单位。

六、国外尺寸标注惯例

服装号型一般选用人体的高度（身高）、围度（胸围或臀围）、体型类别或年龄来表示。各个国家执行的服装号型标准由于所处的地理区域、经济区域、人体素质等不同，相互之间存在很大的差异。

（1）美国和英国尺寸标注。除采用胸围、领围的表示方法外，经常用数字表示，代表了所有规格信息。例如，美国瘦型少女服装号型用 3、5、7、9、11 等表示，美国少女和小姐体型服装号型用 8、10、12、14、16 等表示，妇女服装号型用 34、36、38、40、42、44 等表示。美国男子号型用 34、36、38、40、42、44 等表示。男童和女童号型用 7、8、10、12 等表示。英国女装尺码用 8、10、12、14、16、17 等表示。

（2）日本尺寸标注。日本服装的尺码表示可以采用三元规格代号表示，通常由胸围代号、体型代号和身高代号组成。例如，胸围代号 73-3、76-5、79-7、82-9、85-11 等；身高代号 150-1、155-2、160-3、165-4、170-5 或 142-PP、150-P、158-R、166-T。女子体型分为 Y、A、AB 和 B，而男子体型分为 Y、YA、A、AB、B、BE 和 E。例如，"92A5"的男装，即表示胸围 92cm，体型 A，身高 170cm。还可以使用一元规格代号 S、M、L、LL、EL 等表示号型规格。

另外，国际上通常还用 S、M、L 等字母表示服装号型。这种标注方法因不同的制造商或不同的产品大小而存在差异。因美国、欧盟或者国际上并未有强制性标准来统一号型规格的标识方法，因此，各个品牌商可以根据自己产品的实际情况做标注。

参考文献

[1]汪青.成衣染整[M].北京:化学工业出版社,2009.

[2]胡美桂,薛宇锋,付吟.国内外纺织品、服装护理标签标准的异同[J].中国纤检,2017(9):111-117.

[3]展义臻,韩文忠,CARMAN Ho,等.输美纺织品纤维成分标签的标识[J].印染助剂,2011,28(10):50-54.

[4]展义臻,王炜.欧美市场纺织品成分的标签标识[J].印染,2011,37(5):38-42.